新编21世纪哲学系列教材

数理逻辑

Mathematical Logic

余俊伟　赵晓玉　裴江杰　张立英　著

中国人民大学出版社
·北京·

作 者 简 介

余俊伟，中国人民大学哲学院教授，主要研究方向为逻辑和形而上学。

赵晓玉，中国人民大学哲学院讲师，主要研究方向为数理逻辑、数学基础和数学哲学。

裘江杰，中国人民大学哲学院副教授，主要研究方向为集合论、分析哲学和科学哲学。

张立英，中央财经大学文化与传媒学院教授，主要研究方向为哲学逻辑。

内 容 简 介

本书是为了给将来致力于数理逻辑研究的读者奠定坚实基础而写的。概括地讲，第 1–4 章为基础内容，第 5–6 章为高阶内容。具体来看，第 1 章从思想史角度讲述哲学之于逻辑的动机催发，第 2 章讲述命题逻辑的早期简史、语法语义、完全性、紧致性等，第 3 章讲述一阶逻辑的早期简史、语法语义、完全性、紧致性及应用、哲学的应用等，第 4 章讲述一阶理论的基本性质、几种形式等，第 5 章讲述哥德尔两个不完全性定理的数学哲学动机、详细证明过程、一些相关推论、数学哲学影响等，第 6 章以模态逻辑为例说明逻辑之于哲学的实际应用。

序　言

　　数理逻辑的教学和学习在国际国内的哲学院系一直是个比较突出的难题，而这主要有两方面的原因。一方面，学习数理逻辑需要一定的数学素养。从数理逻辑本身来讲，它采用特殊的数学符号语言，因而学习数理逻辑首先要过符号语言关。同时，对于这套符号语言的解释也需要结合抽象的数学结构，而这需要对其他数学分支有一定程度的了解。而且，数理逻辑涉及的大多数内容也都采用数学化的表述方式，即定理、证明等体例。以上这些都决定了，学习数理逻辑本身就不是一件容易的事情。这些特点与数理逻辑产生的背景直接相关，它采用数学符号语言并用数学的方法进行研究，不仅是为了克服自然语言有一定歧义性的缺陷，而且是为了确保讨论问题时足够的严谨性。另一方面，中国的基础教育过早地分文理科，而哲学院系通常从文科招生，这就从客观上导致了哲学院系的学生学习数理逻辑的难度进一步加大。

　　虽然学习数理逻辑有一定的难度，但是它的难度系数并不大，而且也并非不能克服，更不足以压倒学习数理逻辑的必要性。学习数理逻辑至少有三个方面的必要性。首先，数理逻辑从一开始就有着为哲学下辖之数学哲学服务的目的，身处哲学院系自然要尽可能多地了解哲学的各个领域。尽管数理逻辑最初的目的是分析、表达数学命题，但是分析、表达数学命题又是与探究数学命题的性质相关的——它是分析的还是综合的？这当然也是一个哲学命题。其次，数理逻辑作为哲学的一个二级学科，其解析思维结构的观念和方法不仅仅局限于数学哲学，也可以运用到其他哲学二级学科。20世纪哲学史上的语言转向及逻辑实证主义流派的兴起就是很好的说明，虽然该流派后来式微。流派有兴衰，分析性的风格与方法却是恒久与稳定的，而学习数理逻辑便是熟悉、领悟这种风格与方法的一种极佳途径。最后，数理逻辑还是逻辑学最为重要的课程，是学好逻辑学下辖各个方向的必要基础，因为数理逻辑的思维训练、概念支持和技术辅助对逻辑学下辖各个方向的学习基本都是有益的。

　　既然学习数理逻辑有必要性，那么接下来就要考虑如何减少学习它的阻力。在写作教材上，我们尝试从以下三个方面努力。一是考察古代与现代逻辑的发生、发展与哲学的内在紧密关联，撩开逻辑本身原初的素朴风貌，呈现逻辑和哲学之间的天然渊源，从而让读者切身感受到数理逻辑的自然而然。二是在讲授知识点的同时努力呈现其背后的理性直观。对于关键概念，我们在做到严格性的同时，通过精细的评注和具体的示例尽可能讲清楚。对于重要定理，尤其是难度较大的定理，我们先讲整体证明思路及其与其他知识点的关联，再辅助以尽可能形象的图表，最后再用尽可能清楚的结构和尽可能简洁的语言呈现整个证明过程。三是几乎在每一章都结合具体的案例来展示逻辑与哲学的互动：哲学之于逻辑的动机催发和逻辑之于哲学的实际应用。

本书前四章是基本内容，后两章属于高阶与扩展部分。全书每一章的内容都是比较丰富的，授课教师可以根据自己的实际需要选择性地讲授，广大学生也可以根据自己的兴趣选择性地阅读。本书的内容撰写及相关工作的分工情况大致如下：余俊伟撰写第 1 章和第 6 章，张立英撰写第 2 章，赵晓玉撰写第 3 章和第 5 章，裘江杰撰写第 4 章；余俊伟与赵晓玉负责全书最后的统稿工作；赵晓玉提供本书排版所用 LaTeX 软件的相关技术支持。在写作本书时，我们尽可能做到最大程度的严谨，但还是难免有所疏漏。因此，我们恳请各位读者在阅读本书过程中，不论发现任何问题，均可来信告知，从而便于我们后续的修订再版：zhaoxy00@126.com。

本书受到了中国人民大学"十三五"本科教材建设发展规划项目的资助，特此表示感谢！另外，在出版过程中，中国人民大学出版社的杨宗元、王鑫、吴冰华、张杰等编辑做了大量细致的校审工作，在此一并致谢！

余俊伟

2019 年 9 月

目　录

　　亚里士多德（Aristotle），公元前384—前322，古希腊哲学家、逻辑学家，其著作涉及物理学、形而上学、逻辑学、政治学、伦理学等诸多学科。

第 1 章

哲学缘起

1.1 哲学之求真

"求知是人类的本性",这是亚里士多德所著《形而上学》①的第一句话。人类的这种求知本性使得我们在通过感官获得外界现象信息后试图把握现象——理解现象是什么,并探究背后的原因——为什么会出现这种现象。探究事物是什么以及为什么虽然是两个方面,但从根本上讲,理解了是什么,也就明白了为什么。在哲学前期,人的理性能力有限,这种探究是通过神话形式展现的。神话的特征是依靠想象来解释事物现象。神话想象虽然能够获得心理上的安慰,但指导生产生活的效果有限,也就无法满足人们在生产生活中的实际需求。当人类进化到一定阶段时,超出神话的解释出现了。这些解释不但可以让人理解自然现象,而且更适用于指导人的生产生活。这些解释开初是零散的、猜测性的,但毕竟比神话更具实践性,也更朝着科学的方向前进了。科学由此萌芽,此时它只是以哲学的面貌呈现,即人们通常所说的"哲学是科学的母体"。哲学就是以探究事物本原及其第一原理开始的。这种探究构成了哲学的核心,今天人们称其为形而上学。

从最早的自然哲学家们——如泰勒斯②等——所探讨的本原问题可以看出,古人希望对纷繁复杂的现象有一种简单的、统一的说法,试图说明由少数几种事物可以解释众多而杂的事物。这是寻求普遍性原理的开端。这些都体现了哲学之求真的本性。另外,哲学的解释与神话的解释有差别。哲学要求解释具有内在的连贯性,要求更具有"现实性":与外在经验世界相符。那时的哲学就相当于现在的科学,而其解释与说明就是现在的论证。哲学的理性要求解释具有内在一致性与解说的力量,而这些特点即今天人们所说的合乎逻辑性。哲学在早期作为一切科学之母体的特点,不仅决定了其自身具有高度的普遍性,而且决定了其论证也具有高度的一般性,这为此后逻辑学孕育于哲学之中提供了内在的条件。

---

① 详见 [8]。

② Thales,约公元前 624—约前 547,古希腊哲学家,米利都学派(The Miletus School)创始人,古希腊及西方第一个自然科学家和哲学家。

当发展到巴门尼德①时，探究方式有了变化。人们意识到语言作为论证的媒介所起的作用，认识到外界事物只有进入人们的思维领域才能成为思考的对象。巴门尼德将其总结为"所思与所见是同一的"②。由此，哲学家开始通过语言研究哲学，开启了针对思维与语言关系的较为系统的探究。这种探究到亚里士多德达到了一个高峰，集中体现在对"Being"一词的专门研究上。

亚里士多德在《形而上学》中明确界定形而上学是一门以 Being 本身作为研究对象的科学。其他科学都只是截取 Being 的一部分、一个方面来研究。他这样设定是基于对思维与语言的密切关系和哲学自身特点的认识。哲学追问终极实体与第一原因，而对原因的解答从根本上讲包含在对实体的解释中，所以以上问题可以归结为"对象是什么?"这个问题。而无论答案是什么，其形式总是陈述句"对象是 P"。由于希腊语词"是"（einai）具有多种变化形式，使之一方面承载谓述功能，另一方面又具有实体的涵义。对所陈述的内容分出本质与偶性，因而，将"是"进一步区分出本质的是（什么东西）与偶性的有（什么性质）。而该词的现在分词阴性"ousia"（实体），表明"是"与本体相关联。哲学围绕着"是"而展开③。一方面，确认底基；另一方面，围绕底基展开论述，阐明其性状。于是就有了十范畴。

亚里士多德在《范畴篇》④中持"可感个体是实体"这样一种朴素的观点。详细说，判断是否为实体有两个标准：是否谓述和是否位于主体中。这两个标准就是关于"是"的分类。但是就语言层面，前一个标准更为客观，也更易评判。由此，亚里士多德有两条路线：一条路线是沿着前一个标准，探讨如何谓述，从而发展出逻辑理论，包括四谓词理论、三段论；另一条路线是沿着基底本身展开的，即是者本身，从而发展出形而上学，其思想集中体现在《形而上学》中。到此时亚里士多德关于实体的思想突破了可感个体的束缚，采用形式作为终极实体。

从亚里士多德两条思想路径的演化中可以看到，逻辑是作为一门求真方法从哲学母体中分化出来的，它围绕"是"——作为谓述的标志——而展开，专注于谓述的一般规律。理解上述由哲学进入逻辑的过程对于我们今天理解逻辑的起源至为关键。

---

① Parmenides，约公元前 515—约前 445，古希腊哲学家，爱利亚学派的实际创始人和主要代表。

② 或者译为"思维与存在是同一的"，详见 [246]。

③ 详见 [265]。

④ 详见 [7]。

1.2 从哲学到逻辑

1.2.1 亚里士多德的逻辑与哲学

亚里士多德按两个标准——是否谓述和是否位于主体中——将存在者分为四类，其中最重要的是第四类：既不谓述主体也不位于主体之中。亚里士多德称之为"最主要、第一位、最重要的"，即第一实体。而第二实体是第一实体所归属的种以及种的属。随后，坚持前一个标准，按谓述的方式提出了十范畴。将语言谓述功能纳入哲学考察范围，从而帮助澄清重要的哲学概念，这在理性探索的道路上迈进了一大步。

不过，十范畴在数量上依然较多，为获得关于"是"（谓述）的更为一般的普遍性，其思想仍需进一步提炼概括。四谓词理论就是亚里士多德在十范畴的基础上将推理论证的方法论研究往前推进的结果，该理论出现在《工具论》[①]的《论题篇》[②]中。不过，伴随方法性更强的一个后果是主题离形而上学远了一些。《论题篇》开头表明了文章主旨：

> 本文的目的在于寻求一种探索的方法，通过它，我们就能从普遍接受所提出的任何问题来进行推理；并且，当我们自己提出论证时，不至于说出自相矛盾的话。为此，我们必须首先说明什么是推理以及它有些什么不同的种类，以便掌握辩证的推理，因为这就是我们在本文里所研究的主题。[③]

在此，亚里士多德明确了要着手专门研究推理论证。这门学科适用于包括第一哲学在内的各种情形。紧接着，他说，"推理是一种论证，其中有些被设定为前提，另外的判断则必然地由它们发生"[④]。然后，区分了"证明的推理""辩证的推理""虚假的推理"[⑤]。"前提是真实的和原初的时，或者当我们对于它们的最初知识是来自某些原初的和真实的前提时，这种推理就是证明的"，而"真实的和原初的""是指那些不因其他而自身就具有可靠性的东西"。"从普遍接受的意见出发进行的推理是辩证的推理"，其中，普遍接受的，"是指那些被一切人或多数人或贤哲们，即被全体或多数或其中最负盛名的贤哲们所公认的意见"。

随后，亚里士多德讨论了这种探索的作用与价值，并将其概括为以下三个方面[⑥]。首

---

① 详见 [271]。

② 详见 [269]。

③ 详见 [269，边码 100a20–25]。

④ 详见 [269，边码 100a26]。

⑤ 详见 [269，边码 100a30–31、101a7]。

⑥ 详见 [269，边码 101a21–22]。

先是能够起到智力训练的作用,即熟悉理性论证、掌握方法。其次是能够促进交往会谈,即从己方出发、分析论证、比较对方的意见、分析对方的论据、找出分析差异。最后是有益于哲学的思考,"因为假如有了从两方面探讨问题的能力,我们就容易在每个方面洞察出真理与谬误"。此外,初始原理非常需要此方法,"因为从适于个别学科的本原出发是不可能对它们言说什么的","必然要通过关于每个东西的普遍意见来讨论它们"①。

据此,我们可以认为,推理学科的诞生是真正地由此开始的。亚里士多德在考察我们的方法所依据的那些东西后,将(论证所依据的)命题所表达的内容区分出四种:定义、特性、属和偶性。"所有命题和所有问题所表示的或是某个属,或是一特性,或是一偶性;因为种差具有类的属性,应与属处于相同序列。但是,既然在事物的特性中,有的表现本质,有的并不表现本质,那么,就可以把特性区分为上述的两个部分,把表现本质的那个部分称为定义,把剩下的部分按通常所用的术语叫作特性。根据上述,因此很明显,按现在的区分,一共出现有四个要素,即特性、定义、属和偶性"②。

接着对之分别予以讨论。在他看来,"定义乃是揭示事物本质的短语"③,"把一切与定义相同的具有探寻性质的表述都叫作定义"④。关于事物的本质,他认为,"特性不表示事物的本质,只是属于事物,而且它的逆命题也能成立"⑤。

以上所说的定义与特性是根据是否表现事物本质对广义的特性做区分后的结果,因而,定义就是表现事物本质的,而且(区分后的)特性不表现事物本质的那部分特性⑥。

"属是表示在种上相区别的若干东西之本质的范畴。诸如适于回答'你面前的东西是什么'这类问题的语词,就应被称为是本质范畴"⑦。"偶性是指:它不是上述那些的任何一种,即既不是定义和特性,又不是属,但是也属于事物;并且,它可能属于,也可能不属于同一的某个体"⑧。

亚里士多德在讨论这些类型时已经开始考虑从语法特征方面刻画它们,例如,换位规则对它们是否成立。而对于特性,诚如上述定义中所说的,换位规则对其成立。

在分别详细论述四种谓项后,亚里士多德总结了换位规则在辨析它们时所起的作用:

---

① 详见 [269,边码 101a20–101b]。

② 详见 [269,边码 101b18–25]。

③ 详见 [269,边码 101a35]。

④ 详见 [269,边码 102a9]。

⑤ 详见 [269,边码 102a16–17]。

⑥ 详见 [269,边码 101b19–22]。

⑦ 详见 [269,边码 102a31–33]。

⑧ 详见 [269,边码 102b4–6]。

　　　　因为陈述主项的任何谓项与主项都必然是可换位的或不可换位的。如若可以换位，谓项就应该是定义或特性；因为如果谓项揭示了主词的本质，它就是定义；如果没有揭示本质，则是特性。因为特性之为特性，乃是由于它能与主项换位但又不揭示本质。如果谓项与主项不可以换位，它就或者是或者不是陈述主项定义的一个语词。如果它是陈述主项定义的语词，它就应是属或种差……；如果它不是陈述主项的语词，这显然就只能是偶性……①

　　围绕探究事物"是什么"，经过对若干种类的谓述抽象，亚里士多德得到了四类谓词。这四类谓词概括了《范畴篇》里提到的十类范畴②。而关于四谓词与十类范畴的关系，他认为：

　　　　事物的偶性、属、特性和定义总是这些范畴之一，因为通过这些谓项所形成的任何命题都或者表示事物的本质，或者表示它的性质、数量或其他某一范畴。从这些显而易见：揭示事物本质的人有时表示实体，有时表示性质，有时则表示其他的某一范畴。③

　　这表明，从十范畴过渡到四谓词，亚里士多德开始考虑命题，考察谓项陈述主项的一般特征。其关于命题的论述出现在《解释篇》④中。

　　"句子是有意义的语音"⑤，表明亚里士多德由语言深入语言所表达的。更进一步，"每一个句子虽然是有意义的，但不是作为工具，而是如说过的那样按照习俗；不是每一个句子都是可以做命题的，而是其中具有为真或为假的那些；不是所有句子都具有为真或为假，例如祈祷是句子，但它既不是真的也不是假的"⑥。这里亚里士多德明确了语言之为工具的特殊性：语言由约定而成为工具，因而由约定而获得意义。有意义才能为符号，具有工具之价值，这体现了语言的社会规范性。同时，他也给予真假以特殊地位，赋予有真假之句子以特殊名称——命题。

　　有了以上关于实体、范畴、谓项、推理与命题等的分析，亚里士多德才开始着手构建完整的逻辑理论——三段论。亚里士多德本人对三段论的定义是："三段论是一种论

---

　　①详见 [269，边码 103b6–16]。

　　②亚里士多德在此重新叙述了十谓词，与《范畴篇》中十谓词的区别在于将实体（substance）换成了本质（what a thing is）。以本质替代实体，其用意是从谓词的角度来看，任意一个谓项都揭示了主项的某个方面，如本质、性质、数量等等。

　　③详见 [269，边码 103b22–29]。

　　④详见 [7]。

　　⑤详见 [272，边码 16b28]。

　　⑥详见 [272，边码 17a1–5]。

证，其中只要确定某些论断，某些异于它们的事物便可以必然地从如此确定的论断中推出。"①亚里士多德明确要求结论异于前提，这与今天通常的三段论定义有所不同，而这极可能是为了排除平凡的推理。

在形而上学的背景下考察逻辑，可以使我们对亚里士多德逻辑的许多特征做出更准确、更全面、更深刻的分析。

例如，亚里士多德对命题类型的分类与今天也有差别。"论证的前提是对某一事物肯定或否定另一事物的一个陈述。它或者是全称的，或者是特称的，或者是不定的"②，而不定类型是指"一个事物属于或不属于另一个事物，但没有表明是特称还是全称的陈述"，例如，"相反者为同一门学问所研究"，"快乐不是善"。这与现在教科书将部分没有明确标明量词的命题归入全称类型不同。

在亚里士多德随后的讨论中，不定类型并没有发挥作用。一方面，亚里士多德可能从之前的谓词表达的意义这一角度来考察命题；但另一方面，随着对论证方法研究的深入，如前面看到的，有逐步向外延手段过渡的倾向，而到了研究三段论的阶段，已经基本采取了外延的手段了：

> 一个词项整个地包含在另一个词项中，与后一个词项可全部地表述前一个词项，这二者意义相同。只要不可能在主词中找到个例，使得那另一个词项对此个例不予肯定，我们就说一个词项表述另一个词项的全部。③

这表明亚里士多德完全采用外延方式考察主谓项关系。当研究方式完全过渡到外延，不定类型对于三段论所要求的"必然地"推出就不起作用、没有意义了，而它也就完全可以融入全称或者特称类型之中了，例如，今天人们已经从语言学的角度将之归入全称类型了。

另外，亚里士多德的分类中没有单称命题类型，这同今天逻辑教材流行的分类法是很不一样的。在卢卡西维茨④看来，这是因为"亚里士多德强调一个单一词项是不适于作为真命题的谓项的，而一个最普遍的词项则不适于作那样的命题的主项"。卢卡西维茨指出，这其中的第一个断定，即单一词项是不适于作为真命题的谓项的，因为它"并非普遍地是真的"。但是，"亚里士多德把它们当作是真的，并且把他认为不适于在真命题

---

① 详见 [270，边码 24b19–20]。

② 详见 [269，边码 24a17–18]。

③ 详见 [269，边码 24b28–31]。

④ Łukasiewicz, J.，1906—1915，波兰逻辑学家。

中既可做主项又可做谓项的那些类的词项从他的系统中排除掉了"①。

如果清楚《范畴篇》的内容和主旨就会明白，卢卡西维茨的解释，有的不准确，有的不彻底。首先，卢卡西维茨认为上述第一个断定并非普遍地真，是因为"亚里士多德本人曾给出带有单一词项的谓词的真命题"，例如，"那个白色的东西是苏格拉底"或"那个走来的人是卡里亚（Carian）"。卢卡西维茨的这种说法并不准确。虽然在上面第一个例子中"苏格拉底"处于谓词位置，但它绝对不能单独构成谓词。它无法单独述说主词，即其中的"是"是必不可少的。从逻辑的观点看，这与"苏格拉底是人"中的"是"有本质的区别。

其次，卢卡西维茨的"单一词项不能做谓项"的这种解释无疑是正确的，但不彻底。我们可以进一步追问：为什么不能做谓项？原因就是亚里士多德的形而上学设定。他在《范畴篇》中认为第一实体"既不陈述任何一个主体也不在任何一个主体之中"。这种实体理论决定了，亚里士多德的逻辑在基于主谓结构的框架下是无法容纳单称词项的。当我们认识到这一点时，就不会对《工具论》包含《范畴篇》（而且作为第一篇）感到"最难以理解"②了。

亚里士多德的逻辑思想起源及其体系框架与他的形而上学密不可分。他区分实体与其他范畴，制定第一实体的界定标准，都是源自形而上学的考察，同时又为其后逻辑思想的发展奠定了基础。并且，这一思想也为逻辑学发展的第二个高峰所继承：弗雷格③的逻辑体系实际上也采用了亚里士多德界定第一实体的标准。

1.2.2　弗雷格的逻辑与哲学

人们沿着亚里士多德所开创的以探求世界本原为目的的逻辑学与形而上学之路前行。但在古希腊、古罗马之后，西方步入被神学笼罩的漫长的中世纪，哲学甚至成为神学的婢女，理性服从信仰。即使随着科学从哲学的母体中分化出去从而使得科学的曙光渐渐闪现，神学依然垄断着思想界，科学也要服从、服务于神学，乃至沦为神学的附庸。与自然科学的境遇相比，哲学显得更加不堪。自然科学对于实践经验有明显的功效，能令人信服。一方面，哲学声称求真、爱智慧、崇尚理性，但由于神学淫威和独断论的盛行，并没有体现出理性的分析论证的力量。另一方面，关于理性本身，哲学也陷入了困境。哲学遵从理性，遵守逻辑规律，从哲学分化出去的数学、逻辑学等等莫不如此。但

---

① 详见 [262，第 15 页]。
② 详见 [266，第 33 页]。
③ 详见本书第 55 页。

是，这些学科带来的知识是必然普遍有效的吗？如果是，其必然性来自哪里？这些学科的前提如何得到保证？在何种意义上我们说它们提供了新知？如果不是必然的，那为什么人们却认为它们是必然的？这两个方面的挑战主要源于第二个方面。

根据康德[1]的观点，怀疑论面对这些困难什么也不敢说。显然，这种态度也是不能接受的，因为它与人类求知的本性相悖，与知识的确定性相悖。反思哲学的历程，康德断言，亚里士多德当年所说的形而上学，作为一门科学，还没有建立起来。他开始着手建立一种作为科学的形而上学。为此，他首先要审视理性，考察人的认识能力本身。回答先天综合判断何以可能，具体而言是回答如下四个问题：纯粹数学何以可能？自然科学何以可能？作为一般的形而上学何以可能？作为科学的形而上学何以可能？他写作《纯粹理性批判》[2]就是为了解答这些问题。在解答这类问题的过程中，康德构建了他的先验逻辑。虽然名为"逻辑"，但实际上属于认识论。康德认为，直观与概念结合才能构成知识，比如通过先天纯粹直观构造概念就可以产生数学知识。如此获得的数学知识才具有先天综合性质，尤其是先天的直观性赋予了数学命题的必然性。当然，康德的工作并不仅仅局限于追求数学真，他继续对理性的超验性做了批判，从而实现了他构建形而上学科学的目的。这在一定程度上可以认为，康德的这些工作从整体上讨论了"是"本身。就对数学真的考察而言，我们可以认为，他截取了"是"的一个方面加以考虑，从而论证了数学意义上的真（是）的先天综合特征。无论我们是否接受其观点，至少康德的论证摆脱了神学束缚，并且批判了独断论。

康德称亚里士多德创立的逻辑为普遍逻辑，并将其安放在先验逻辑（及他的其他范畴）考察的对象之下，从而使其获得了普遍有效性。类似地，在康德这里，数学也是这样获得普遍有效性的。康德是借助语法特征来辨析分析与综合这对范畴的。在他看来[3]，主谓词是通过系词"是"的联结而得到判断的，而区分分析判断与综合判断的标准则是看谓词的内容是否包含在主词的内容中：包含在主词中的是分析判断，否则，是综合判断。但是对于先天、直观、经验等概念的说明，康德都没有借助语法特征。理解这些概念非常困难。虽然在学术讨论中人们经常用到这些概念，但是要在学理上说清楚以至准确界定它们却又相当困难，这就导致《纯粹理性批判》不仅内容晦涩艰深而且篇幅宏大。康德的认识论不是仅考察数学、逻辑学，而是批判地考察人类理性整体，从而为形而上学奠定认识论基础。我们不进一步探讨其细节，只强调其对数学真所持观点及其论证方式，以同下面弗雷格的论证做对比。

---

[1] Kant, I.，1724—1804，德国哲学家、作家，德国古典哲学创始人。

[2] 详见 [258]。

[3] 详见 [258，第33–34页]。

一般以 1879 年《概念文字》①的发表作为现代逻辑诞生的标志。弗雷格构造概念文字只是他论证他的数学哲学观——逻辑主义——的一个环节。

弗雷格认为，数学证明的严格性要求人们重新审视以前那些不甚严格的概念。对此，他曾说：

> 在偏离古代欧几里德的严格标准一段时期后，数学又回归这些标准，甚至努力超越它们。算术中的推理其严格性历来一直都不如几何……高等分析的发现只是有助确认这种传统；因为相当多的、几乎是不可克服的困难阻碍了严格处理这些主题……以前许多被视为自明的现在要求给予证明。函数、连续、极限和无穷这些概念一直需要更严格的定义。
>
> 在所有方向上都能看到这些同样的理念起作用——证明的严格性，有效性程度的准确界定，作为达到此的一种手段而严格地定义概念。②

来到弗雷格所处的时代，人们对"数是什么"的探索已经取得了巨大的进步，庞大的数学概念系统可以严格地化归到自然数系。"沿着这些路径，我们最终一定会到达数的概念以及有关正整数的最简单的命题，这些构成了整个算术的基础。"③但弗雷格主张，我们不应当止步于自然数，而是要继续追问自然数是什么。他认为，上述的化归可以继续推进到逻辑：

> 依据这些方法，我们终究绝难达到超过经验的确定性，并且我们必须面对这种可能性：我们仍可能最后遇到使整个大厦坍塌成废墟的矛盾。由于这个原因，我已感到必须往后退，退到超出大多数数学家认为必要的程度，进入我们科学的一般逻辑基础。④

下面这两句话清晰地展现了弗雷格的主张：

> 算术的真应是以一种完全相同于几何学定理与公理相关联的方式同逻辑的真相关联。⑤
>
> 我试图使得算术成为逻辑的一个分支显得合理，并且不必借助源于经验或直觉的证据。⑥

---

① 详见 [65]。

② 详见 [269，边码 103b22–29]。

③ 详见 [249，第 2 页]。

④ 详见 [249，第 IX 页]。

⑤ 详见 [249，第 24 页]。

⑥ 详见 [249，第 1 页]。

这种主张可进一步分析成两个方面：第一，澄清数概念；第二，理解如何获得数命题以及它们的性质。弗雷格认为，前者应当根据逻辑概念来定义，后者应当使用逻辑概念与规律来证明，证明过程按既定的规则进行。这就可以完美地表明算术是"逻辑的分支"，算术"只是高度发展的逻辑而已"。在承认逻辑的分析性前提下，算术命题自然就是分析的了，如果那些推理规则保持分析性的话。该主张一旦得证，将对康德的算术是先验综合的观点提出挑战。与康德的复杂庞大的体系相比，弗雷格的这个构想本身极为简明清晰，尽管实施起来环节众多，困难重重。其中第一个环节就是推理工具的问题。

弗雷格认为，在尝试将算术化归逻辑的过程中，"为了不使这里无意间掺杂上某些直观的东西，最重要的是必须使推理串完美无缺"。但恰恰在这里他遇到了困难，为了克服这些困难，他创造了概念文字。他说，"当我致力于满足这种最严格的要求时，我发现语言的不完善是一种障碍，在现有各种最笨拙的表达中都能出现这种不完善性，关系越是复杂，就越不能达到我的目的所要求的精确性。概念文字的思想就是由这种需要产生出来的。"[1] 因此概念文字是实现他的逻辑主义的一种手段，"是为科学目的构想出来的辅助工具"[2]。

我们今天要学习的两个演算——命题逻辑演算与谓词逻辑演算——只是弗雷格思想体系中的一个部分而已。将这个部分放在其整体思想中我们会发现，弗雷格的逻辑同样有其哲学根源与背景。弗雷格同样是在阐述"是"的过程中创立了他的逻辑。与亚里士多德考察的更为普遍一般的"是"有所不同，弗雷格只是选取数学学科中的"是"。他要回答的是"数是什么？"这个本原问题，他寻找的原理是算术真的第一原理。

由上可以看出，有些异类且烦琐的现代逻辑推演其实是作为论证某些哲学命题的手段，而这些哲学命题则与先天综合等这些大家都熟悉的概念有关。形式化的符号演算背后深藏着如此宏伟的哲学目标。弗雷格的宏图与康德一样，是构建一门作为科学的形而上学，只不过他的工作直接源起于数学领域中的基础问题，而构建所用的方式与他的第一身份——数学家——相吻合。他借用了数学领域里的一些概念与成果，以数学符号的推导给出严格的证明，而不是像康德及其以往所有的哲学家那样仅做概念的纯粹思辨论证。

由上还可以看出，符号体系自身只是形而上学工程的一个子项目，它自然有其自己的特色与目标任务。其特色就是形式化。这时我们就切入对自然语言与形式语言的讨论。

---

① 详见 [251，第 2 页]。

② 详见 [251，第 3 页]。

自然语言有"某种柔韧性和可变性"的特点①，但这些特点也带来了对推理而言的缺陷：多义性。同时，它表面的语言语法结构掩藏了深层的逻辑语法结构。弗雷格摒弃了主谓结构，在借鉴数学领域中的成果及相关概念的基础上，引入了"函数"与"自变元"这对概念。此外，他还引入了"概念"与"对象"这对范畴。概念是函数的一种特例——其值为真值的函数。弗雷格坚持主张对象单独本身是不能谓述的，而概念的本质是谓述的。这个标准与亚里士多德区别实体的标准是一脉相承的。弗雷格认为，对象位于概念之下是最基本的。为表达普遍性、同一性及其他关系，弗雷格引入了量词、等词以及否定、条件（如果……那么……）等逻辑联词。在建立起完整的逻辑体系过程中，他还引入了"涵义"与"所指"（意谓）这对范畴，与坚持内涵的逻辑学派以及心理主义做斗争。这些思想后来都成了语言哲学思想的泉源。

推理工具完善之后，弗雷格开始实施化归。虽然最后失败了，但是后人在他的逻辑地基以及康托尔的集合论基础上最终发展出了公理集合论，可以说完成了弗雷格当初的心愿。从弗雷格的时代来看，留下的问题是，某些命题归之于逻辑的恰当性问题。

表面上看，弗雷格切割出"是"的一个方面加以研究，从而将问题局部化了。然而，由工具的高度形式化衍生出的相关问题使得"是"的问题复杂而多元化。一方面，他的形式化其实将"是"从其语言中取消了，谓述关系隐藏在形式语言的界定过程中。形而上学的问题也被遮盖了。另一方面，弗雷格之后，人们对形式化的认识极大地加深拓展了，包括塔斯基发展出的形式语义学以及哥德尔关于形式系统的证明力度的工作。前者包括一个重要成果：在足够强的系统中，真是不可定义的。后者包括哥德尔完全性定理——一阶逻辑（公理系统）是完全的，和哥德尔不完全性定理——一阶算术（公理系统）是不（可）完全的。

我们将弗雷格的方法与康德分析数学真的做法做下对比。康德是先在逻辑之外设立一些范畴，由此审视数学真之性质乃至一般真之性质；而弗雷格的做法是基于数学领域中已经取得的成果，再往后退一步，探究能还原到什么程度。这种认识方法与我们学习数学的经历相反。我们学习数学是由简单的自然数开始，接着是整数、分数（无理数）、实数以及无穷等概念，由加减乘除到开方、极限微积分，趋势是越来越复杂，像是数学大树越长越高。还原的做法意在看看庞大的数学体系可以化归到哪些基本概念及其相关断言之上，就像是寻找数学之树的根在哪里。这是哲学味的：寻求数学的本原与第一原理。弗雷格的目的是回答"数是什么"，将数归于一个更基本的概念，由此证明算术中的普遍命题，特别是如加法交换律这样的通常看来是无须证明的算术等式，例如 $1+1=2$。

---

① 详见 [251，第 42 页]。

并且，进一步获得关于算术真的性质的解答。弗雷格认为算术真是分析的，即由逻辑规律及必要的定义可以推导出全部算术。如果弗雷格的目的达到了，意味着算术之树的根比人们通常认为的自然数还要深，深至逻辑层面，因而数学大厦的底基会更牢固。而在哲学上，这将会对康德的理论提出一定的挑战。尽管康德的分析判断的定义与弗雷格的不同，但是，一方面因为康德的定义本来只基于主谓式句法的分析，有局限性，而另一方面就分析性概念本身而言，人们通常会接受至少逻辑真命题是分析性的——即使不给出这个概念的定义，因此，按弗雷格的论证规划，他的目的之实现就意味着，在通常可接受的分析性的意义上我们必须承认：算术真是分析的。以上就是通常人们所说的弗雷格对数学持逻辑主义观。弗雷格的逻辑主义最终体现在《算术基本规律》[①]三卷本中。

与《纯粹理性批判》探讨的主题比较，弗雷格所考察的面比康德的要窄一些。他不是考察整个形而上学，不是"是"的全部，而是截取它的一个方面，即数学领域中的"是"。用今天的术语说就是数学哲学。然而，在这个局部，弗雷格的研究方法与康德的迥然不同。首先，与康德相比，弗雷格的论证思路更为清晰：从分析性前提出发开始推导，推导的每一步都保分析性，由此在任意有穷步所得的命题都是分析性的。其次，论证成为数学意义上的证明：每一步论证都是涵义清楚明确，正确与否一目了然。为达到第二点，他在那三卷之前做了大量的准备工作。他抛弃了主谓结构，借鉴了数学的"函数"与"自变元"概念，引进了量词，创立了概念文字，引进了概念与对象这对范畴，区分了涵义与所指（意谓），才最终达到了第二点。他探讨数学哲学的方式在逻辑学发展史上树立起了一座里程碑，创立了数理逻辑，开启了逻辑学的现代进程。

当然，除了哲学背景这一共同之处，数学背景在弗雷格的逻辑发展中也扮演了重要的角色，这使得其逻辑也有异于亚里士多德逻辑的重要一面。而且，现代逻辑的形成除与弗雷格的研究密不可分外，还与其他数学家的探索密切相关。这个方面的历史背景，我们将在第 3 章第 3.1 节详述。

---

① 详见 [71]。

　　克里西波斯（Chrysippus of Soli），公元前279—前206，古希腊哲学家、逻辑学家，斯多葛学派（The Stoic School）成员，最先将斯多葛逻辑发展为形式的命题逻辑并给出命题逻辑公理系统。

第 2 章

命题逻辑

2.1 导　言

2.1.1 什么是命题逻辑

命题逻辑研究以简单命题为最小单位的关于联词的逻辑规律及其推理。这句话里面涉及三个核心概念：命题、联词[①]、推理。我们先把这些概念弄清楚。

命题

命题是反映事物情况的思想。说得更直白一点，命题是有真假的语句。如：

(1) 北京是中国的首都。

(2) $2 + 2 = 4$。

它们都是可以判断真假的语句，从而都是命题。有不是命题的语句吗？有很多，如：

(1) 今天是星期几？

(2) 请同学们把书翻到第 27 页。

(3) 终于完成了作业，实在是太不容易了！[②]

命题可以有不同的分类方式。按照结构来分，命题可以分为简单命题和复合命题。可以分解出更小的命题成分的命题被称为复合命题，不能再分解出更小的命题成分的命题被称为简单命题。例如，以下几个例子中，编号为阿拉伯数字的是复合命题，编号为英

[①] 也有教科书称为"联结词"或"联接词"或"连接词"。实际上它所指的"否定""并且""或者""蕴涵"等等就是一种逻辑连词，起连接简单命题的作用，体现复合命题中简单命题之间和复合命题与复合命题中简单命题之间的逻辑关系。但它们又与一般意义上的连词不同，加之考虑到"联词"的说法比"联结词""联接词""连接词"等说法更简洁，本书统一采用"联词"的说法。

[②] 疑问句、祈使句、感叹句等虽然不直接表达命题，但其背后却隐藏着一些命题。如何正确找出这些语句背后预设的命题，也是一项基本功。

文小写字母的是由上边的复合命题分解出的简单命题：

(1) 并非 2+4=8。

    (a) $2 + 4 = 8$。

(2) 持公交卡坐车既方便又便宜。

    (a) 持公交卡坐车方便。

    (b) 持公交卡坐车便宜。

(3) 万物的本原或者是水或者不是水。

    (a) 万物的本原是水。

    (b) 万物的本原不是水。

(4) 如果贼是从窗户进来的，那么花坛上就有脚印。

    (a) 贼是从窗户进来的。

    (b) 花坛上有脚印。

    命题还可以根据是否包含模态词分为模态命题和非模态命题。模态词是如必然、可能、应当、知道、相信[①]等，包含模态词的命题其真假判断要更加复杂。本章我们主要考察不包含模态词的命题，即非模态命题。

联词

    逻辑学总是涉及结构规律的。如果把一个个简单命题当作原子，我们会发现，在由原子命题组生成复合命题的过程中，联词起到了非常重要的作用。本章我们将重点研究"并非""并且""或者""如果，那么""当且仅当"等几个联词，它们对应的符号是"¬""∧""∨""→""↔"。需要注意的是，命题逻辑中研究的联词是日常联词从逻辑性质方面进行的抽象，它们与日常联词并不完全对应。

推理

    推理是依据一定的规则，由若干命题得出一个命题的思维过程。推理的内容和结论数不胜数，逻辑学关注的是表面上千差万别的推理背后的那些推理形式，更具体而言，逻辑学的关注点是找到有效的推理形式。例如：

[①] 应当、知道、相信等有时被称作广义模态词。（广义）模态逻辑专门研究涉及模态词的推理。

如果贼是从窗户进来的，那么花坛上会有脚印；

(1)　花坛上没有脚印；

　　所以，贼不是从窗户进来的。

　　如果企鹅是鸟，那么企鹅是动物；

(2)　企鹅不是动物；

　　所以，企鹅不是鸟。

(1)(2) 是两个表面上看起来非常不同的推理，它们讲的不是相同的内容，甚至从结果上来看，(1) 的结论我们觉得很合理，而 (2) 的结论我们会觉得有些奇怪。然而，这两个推理背后却拥有相同的推理形式：

$$如果\ p，那么\ q；$$
$$并非\ q；$$
$$所以，并非\ p。$$

在后面的章节中我们还将看到，这个推理形式还是一个有效的推理形式。有效的推理形式保证的是从真前提一定得出真结论，因此，尽管 (2) 中由于前提中包含假命题（企鹅不是动物）而导致结论为假（企鹅不是鸟），却并不影响这一推理形式的有效性。逻辑学并不关注推理的具体内容，而是力图找出有效的推理形式。

　　推理有不同的层次，命题逻辑把简单命题看成最小单位，打个比方，简单命题在这里就像是原子，在命题逻辑这里我们暂时不去考虑原子内部还有什么结构，而是看从这些原子通过某些方式联结起来所组成的结构中能够总结出什么样的推理规律。而这些原子正是通过命题联词联结在一起的。在前面举的例子中，"并非""并且""或者""如果，那么"等就是这样的联词。而刚才例 (1)(2) 所涉及的就是命题逻辑的推理。除了只涉及联词的推理以外，还有没有涉及原子内部结构的推理？当然有，如：

　　兰花都是依靠昆虫授粉的；

(3)　巨兰是兰花；

　　所以，巨兰是依靠昆虫授粉的。

　　有的学生做对了所有试题；

(4)　────────────────

　　所以，所有试题都有学生做对。

　　要找出这些有效的推理，还需打开"原子"，进一步分析简单命题内部的结构。这些也是逻辑学研究的内容，将留待在本章之后展开讨论。

真和有效

命题有真有假，一个命题为真可以具有偶然性，也可能具有某种必然性。例如"今天下雨"这个命题的真假判断取决于今天的实际天气情况。而对于命题"今天下雨或者今天不下雨"来说，无关今天下雨或今天不下雨，这句话都被认为真[①]；在所有可能的解释下都为真的语句被我们称为有效的。逻辑学并不关心一个命题的具体内容，即具有偶然性的真假，而是寻找有效式和有效的推理形式。然而，有效是通过真来定义的，因此这两个概念在逻辑学中都很重要。

2.1.2 命题逻辑发展简史[②]

古希腊哲学家、逻辑学家亚里士多德是传统逻辑的集大成者，但他的逻辑把更多的精力放在涉及"所有""有些"这样的量词上面，并没有着重处理命题逻辑。不过，在他的关于形而上学的著述中，亚里士多德提到并支持的排中律（Law of Excluded Middle）和无矛盾律（Law of Contradiction），却是命题逻辑中非常重要的两个原则。在命题逻辑的解释下，排中律说的是每个命题或者真或者假，无矛盾律说的是没有命题既真又假。

公元前 3 世纪晚期，斯多葛学派哲学家们对"并且""或者""如果，那么"等命题算子做了更认真细致的研究。由于他们的著作（如果真有过的话）已经不复存在了，我们无法确认究竟是谁最先进入命题逻辑研究领域的，但我们可以从恩披里柯（Empiricus, S.）的著作中了解到，克罗诺斯（Cronus, D.）和他的学生斐洛（Philo）进行了一场旷日持久的关于条件句的辩论：一个条件句是否为真是否仅仅依赖于前件（如果从句）真、后件（那么从句）假这一条件，还是需要前件和后件有某些其他的关联。这一辩论和我们今天进行的关于条件句的讨论仍有很大的关系。斯多葛学派哲学家克里西波斯在推进斯多葛学派命题逻辑方面可能做了最大的贡献，他为论证给出了形式化复杂前提的不同方法，同时总结了每一种方法的推理模式（例如分离规则、否定后件规则等）。

在接下来的几个世纪里，斯多葛学派的工作取得了些微的进展。2 世纪的逻辑学家盖伦（Galen），6 世纪的哲学家波提乌斯（Boethius）以及后来的中世纪思想家，如阿贝拉德（Abelard）和奥卡姆的威廉[③]等，在逻辑学方面的主要贡献是更好地形式化了亚里士多德或克里西波斯给出的规则，对术语进行改进，进一步探讨算子之间的关系。例

---

① 直觉主义学派持不同观点。

② 这部分内容主要在 [126] 的基础上进一步整理而成。

③ William of Occam，约 1285—1347，英国逻辑学家，以"奥卡姆剃刀"理论而闻名。

如，阿贝拉德明确区分了相容析取和不相容析取，并指出相容析取对于发展出相对简单的关于析取的逻辑来说更为重要。

命题逻辑发展的下一个重大进步在相当久之后了，在德·摩根[1]尤其是布尔[2]给出了符号逻辑之后。布尔主要对开发数学风格的"代数"以取代亚里士多德的三段论逻辑感兴趣，在这个过程中，布尔注意到，如果将等式"$x = 1$"读作"x 是真的"，将等式"$x = 0$"读作"x 是假的"，则他的逻辑中给出的规则可以转换到命题逻辑中，例如，"$x + y = 1$"可被解释为"x 或 y 是真的"，"$xy = 1$"可被解释为"x 和 y 都是真的"。布尔的工作迅速引起了数学家对逻辑学的兴趣。后来，"布尔代数"被用来作为计算机设计和编程中使用的真值函数命题逻辑的基础。

19 世纪后期，弗雷格提出，作为系统化探究的一个分支，逻辑学要比数学或代数更基础，1879 年，他在著作《概念文字》[3]中给出了逻辑学的第一个现代公理化演算系统。尽管这一个结果涵盖的不仅仅是命题逻辑，但是从弗雷格的公理化中，有可能提炼出经典真值函数命题逻辑的第一个完全公理化。弗雷格也是第一个系统地论证了所有真值函数联词都可以用否定和实质蕴涵来定义的人。

1906 年，罗素[4]给出了一个不同的命题逻辑的完全公理化系统。1910 年，他又与怀特海[5]一起在他们的经典著作《数学原理》[6]中，以析取和否定为初始联词构建了另一个公理化系统。1913 年，美国逻辑学家谢费尔首先发表了[7]关于用一个二元算子来定义所有真值算子的可能性的证明，尽管美国逻辑学家皮尔斯[8]在几十年前已经发现了这一点[9]。1917 年，法国逻辑学家尼可德发现[10]，只使用谢费尔竖（对应符号为|）这一个联词、一个公理模式和一个推理规则，就可以给出命题逻辑的公理化。

在讨论真值函数联词时，经常用到"真值表"概念。它似乎至少隐含在皮尔斯、杰

① De Morgan, A., 1806—1871，英国数学家、逻辑学家，提出了德·摩根律，并严格地引入了数学归纳法。

② Boole, G., 1815—1864，英国数学家、逻辑学家。

③ 详见 [66]。

④ Russell, B., 1872—1970，英国哲学家、数学家、逻辑学家、历史学家、文学家。

⑤ Whitehead, A. N., 1861—1947，美籍英裔数学家、哲学家和教育理论家。

⑥ 详见 [238–240]。

⑦ Sheffer, H. M.；详见 [203]。

⑧ Peirce, C. S., 1839—1914，美国哲学家、逻辑学家、数学家、科学家；作为科学家，也被誉为"实用主义"之父。

⑨ 详见 [176]。

⑩ Nicod, J.；详见 [166]。

文斯[①]、卡罗尔[②]、韦恩[③]等的著作中。早在 1909 年，施罗德[④]的著作中就很清晰地出现了真值表。也许是由于波斯特[⑤]和维特根斯坦[⑥]的著作的共同影响，真值表的使用在 1920 年代早期迅速普及起来。其中，在维特根斯坦于 1920 年出版的《逻辑哲学论》[⑦]中，真值表和真值函数的使用是突出特色，而在波斯特于 1921 年发表的著述[⑧]中，真值表更是得到了充分应用。

对命题逻辑公理化系统及相关元理论的系统研究构建于 1920 年代到 1940 年代之间，由希尔伯特[⑨]、伯内斯[⑩]、塔斯基[⑪]、卢卡西维茨[⑫]、哥德尔[⑬]、丘奇[⑭]给出。正是在这一时期，这一领域的很多重要的元理论成果被发现。

古典真值命题逻辑的完全的自然演绎系统从根岑[⑮]1930 年代中期的著作[⑯]中发展出来，并由此开始普及，这一结果随后被引入了一些非常有影响力的教科书[⑰]中。

模态命题逻辑是被研究得最多的一种非真值函数命题逻辑形式。尽管模态逻辑的历史可以追溯到亚里士多德时代，但以现代的标准来看，对模态命题逻辑的最早系统化研究见于刘易斯[⑱]1912 年和 1914 年的工作。至于其他为人所熟知的非真值函数命题逻辑形式，道义逻辑始于麦里[⑲]1926 年的工作，认知逻辑首先由欣提卡[⑳]于 1960 年代早期给出系统化的处理。三值命题逻辑的现代化则是卢卡西维茨的工作。随后，其他非经典命题逻辑也很快发展起来。相干命题逻辑相对较新，可以追溯到安德森和贝尔纳普 1970 年

---

① Jevons, W. S.；详见 [118]。

② Carroll, L.；详见 [24]。

③ Venn J.；详见 [236]。

④ Schröder, E., 1841—1902, 德国数学家、逻辑学家；详见 [202]。

⑤ Post, E., 1897—1954, 美籍波兰裔数理逻辑学家，现代计算机理论和证明论的开创人之一。

⑥ Wittgenstein, L., 1889—1951, 奥地利哲学家。

⑦ 详见 [242]。

⑧ 详见 [180]。

⑨ Hilbert, D., 1862—1943, 德国数学家、逻辑学家，19 世纪下半叶和 20 世纪初最有影响力的数学家之一；详见 [106]。

⑩ Bernays, P., 1888—1977, 瑞士数学家，主要工作在数理逻辑、公理集合论和数学哲学方面；详见 [152, 153]。

⑪ Tarski, A., 1901—1983, 美籍波兰裔逻辑学家、语言哲学家、数学家；详见 [225]。

⑫ 详见 [146]。

⑬ 详见第 213 页；详见 [56–60]。

⑭ Church, A., 1903—1995, 美国数学家、逻辑学家；详见 [32]。

⑮ Gentzen, G., 1909—1945, 德国数学家、逻辑学家。

⑯ 详见 [76]。

⑰ 详见 [33, 63]。

⑱ Lewis, C. I., 1883—1964, 美国哲学家、逻辑学家；详见 [137, 138]。

⑲ Mally, E.；详见 [151]。

⑳ Hintikka, J., 1929—2015, 芬兰哲学家、逻辑学家；详见 [109]。

代中期的工作[1]中。弗协调逻辑根源于卢卡西维茨等人的工作，目前已发展成独立的研究领域，主要的研究见于达·科斯塔[2]1970 年代的工作和普瑞斯特[3]1980 年代的工作。

2.1.3 本章的基本脉络

本章主要介绍现代逻辑背景下的命题逻辑的基本内容，我们将会根据命题逻辑的研究目标构建一个人工语言，以此为基础分别给出命题逻辑的形式语义以及命题逻辑的一个公理系统，并通过可靠性和完全性来探讨二者之间的关系。前面提到，除了公理系统，命题逻辑还有自然演绎系统，但本章不再展开介绍。至于模态命题逻辑，我们留待模态逻辑一章再进一步介绍。除此之外，我们还将简单介绍公理的独立性、紧致性和可判定性等概念。

2.2 语　言

要找出命题逻辑的重言式，探究命题逻辑的有效推理形式，首先要使用适合的语言。由于人们日常使用的自然语言过于丰富且具有歧义，因此要想探究纷繁表面背后的结构性规律，需要构建一个能够表达命题逻辑研究对象的人工语言。这种人工语言要满足以下要求：充分性、简洁性、无歧义性。充分性要求构建的语言能够完全表达出我们要研究的对象，以前面的推理为例，要表达出这些推理，我们至少需要表达命题的符号和表达联词的符号。简洁性要求我们考虑尽量以相对简单的方式来表示这些命题推理，比如，如果我们可以通过简单命题和联词表示出所有的复合命题，我们就不需要单独给出符号来表示复合命题。想办法找出研究范围下最简单、最基本的符号来表示更复杂的符号，这很符合哲学求根究底的精神，也是逻辑学中经常强调的组合原则的原理之所在。无歧义性要求我们每个符号在同一个解释下只能有唯一的所指，这是构建人工语言非常重要的任务之一。综合这些要求，以下给出命题逻辑的语言 $\mathscr{L}_0$。

定义 2.2.1（初始符号）. (1) $p_0, p_1, p_2, \cdots$；

(2) $\neg, \rightarrow$；

(3) $(,)$。　　　　　　　　　　　　　　　　　　　　　　　　　　　　　　　　□

---

[1] Anderson, A. R.；Belnap, N. D.；详见 [4, 5]。

[2] Da Costa, N. C. A.；详见 [34]。

[3] Priest, G.；详见 [181]。

　　我们约定，(1) 中符号的前三个也分别记作 p, q, r。我们拟用 (1) 中的符号表示简单命题（或称原子命题），这些符号被称为命题变元；拟用 $\neg, \to$ 分别表示命题联词否定和（实质）蕴涵。但一定要注意，这些符号在未经解释之前其实只是一些符号，并没有任何的意义。(3) 中的括号是技术性符号，分别称为左括号和右括号，使用括号可以有效避免表达式的歧义。

　　以上 (1)(2)(3) 中的符号以及我们将来用这些符号定义出的公式将作为这一章的研究对象，我们称其为命题逻辑的语言 $\mathscr{L}_0$。要讨论这些研究对象也需要用到语言，要注意这两个语言分属不同的层次。$\mathscr{L}_0$ 是我们的研究对象，被称作对象语言，而谈论 $\mathscr{L}_0$ 的语言被称作元语言。这里的元语言其实就是我们的自然语言，只不过为了表述方便，我们会在所使用的元语言中引入一些符号，或者对一些符号做出某些约定，我们把它们称为元语言符号，我们约定：

(1) p, q, r（小写斜体英文字母，可加下标）等，表示 $\mathscr{L}_0$ 的任意命题变元。

(2) ϕ, ψ, θ（小写斜体希腊文字母）等，表示 $\mathscr{L}_0$ 的任意公式。

(3) Γ, Σ, Δ（大写直立希腊文字母，可加下标），表示 $\mathscr{L}_0$ 的任意公式集。

根据需要以后还会随时引入一些元语言符号。

定义 2.2.2（$\mathscr{L}_0$ 公式的形成规则）. (1) 任意命题变元 p 是公式；

(2) 若 ϕ 是公式，则 $\neg\phi$ 也是公式；

(3) 若 ϕ, ψ 是公式，则 $(\phi \to \psi)$ 也是公式。　　　　　　　　　　□

定义 2.2.3（$\mathscr{L}_0$ 公式定义）. ϕ 是 $\mathscr{L}_0$ 公式，当且仅当，ϕ 是有穷次使用 $\mathscr{L}_0$ 公式形成规则得到的 $\mathscr{L}_0$ 表达式。　　　　　　　　　　　　　　　　□

　　p 被称为原子公式，$\neg\phi$ 被称为否定式，$(\phi \to \psi)$ 被称为实质蕴涵式。

定义 2.2.4. $\mathscr{L}_0$ 的其他命题联词符号 $\wedge, \vee, \leftrightarrow$ 等通过定义引入[①]：

$$(\phi \wedge \psi) \triangleq (\neg(\phi \to \neg\psi));$$

$$(\phi \vee \psi) \triangleq ((\neg\phi) \to \psi);$$

$$(\phi \leftrightarrow \psi) \triangleq ((\phi \to \psi) \wedge (\psi \to \phi)).$$　　　　□

　　联词符号 $\wedge, \vee, \leftrightarrow$ 可以分别读作合取、析取和（实质）等值。以上定义中的被定义项只是相应定义项出于使用方便考虑的缩写，$\mathscr{L}_0$ 原则上可以不需要这些符号和公式。

约定 2.2.5（括号省略）. (1) 公式最外层的括号可以省略。

---

　　① 本书用 "$\triangleq$" 表示 "被定义为"。

(2) 联词符号的结合力依下列次序递减：$\neg, \wedge, \vee, \rightarrow, \leftrightarrow$。

(3) 连续的 "$\rightarrow$" 从后向前结合。

(4) 其他情况不可省略。　　　　　　　　　　　　　　　　　　　　　□

以上我们给出了从命题变元出发运用联词符号构建公式的一种方法。还有其他可能的定义方式，有些系统可能会选择不同的符号、不同的初始联词，设定不同的使用括号的规定（在波兰式记号法中甚至都没有使用括号）。所有这些不同的系统有一点是相同的：定义公式集合的形式化规则是递归的。

习题 2.2.6. 判定以下哪些是公式，哪些不是公式：

(1) p；

(2) $\neg\neg p$；

(3) $(q \wedge (p \rightarrow q))$；

(4) $(p$；

(5) $p\neg$；

(6) pqr；

(7) $pq \rightarrow$；

(8) $\vee \rightarrow \wedge$；

(9) $\vee \rightarrow pq \vee pq$。　　　　　　　　　　　　　　　　　　　　□

习题 2.2.7. (1) 请补全以下公式的括号：

　　(a) $r \vee \neg p \vee q$；

　　(b) $r \rightarrow p \rightarrow p \leftrightarrow \neg\neg p \vee q$。

(2) 请简化以下公式：

　　(a) $((p \rightarrow (\neg q) \vee r)$；

　　(b) $((\neg(\neg(\neg(p \wedge q)))) \rightarrow (p \rightarrow q))$；

　　(c) $(((p \wedge (\neg q)) \wedge r) \vee s)$。　　　　　　　　　　　　　　□

2.3　语　义

2.3.1　真与真值

命题的重要特征是有真假，命题的真假取决于它是否如实地反映客观的情况。

我们把真假都称作命题逻辑的真值。在命题逻辑这里，对命题的解释遵循二值原则，即一个命题非真即假。

命题逻辑的语义提供一种形式化的方法来表达真值和真值条件。其思路是：原子命题（简单命题）的真值是直接得出的，取决于它们是否正确反映了外部世界的实际情况。即，一个原子命题（简单命题）真当且仅当其正确描述了实际情况。随后，我们需要一个系统化的方法根据原子命题的意义（真条件）来确定复合命题的意义（真条件）。在我们真正讨论命题逻辑的语义之前，先做些说明。

存在一些句子其表达的命题可以是一直真，或者一直假，或者其真假依赖于语境。不管外界世界如何变化，一直都为真的命题被我们称为重言式，见例 (1)；不管外界世界如何变化，一直都为假的命题被我们称为矛盾式，见例 (2)；命题的真假取决于外部世界的情况的，被我们称为偶然式，见例 (3)。

(1) (*a*) 每朵花都是一朵花。

(*b*) 单身汉是未结婚的人。

(*c*) 今天下雨或不下雨。

(2) (*a*) 每朵花都不是一朵花。

(*b*) 单身汉是结婚的人。

(*c*) 今天下雨并且今天不下雨。

(3) (*a*) 小陈正在睡觉。

(*b*) 琳琳是四川人。

(*c*) 琳琳吃掉了所有的羊肉串，小陈喝掉了所有的啤酒。

(3) 中的例子，以 (3)(*a*) 为例，其真假的判断取决于小陈当下是否真的正在睡觉。逻辑学家们并不关心小陈是否正在睡觉这一关于外部世界的情况，而是关心这些命题为真的条件，以及这些句子的真假如何决定其构成的复合命题的真假。

2.3.2 组合性

命题逻辑从原子命题的真假和由联词所确定的逻辑结构来考虑复合命题的真假。

在命题逻辑的理论下，每个命题都有一个或真（T 或 1）或假（F 或 0）的值。对于原子命题，这一真值反映了与外部世界的对应情况。换言之，一个原子命题 p 真当且仅当它是一个正确描述了外部世界的陈述。但这并没有告诉我们复合命题的真值是如何获得的，如果想系统化地阐释复合命题是如何获得的，我们需要首先来说说组合原则。

组合原则 整体的意义是由部分意义及其组合方式所决定的。即，复合命题的真值由其语

法构成的真值及其语法结构（即联词及其布局）所决定。　　　　　　　　　　□

示例 2.3.1. 复合命题 $(\neg p \wedge (q \to r))$ 的公式构成具有组合性，完全可以根据命题逻辑公式的形成规则构建出来：

(1) 原子命题 p, q, r 是公式（根据公式的形成规则 (1)）；
(2) 因为 p 是公式，所以 $\neg p$ 是公式（根据公式的形成规则 (2)）；
(3) 因为 q, r 是公式，所以 $(q \to r)$ 是公式（根据公式的形成规则 (3)）；
(4) 因为 $\neg p$ 是公式，$(q \to r)$ 是公式，所以 $(\neg p \wedge (q \to r))$ 是公式（根据 (2)(3) 和公式的形成规则 (3)）。

我们以图示的方式将这个结构进行分解：

进一步分解，可以得到：

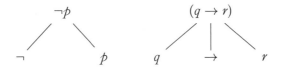

把这些结构放在一起展示：

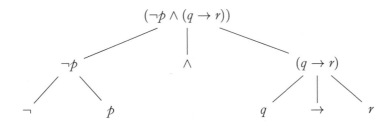

　　组合原则告诉我们 $(\neg p \wedge (q \to r))$ 的意思是由其组成部分 $\{p, q, r, \neg, \wedge, \to\}$ 的意思以及其组合方式所决定的。我们现在知道两件事：

(1) 语法角度，部分组合成整体的方式；
(2) 我们可以依据外部世界的情况来判定原子命题的真值。

然而，还有第三件事我们并不知道：

(3) (a) 联词符号 ¬ 的语义：我们不知道它如何与 p 的真值发生关联。

    (b) 联词符号 → 的语义：我们不知道它如何与 q 和 r 的真值发生关联。

    (c) 联词符号 ∧ 的语义：我们不知道它如何与 ¬p 和 $(q \rightarrow r)$ 的真值发生关联。

如果不知道联词符号的语义，我们就没有办法确定复合命题的真值。下面我们将讨论联词符号的语义，也就是联词是如何影响真值的。   □

2.3.3 联词与真值表

从语义角度来看，联词把每个命题的真值连结起来并得出组合后的复合命题的一个独一无二的真值（其本质是真值函数）。例如，如果 ϕ 是 $\mathscr{L}_0$ 中的一个命题，则复合命题 ¬ϕ 也是 $\mathscr{L}_0$ 中的一个命题，ϕ 和 ¬ϕ 在 $\mathscr{L}_0$ 中都有真值，复合命题 ¬ϕ 的真值取决于 ϕ 的真值和联词符号 ¬。¬ 把 ϕ 和 ¬ϕ 的真值联系起来，这种联系不是机械设定的，它对应着我们在自然语言中对否定的直观（在自然语言中，我们对联词有很多不同的理解，而这里我们只从真值角度抽取其最简单的直观）。以下我们用真值表来表达这些联系。

在命题逻辑中，最常用的联词有 5 个：否定、合取、析取、蕴涵和等值。

否定的真值表

表 2.1 否定的真值表

ϕ	¬ϕ
1	0
0	1

否定是日常联词"并非"从真值角度的抽象，用符号 ¬ 表示，可以将其读作否定。表 2.1 展示了 ϕ 在每个取值下 ¬ϕ 的取值。如果 ϕ 为真，则 ¬ϕ 为假；如果 ϕ 为假，则 ¬ϕ 为真。

示例 2.3.2. (1) 现在下雨。 p

(2) 现在不下雨。   ¬p

合取的真值表

表 2.2 合取的真值表

ϕ	ψ	$\phi \wedge \psi$
1	1	1
1	0	0
0	1	0
0	0	0

合取是日常联词"并且"从真值角度的抽象，用符号 $\wedge$ 表示，可以将其读作合取。$\phi \wedge \psi$ 被称为 ϕ 和 ψ 的合取式，ϕ 和 ψ 被称为 $\phi \wedge \psi$ 的合取支。只有当 ϕ 和 ψ 同时为真时 $\phi \wedge \psi$ 才取值为真。

示例 2.3.3. (1) 小林是篮球社的并且小红是推理社的。 $p \wedge q$

(2) 小林是篮球社的。 p

(3) 小红是推理社的。 q

析取的真值表

表 2.3 析取的真值表

ϕ	ψ	$\phi \vee \psi$
1	1	1
1	0	1
0	1	1
0	0	0

析取是日常联词"或者"从真值角度的抽象，用符号 $\vee$ 表示，可以将其读作析取。"或者"有两种意义，一种是相容的，一种是不相容的。这里的联词 $\vee$ 是对相容意义的"或者"进行的抽象。$\phi \vee \psi$ 被称为 ϕ 和 ψ 的析取式，ϕ 和 ψ 被称作析取支。当 ϕ 和 ψ 中至少有一个为真时 $\phi \vee \psi$ 取值为真。

示例 2.3.4. (1) 小林是篮球社的或者小红是推理社的。 $p \vee q$

(2) 小林是篮球社的。 p

(3) 小红是推理社的。 q

蕴涵的真值表

表 2.4 蕴涵的真值表

ϕ	ψ	$\phi \to \psi$
1	1	1
1	0	0
0	1	1
0	0	0

蕴涵是日常联词"如果，那么"从真值角度的抽象，用符号 $\to$ 表示，可以将其读作蕴涵。$\phi \to \psi$ 被称为蕴涵式，其中 ϕ 被称为蕴涵式的前件，ψ 被称为蕴涵式的后件。假言命题"如果 ϕ，那么 ψ"的基本涵义是，ϕ 是 ψ 的充分条件。这个涵义要求 ϕ 和 ψ 在内容上有联系，所以只从真假方面来考虑假言命题是不够的，这里的蕴涵是只从真假方面做的抽象，又被称为实质蕴涵。$\phi \to \psi$ 只有在 ϕ 真 ψ 假时为假。

示例 2.3.5. (1) 如果现在下雨，则活动取消。 $(p \to q)$

(2) 现在下雨。 p

(3) 活动取消。 q

等值的真值表

表 2.5 等值的真值表

ϕ	ψ	$\phi \leftrightarrow \psi$
1	1	1
1	0	0
0	1	0
0	0	1

等值是联词"当且仅当"从真值角度的抽象,用符号 ↔ 表示,可将其读作等值。真值形式为 $\phi \leftrightarrow \psi$。$\phi \leftrightarrow \psi$ 在 ϕ 和 ψ 同时为真或同时为假时为真。

示例 2.3.6. (1) 小林是篮球社的当且仅当小红是推理社的。 $\quad\quad\quad\quad\quad\quad$ $p \leftrightarrow q$

(2) 小林是篮球社的。 $\quad\quad\quad\quad\quad\quad\quad\quad\quad\quad\quad\quad\quad\quad\quad\quad\quad\quad\quad\quad$ p

(3) 小红是推理社的。 $\quad\quad\quad\quad\quad\quad\quad\quad\quad\quad\quad\quad\quad\quad\quad\quad\quad\quad\quad\quad$ q

在掌握了这些基本联词符号的语义后,现在我们可以确定公式 $(\neg p \wedge (q \to r))$ 的真值了。

表 2.6 $(\neg p \wedge (q \to r))$ 的真值表

p	q	r	$\neg p$	$q \to r$	$(\neg p \wedge (q \to r))$
1	1	1	0	1	0
1	1	0	0	0	0
1	0	1	0	1	0
1	0	0	0	0	0
0	1	1	1	1	1
0	1	0	1	0	0
0	0	1	1	1	1
0	0	0	1	1	1

我们来简单解释一下这个真值表。在原子命题 p, q, r 之下所列出的是 p, q, r 取值的所有可能组合,一共有 8 种取值组合(对应着外在世界的 8 种潜在情况)。$\neg p$ 的真值是根据否定的真值表得到的,当 p 取 1 时,$\neg p$ 就取 0,当 p 取 0 时,$\neg p$ 就取 1;同理,$(q \to r)$ 的真值是 q 和 r 根据 $\to$ 的真值表得到的;$(\neg p \wedge (q \to r))$ 的真值是 $\neg p$ 和 $(q \to r)$ 根据 $\wedge$ 的真值表得到的。

根据真值表,我们可以知道,命题 $(\neg p \wedge (q \to r))$ 为真当且仅当(p 为假,q 为真,且 r 为真)或者(p 为假,q 为假,且 r 为真)或者(p 为假,q 为假,且 r 为假)。

示例 2.3.7. 小林不是推理社的且如果小红是推理社的,则小江是话剧社的。$(\neg p \wedge (q \to r))$ 这一复合命题为真有三种情况:

(1) 小林不是推理社的,小红是推理社的且小江是话剧社的。

(2) 小林不是推理社的,小红不是推理社的且小江是话剧社的。

(3) 小林不是推理社的,小红不是推理社的且小江不是话剧社的。 $\quad\quad\quad\quad$ □

问题 2.3.8. 当真值表中只出现 1 个原子命题时，真值表中的取值情况是 2 种：真或者假；当真值表中出现 2 个不同原子命题时，真值表中列出的所有取值情况的组合是 4 种；当真值表中出现 3 个不同原子命题时，真值表中列出的所有取值情况的组合是 8 种；当真值表中出现 4 个不同的原子命题时，真值表中列出的所有取值情况的组合是几种？当真值表中出现 n 个不同的原子命题时呢？ □

真值表是用于表达命题逻辑联词语义的一种通行方法。它的好处是一目了然，很容易理解和应用。除了用真值表去求某个复合命题的真值取值情况，判定是否为重言式外，我们还可以使用真值表来验证两个命题是否等值（如果两个命题 ϕ 和 ψ 在所有取值情况下都取相同的真值，则它们等值，记为 $\phi \Leftrightarrow \psi$）；还可以应用真值表去解一些推理题。

示例 2.3.9. 证明 $\neg(\phi \vee \psi)$ 和 $(\neg\phi \wedge \neg\psi)$ 是等值的，即 $(\neg\phi \wedge \psi) \Leftrightarrow (\neg\phi \wedge \neg\psi)$。

证明： 先画真值表。

ϕ	ψ	$\neg\phi$	$\neg\psi$	$\phi \vee \psi$	$\neg(\phi \vee \psi)$	$\neg\phi \wedge \neg\psi$
1	1	0	0	1	0	0
1	0	0	1	1	0	0
0	1	1	0	1	0	0
0	0	1	1	0	1	1

根据真值表，可得 $\neg(\phi \vee \psi)$ 和 $(\neg\phi \wedge \neg\psi)$ 在所有取值情况下取值都相同，因此 $\neg(\phi \vee \psi) \Leftrightarrow (\neg\phi \wedge \neg\psi)$。 □

示例 2.3.10. 判定 $(\phi \rightarrow \psi) \wedge \neg\psi \rightarrow \neg\phi$ 是不是重言式。

解： 列出公式 $(\phi \rightarrow \psi) \wedge \neg\psi \rightarrow \neg\phi$ 的真值表。

ϕ	ψ	$\neg\phi$	$\neg\psi$	$\phi \rightarrow \psi$	$(\phi \rightarrow \psi) \wedge \neg\psi$	$(\phi \rightarrow \psi) \wedge \neg\psi \rightarrow \neg\psi$
1	1	0	0	1	0	1
1	0	0	1	0	0	1
0	1	1	0	1	0	1
0	0	1	1	1	1	1

根据真值表，在所有的取值情况下，$(\phi \rightarrow \psi) \wedge \neg\psi \rightarrow \neg\phi$ 都取值为真，因此 $(\phi \rightarrow \psi) \wedge \neg\psi \rightarrow \neg\phi$ 是重言式。 □

尽管真值表有一目了然的特点，但它却容易让我们忽略掉联词的本质，联词可以被看作一种集合上的函数。以否定 ¬ 为例，它相当于从 $\{0,1\}$ 到 $\{0,1\}$ 的函数，而合取 ∧则相当于从 $\{0,1\} \times \{0,1\}$ 到 $\{0,1\}$ 的函数。同时，复合命题中涉及的命题变元个数逐渐增加，通过真值表的方式去表达和求解会越来越困难。基于以上，我们需要一个更一般化的表达联词真值性质的严格语义解释。

2.3.4 形式语义

语义赋值

我们需要一个语义赋值函数 v，它会给每个命题赋予一个真值，但这个函数并不是随便给出的，它需要表现出联词作用并且把复合命题的取值归约为其组成部分的取值。

定义 2.3.11（语义赋值）. (1) 如果 p 是原子命题，则 $v(p) = 1$ 或 $v(p) = 0$；

(2) $v(\neg\phi) = 1$ 当且仅当 $v(\phi) = 0$；

(3) $v(\phi \wedge \psi) = 1$ 当且仅当 $v(\phi) = 1$ 且 $v(\psi) = 1$；

(4) $v(\phi \vee \psi) = 1$ 当且仅当 $v(\phi) = 1$ 或 $v(\psi) = 1$；

(5) $v(\phi \rightarrow \psi) = 1$ 当且仅当 $v(\phi) = 0$ 或 $v(\psi) = 1$；

(6) $v(\phi \leftrightarrow \psi) = 1$ 当且仅当 $v(\phi) = v(\psi)$。　　　　　□

这一定义是根据公式的形成规则而得到的归纳定义，能够穷尽所有公式的情况，也就是说根据这个（递归）定义，只要原子公式的赋值确定了，$\mathscr{L}_0$ 语言下的所有公式的赋值就都确定了。在一个赋值 v 下，所有命题都有且唯一有一个或真或假的解释，因此它又被称为一个模型 $\mathcal{M}$。由于原子命题有可数无穷多个，因此存在无穷种原子命题的取值组合，相应地，也存在无穷多个赋值 v，即存在无穷多个模型。

问题 2.3.12. 为什么在前面涉及几个原子命题的真值表中，可能的取值情况都被列出来了，而这里又说存在无穷多个取值组合？　　　　　□

可满足性、重言式和语义后承

现在我们来定义可满足性、重言式和语义后承概念。

定义 2.3.13（可满足性）. (1) 一个公式 ϕ 是可满足的，如果对某个赋值 v，$v(\phi) = 1$；

(2) 一个公式 ϕ 是不可满足的，如果不存在赋值 v，使得 $v(\phi) = 1$。　　　　　□

在 2.3.1 中，我们从直观上对重言式、矛盾式和偶然式进行了解释和界定，以下我们基于语义赋值给出这几个概念的严格定义。

定义 2.3.14（重言式、矛盾式和偶然式）. (1) 一个公式 ϕ 是重言式（又称永真式），如果对所有的赋值 v，$v(\phi) = 1$；简记为 $\models \phi$。

(2) 一个公式 ϕ 是矛盾式（永假式），如果对所有的赋值 v，$v(\phi) = 0$；简记为 $\not\models \phi$。

(3) 一个公式 ϕ 是偶然式，如果它是可满足的但并非重言式。　□

　　记法：我们以下用 Γ, Δ 等表示公式集（如前所述），用 $\varnothing$ 表示空集。

定义 2.3.15（语义后承）. 如果 Γ 是一个公式集，$\Gamma \models \phi$ 当且仅当对任意使得 $v(\Gamma) = 1$（对任意 $\phi_i \in \Gamma$，都有 $v(\phi_i) = 1$）的赋值 v，都有 $v(\phi) = 1$；如果 $\Gamma \models \phi$，我们又称 ϕ 是 Γ 的语义后承。　□

　　ϕ 不是 Γ 的语义后承，记作 $\Gamma \not\models \phi$。它的条件是，存在赋值 v，使得 $v(\Gamma) = 1$ 且 $v(\phi) = 0$，这等价于存在赋值 v，$v(\Gamma \cup \{\neg\phi\}) = 1$，即 $\Gamma \cup \{\neg\phi\}$ 可满足（见下面的定义）。

定义 2.3.16（公式集的可满足）. 如果 Γ 是一个公式集，Γ 是可满足的，如果存在一个赋值 v，$v(\Gamma) = 1$，否则，Γ 就是不可满足的。　□

　　说明：重言式和语义后承概念在逻辑学中是很重要的概念。

　　以下给出关于语义的一些结论，这些结论的证明主要根据以上定义，请读者自己验证。

定理 2.3.17. (1) ϕ 是重言式当且仅当 $\varnothing \models \phi$；

(2) 如果 $\Gamma \models \phi$ 且 $\Gamma \models \phi \rightarrow \psi$，则 $\Gamma \models \psi$；

(3) 如果 Γ 是可满足的，则每个 Γ 的有穷子集也是可满足的；

(4) 单调性：如果 $\Gamma \subseteq \Delta$ 且 $\Gamma \models \phi$，则 $\Delta \models \phi$；

(5) 传递性：如果 $\Gamma \models \phi$ 且 $\Delta \cup \{\phi\} \models \psi$，则 $\Gamma \cup \Delta \models \psi$。　□

2.3.5 常见重言式

　　以下列出一些常见的重言式。前面我们讲到，一个公式是否为重言式可以用真值表来验证，现在，我们还可以根据语义赋值定理来验证。仅举其中一个例子，其他请读者自己验证。

示例 2.3.18. 证明 $(\phi \vee \neg\phi)$ 是重言式。

证明：　对任意的赋值 v，$v(\phi) = 1$ 或 $v(\phi) = 0$；根据语义赋值定义，如果 $v(\phi) = 1$，则 $v(\neg\phi) = 0$；如果 $v(\phi) = 0$，则 $v(\neg\phi) = 1$。在这两种情况下，都有 $v(\phi \vee \neg\phi) = 1$。　□

示例 2.3.19. 证明公式 $p \wedge \neg q \to p \to r$ 是偶然式，即它是可满足的，但并非重言式。

证明：　只需找到一个赋值，使得 $p \wedge \neg q \to p \to r$ 为真，再找到一个赋值使得 $p \wedge \neg q \to p \to r$ 为假即可。

设赋值 $v_1(p) = 1$，$v_1(q) = 0$，$v_1(r) = 1$，则有 $v_1(p \wedge \neg q) = 1$，$v_1(p \to r) = 1$，$v_1(p \wedge \neg q \to p \to r) = 1$。

设赋值 $v_2(p) = 1$，$v_2(q) = 0$，$v_2(r) = 0$，则有 $v_2(p \wedge \neg q) = 1$，$v_2(p \to r) = 0$，$v_2(p \wedge \neg q \to p \to r) = 0$。　□

一些常见的重言式如下：

定理 2.3.20. 设 ϕ, ψ, θ 是公式。则如下公式是重言式：

(1)（同一律）　　　$\phi \leftrightarrow \phi$；

(2)（排中律）　　　$\phi \vee \neg\phi$；

(3)（矛盾律）　　　$\neg(\phi \wedge \neg\phi)$；

(4)（分离律）　　　$\phi \wedge (\phi \to \psi) \to \psi$；

(5)（双重否定律）　$\neg\neg\phi \leftrightarrow \phi$；

(6)（幂等律）　　　$(\phi \wedge \phi) \leftrightarrow \phi$；

　　　　　　　　　　$(\phi \vee \phi) \leftrightarrow \phi$；

(7)（交换律）　　　$(\phi \wedge \psi) \leftrightarrow (\psi \wedge \phi)$；

　　　　　　　　　　$(\phi \vee \psi) \leftrightarrow (\psi \vee \phi)$；

(8)（德·摩根律）　$\neg(\phi \wedge \psi) \leftrightarrow (\neg\phi \vee \neg\psi)$；

　　　　　　　　　　$\neg(\phi \vee \psi) \leftrightarrow (\neg\phi \wedge \neg\psi)$；

(9)（结合律）　　　$\phi \wedge (\psi \wedge \theta) \leftrightarrow (\phi \wedge \psi) \wedge \theta$；

　　　　　　　　　　$\phi \vee (\psi \vee \theta) \leftrightarrow (\phi \vee \psi) \vee \theta$；

(10)（分配律）　　$\phi \wedge (\psi \vee \theta) \leftrightarrow (\phi \wedge \psi) \vee (\phi \wedge \theta)$；

　　　　　　　　　　$\phi \vee (\psi \wedge \theta) \leftrightarrow (\phi \vee \psi) \wedge (\phi \vee \theta)$。　□

构建命题逻辑的主要目标是把命题逻辑语言和研究范围下的全部重言式找出来，并以此找到关于命题逻辑的有效推理形式。以上我们看到，可以通过严格的解释来一个一个验证命题逻辑的公式是不是重言式，也可以验证语义后承关系（对应有效的推理形式）。但这种证明相对抽象，有没有更直接的方式去找到这些有效的推理形式？现代逻辑采取构建公理系统或自然演绎系统的方式来达到这个目标。下一节我们将给出命题逻辑的一个公理系统。

习题 2.3.21. 用真值表判定以下公式是不是重言式、矛盾式、偶然式。

(1) $(p \land (p \to q)) \to q$；

(2) $((p \to q) \to p) \land \neg p$。 □

习题 2.3.22. 已知在一个赋值下有 $v(p) = 1$，$v(q) = 0$，$v(r) = 1$，求 $v(\neg p \land (q \to r))$。 □

习题 2.3.23. 应用语义赋值的定义证明 $p \land \neg p$ 是矛盾式。 □

习题 2.3.24. 证明以下公式是重言式：

(1) $\phi \to \psi \to \phi$；

(2) $(\phi \to \psi \to \theta) \to (\phi \to \psi) \to (\phi \to \theta)$；

(3) $(\neg \phi \to \psi) \to (\neg \phi \to \neg \psi) \to \phi$。 □

习题 2.3.25. 证明 $p \leftrightarrow q$ 是 $\{p \to q, \neg p \to \neg q\}$ 的语义后承，即 $\{p \to q, \neg p \to \neg q\} \vDash p \leftrightarrow q$。 □

2.4 公理系统

基于命题逻辑的形式语言 $\mathcal{L}_0$，本节将给出公理、推理规则、（形式）证明的定义，基于这些初始设定，可以得到该系统下的所有内定理。

要注意的是：(1) 这些公理和规则是以直观的重言式、有效推理为基础给出的，但公理系统部分在未对应任何语义解释的情况下可以完全看作一个机械化的、不掺杂语义的按规则行事的系统，这样的演算系统能够进一步保证证明的严谨性、快速化以及与计算机的兼容性。(2) 要想让这一部分所得的结果与上一节的语义讨论相关联，我们还需进一步讨论可靠性和完全性等，这是下一节将要讨论的问题。

2.4.1 命题演算

定义 2.4.1（公理）. 命题演算的三组公理是：

命题公理 1 (P_1) $\phi \to (\psi \to \phi)$；

命题公理 2 (P_2) $(\phi \to \psi \to \theta) \to (\phi \to \psi) \to (\phi \to \theta)$；

命题公理 3 (P_3)　$(\neg\phi \rightarrow \psi) \rightarrow (\neg\phi \rightarrow \neg\psi) \rightarrow \phi$。　　□

评注 2.4.2. (1) 以上为三组公理，对于任意的公式 ϕ, ψ, θ 来说，以上公式都是公理。我
们把每一组公理称为一个公理模式。例如，如果 $\phi = p \wedge q, \psi = r$，则 $p \wedge q \rightarrow r \rightarrow p \wedge q$
属于公理 P_1。如果 $\psi = \phi \rightarrow \phi, \theta = \neg\phi$，则 $\phi \rightarrow (\phi \rightarrow \phi) \rightarrow \phi$ 和 $(\phi \rightarrow (\phi \rightarrow \phi) \rightarrow \neg\phi) \rightarrow (\phi \rightarrow (\phi \rightarrow \phi)) \rightarrow (\phi \rightarrow \neg\phi)$ 分别属于公理模式 P_1 和 P_2，需要注意的是这两
个表达式仍旧包含无穷多个公理，是一种模式。

(2) 用公理模式的方法，相当于有无穷多个公式作为公理，演绎过程相对简单一些，但
在公理的识别上会有一些困难。除了公理模式的处理方式外，还可以给出三个原子
命题表示的公理，之后在推理规则中添加一个代入规则，但总体来讲还是公理模式
的系统较为方便。　　□

定义 2.4.3（推理规则）. 只有如下一个初始推理规则：

分离规则 (MP)　如果有 ϕ 和 $\phi \rightarrow \psi$，那么有 ψ。　　□

　　分离规则，其拉丁文为 modus ponens，简记为 MP。三组公理和一条推理规则，以
上就是这个演算系统的全部初始设定。如果想从这些初始设定出发演绎出系统的内定理，
我们还需给出形式证明的严格定义。

2.4.2 证明和内定理

形式证明的定义

定义 2.4.4（证明）. $\phi_1, \cdots, \phi_n$ 是一个有限公式序列，如果每个公式 $\phi_i (i = 1, \cdots, n)$ 满
足以下条件之一，则称这个公式序列为一个序列，简称证明。

(1) ϕ_i 是公理；
(2) ϕ_i 是由序列中较前的两个公式应用分离规则得到的（即存在 $j, k \leq i$ 使得 $\phi_k = \phi_j \rightarrow \phi_i$）。　　□

　　证明的直观意义就是从公理出发，通过分离规则得到一个又一个公式。

定义 2.4.5（ϕ 的证明）. 如果一个证明的最后一项是 ϕ，则称这个证明的序列为 ϕ 的证
明。　　□

定义 2.4.6（内定理）. 如果 ϕ 有一个证明，则称 ϕ 是一个内定理，记作 $\vdash \phi$。　　□

　　$\vdash$ 也是语法符号。

习题 2.4.7. 证明如下两条结论:

(1) 每个公理都是内定理。

(2) 如果 $\phi_1, \cdots, \phi_n$ 是一个证明, 则任给 $1 \leq k \leq n$, $\phi_1, \cdots, \phi_k$ 也是一个证明, 进而 ϕ_k 也是一个内定理。 □

形式证明示例

以下我们来证明一些内定理。

示例 2.4.8. 设 ϕ 是公式。证明: $\vdash \phi \to \phi$。

证明: 给出一个 $\phi \to \phi$ 的证明序列。

(1) $\phi \to (\phi \to \phi) \to \phi$ $\hfill P_1$

(2) $(\phi \to (\phi \to \phi) \to \phi) \to (\phi \to \phi \to \phi) \to (\phi \to \phi)$ $\hfill P_2$

(3) $(\phi \to \phi \to \phi) \to (\phi \to \phi)$ $\hfill (1),(2)$ 和 MP

(4) $\phi \to \phi \to \phi$ $\hfill P_1$

(5) $\phi \to \phi$ $\hfill (3),(4)$ 和 MP

这就完成了证明。 □

评注 2.4.9. 我们证明的内定理也是模式, 即, 每个内定理模式中也都包含了无穷多个内定理。 □

示例 2.4.10. 证明 $\vdash \phi \vee \neg \phi$。

证明: 给出相应的证明序列。

(1) $\neg \phi \to \neg \phi$ $\hfill$ 示例 2.4.8

(2) $\phi \vee \neg \phi$ $\hfill (1)$, $\vee$ 定义

这就完成了证明。 □

示例 2.4.11. 证明 $\vdash \theta \to \phi \to \psi \to \phi$。

证明: 给出相应的证明序列。

(1) $(\phi \to \psi \to \phi) \to \theta \to (\phi \to \psi \to \phi)$ $\hfill P_1$

(2) $\phi \to \psi \to \phi$ $\hfill P_1$

(3) $\theta \to \phi \to \psi \to \phi$ $\hfill (1),(2)$ 和 MP

这就完成了证明。 □

2.4.3 演绎规则

现在将证明的定义进一步推广。

定义 2.4.12（演绎）. Γ 是公式集，$\phi_1, \cdots, \phi_n$ 是有穷公式序列。如果每个 $\phi_i (1 \le i \le n)$ 满足以下条件之一，则称这个公式序列是以 Γ 为假设的一个演绎。

(1) ϕ_i 是公理；

(2) ϕ_i 是 Γ 中的公式，即 $\phi_i \in \Gamma$；

(3) ϕ_i 是序列中较前的两个公式应用分离规则得到的，即存在 $j, k \le i$ 使得 $\phi_k = \phi_j \to \phi_i$。 □

问题 2.4.13. 请比较演绎与证明的定义。 □

定义 2.4.14（从 Γ 到 ϕ 的演绎）. 如果以 Γ 为假设的演绎的最后一项是 ϕ，则称这个演绎是从 Γ 到 ϕ 的一个演绎。 □

如果存在从 Γ 到 ϕ 的演绎，则称 Γ 推出 ϕ，或 ϕ 是 Γ 的推论，记为 $\Gamma \vdash \phi$。

已知 Γ 和 Σ 都是公式集，如果任给 $\phi \in \Sigma$，都有 $\Gamma \vdash \phi$，则记为 $\Gamma \vdash \Sigma$。

如果 $\Gamma = \{\phi\}$，则可将 $\Gamma \vdash \psi$ 简记为 $\phi \vdash \psi$。

如果 $\phi \vdash \psi$ 且 $\psi \vdash \phi$，记为 $\phi \dashv\vdash \psi$。

推论 2.4.15. (1) 证明是演绎的特殊情况。当 $\Gamma = \varnothing$ 时，$\varnothing \vdash \phi$ 即 $\vdash \phi$。

(2) 任给 $\phi \in \Gamma$，都有 $\Gamma \vdash \phi$。即 Γ 中的任何公式都是 Γ 的推论。

(3) 单调性：如果有 $\Gamma \vdash \phi$，则有 $\Gamma \cup \Sigma \vdash \phi$；作为特殊情况，如果 ϕ 是内定理，则任给公式集 Γ，都有 $\Gamma \vdash \phi$。 □

问题 2.4.16. 请比较这里的推论与上一节语义部分的相应结论。 □

演绎示例

示例 2.4.17. 证明：$\{\phi, \phi \to \psi\} \vdash \psi$。

证明： 给出相应的演绎序列。

(1) ϕ 　　　　　　　　　　　　　　　　　　　　　　　　　　　假设

(2) $\phi \to \psi$ 　　　　　　　　　　　　　　　　　　　　　　　假设

(3) ψ 　　　　　　　　　　　　　　　　　　　　　　　(1)，(2) 和 MP

这就完成了证明。 □

示例 2.4.18. 证明：$\phi \vdash \psi \to \phi$。

证明： 给出相应的演绎序列。

(1) ϕ 假设
(2) $\phi \to \psi \to \phi$ P_1
(3) $\psi \to \phi$ (1)，(2) 和 MP

这就完成了证明。 □

示例 2.4.19. 证明：$\{\phi \to \psi, \psi \to \theta\} \vdash \phi \to \theta$。

证明： 给出相应的演绎序列。

(1) $\phi \to \psi$ 假设
(2) $\psi \to \theta$ 假设
(3) $(\psi \to \theta) \to \phi \to \psi \to \theta$ P_1
(4) $\phi \to \psi \to \theta$ (2)，(3) 和 MP
(5) $(\phi \to \psi \to \theta) \to (\phi \to \psi) \to (\phi \to \theta)$ P_2
(6) $(\phi \to \psi) \to (\phi \to \theta)$ (4)，(5) 和 MP
(7) $\phi \to \theta$ (1)，(6) 和 MP

这就完成了证明。 □

示例 2.4.20. 证明：$\neg\neg\phi \vdash \phi$。

证明： 给出相应的演绎序列。

(1) $\neg\neg\phi$ 假设
(2) $(\neg\phi \to \neg\phi) \to (\neg\phi \to \neg\neg\phi) \to \phi$ P_3
(3) $\neg\phi \to \neg\phi$ 示例 2.4.8
(4) $(\neg\phi \to \neg\neg\phi) \to \phi$ (2)，(3) 和 MP
(5) $((\neg\phi \to \neg\neg\phi) \to \phi) \to \neg\neg\phi \to ((\neg\phi \to \neg\neg\phi) \to \phi)$ P_1
(6) $\neg\neg\phi \to ((\neg\phi \to \neg\neg\phi) \to \phi)$ (4)，(5) 和 MP
(7) $(\neg\neg\phi \to ((\neg\phi \to \neg\neg\phi) \to \phi)) \to (\neg\neg\phi \to (\neg\phi \to \neg\neg\phi)) \to (\neg\neg\phi \to \phi)$ P_2
(8) $(\neg\neg\phi \to (\neg\phi \to \neg\neg\phi)) \to (\neg\neg\phi \to \phi)$ (6)，(7) 和 MP
(9) $\neg\neg\phi \to (\neg\phi \to \neg\neg\phi)$ P_1
(10) $\neg\neg\phi \to \phi$ (8)，(9) 和 MP
(11) ϕ (1)，(10) 和 MP

这就完成了证明。$\qquad\qquad\qquad\qquad\qquad\qquad\qquad\qquad\qquad$ $\square$

演绎规则

如果有 $\Gamma \vdash \Sigma$ 且 $\Sigma \vdash \psi$，则可得 $\Gamma \vdash \psi$。所以，如果已经证明了 $\{\psi_1, \psi_2 \cdots, \psi_k\} \vdash \psi$，而在以 Γ 为假设的演绎中出现了 $\phi_1, \phi_2, \cdots, \psi_k$，则可以直接得出 ψ。这意味着一个已经被证明的演绎 $\{\psi_1, \psi_2, \cdots, \psi_k\} \vdash \psi$ 可以被看作一个演绎规则：从 $\psi_1, \psi_2, \cdots, \psi_k$ 可得到 ψ。

应用已证明的演绎规则，可以简化证明。以下列出一些经常使用的演绎规则，请先证明后再应用。

定理 2.4.21. 设 ϕ, ψ, θ, ξ 是公式。则如下演绎规则成立：

(1)（双重否定引入）$\qquad \phi \vdash \neg\neg\phi$，

　　（双重否定消去）$\qquad \neg\neg\phi \vdash \phi$；

(2)（蕴涵引入或后件引入）$\phi \vdash \psi \to \phi$，

　　（蕴涵消去或分离规则）$\{\phi, \phi \to \psi\} \vdash \psi$；

(3)（合取引入）$\qquad\quad \{\phi, \psi\} \vdash \phi \wedge \psi$，

　　（合取消去）$\qquad\quad \phi \wedge \psi \vdash \phi$；

(4)（析取引入）$\qquad\quad \phi \vdash \phi \vee \psi$，

　　（析取消去）$\qquad\quad \{\phi \vee \psi, \phi \to \theta, \psi \to \theta\} \vdash \theta$；

(5)（等值引入）$\qquad\quad \{\phi \to \psi, \psi \to \phi\} \vdash \phi \leftrightarrow \psi$，

　　（等值消去）$\qquad\quad \phi \leftrightarrow \psi \vdash \phi \to \psi$；

(6)（反证法）$\qquad\qquad \{\neg\phi \to \psi, \neg\phi \to \neg\psi\} \vdash \phi$，

　　（归谬法）$\qquad\qquad \{\phi \to \psi, \phi \to \neg\psi\} \vdash \neg\phi$；

(7)（假言三段论）$\qquad \{\phi \to \psi, \psi \to \theta\} \vdash \phi \to \theta$，

　　（析取三段论）$\qquad \{\phi \vee \psi, \neg\phi\} \vdash \psi$；

(8)（前件强化）$\qquad\quad \phi \to \theta \vdash \phi \wedge \psi \to \theta$，

　　（后件强化）$\qquad\quad \{\phi \to \psi, \phi \to \theta\} \vdash \phi \to \psi \wedge \theta$；

(9)（前件弱化）$\qquad\quad \{\phi \to \theta, \psi \to \theta\} \vdash \phi \vee \psi \to \theta$，

　　（后件弱化）$\qquad\quad \phi \to \theta \vdash \phi \to \psi \vee \theta$；

(10)（建设性二难推理）$\quad \{\phi \to \theta, \psi \to \xi, \phi \vee \psi\} \vdash \theta \vee \xi$，

　　（破坏性二难推理）$\quad \{\phi \to \theta, \psi \to \xi, \neg\theta \vee \neg\xi\} \vdash \neg\phi \vee \neg\psi$；

(11)（幂等律）$\qquad\qquad \phi \wedge \phi \dashv\vdash \phi$，

$$\phi \vee \phi \vdash \phi;$$

(12)（交换律） $\quad \phi \wedge \phi \vdash \psi \wedge \phi,$

$$\phi \vee \psi \vdash \psi \vee \phi;$$

(13)（德·摩根律） $\quad \neg(\phi \wedge \psi) \vdash \neg\phi \vee \neg\psi,$

$$\neg(\phi \vee \psi) \vdash \neg\phi \wedge \neg\psi;$$

(14)（结合律） $\quad \phi \wedge (\psi \wedge \theta) \vdash (\phi \wedge \psi) \wedge \theta,$

$$\phi \vee (\psi \vee \theta) \vdash (\phi \vee \psi) \vee \theta;$$

(15)（分配律） $\quad \phi \wedge (\psi \vee \theta) \vdash (\phi \wedge \psi) \vee (\phi \wedge \theta),$

$$\phi \vee (\psi \wedge \theta) \vdash (\phi \vee \psi) \wedge (\phi \vee \theta);$$

(16)（吸收律） $\quad \phi \rightarrow \psi \vdash \phi \rightarrow \phi \wedge \psi,$

    （输出律） $\quad \phi \rightarrow \psi \rightarrow \theta \vdash \phi \wedge \psi \rightarrow \theta;$

(17)（假言易位） $\quad \phi \rightarrow \psi \vdash \neg\psi \rightarrow \neg\phi,$

$$\neg\phi \rightarrow \psi \vdash \neg\psi \rightarrow \phi,$$

$$\phi \rightarrow \neg\psi \vdash \psi \rightarrow \neg\phi,$$

$$\neg\phi \rightarrow \neg\psi \vdash \psi \rightarrow \phi;$$

(18)（等值否定交换） $\quad \phi \leftrightarrow \psi \vdash \neg\phi \leftrightarrow \neg\psi,$

$$\neg\phi \leftrightarrow \psi \vdash \phi \leftrightarrow \neg\psi,$$

$$\phi \leftrightarrow \neg\psi \vdash \neg\phi \leftrightarrow \psi,$$

$$\neg\phi \leftrightarrow \neg\psi \vdash \phi \leftrightarrow \psi。$$

$\hfill \square$

2.4.4 演绎定理

演绎的引入，帮助我们得出了一些演绎规则，这些演绎规则能够进一步简化证明。但如果想证明内定理，则演绎规则中的假设必须是之前已经得到的，在内定理的证明过程中不能应用假设。

因此我们还要考虑一些能够消去假设的原则，应用这些原则，可以从有假设的演绎得到内定理。其中最重要的就是演绎定理。

定理 2.4.22（演绎定理）. 如果 $\Gamma \cup \{\phi\} \vdash \psi$，则 $\Gamma \vdash \phi \rightarrow \psi$。

证明： 假定公式序列 $\psi_1, \psi_2, \cdots, \psi_n$ 是从 $\Gamma \cup \{\phi\}$ 到 ψ 的一个演绎，其中 $\psi_n = \psi$。对 i 施归纳来证明对所有的 $1 \leq i \leq n$，都有 $\Gamma \vdash \phi \rightarrow \psi_i$。

- 当 $i = 1$ 时，$\psi_1 = \psi$，有三种情况：
  - ψ_1 属于 Γ。由公理 $\psi \rightarrow \phi \rightarrow \psi$ 和分离规则可得 $\Gamma \vdash \phi \rightarrow \psi$。

- ψ_1 是 ϕ。由于 $\phi \to \phi$ 是内定理（详见示例 2.4.8），因此 $\Gamma \vdash \phi \to \psi_1$，由于 $\psi_1 = \psi$，即 $\Gamma \vdash \phi \to \psi$。

- ψ_1 是公理。由公理 $\psi \to \phi \to \psi$ 和分离规则可得 $\Gamma \vdash \phi \to \psi$。

- 假设对所有的 $k < i$，有 $\Gamma \vdash \phi \to \psi_k$，对于 ψ_i，除了以上三种情况，还有第四种可能：ψ_i 是由证明序列中较前的公式 ψ_j 和 $\psi_l = \psi_j \to \psi_i (j, l < i)$ 通过分离规则得到的。对于前三种情况，证明同上。对于第四种情况，由归纳假设可得：

$$\Gamma \vdash \phi \to \psi_j \text{ 以及 } \Gamma \vdash \phi \to \psi_j \to \phi_i,$$

而根据公理 2，有

$$(\phi \to \psi_j \to \psi_i) \to (\phi \to \psi_j) \to (\phi \to \psi_i).$$

应用两次分离规则，可得

$$\Gamma \vdash \phi \to \psi_i.$$

这就完成了证明。　□

定理 2.4.23（演绎定理的逆）. 如果 $\Gamma \vdash \phi \to \psi$，则 $\Gamma \cup \{\phi\} \vdash \phi$。

证明： 由分离规则可得。　□

演绎定理及其逆定理揭示了内定理和有前提（假设）的演绎之间的关系，能够帮助我们理解系统内定理和推理之间的关联。

当 $\Gamma = \phi$ 时，作为演绎定理和演绎定理逆定理的特例，可以得到：$\phi \vdash \psi$ 当且仅当 $\vdash \phi \to \psi$。

由演绎定理还可以得到反证法和归谬法的其他形式：

引理 2.4.24（反证法的第二形式）. 如果 $\Gamma \cup \{\neg\phi\} \vdash \psi$ 且 $\Gamma \cup \{\neg\phi\} \vdash \neg\psi$，则 $\Gamma \vdash \phi$。　□

引理 2.4.25（归谬法的第二形式）. 如果 $\Gamma \cup \{\phi\} \vdash \psi$ 且 $\Gamma \cup \{\phi\} \vdash \neg\psi$，则 $\Gamma \vdash \neg\phi$。　□

引理 2.4.26（反证法的第三形式）. 如果 $\Gamma \cup \{\psi\} \vdash \phi$ 且 $\Gamma \cup \{\neg\psi\} \vdash \phi$，则 $\Gamma \vdash \phi$。　□

反证法、归谬法的几种形式也可以用于消去假设。

2.4.5 公理的独立性

公理系统的出发点是公理，而公理系统所给出的公理是否有多余的，就是公理的独立性问题。

定义 2.4.27（公理的独立性）. 如果在不改变演绎规则的情况下, 一条公理不能由其他公理推出, 则称这条公理是独立的。 □

定义 2.4.28（公理系统的独立性）. 如果一个公理系统中的每条公理都是独立的, 则这个公理系统是独立的。 □

对于采取公理模式的公理系统, 独立性的定义还需做相应的修改。

定义 2.4.29（公理模式的独立性）. 如果在不改变演绎规则的情况下, 一个公理模式不能由其他公理模式推出, 则称这个公理模式是独立的。对于一个使用公理模式的公理系统, 如果其中每个公理模式都是独立的, 则这个公理系统是独立的。 □

这里给出的公理系统中的每个公理模式都是独立的, 进而这个公理系统是独立的, 但相应的证明最好留到下一节探讨完命题逻辑演算系统和语义解释之间的关系之后。事实上, 如果想证明"不能推出", 最好的办法是通过语义赋值, 而不是形式证明方法, 形式证明方法更擅长的是"推出"。

习题 2.4.30. 证明：$\vdash (\phi \to \psi) \to (\neg\psi \to \neg\phi)$。 □

习题 2.4.31. 证明：$\vdash (\phi \to \psi) \to (\phi \to \neg\psi) \to \neg\phi$。 □

习题 2.4.32. 证明：$\vdash \neg\neg\phi \to \phi$。 □

习题 2.4.33. 证明：$\neg(\phi \vee \psi \vee \theta) \vdash \neg(\phi \wedge \psi)$。 □

习题 2.4.34. 证明：$\{\phi \vee \psi, \phi \to \theta, \psi \to \theta\} \vdash \theta$。 □

习题 2.4.35. 证明：$\phi \wedge \psi \to \theta \vdash \phi \wedge \neg\theta \to \neg\psi$。 □

习题 2.4.36. 证明引理 2.4.24、引理 2.4.25 和引理 2.4.26。 □

2.5 可靠性和完全性

本章的第 2.2 节和第 2.3 节中给出了命题逻辑的形式语义, 定义了重言式和语义后承; 本章的第 2.4 节给出了命题逻辑的一个公理系统, 在公理和推理规则的基础上, 探讨了如何进行形式证明和演绎, 进而获得该公理系统下的内定理和演绎规则。这个公理系统是否正是命题逻辑的形式化? 我们需要从两个方面考虑这一问题：一是可靠性, 二是完全性。

如果一个公理系统的内定理都是语义解释所肯定的公式, 则称这个公理系统是可靠的。如果一个公理系统在语义解释下的肯定的公式都是内定理, 则称这个公理系统具有完全性。

2.5.1 可靠性证明

定理 2.5.1（可靠性）. 如果 $\vdash \phi$，那么 $\vDash \phi$。即命题演算的所有内定理都是重言式。

证明:　根据证明的定义，命题演算的所有内定理都可由公理和分离规则推出。

(1) 我们首先来证明每个公理都是重言式。具体可以用真值表也可以用根据语义赋值的定理来证明。我们只证 P_2 是重言式，其他的留给读者。

现在证明 P_2 $(\phi \to \psi \to \theta) \to (\phi \to \psi) \to (\phi \to \theta)$ 是重言式。用反证法。假设存在赋值，使得 $v((\phi \to \psi \to \theta) \to (\phi \to \psi) \to (\phi \to \theta)) = 0$，根据赋值定义，有

$$v(\phi \to \psi \to \theta) = 1 \tag{2.5.1}$$

且

$$v((\phi \to \psi) \to (\phi \to \theta)) = 0, \tag{2.5.2}$$

由 (2.5.2) 及赋值定义，又有

$$v(\phi \to \psi) = 1 \tag{2.5.3}$$

且 $v(\phi \to \theta) = 0$，因而

$$v(\phi) = 1 \tag{2.5.4}$$

且

$$v(\theta) = 0。 \tag{2.5.5}$$

再由 (2.5.3) 和 (2.5.4)，可得

$$v(\psi) = 1。 \tag{2.5.6}$$

进而由 (2.5.4)、(2.5.5) 和 (2.5.6) 可得

$$v(\phi \to \psi \to \theta) = 0。 \tag{2.5.7}$$

然而 (2.5.1) 与 (2.5.7) 矛盾，于是原结论得证。

(2) 我们现在证明每个内定理都是重言式。设 ϕ 是内定理，则存在证明序列 $\phi_1, \cdots, \phi_n$，其中 $\phi_n = \phi$。接下来归纳证明任给 $1 \le i \le n$，ϕ_i 是重言式。

- ϕ_i 是公理，根据 (1) 部分证明可得 ϕ_i 是重言式；
- ϕ_i 是 ϕ_j 和 $\phi_k(\phi_k = \phi_j \to \phi_i)(j, k < i)$ 通过分离规则得到的。由归纳假设，ϕ_j 和 $\phi_j \to \phi_i$ 是重言式。则任给赋值 v，有 $v(\phi_j) = 1$ 且 $v(\phi_j \to \phi_i) = 1$，则任给赋值 v，$v(\phi_i) = 1$。不妨

假设存在赋值 v_0，使得 $v_0(\phi_i) = 0$，根据归纳假设有 $v_0(\phi_j) = 1$，进而 $v_0(\phi_j \rightarrow \phi_i) = 0$，而同样根据归纳假设 $v_0(\phi_j \rightarrow \phi_i) = 1$，矛盾。

因此，ϕ_n 是重言式，即 ϕ 是重言式。 □

习题 2.5.2. 补全定理 2.5.1 的证明。 □

2.5.2 完全性证明

定理 2.5.3（完全性）. 如果 $\vDash \phi$，则 $\vdash \phi$。即命题逻辑语言下的所有重言式都是命题演算的内定理。 □

完全性有不同的证法，最早的完全性证明是由哥德尔给出的，而今亨金[1]的证明方法为人们所普遍采用。亨金证明最初用于证明一阶演算的完全性，我们在这里也把它用于命题逻辑完全性的证明。亨金证明是利用极大一致集及其性质的证明，因此要给出命题逻辑完全性定理的亨金证明，我们首先需要理解极大一致集的概念。

极大一致集

定义 2.5.4. 对于公式集 Γ，如果存在某个公式 ϕ 使得 $\Gamma \vdash \phi$ 且 $\Gamma \vdash \neg\phi$，则称该公式集 Γ 是不一致的（或矛盾的）；如果一个公式集 Γ 不是不一致的，则称该公式集 Γ 是一致的。 □

特别地，当 Γ 是单元集时，如 $\Gamma = \{\phi\}$，我们简记为 ϕ 是不一致的，或 ϕ 是一致的。

推论 2.5.5. 公式集 Γ 是不一致的当且仅当对所有的公式 ψ，有 $\Gamma \vdash \psi$。 □

定义 2.5.6（极大一致集）. 公式集 Γ 是极大一致集，当且仅当 Γ 是一致的，且如果对任意公式 ϕ，$\Gamma \cup \{\phi\}$ 是一致的，则 $\phi \in \Gamma$。 □

评注 2.5.7. (1) 极大一致集的定义是一般化的，它适用于很多不同的系统，具有很广的适用范围，本章我们默认在命题逻辑的语言和系统下应用极大一致集概念。

(2) 极大一致集与系统有关，总是相对于给定系统来说的极大一致集。一个系统有众多的极大一致集，通常可数语言下的系统都有不可数多的极大一致集。

(3) 不同系统的极大一致集可以是不同的，一个公理系统的极大一致集甚至可以不是另一公理系统的一致集。（后面的模态逻辑可能会有所体现） □

---

[1] Henkin, L.，1921—2006，美国逻辑学家。

定理 2.5.8. 设 Γ 是任一极大一致集，ϕ,ψ 是任一公式。则

(1) $\phi \in \Gamma \Leftrightarrow \neg\phi \notin \Gamma$；

(2) $\phi \rightarrow \psi \in \Gamma \Leftrightarrow \neg\phi \in \Gamma$ 或 $\psi \in \Gamma$；

(3) $\phi, \phi \rightarrow \psi \in \Gamma \Rightarrow \psi \in \Gamma$。　　　　　　　　　　　　□

习题 2.5.9. 证明定理 2.5.8。　　　　　　　　　　　　　　　　　　□

下面给出关于极大一致集的一个重要引理，它断言的是：每个一致集都可以扩张成一个极大一致集，称为林登鲍姆[①]引理。

定理 2.5.10（林登鲍姆引理）. Δ 是任一 $\mathscr{L}_0$ 公式集，如果 Δ 是一致的，那么存在极大一致集 Γ，$\Delta \subseteq \Gamma$。

证明： 命题逻辑的语言 $\mathscr{L}_0$ 是可数语言，即只有可数多个符号，所以 $\mathscr{L}_0$ 公式也是可数的，可以把所有 $\mathscr{L}_0$-公式排成一序列。设

$$\phi_1, \phi_2, \cdots, \phi_n, \cdots$$

是一个这样的 $\mathscr{L}_0$-公式序列，令

$$\Gamma_0 = \Delta,$$

$$\Gamma_{n+1} = \begin{cases} \Gamma_n \cup \{\phi_{n+1}\} & \Gamma_n \cup \{\phi_{n+1}\}\text{是一致的,} \\ \Gamma_n & \text{否则。} \end{cases}$$

于是得到一个公式集序列

$$\Gamma_1, \Gamma_2, \cdots, \Gamma_n, \cdots。$$

令 $\Gamma = \bigcup_{n \in \mathbb{N}} \Gamma_n$。首先，$\Gamma$ 是一致的。因为若 Γ 不是一致的，则有 Γ 的有穷子集 Γ' 不是一致的。设 Γ' 中公式的最大下标是 m，则 $\Gamma' \subseteq \Gamma_m$，与 Γ_m 一致相矛盾。其次，Γ 是极大一致的。根据 Γ 的构造，Γ 没有一致的真扩张，即任给 ϕ，若 $\Gamma \cup \{\phi\}$ 是一致的，则有 $\phi \in \Gamma$。　　　　　　　　　　　□

定理 2.5.11. ϕ 是任一公式，$\vdash \phi$，当且仅当，对每个极大一致集 Γ，$\phi \in \Gamma$。

证明： ($\Rightarrow$) 设存在极大一致集 Γ 和内定理 ϕ，使得 $\phi \notin \Gamma$，由极大一致集性质 $\neg\phi \in \Gamma$，因此 $\neg\phi$ 是一致的，即 $\nvdash \neg\neg\phi$，这与 ϕ 是内定理矛盾。

($\Leftarrow$) 是林登鲍姆引理的推论，从略。　　　　　　　　　　　□

---

① Lindenbaum, A.，1904—1941，波兰数学家、逻辑学家。

该定理表明，（命题演算的）内定理集恰好是所有（命题逻辑）极大一致集的公共部分，该定理与林登鲍姆引理是亨金证明得以实现的根本原因。

亨金证明的基本思想

亨金证明所要解决的是

$$\vDash \phi \Leftrightarrow \vdash \phi。$$

这一命题等价于

$$\phi \text{ 不是内定理 } \Leftrightarrow \phi \text{ 不是重言式。} \tag{2.5.8}$$

即任一非内定理都能找到一个赋值 v，使得 $v(\phi) = 0$。(2.5.8) 的前件等价于 $\neg\phi$ 是一致的，后件等价于 $\neg\phi$ 可满足，因此 (2.5.8) 又等价于 ϕ 一致则 ϕ 可满足，也简称为一致公式都可满足。以下主要使用 (2.5.8)。

具体证明大致可以分为两个方面：

(1) 对任意公式 ϕ，若 ϕ 不是内定理，则 $\neg\phi$ 一致，设法得到含有 $\neg\phi$ 并符合一定要求（由方面 (2) 提出）的极大一致集。（林登鲍姆引理）
(2) 设立一个与极大一致集有关的特定赋值，使得对任一满足一定条件的极大一致集 Γ，任给公式 ϕ 都有 ϕ 在与 Γ 有关的该特定赋值下真当且仅当 $\phi \in \Gamma$。

在模态逻辑中与此相应的部分通常被称为典范模型定理。这两条合起来，保证了对任意的非内定理可以找到一个赋值 v，使得 $v(\phi) = 0$。

命题逻辑完全性的亨金证明

上述两个方面的方面 (1) 已由林登鲍姆引理保证，下面只考虑方面 (2)。

设 Γ 是任一极大一致集，以下用 v_r 表示满足以下条件的赋值：

$$v_r(p) = \begin{cases} 1 & p \in \Gamma, \\ 0 & \text{否则。} \end{cases}$$

定理 2.5.12. 设 ϕ 是任一公式，Γ 是任一极大一致集，$v_r(\phi) = 1$，当且仅当，$\phi \in \Gamma$。

证明： 用结构归纳法。

(1) $\phi = p$。由 v_r 定义，可得 $v_r(\phi) = 1 \Leftrightarrow v_r(p) = 1 \Leftrightarrow p \in \Gamma \Leftrightarrow \phi \in \Gamma$。

(2) $\phi = \neg\psi$。易知

$$\begin{aligned}
\phi \in \Gamma &\Leftrightarrow \neg\psi \in \Gamma && \phi = \neg\psi \\
&\Leftrightarrow \psi \notin \Gamma && \text{定理 2.5.8} \\
&\Leftrightarrow v_r(\psi) = 0 && \text{归纳假设} \\
&\Leftrightarrow v_r(\neg\psi) = 1 && \text{赋值定义} \\
&\Leftrightarrow v_r(\phi) = 1 && \phi = \neg\psi。
\end{aligned}$$

(3) $\phi = \psi \to \theta$。易知

$$\begin{aligned}
\phi \in \Gamma &\Leftrightarrow \psi \to \theta \in \Gamma && \phi = \psi \to \theta \\
&\Leftrightarrow \psi \notin \Gamma \text{ 或 } \theta \in \Gamma && \text{定理 2.5.8} \\
&\Leftrightarrow v_r(\psi) = 0 \text{ 或 } v_r(\theta) = 1 && \text{归纳假设} \\
&\Leftrightarrow v_r(\psi \to \theta) = 1 && \text{赋值定义} \\
&\Leftrightarrow v_r(\phi) = 1 && \phi = \psi \to \theta。
\end{aligned}$$

这就完成了证明。□

定理 2.5.13（完全性定理）. 设 ϕ 是任意命题逻辑公式，若 ϕ 不是内定理，则存在赋值 v，使得 $v(\phi) = 0$。

证明： 若 ϕ 不是内定理，则 $\neg\phi$ 一致。由林登鲍姆引理，存在极大一致集 Γ 使得 $\neg\phi \in \Gamma$。据定理 2.5.12，存在赋值 v_r 使得 $v_r(\neg\phi) = 1$，进而 $v(\phi) = 0$。□

2.5.3 广义完全性定理

根据可靠性和完全性定理，对于命题逻辑，语法概念的内定理和语义概念的重言式是对应的。本节我们进一步考虑语法概念中的演绎和语义概念中的语义后承的对应性。

定理 2.5.14（广义可靠性定理）. 如果 $\Gamma \vdash \phi$，则 $\Gamma \vDash \phi$。

证明： 该证明与可靠性证明类似。只需要在对演绎序列施归纳时考虑第三种情况，$\phi_i \in \Gamma$ 的情况，当 $\phi_i \in \Gamma$ 时，根据赋值定义，对任意 $v \vDash \Gamma$，有 $v \vDash \phi_i$，根据语义后承定义，$\Gamma \vDash \phi_i$。□

定理 2.5.15（广义完全性定理）. 如果 $\Gamma \vDash \phi$，则 $\Gamma \vdash \phi$。

证明： 分析，要证明如果 $\Gamma \vDash \phi$ 则 $\Gamma \vdash \phi$，相当于要证明如果 $\Gamma \nvdash \phi$ 则 $\Gamma \nvDash \phi$。

如果由 $\Gamma \nvdash \phi$ 可得 $\Gamma \cup \{\neg\phi\}$ 是一致的。则由林登鲍姆引理可得 $\Gamma \cup \{\neg\phi\}$ 可扩充为极大一致集 Γ'，像完全性证明中那样可以构建赋值 v_r 使得 $v_r \vDash \Gamma \cup \{\neg\phi\}$，即 $\Gamma \cup \{\neg\phi\}$ 可满足。再根据形式语义部分的讨论：$\Gamma \nvDash \phi$ 相当于 $\Gamma \cup \{\neg\phi\}$ 可满足，于是就有 $\Gamma \nvDash \phi$。

因此，只需证明由 $\Gamma \nvdash \phi$ 可得 $\Gamma \cup \{\neg\phi\}$ 是一致的。不妨设 $\Gamma \cup \{\neg\phi\}$ 不一致，则 $\Gamma \vdash \phi$。如果 $\Gamma \cup \{\neg\phi\}$ 不一致，则存在公式 ψ 使得 $\Gamma \cup \{\neg\phi\} \vdash \psi$，且 $\Gamma \cup \{\neg\phi\} \vdash \neg\psi$，由反证法（第三形式）可得 $\Gamma \vdash \phi$，矛盾。 $\square$

2.5.4 公理的独立性

在第 2.4.5 子节我们讨论了公理及公理模式的独立性问题。本子节我们将证明命题演算的三个公理模式都是独立的。之所以把公理独立性的证明放在这里，是因为公理独立性的证明与命题逻辑的可靠性证明有些相似，为了证明的需要，我们将构建算术解释来显现公理之间的差别。

证明思路：在证明某个公理模式具有独立性时，我们根据情况选取某个性质 P，使得其他公式都具有性质 P，并且演绎规则保持性质 P 不变，但在这个公理模式中可以找到一个公式没有性质 P，因此这个公理模式不能从其他推理模式中推出来。

具体而言，我们采用算术解释法。这种方法类似于真值赋值，只是把集合 $\{0,1\}$ 换成 $\{0,1,\cdots,n\}$，其中 n 的取值视具体证明而定。

定理 2.5.16. 公理 P_1 是独立的。

证明： 取集合 $\{0,1,2\}$，递归定义 $v(\phi)$ 如下：

(1) ϕ 是原子命题。则 $v(\phi)$ 取 0 或 1 或 2。

(2) $\phi = \neg\psi$。则

$$v(\phi) = v(\neg\psi) = \begin{cases} 1 & v(\psi) = 0, \\ 0 & v(\psi) \neq 0。 \end{cases}$$

(3) $\phi = \psi \to \theta$。则

$$v(\phi) = v(\psi \to \theta) = \begin{cases} 1 & \text{如果 } v(\psi) \neq 1 \text{ 且 } v(\theta) \neq 0, \\ 0 & \text{如果 } v(\psi) = 1 \text{ 或 } v(\theta) = 0。 \end{cases}$$

取性质 $P(\phi)$ 为：任给赋值 v，都有 $v(\phi) = 0$。

根据此赋值定义，可以证明公理 P_2 和公理 P_3 都具有性质 P，同时分离规则保持性质 P 不变。

这里举 P_3 和分离规则的保持性质 P 的证明为例，P_2 具有性质 P 的证明留给读者。

对于 P_3，用反证法，假设存在赋值 v 使得 $v((\neg\phi \to \psi) \to (\neg\phi \to \neg\psi) \to \phi) \neq 0$。根据赋值定义有 $v(\neg\phi \to \psi) \neq 1$，$v(\neg\phi \to \neg\psi) \neq 1$，且 $v(\phi) \neq 0$。而由 $v(\neg\phi \to \psi) \neq 1$ 可得 $v(\neg\phi) = 1$ 或 $v(\psi) = 0$，即 $v(\phi) = 0$ 或 $v(\psi) = 0$，由于 $v(\phi) \neq 0$，所以只能得 $v(\psi) = 0$；由 $v(\neg\phi \to \neg\psi) \neq 1$ 可得 $v(\phi) = 0$ 或 $v(\neg\psi) = 0$，同样由于 $v(\phi) \neq 0$，只能得 $v(\neg\psi) = 0$。$v(\psi) = 0$ 和 $v(\neg\psi) = 0$ 相矛盾，假设不成立，得证。

对于分离规则。如果 $v(\phi) = 0$，且 $v(\phi \to \psi) = 0$，由 $v(\phi \to \psi) = 0$ 可得 $v(\phi) = 1$ 或 $v(\psi) = 0$，已知 $v(\phi) = 0$，所以只能是 $v(\psi) = 0$。得证。

现在来证明公理模式 P_1 中有一个公式没有性质 P。取 $v(p) = 2$，则有 $v(p \to p \to p) = 1$，不满足性质 P。 □

定理 2.5.17. 公理 P_2 是独立的。

证明： 取集合 $\{0, 1, 2\}$，递归定义 $v(\phi)$ 如下：

(1) ϕ 是原子命题。则 $v(\phi)$ 取 0 或 1 或 2。

(2) $\phi = \neg\psi$。则
$$v(\phi) = v(\neg\psi) = \begin{cases} 1 & v(\psi) = 0, \\ 0 & v(\psi) \neq 0。 \end{cases}$$

(3) $\phi = \psi \to \theta$。则
$$v(\phi) = v(\psi \to \theta) = \begin{cases} 1 & \text{如果} v(\psi) = 0 \text{且} v(\theta) \neq 0，\text{或} v(\psi) = v(\theta) = 2; \\ 0 & \text{如果} v(\psi) = 1，\text{或} v(\theta) = 0，\text{或} (v(\psi) = 2 \text{且} v(\theta) = 1)。 \end{cases}$$

取性质 $P(\phi)$ 为：任给赋值 v，都有 $v(\phi) = 0$。请读者自己验证公理 P_1、P_3 满足性质 P，分离规则对性质 P 保持。现在证公理 P_2 中有一个公式不满足性质 P，取 $v(p) = 2$，$v(q) = 1$，则有 $v((p \to q \to p) \to (p \to q) \to p \to p) = 1$，不满足性质 P。 □

定理 2.5.18. 公理 P_3 是独立的。

证明： 取集合 $\{0, 1\}$，递归定义 $v(\phi)$ 如下：

(1) ϕ 是原子命题。则 $v(\phi)$ 取 0 或 1。

(2) $\phi = \neg\psi$。则 $v(\phi) = v(\neg\psi) = 0$。

(3) $\phi = \psi \to \theta$。则
$$v(\phi) = v(\psi \to \theta) = \begin{cases} 1 & \text{如果} v(\psi) = 0 \text{且} v(\theta) = 1, \\ 0 & \text{如果} v(\psi) = 1 \text{或} v(\theta) = 0。 \end{cases}$$

取性质 $P(\phi)$ 为：任给赋值 v，都有 $v(\phi) = 0$。请读者自己验证公理 P_1, P_2 满足性质 P，分离规则对性质 P 保持。现在证公理 P_3 中有一个公式不满足性质 θ，取 $v(p) = 1$，$v(q) = 0$，则有 $v((\neg p \to q) \to (\neg p \to \neg q) \to p) = 1$，不满足性质 P。   □

习题 2.5.19. 请补全定理 2.5.16、定理 2.5.17、定理 2.5.18 中公理独立性的证明。   □

综合以上三个定理，可得命题演算是独立的。

2.5.5 紧致性和可判定性

定理 2.5.20（紧致性定理）. 公式集 Γ 是可满足的当且仅当 Γ 的每个有穷子集都是可满足的。

证明： ($\Rightarrow$) 根据可满足定义可得。

($\Leftarrow$) 反证法。已知 Γ 的每个有穷子集都是可满足的。假设 Γ 不可满足，根据广义完全性定理，Γ 不一致。因此，存在 ϕ，$\Gamma \vdash \phi \wedge \neg \phi$。因为每一个证明的长度都是有限的，因此存在 Γ 的一个有穷子集 Γ_0 使得 $\Gamma_0 \vdash \phi \wedge \neg \phi$。由广义可靠性定理，$\Gamma_0 \vDash \phi \wedge \neg \phi$，因此 Γ_0 不可满足，与已知相矛盾。   □

评注 2.5.21. 紧致性定理有很多重要的应用，在一阶逻辑部分将会有充分的体现。   □

至此为止，我们已经证明了命题逻辑重言式和内定理、语义后承和有前提的演绎之间的对应关系。命题逻辑为我们展现了现代逻辑的研究方式：构建适合研究目标的人工语言，保证表达的充分性、简洁性、无歧义性；给出严格的形式语义，定义有效（在命题逻辑这里是重言式），定义语义后承；给出逻辑系统，定义形式证明和演绎。最终通过可靠性和完全性证明了命题逻辑语法与语义的对应关系。

可判定性

如果存在一个算法[①]告诉我们一个公式 ϕ 是否一个逻辑的内定理，则称这个逻辑是可判定的。对于命题逻辑而言，应用真值表就可以判定 ϕ 是否重言式。因此，命题逻辑是可判定的。我们将会看到，后面将要讲到的一阶逻辑不具有可判定性[②]。这是命题逻辑和一阶逻辑的重要区别之一。

[①] 详见本书第 5.2.1 子节。

[②] 详见丘奇–图灵不可判定性定理 5.3.90。

公理系统和自然演绎系统

　　我们这里给出的是命题逻辑的一个公理系统，事实上，命题逻辑还有自然演绎系统（可参见 [245，第 131–146 页] 或 [255，第 45–47 页]）。自然演绎系统（或自然推理系统）最初是由德国数学家根岑引进的。公理系统和自然演绎系统各有特点，关于二者关系的讨论，详见本书第 3 章第 3.4.1 子节。

弗雷格（Frege, G.），1848—1925，德国哲学家、逻辑学家和数学家，分析哲学和一阶逻辑的奠基人。

第 3 章
一阶逻辑

3.1 导 言

3.1.1 问题引入

在上一章，我们研究了关于从原子命题出发生成的复合命题的命题逻辑，它为我们研究一些正确推理提供了便利。不过它自身也有一定的缺陷：(1) 它处理的最基本成分是原子命题，但原子命题实际上还可以继续分解，比如"无尽夏的花期很长"这一原子命题可以分解为主语——无尽夏的花期，以及谓语——很长；(2) 它不处理主语的性质，比如，在命题"无尽夏是花卉"和"连翘是花卉"中，无尽夏和连翘都是花卉这一点在命题逻辑中无法体现；(3) 它无法把握部分简单而正确的推理过程，比如苏格拉底[①]的三段论（syllogism）："所有人都是要死的，苏格拉底是人，所以苏格拉底是要死的"，以及"任给自然数都有比它大的自然数"等等。因此，就有必要将命题逻辑的语法和语义做进一步的推广，而一阶逻辑（first order logic）就是可以弥补上述缺陷的自然推广。

3.1.2 早期简史

一阶逻辑的发现发展不仅与现代逻辑（modern logic）的发现发展密不可分，而且也作为范例体现了现代逻辑的发现发展。本子节的主要任务是简单介绍一阶逻辑的发现过程和地位确立[②]，时间上始自 1840 年代，截至 1940 年代。总体讲，一阶逻辑主要源自两个传统：英美代数（Algebraic）传统和德国实分析（Real Analytical）传统；其发现过程呈现为三条线：布尔—德·摩根—皮尔斯，弗雷格，布尔—皮亚诺；其地位确立则呈现为三个点：作为独立研究对象的主体地位的确立，相对于高阶逻辑的优势地位的确

[①] Socrates，公元前 470—前 399，古希腊著名哲学家。

[②] 这部分内容主要在 [47, 53, 61, 162] 的基础上进一步整理而成。另外，由于涉及较多的一阶逻辑术语，对部分读者来说，阅读完本章其他内容之后再来阅读这部分内容也许会更合适。

立，与集合论共同作为数学基础的重要地位的确立。这就导致了一阶逻辑早期简史呈现为网状结构，如图 3.1 所示。

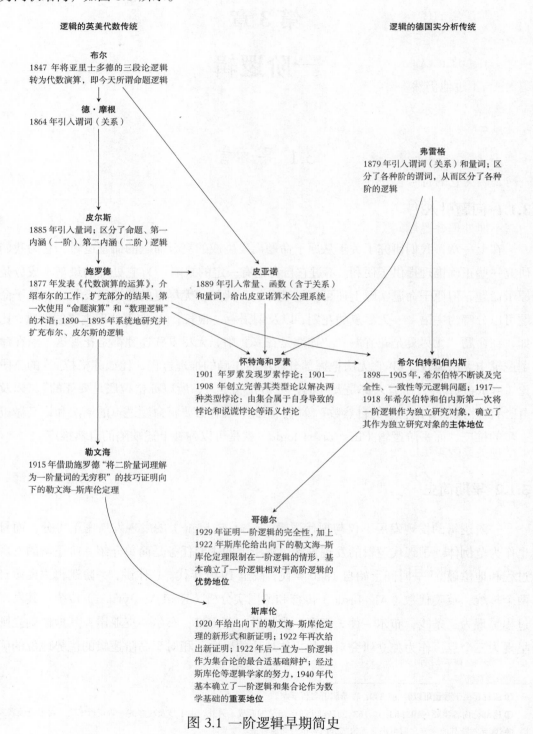

图 3.1 一阶逻辑早期简史

三个发现过程

　　一阶逻辑的代数传统最早可追溯至 1847 年，因为这一年布尔出版了《逻辑的数学分析》①一书。在这本书中布尔将亚里士多德的三段论逻辑（syllogistic logic）转为代数演算（algebraic calculus），将其符号理解为类（class）或命题，这便是今天所谓的命题逻辑②。不过他仍然将量词（quantifier）归约成了（不含量词的）命题，比如命题"所有 X 都是 Y"表示为等式 $xy = x$，其中的乘法解释为集合的交集运算或逻辑的合取；命题"存在 X 是 Y"表示为等式 $xy = V$，其中集合 V 恰好包括 X 和 Y 所有共同的元素。准确讲，布尔的系统是一种包含现在所谓命题逻辑的一元（monadic）一阶逻辑，说它是一阶是因为它的符号系统不处理辖制谓词（predicate，即关系，relation）的量词，说它是一元是因为它的符号系统不包含多元谓词。更准确讲，它是一元一阶逻辑的片段，因为它不能处理叠置量词，如任给一个盒子都有东西装在它里面。不过这都是从现在眼光看，不是从布尔自身角度看，因为布尔的系统根本没有符号对应于量词。

　　将布尔的系统做两步扩充就可以变成现在的一阶逻辑：(1) 引入任意 n 元谓词③和 (2) 引入量词。有三位逻辑学家沿着布尔的逻辑代数传统进行了扩充：德·摩根于 1864 年实现了步骤 (1)，皮尔斯于 1885 年实现了步骤 (2)，皮亚诺④于 1889 年独立且一次性实现了这两个步骤。而在逻辑的实分析传统下，早于逻辑的代数传统，弗雷格于 1879 年也独立且一次性实现了这两个步骤。

　　1864 年，德·摩根指出⑤，亚里士多德的三段论逻辑不能抓住如下形式的推理："如果所有人都是动物，那么所有人的头都是动物的头。"为了抓住这类推理，德·摩根引入了一种关系逻辑（logic of relations），定义了关系的逆关系和对立关系，并且对于"X 是 Y 的爱人"和"Z 是 W 的仆人"这样的关系，探讨了其复合关系"X 是 W 的某个仆人的爱人"。德·摩根的这些工作成功地拓展了亚里士多德的三段论逻辑，但仍然有缺陷：(1) 他只处理二元关系；(2) 他的符号也略显笨拙，比如，如果 $X..LY$ 表示"X 是 Y 的爱人"那么 $X.LY$ 表示"X 不是 Y 的爱人"；(3) 他没有引入表示布尔联词（connective，即"非"、"或"和"且"）的符号。

---

　　①详见 [16]。

　　②严格讲，即本书所谓命题（逻辑）公理系统；不过由于历史原因，在本子节我们暂时几乎不加区别地使用"逻辑"和"逻辑公理系统"。

　　③注意，由于常量可以看作 0 元函数且 n 元函数可以看作 $n + 1$ 元谓词，所以这里说的谓词实际上包含常量和函数。

　　④ Peano, G., 1858—1932，意大利数学家。

　　⑤详见 [42]。

1867 年，皮尔斯在五篇论文[①]中简化了布尔的系统，重新定义了并集或逻辑加法 $A+B$ 从而使其在 A,B 交集非空时仍能应用，并且探讨了逻辑、算术和代数之间的联系。1870 年，皮尔斯开始研究复合关系和复合项，并第一次成功地扩充了布尔的系统[②]。相较于布尔，其系统不但包含二元关系，而且包含任意 n 元关系。不过，此时他仍然没有引入量词，其系统也仍然是关系逻辑。

1883 年和 1885 年，皮尔斯分别发表了两篇重要文章：《关系逻辑》和《关于逻辑的代数：符号哲学的一种贡献》[③]，最终实现了量词的引入。在这两篇文章中，他将量词看作布尔联词的推广，并用 Π,Σ 分别表示全称（universal）量词和存在（existential）量词。他将全称量词 Π 看作（可能无穷）多个公式的合取，因而 $\Pi_x P(x)$ 就被理解为 "$P(a)$ 且 $P(b)$ 且 $P(c)$ 且 $\cdots$"；将存在量词 Σ 看作（可能无穷）多个公式的析取，因而 $\Sigma_x P(x)$ 就被理解为 "$P(a)$ 或 $P(b)$ 或 $P(c)$ 或 $\cdots$"。有了两种量词的引入，也就可以将多个量词叠置从而构造任意深度的量词了，比如，如果用 L_{ij} 表示 i 爱 j，那么 $\Sigma_i\Sigma_j L_{ij}$ 就表示 "某人爱某人"，而 $\Pi_i\Sigma_j L_{ij}$ 就表示 "每人都爱某人"。皮尔斯的这种量词观后来对勒文海[④]发现勒文海定理产生了一定的启发作用，该定理经斯库伦[⑤]改进后称为向下的勒文海–斯库伦定理，后来在一定程度上促进了一阶逻辑相对于高阶逻辑优势地位的确立。

在《关于逻辑的代数：符号哲学的一种贡献》中，皮尔斯还对命题逻辑、第一内涵逻辑和第二内涵逻辑[⑥]做出了区分：第 2 节探讨命题逻辑，第一次使用两个真值，且第一次给出命题逻辑重言式的判定程序；第 3 节探讨第一内涵逻辑，其量词只能作用在个体变元上，并且在这里皮尔斯第一次使用 "量词" 一词和第一次探讨将一个公式转化为前束范式的规则；第 4 节探讨第二内涵逻辑，此时的量词可以作用在谓词上。皮尔斯的这种区分是非常领先于同时代人的，直到 1917 年希尔伯特在一次讲演[⑦]中才再次将其区分开来。皮尔斯还从唯名论的立场对支持第一内涵逻辑、拒斥第二内涵逻辑给出了一种辩护，虽然略显随意且不够深入。显然，在皮尔斯这里，第一内涵逻辑（即一阶逻辑）还没有被视作独立的研究对象，它的主体地位还未突显出来。

皮尔斯的逻辑工作在当时的欧洲大陆广为流传，1890—1895 年，被施罗德写进 3 卷

① 详见 [173]。

② 详见 [174]。

③ 分别详见 [175, 176]。

④ Löwenheim, L., 1878—1957，德国数学家、逻辑学家。

⑤ Skolem, T., 1887—1963，挪威数学家、逻辑学家。

⑥ First intention logic 和 second intention logic，即今天所谓的一阶逻辑和二阶逻辑；内涵逻辑的叫法来自经院学者（Schoolmen）。

⑦ 详见 [96]。

本的《代数逻辑讲义》①中。施罗德在这 3 卷讲义中系统地介绍了布尔和皮尔斯的工作，并扩充了一些结果。皮尔斯的量词出现在第 2 卷讲义中，施罗德同时使用一、二阶量词，没有区分一、二阶量词，因此也就没有意识到区分一、二阶量词的重要性，在这一点上他没有皮尔斯深刻；在第 3 卷讲义中，施罗德将某个二阶（全称）量词视作无穷多个一阶量词的合取，而这后来对勒文海发现勒文海定理产生了一定的启发作用。

有别于逻辑的英美代数传统，在德国实分析传统下，弗雷格独立地发现了一阶逻辑。弗雷格对狄利克雷②、黎曼③、魏尔斯特拉斯④等人关于实分析的工作十分熟悉，但在他看来，实分析乃至整个数学的基础并不牢靠，而只有从逻辑中推出它们才能确保它们基础的牢靠。实分析为弗雷格进行这方面的思考提供了肥沃的土壤：首先，对实分析中函数和变元这些核心概念的分析，促使他在逻辑中引入关系（谓词），因为函数也可被视作关系；其次，对实分析中数学推理的分析又促使他在逻辑中引入量词，因为实分析中有大量关于量词的命题，比如魏尔斯特拉斯在对极限概念的分析中十分注意量词叠置顺序的区别："任给 ϵ 存在 δ" 和 "存在 δ 任给 ϵ" 是很不一样的。有了这些土壤，弗雷格要做的就是用合适的形式语言将实分析中已经存在的数学推理清晰地呈现出来。

1879 年，弗雷格的《概念文字：一种模仿算术语言构造的纯思维的形式语言》⑤应运而生。他在这篇重要的逻辑学著作中同时将关系和量词引入逻辑，并建立逻辑系统，从而欲为算术提供牢靠的逻辑基础⑥。1884 年，弗雷格在其《算术基础：对数这个概念的一种逻辑数学的研究》⑦一书中区分了各种阶的概念：如果概念 A 落在（fall under）概念 B 之下，那么 B（相较于 A）就是 "二阶"（second order）概念。1893 年，弗雷格在《算术的基本规律第 1 卷》⑧中还考虑了三阶量词，即便他处理算术推理的框架还是二阶逻辑。

相较于皮尔斯，弗雷格的工作有如下优势：(1) 弗雷格发现一阶逻辑的时间要比皮尔斯早 5 年左右。(2) 在逻辑的德国实分析传统下，弗雷格是以一己之力独立地发现一阶逻辑的。而在逻辑的英美代数传统上，布尔、德·摩根和皮尔斯则是合三人之力发现一阶

---

① 详见 [199–201]。

② Dirichlet, L.，1805—1859，德国数学家。

③ Riemann, B.，1826—1866，德国著名数学家，以黎曼猜想闻名于世，在数学分析和微分几何方面有重要贡献，开创了黎曼几何。

④ Weierstrass, K.，1815—1897，德国数学家，被誉为 "现代分析之父"。

⑤ 详见 [66]。

⑥ 相较于实分析，算术的情形要更简单一些，所以弗雷格将为数学提供牢靠的逻辑基础简化到为实分析提供牢靠的逻辑基础后，又将其简化到为算术提供牢靠的逻辑基础。

⑦ 详见 [67]。

⑧ 详见 [68]。

逻辑的。(3) 弗雷格关于语法演算的公理化表述更加精确。(4) 弗雷格的逻辑比皮尔斯的逻辑更一般。在弗雷格的逻辑中,量词既可以辖制个体变元,也可以辖制函数;而在皮尔斯的逻辑中量词或者只能辖制个体变元(第一内涵逻辑),或者只能辖制(等词)关系(第二内涵逻辑)。(5) 弗雷格区分了各种阶的概念,对应地区分了各种阶的逻辑,而皮尔斯只区分了一、二阶逻辑,因此弗雷格是第一个认识到要将逻辑的层次进行区分的逻辑学家。(6) 弗雷格对后继逻辑发展的影响更大一些,他奠定了后来罗素类型论(Theory of Types)的基础,几十年后甚至还影响了在其基础之上研究逻辑的卡尔纳普[①]。这些都是我们将弗雷格而非其他人放在一阶逻辑这一章之前的原因。

当然,相较于皮尔斯,弗雷格的工作也有一定劣势:(1) 弗雷格没有像皮尔斯那样将一阶逻辑独立于二阶(高阶)逻辑讨论,虽然皮尔斯也没有深刻理解一、二阶逻辑后来的那种本质区别。这主要跟弗雷格的目标有关,他的目标是从逻辑中推出算术,所以对他而言逻辑概念是统一的,只有一个,自然也就包括高阶逻辑。而皮尔斯则没有"统一逻辑"的概念,他是通过量词辖制对象的不同区分逻辑的,所以他将命题逻辑、第一内涵(一阶)逻辑、第二内涵(二阶)逻辑区分对待。(2) 弗雷格所用的符号比较复杂,读起来和写起来都极为不便。他的全称量词符号为 ⎯⎯ ,用 ⎯⎯ Φ 表示"任给 a 都有 $\Phi(a)$"。他也没有创造存在量词符号,而是用全称量词和否定定义存在量词。用 ⎯⎯ $\Phi(a)$ 表示"并非任给 a 都有 $\Phi(a)$",亦即"存在 a 使得没有 $\Phi(a)$"。用 ⎯⎯ $\Phi(a)$ 表示"并非任给 a 都没有 $\Phi(a)$",亦即"存在 a 使得 $\Phi(a)$"。它们与其他符号组合起来更为复杂,比如[②]

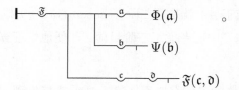

而皮尔斯分别用 Π 和 Σ 表示全称量词和存在量词,相对简洁很多。(3) 量词在弗雷格的系统中难以用其他符号表示,而皮尔斯则将全称量词 Π 和存在量词 Σ 分别看作(可能无穷)多个关于个体变元的命题的合取和析取。

1889 年,独立于皮尔斯和弗雷格,皮亚诺把关系和量词引入了逻辑[③]。皮亚诺在序言部分提到,第 1 节的基础内容可参考布尔 1854 年的著作《关于在逻辑和概率论的数学理

---

① Carnap, P. R.,1891—1970,美籍德裔哲学家、作家。

② 用现代逻辑符号进行表示就是:$\vdash \forall \mathfrak{F}((\neg\forall a\Phi(a) \rightarrow \forall b\neg\Phi(b)) \rightarrow \forall c\forall \mathfrak{d}\neg\mathfrak{F}(c,\mathfrak{d}))$。

③ 详见 [170];准确说,皮亚诺引入的是常量、函数和量词,但诚如第 59 页脚注 ③ 中所说,本子节所说关系包括常量和函数。

论中起基础作用的思维规律的研究》①和施罗德 1877 年的著作《代数演算的运算》②。布尔所著《关于在逻辑和概率论的数学理论中起基础作用的思维规律的研究》是对其 1847 年《逻辑的数学分析》的进一步扩充，所定义系统相同，但所用方法更一般，对其应用也更多些。施罗德所著《代数演算的运算》，除介绍了布尔的相关逻辑工作外，还形式化了对偶原理（Duality Principle）并证明了合取和析取的对偶性，同时第一次使用了"命题演算"和"数理逻辑"的术语。进一步地，皮亚诺还对算术进行了公理化，并对算术的基本原理进行了讨论，从此皮亚诺算术的说法广为流传；他的公理化是二阶的，不过他似乎没有意识到量词的不同阶，因为文中没有对此进行任何明确表述。他还在文中引入了 ⊃ 符号③以表达全称量词。如果 a,b 是含有自由变元 $x,y,\cdots$ 的命题，那么 $a \supset_{x,y,\cdots} b$ 的涵义是：不论 $x,y,\cdots$ 如何取值都能从命题 a 推出命题 b。虽然 ⊃ 是与实质蕴涵在一起使用的，但它显然具有全称量词的部分作用。皮亚诺陆续将大量新符号引入逻辑，其中相当一部分在当时的欧洲被广为采用。1897 年，皮亚诺在《数学公式第 2 卷》④中用 ∃ 表示存在量词，这一符号直到今天还在使用。

1901 年罗素在弗雷格《算术的基本规律第 1 卷》中发现了罗素悖论⑤，并去信告知了弗雷格。在罗素看来，要想消除类罗素悖论和各种语义悖论，就要避免使用"类"（class）概念，为此罗素创造了类型论。其"型"（type）的概念实际上就是源自弗雷格关于函数的"阶"（order）的概念，不过罗素并没有采用弗雷格的符号而是大多采用了皮亚诺的符号。1903 年，罗素在《数学原理》的附录⑥中陈述了类型论的初级版本，1908 年又在《作为类型论基础的数理逻辑》⑦一文中陈述了类型论的成熟版本，从而为 1910—1913 年与怀特海合著的三卷本《数学原理》⑧更精细地发展类型论奠定了概念基础。罗素关于"型"的概念本质上是一个关于命题的函数：第一层次型由个体组成，第二层次型由所含量词辖制第一层次型（个体）的一阶命题组成，第三层次型由所含量词辖制第二层次型的二阶命题组成，……，而第 $n+1$ 层次型则由所含量词辖制第 n 层次型的 n 阶命题组成。

---

① 详见 [17]。

② 详见 [198]。

③ ⊃ 是 consequences 首字母 C 的反转，读作"推出"（deduce）。

④ 详见 [171，第 300 页]。

⑤ 悖论的发现并不能否定弗雷格逻辑工作的意义，后来发现只需对集合的概念略加限制就可以将其消除；关于悖论的部分讨论，详见第 5.1.1 子节。

⑥ 详见 [195，第 523—528 页]。

⑦ 详见 [196]；也是在这篇文章中罗素引入了一个新的全称量词符号 (x)，哲学界有些学者直到现在还在使用这个符号；存在量词符号则沿用了皮亚诺的 ∃。

⑧ 详见 [238—240]。

鉴于上述分析可知，怀特海和罗素的确区分了第一层次型和高层次型。但显然这与将第一层次型所对应的一阶逻辑看作独立的研究对象是截然不同的，甚至在一定程度上他们还没有皮尔斯对一阶逻辑重视，因为皮尔斯研究的是包括命题、第一内涵、第二内涵等逻辑在内的多种逻辑，而在怀特海和罗素这里，与弗雷格一样只有一个逻辑。有两点原因导致了这一点：(1) 怀特海和罗素建立的逻辑是为消除悖论而提出的，他们无意从中分离出一阶逻辑。(2) 虽然怀特海和罗素提供了类型论的公理化系统，但他们将其视为陈述逻辑"真"概念的"解释性（interpreted）系统"，而不是现代意义上的形式演算，这导致了他们没有区分逻辑和元逻辑，自然不会去研究系统的元逻辑性质，也不会发现后来所发现的一阶逻辑有别于高阶逻辑的元逻辑性质，因此更谈不上赋予一阶逻辑以足够的地位了。

三个地位确立

综上所述，一般认为是弗雷格、皮尔斯、皮亚诺三人独立地发现了一阶逻辑。但在三人这里，乃至后来的一段时间内，一阶逻辑不是包含在高阶逻辑之中，就是与高阶逻辑被同等对待，从而也就没有什么主体地位。大约经过 20–40 年，在其作为独立的研究对象被研究、其向下的勒文海–斯库伦定理和完全性等重要元逻辑性质被发现、其与集合论作为数学最合适基础的事实被澄清以后，最终在 1917 年确立了一阶逻辑作为独立研究对象的主体地位，在 1929 年基本确立了一阶逻辑相对于高阶逻辑的优势地位，在 1940 年代基本确立了一阶逻辑与集合论共同作为数学基础的重要地位。

希尔伯特是最早谈及元逻辑（meta logical）性质[1]的逻辑学家。1898 年的秋季学期，希尔伯特在哥廷根大学（University of Göttingen）做了关于欧几里德[2]几何的一个讲演，后来其内容出版为《几何基础》[3]一文，其中谈道：

> 接下来的考察是为达如下目的而进行的一种崭新尝试：为几何建立一个完全（complete）且尽可能简洁的公理系统；从这些公理中以一种能够使得不同组公理的重要性和每个单独公理所推出结论的范围都尽可能被澄清的方式将几何中最重要的那些定理推出来。[4]

---

[1] 即逻辑本身作为研究对象所具有的性质，比如系统的一致性（consistency）；与其对应的是逻辑性质，它指研究对象在逻辑方面的性质，比如公式集的一致性。

[2] Euclid，约公元前 330—前 275，古希腊数学家。

[3] 详见 [92]。

[4] 详见 [92，第 1 页]。

这是与现代公理化方法（methods of axiomatization）相关的最早文献。此时希尔伯特并没有对"完全"的涵义进行说明，大约一年后他才对其进行说明：称（这些）几何的公理是完全的，如果所有欧几里德几何定理都能从这些公理中推出来[①]。

1899 年 12 月 27 日，在读过希尔伯特的著作后，弗雷格去信希尔伯特，并发起了关于几何基础的讨论。特别地，关于几何公理的真，弗雷格认为它由我们的几何直觉所决定，这种观点比较传统。12 月 29 日，希尔伯特回复了弗雷格，并给出了自己关于真值和存在的判定标准："任意给定一些公理，如果它们都不与其所有推论相矛盾，那么它们就是真的并且由其所确定的事情也就存在。"[②]这种观点似乎更自然更现代。

1900 年 1 月 6 日，弗雷格再次去信希尔伯特，强烈反对希尔伯特"公理系统的一致性可以推出公理系统模型的存在性"的断言。在弗雷格看来，证明公理系统一致性的唯一办法就是给出一个模型，而希尔伯特这里混淆了一、二阶的概念："存在"是一个二阶的概念，而"公理系统"本身是一个一阶的概念[③]。

同样是 1900 年，在巴黎（Paris）举行的国际数学家大会（International Congress of Mathematicians）上，希尔伯特做了题为《数学问题》的讲演，列举了 23 个当时没有解决的重要数学问题，其中的第 2 个问题就是证明算术（系统）的一致性。同时，他还强调了三点：(1) 公理化方法的重要性；(2) 所有清楚提出的问题都可以解决；(3)（他相信）公理集 S 的一致性可以推出公理集 S 的模型的存在性[④]。其中 (3) 实际上就是现在的完全性，希尔伯特当时只是将其当作信仰，但哥德尔 1930 年证明了哥德尔完全性定理，将其由信仰变成了真理。

1904 年，在海德堡（Heidelberg）举行的国际数学家大会上，希尔伯特谈到他仍在为证明实数（系统）的一致性而努力。作为第一步，他将目标转换为证明不含归纳法的算术的一致性。当谈到弗雷格的工作时，他提到了逻辑和集合论[⑤]中出现的悖论，并认为，悖论的发现表明"研究逻辑的传统概念和方法不能够满足集合论的迫切需求"[⑥]。因此为了消除悖论并证明不含归纳法的算术的一致性，希尔伯特考虑将算术的规律引入逻

[①] 详见 [94，第 181 页]。

[②] 详见 [72，第 39–40 页]。

[③] 详见 [72，第 46、91 页]。

[④] 详见 [93，第 264–266 页]。

[⑤] Set Theory，顾名思义就是指研究集合（尤其是无穷的集合）及其性质的理论，分素朴（Naive）集合论和公理（Axiomatic）集合论，目前的研究主要集中在后者；更多集合论的知识，详见 [86, 112, 116, 133, 135]。

[⑥] 详见 [95，第 175 页]；关于希尔伯特如何应对悖论从而提出形式主义和希尔伯特纲领，下文有更详细的论述，详见第 5.1.3 子节。

辑："在一定程度上必须同时发展逻辑的规律和算术的规律。"[1]他不仅展示了如何同时发展这两个规律，而且使用了形式语言发展这两个规律。在其形式语言下，与皮尔斯的做法一致，他将全称量词和存在量词分别看作（可能无穷）多个公式的合取和析取。希尔伯特这些关于不含归纳法的算术的一致性的工作[2]，标志着后来的证明论[3]的开始。

希尔伯特上述完全性、一致性以及公理真值等关于一阶逻辑元逻辑性质的思想，都或多或少地促使了他于 1917 年再次发现一阶逻辑并将其作为独立的研究对象。这一点暂且不提，我们先把目光转向同时间的其他逻辑学家关于一阶逻辑元逻辑性质的研究，之后再详细论述。

1902 年，亨廷顿[4]对实数（系统）进行了二阶公理化[5]，并引入了"充分的"（sufficient）一词来意指"只有唯一的一个集合满足给定的公理集"，其中"唯一"是在同构的意义下而言的，亦即任给公理集的两个模型它们都是同构的[6]。1904 年，在讨论几何基础时[7]，维布伦[8]再次提及"充分的"这一术语，他采用杜威[9]的建议将其改为"范畴的"（categorical）[10]，并简单讨论了范畴性的基本性质。1905 年，亨廷顿采用了维布伦"范畴的"术语[11]，并进一步讨论了范畴性的一些性质。范畴性显然是元逻辑性质，但二人的这些工作对一阶逻辑主体地位的确立并未起到什么作用，不过它后来成了模型论[12]的一个重要概念，而由莫雷[13]于 1965 年所证的关于范畴性的范畴定理[14]更是成了模型论的基础定理。

1915 年，勒文海发表《关于关系演算的可能性》[15]一文，证明了第一个元逻辑定理，即向下的勒文海–斯库伦定理的早期版本勒文海定理，标志着模型论的开始。勒文海是在

---

[1] 详见 [95，第 176 页]。

[2] 第 5.1.3 子节对此有更详细论述。

[3] Proof Theory；详见本书第 218 页。

[4] Huntington, E. V.，1874—1952，美国数学家。

[5] 详见 [113]。

[6] Isomorphic，详见定义 4.2.4。

[7] 详见 [235]。

[8] Veblen, O.，1880—1960，美国数学家、几何学家和拓扑学家。

[9] Dewey, J.，1859—1952，美国哲学家、教育家、心理学家。

[10] 关于"范畴的"一词的严格定义，详见定义 4.2.26。

[11] 详见 [114]。

[12] Model Theory，顾名思义就是指研究模型相关性质的理论，是数理逻辑中与其他数学分支结合最紧密的一个分支；更多关于模型论的知识，详见 [27, 110, 155]。

[13] Morley, M. D.，1930 年生，美国逻辑学家。

[14] 详见 [163] 或 [155, Theorem 6.1.1]。

[15] 详见 [145]。

施罗德于 1895 年所著《代数逻辑讲义第 3 卷》中关系逻辑的基础上进行的，需要说明的是，勒文海和施罗德的关系逻辑实际上是无穷逻辑（infinitary logic），因为他们的表达式（expression，即现在的公式）中允许有无穷多（少于 ω_1）个合取或析取符号，即全体表达式为 $\mathscr{L}_{\omega_1,\omega}$。与施罗德不同的是，勒文海区分了关于个体的表达式和关于关系的表达式，前者只允许量词作用在个体变元上，后者允许量词作用在关系上，实际上就是现在的无穷一阶逻辑公式和无穷二阶逻辑公式。而勒文海实际上证明的是关于无穷一阶逻辑的勒文海定理：所有可满足的一阶 $\mathscr{L}_{\omega_1,\omega}$ 表达式都有可数模型。在证明该定理时，勒文海还证明了该定理对于无穷二阶逻辑不成立。如前所述，该定理的发现在一定程度上得益于皮尔斯和施罗德"将全称量词和存在量词分别看作（可能无穷）多个表达式的合取和析取"的量词观。虽然一阶逻辑包含在无穷一阶逻辑之中，但勒文海并未给出该定理限制在一阶逻辑上的情形，这是因为他也没有将（无穷）一阶逻辑当作独立的研究对象。另外，勒文海定理不仅原始形式略显古怪，而且证明过程也不自然，因此 1920 年斯库伦给出了更易懂的形式[1]，并用斯库伦函数的方法给出了新证明，同时还进一步扩展了勒文海定理从而得到向下的勒文海–斯库伦定理：所有可满足的可数一阶 $\mathscr{L}_{\omega_1,\omega}$ 公式集都有可数模型。不过，此时斯库伦依然没有将该定理限制在一阶逻辑上，直到 1922 年将其用于集合论时，他才明确地给出限制在一阶逻辑上的情形。

我们把目光再次投向希尔伯特。1910 年代，希尔伯特对当时逻辑的发展状况是十分熟悉的，尤其是通过其学生贝曼（Behmann, H.），希尔伯特对怀特海和罗素的类型论非常了解。1917 年 9 月，希尔伯特在苏黎世（Zürich）做了题为《公理化方法》[2]的讲演。在之前关于几何公理化工作的基础上，希尔伯特提议对逻辑进行公理化，并对其进行元逻辑研究：

> 当仔细考虑这件事的时候，我们很快会意识到关于算术系统和集合论的一致性问题并不是一个孤立问题，它属于由那些具有鲜明数学色彩的艰深认识论问题组成的巨大问题域：比如（简单刻画下问题域），所有数学问题原则上的可解性（solvability）问题，数学地考察结果的后续核实（checkability）问题，数学证明的简化标准（criterion of simplicity）问题，以及包含有穷运算的数学问题的可判定性（decidability）问题。[3]

趁此次演讲之便，希尔伯特还邀请了伯内斯作为数学基础研究工作方面的助手。

---

[1] 详见 [206]。

[2] 详见 [96]。

[3] 详见 [96，第 412–413 页]。

1917 年秋季学期，从苏黎世返回后，希尔伯特在哥廷根大学开设了"数学基础"课程，延续了苏黎世讲演的内容。课程内容陆续被伯内斯整理成了笔记[①]，该笔记标志着数理逻辑的诞生，它本质上与希尔伯特和阿克曼[②]于 1928 年出版的《数理逻辑原理》[③]是一样的。在课上，希尔伯特第一次区分了元语言（meta language）和对象语言（object language）[④]，并且按照逐步扩展的顺序依次研究了一系列逻辑演算：命题逻辑演算、一元量词逻辑演算（monadic quantificational logic，量词不辖制关系且不包含二元以上的关系，即一元一阶逻辑演算）、"函数演算"（即现在的一阶逻辑演算）。正是此时，一阶逻辑的现代形式出现了，它被明确地与其他逻辑区分开来，被精确地进行公理化，被正式地考察元逻辑问题。关于一阶逻辑的讨论，希尔伯特总结道：

> 如果除了将逻辑推理形式化外我们对（这些）逻辑演算别无他求，那么关于逻辑演算的讨论到此就可以结束了。但我们并不满足于将符号逻辑仅作此用，我们不仅想要从数学理论的原理出发以纯粹形式的方式将其发展成独立的理论，而且想要研究数学理论自身的基础，并考察数学理论如何与逻辑关联以及它们从纯粹逻辑的运算和概念建立的距离有多远。鉴于此求，逻辑演算便为我们提供了一种工具。[⑤]

而这促使希尔伯特引入了高阶逻辑，也促使希尔伯特思考了逻辑悖论并借助罗素的类型论给出了一种解决方案。希尔伯特在课上还陈述了苏黎世讲演中提到的元逻辑问题，至少明确地指出了命题逻辑的完全性、一致性和可判定性如何被解答，即便当时没有对其解答；不过他没有谈及一阶逻辑的完全性问题。

1918 年夏季学期，伯内斯撰写了教授资格论文[⑥]。在论文中，伯内斯为命题逻辑提供了一个十分严格的希尔伯特式公理系统，将其视作非解释性的形式演算，并为其提供了一个严格的语义，同时还证明了反映语法和语义之间联系的命题逻辑完全性定理：所有可证的公式都是普遍有效的，反之亦然。之后伯内斯还研究了可判定性、一致性以及不同公理彼此间的独立性问题。

1917 年希尔伯特秋季课程的笔记和 1918 年伯内斯的教授资格论文在一阶逻辑的发展史上具有里程碑式的意义。正是在这两篇文献中，被屡次谈及、多有研究的一系列元

---

① 详见 [104]。

② Ackermann, W., 1896—1962，德国数学家。

③ 详见 [105]。

④ 详见本书第 163 页。

⑤ 详见 [104，第 188 页]。

⑥ 详见 [12]。

逻辑问题标志着一阶逻辑第一次被作为独立研究对象进行研究，确立了一阶逻辑作为独立研究对象的主体地位。不过，此时包括希尔伯特和伯内斯在内的希尔伯特学派仅将一阶逻辑视作旨在为数学提供牢靠基础的高阶类型论的片段，其相对于高阶逻辑的优势地位还没有被认识到，而且他们对元逻辑问题的处理也略显草率：(1) 虽然试验了多种类型的"完全性"，但是对于哪种"完全性"更富有成果不确定；(2) 关于命题逻辑完全性的证明，希尔伯特只提供了一个梗概，而且将其放到了脚注中；(3) 希尔伯特此时也没有将一阶逻辑的完全性列为猜想给出，直到 1928 年与阿克曼联合出版《数理逻辑原理》时，才将一阶逻辑的完全性问题明确提出；(4) 更出人意料的是，伯内斯于 1926 年出版其教授资格论文时，因为认为命题逻辑完全性定理简单易得、不甚重要而省略了具体证明。

如前所述，1922 年，斯库伦将勒文海–斯库伦定理应用于集合论。除给出了勒文海–斯库伦定理限制在一阶逻辑的情形外，他还得到了斯库伦佯谬（Skolem's Paradox）：可以推出不可数集合存在的策梅洛①公理系统有可数模型。起初这被认为是一个悖论，待到斯库伦建立了集合论概念的相对性②时才意识到它不是悖论而是佯谬。1923 年，斯库伦将斯库伦佯谬发表③。斯库伦在这篇论文中已经意识到并明确指出了一阶逻辑和集合论作为数学基础的重要地位："一阶逻辑是集合论，乃至全部数学，最合适的基础。"不过这在当时并未取得共识，因此，自 1922 年开始的余下四十年时间里，斯库伦一直为此辩护。

1929 年，哥德尔在其博士学位论文中④证明了一阶逻辑的完全性，并于 1930 年将其发表⑤。如前所述，向下的勒文海–斯库伦定理限制在一阶逻辑上的情形早在 1922 年已经被明确给出。而这两个重要的元逻辑定理对高阶逻辑又都不成立，此时一阶逻辑和高阶逻辑的数学本质区别便一清二楚了，这就基本确立了一阶逻辑相对于高阶逻辑的优势地位。然而，这一点在当时也没有取得共识，即便哥德尔自己也还在使用一些高阶系统。换言之，一阶逻辑是一个选择，但并不是必然且唯一的选择。甚至可以认为，向下的勒文海–斯库伦定理反而说明一阶逻辑不满足范畴性，从这个角度看这也是一种局限：即便对于自然数，一阶逻辑也没有刻画出一个唯一的模型。而这也似乎说明了希尔伯特 1917 年仅将一阶逻辑视为发展高阶逻辑的基石的明智：如果想要范畴性，就必须发展高阶逻

①Zermelo, E., 1871—1953，德国数学家。

②简单说来就是，令 φ 为"存在不可数集 S"，当一个论域 M 满足这句话时，那么 S 相对于 M 而言是不可数的；但相对于更大的论域 V 而言 S 不一定是不可数的，它可能是可数的，甚至可能是有穷的。这归根结底是因为可数、不可数等与基数相关的概念具有相对性。

③详见 [207]。

④详见 [78]。

⑤详见 [79]。

辑。一阶逻辑相对于高阶逻辑优势地位的真正确立，与一阶逻辑和集合论作为数学基础的重要地位的确立几乎是同时的事情。

在这样一个关键节点，1930 年，在柯尼斯堡（Königsberg）召开的学术会议上，卡尔纳普、海廷[1]、冯·诺伊曼[2]分别作为数学哲学三大学派的代表依次做了《数学基础中的逻辑主义》《数学基础中的直觉主义》《数学基础中的形式主义》三个 60 分钟的讲演[3]。他们基本达成了一个共识：在接下来的几十年里通过争论促使关于数学基础的思考成型。

数学哲学三大学派对牢靠数学基础的共同追求，尤其是对消除和避免集合论悖论的追求，引导了 1940 年代初一阶逻辑相对于高阶逻辑的优势地位的真正确立和其与集合论作为数学基础的重要地位的确立。首先，斯库伦于 1922 年已经给出过要么使用一阶逻辑要么使用高阶逻辑的一些构造主义的哲学理由。基于避免悖论的某种构造主义观点，斯库伦认为，无论对"所有整数"的概念了解有多深刻，像"整数的所有性质"这种量词使用方式都是极不牢靠的。类似地，集合论悖论的产生也是由"所有集合"这种量词使用方式的采用所致。因此为了消除和避免悖论，一种方式是干脆不让量词作高阶使用，即采用一阶逻辑；另一种方式便是像罗素那样采用高阶类型论，即高阶逻辑，从而清楚地说明哪种量词的高阶使用方式可以采用。其次，关于集合论两种重要的形式化——策梅洛–弗伦克尔[4]集合论和冯·诺伊曼–伯内斯–哥德尔集合论——陆续被 1935—1940 年发表的一系列文章[5]证明都是一阶的。集合论作为数学基础的地位此时已经是相对确定的，而从数学基础的角度看，一阶集合论足以推出绝大部分数学，所以没有必要使用高阶逻辑公理化集合论。最后，将逻辑和集合论加以区分以及将集合论看作独立数学分支的趋势也越来越明显，而高阶逻辑可被解释为"披着羊皮的集合论"[6]这一事实也逐渐被认识到。高阶逻辑实际是集合论，而集合论的公理系统又是一阶的。随着这些观点的逐步澄清，终于在 1940 年代初真正确立了一阶逻辑相对于高阶逻辑的优势地位，同时也基本确立了一阶逻辑与集合论共同作为数学基础的重要地位。

---

[1] Heyting, A.，1898—1980，荷兰数学家、逻辑学家。

[2] Von Neumann, J.，1903—1957，美籍匈牙利裔数学家、物理学家、计算机学家。

[3] 关于讲演文本，分别详见 [23, 91, 237]。

[4] Fränkel, A.，1891—1965，以色列籍德裔数学家。

[5] 详见 [13, 81, 183, 218]。

[6] Set theory in sheep's clothing；这是后来蒯因（Quine, W. V.，1908—2000，美国哲学家、逻辑学家）的用语，详见 [186，第 66 页]。

3.2 语　法

3.2.1 基本语法

作为形式语言[①]的一阶语言（first order language），它所能使用的初始符号是确定的。初始符号就相当于作为自然语言[②]的中文的汉字、数字和标点符号。

定义 3.2.1. 一阶语言 $\mathscr{L}_1$ 的初始符号（initial symbol）由非逻辑（non-logical）符号和逻辑（logical）符号组成。

(1) 非逻辑符号由如下三种符号和一个函数组成。

　(a) 常量（constant）符号：$c_0, c_1, \cdots$；记为 $\mathcal{C} = \{c_0, c_1, \cdots\}$。

　(b) 关系符号：$R_0, R_1, \cdots$；记为 $\mathcal{R} = \{R_0, R_1, \cdots\}$。

　(c) 函数（function）符号：$F_0, F_1, \cdots$；记为 $\mathcal{F} = \{F_0, F_1, \cdots\}$。

　(d) 元数（arity）函数：$\pi : \mathcal{R} \cup \mathcal{F} \to \mathbb{N}$；它指定所有关系符号和函数符号的元数。

(2) 逻辑符号由如下六种符号组成。

　(a) 变元（variable）符号：$x_0, x_1, \cdots$；记为 $\mathcal{V} = \{x_i \mid i \in \mathbb{N}\}$。

　(b) 等词（equality）符号：$\simeq$。

　(c) 联词符号：$\neg, \to$。

　(d) 量词符号：$\forall$。

　(e) 语法逗号（syntactical comma）：，。

　(f) 语法括号（syntactical parenthesis）：(,)。

称 $\mathrm{sig}\mathscr{L}_1 = \mathcal{C} \cup \mathcal{R} \cup \mathcal{F}$ 为一阶语言 $\mathscr{L}_1$ 的图册（signature）。　　　　□

评注 3.2.2. (1) 可以这样简单理解语言的"阶"：如果在该语言生成的公式（详见定义 3.2.12）中量词只作用在变元符号上，那么该语言就是一阶语言。否则，该语言就是高阶语言。一阶语言对应的逻辑是一阶逻辑，而高阶语言对应的逻辑则是高阶逻辑[③]。

(2) $\mathscr{L}_1$ 中的"1"意指该语言为一阶语言；而命题语言由于其公式没有出现量词，则可以被看作零阶语言，而这也是前面我们用 $\mathscr{L}_0$ 表示命题语言的原因。

(3) 这些初始符号仅仅是符号，没有任何内涵，它们在语义说明后才会产生内涵，所以

[①] 详见第 163 页。

[②] 详见第 163 页。

[③] 关于阶的更严格定义，感兴趣的读者可参见关于高阶逻辑的文献 [136]。

原则上我们可以选用任意符号来替代这些符号，比如将 ☺ 用作某个常量符号；但我们又不会太过任性，出于可读性考虑，会兼顾数学中的某些习惯，比如在数学中我们常用 R 表示某个关系，相应地这里我们选择 R 作为关系符号。

(4) 也有教科书将关系符号称为谓词符号。实际上"关系"和"谓词"的涵义在数理逻辑中几乎是一样的：关于某些对象之间的性质或陈述。所以本书接下来统一使用"关系"以简化理解。

(5) 常用 c, R, F 分别作为某个一般的常量符号、关系符号、函数符号；常量符号集 $\mathcal{C}$、关系符号集 $\mathcal{R}$、函数符号集 $\mathcal{F}$ 的大小不限，自然也都可以是空集，不过如无特殊说明，本书默认其是可数集；常量符号、关系符号、函数符号在将来进行语义说明时会被分别解释成相应的常量、关系、函数。

(6) 由于常量可以看作 0 元函数且 n 元函数可以看作 $n+1$ 元关系（谓词），所以常量符号和函数符号都可以归入关系（谓词）符号，而这也是有的教科书称一阶逻辑为谓词逻辑的原因。但常量相对于函数和关系，函数相对于关系，都还有自身独特的性质，所以为了把握这些独特的性质和与其相关的有效推理，本书将常量符号、函数符号与关系符号分别单列。

(7) 将 π 单独列为非逻辑符号的原因有二：一是一旦给定关系符号和函数符号等非逻辑符号，也应同时给定其元数；二是可以简化关系符号和函数符号的记法。也有教科书并不将 π 列为非逻辑符号，它们将元数写成相关符号的上角标，如 R_0^2, F_0^3 等。

(8) 变元符号集 $\mathcal{V}$ 是可数的，常用 x 作为某个一般的变元符号；变元符号在将来进行语义说明时会被用以指称某个个体。

(9) 用"$\sim$"表示等词符号，是为与自然语言中的"$=$"区别开来；也有教科书将其视作二元关系符号，从而将其归入关系符号而不单列。但等词相对于二元关系还有自身独特的性质，所以为了把握这些独特的性质和与其相关的有效推理，本书将等词符号与关系符号分别单列。等词符号在将来进行语义说明时会被解释成"等词"，"$\not\sim$"会在下文定义了公式概念后以定义的方式引入。

(10) 同命题语言一样，这里的联词符号只列 $\neg, \rightarrow$。它们在将来进行语义说明时会被分别解释成"否定""蕴涵"；$\wedge, \vee, \leftrightarrow, \exists$ 等其他联词符号，也会在下文定义了公式概念后以定义的方式引入。

(11) "$\forall$"是全称量词符号，形状上是由 all 的大写首字母 A 上下翻转而来的，读作"任给"（for all），它是由根岑于 1935 年引入的[①]。$\forall$ 在将来进行语义说明时会被解释

---

① 详见 [74，第 178 页]。作为全称量词符号的 $\forall$ 起初并不流行，大约到 1960 年代才流行开来。其他全称量词符号，如弗雷格于 1879 年在 [66] 中引入的 ⌒、皮尔斯于 1883 年在 [175] 中引入的 Π、皮亚诺于 1889 年在 [170] 中引入的 ⊃、罗素于 1908 年在 [196] 中引入的 (x) 和洛伦岑（Lorenzen, P.）于 1950 年在 [142] 中使用的 $\bigwedge$，除 (x) 和 $\bigwedge$ 分别在哲学界

成"任给";量词符号还有存在量词符号"∃",形状上是由 exists 的大写首字母 E 左右翻转而来的,读作"存在"(there exists)或"至少有一个"(there is at least one),它是由皮亚诺于 1897 年引入的[①]。这里不将其列入初始符号,也会在下文定义了公式概念后以定义的方式引入。

(12) 语法逗号和语法括号都是为了增强下文所定义公式的可读性而引入的。实际上由于去掉它们不会使公式产生歧义,可以将其去掉。

(13) 对所有一阶语言来讲,逻辑符号都是一样的,差别在于非逻辑符号。所以一旦非逻辑符号确定了,一个一阶语言也就随之确定了。　□

定义 3.2.3. 给定一阶语言 $\mathscr{L}_1$ 的非逻辑符号。

(1) 称 $\text{sig}\mathscr{L}_1$ 为关系(relational)图册,如果 $\text{sig}\mathscr{L}_1$ 不含常量符号和函数符号,即 $\text{sig}\mathscr{L}_1 = \mathcal{R}$;同时称此时的一阶语言为关系语言。

(2) 称 $\text{sig}\mathscr{L}_1$ 为代数(algebraic)图册,如果 $\text{sig}\mathscr{L}_1$ 不含关系符号,即 $\text{sig}\mathscr{L}_1 = \mathcal{C} \cup \mathcal{F}$;同时称此时的一阶语言为代数语言。　□

下面结合具体数学分支,给出几个一阶语言、关系语言、代数语言的示例。

示例 3.2.4. (1) 最简单的一阶语言就是没有任何非逻辑符号的语言,即 $\text{sig}\mathscr{L}_1 = \varnothing$,也称其为一阶等词语言;一阶等词语言既是一种关系语言,也是一种代数语言。

(2) 一阶图(graph)语言的图册 $\text{sig}\mathscr{L}_1 = \{E\}$,其中 E 是二元关系符号;一阶图语言是一种关系语言。

(3) 一阶序(ordering)语言的图册 $\text{sig}\mathscr{L}_1 = \{\leq\}$,其中 $\leq$ 也是二元关系符号;一阶序语言也是一种关系语言。

(4) 一阶半群(semigroup)语言的图册 $\text{sig}\mathscr{L}_1 = \{\circ\}$,其中 $\circ$ 是二元函数符号;一阶半群语言是一种代数语言。

(5) 一阶集合论(set theory)语言的图册 $\text{sig}\mathscr{L}_1 = \{\in\}$,其中 $\in$ 是二元关系符号;一阶集合论语言也是一种关系语言。

(6) 一阶群(group)语言的图册 $\text{sig}\mathscr{L}_1 = \{\circ, e\}$,其中 $\circ$ 是二元函数符号,e 是常量符号;一阶群语言也是一种代数语言。

(7) 一阶环(ring)语言和一阶域(field)语言的图册都是 $\text{sig}\mathscr{L}_1 = \{+, \times, 0, 1\}$,其中 $+, \times$ 是二元函数符号,$0, 1$ 是常量符号;一阶环语言和一阶域语言也都是代数语言。

和数学界还有少数人使用外,已经基本无人使用了。

[①] 详见 [171, 第 300 页]。其他存在量词符号,如皮尔斯于 1883 年在 [175] 中引入的 Σ、希尔伯特于 1917 年在 [103, 第 137 页] 中引入的 E 和洛伦岑于 1951 年在 [143] 中使用的 $\bigvee$,除 $\bigvee$ 在数学界还有少数人使用外,已经基本无人使用了。

(8) 一阶布尔代数（Boolean algebra）语言的图册 $\mathrm{sig}\mathscr{L}_1 = \{\vee, \wedge, \neg, 0, 1\}$，其中 $\vee, \wedge$ 是二元函数符号，$\neg$ 是一元函数符号，$0, 1$ 为常量符号；一阶布尔代数语言也是一种代数语言。

(9) 一阶算术（arithmetic）语言的图册 $\mathrm{sig}\mathscr{L}_1 = \{S, +, \times, 0\}$，其中 S 是一元函数符号，$+, \times$ 是二元函数符号，0 是常量符号；一阶算术语言也是一种代数语言。但为了方便，有时候也将可定义的 $<$ 加入一阶算术语言中，此时的一阶算术语言，既不是关系语言，也不是代数语言。 □

评注 3.2.5. (1) 在示例 3.2.4 中，给定一个一阶语言时，我们并未同时给定元数函数 π，这是因为在实际的数学分支中一阶语言的非逻辑符号一般比较少，只需依次给出说明即可；甚至有时基于常识，相应的说明也会省略。

(2) 任给一阶语言，其非逻辑符号的选择一般遵循三个原则：一是尊重习惯，二是方便理解，三是尽量精简。比如，一阶图语言的二元关系符号之所以选择 E 是因为将来进行语义说明时，它被解释为"边（edge）关系"，而 E 是 edge 的首字母；一阶图语言的二元关系符号还可以选择 A，这是因为有时也把上述关系理解为"箭头（arrow）关系"，而 A 是 arrow 的首字母。 □

习题 3.2.6. 为下列每部分内容各自选择一个适当的一阶语言。

(1) 偏序的性质；
(2) 向量的乘积；
(3) 集合的幂、交、并、补运算。 □

现在来定义一阶语言的项和公式。项和公式分别相当于自然语言的词语和句子，它们的具体定义说明了它们特定的形成规则。

定义 3.2.7. 给定一阶语言 $\mathscr{L}_1$ 的非逻辑号。设 s 是一个序列，n 是自然数。称 s 为 $\mathscr{L}_1$ 的有穷的符号序列（finite sequence of symbols），如果存在 $\mathscr{L}_1$ 的初始符号 $s_0, s_1, \cdots, s_{n-1}$ 使得 $s = \langle s_0, s_1, \cdots, s_{n-1} \rangle$；常记 s 为 $s_0 s_1 \cdots s_{n-1}$。 □

示例 3.2.8. 设 $\mathrm{sig}\mathscr{L}_1 = \{<\}$。$\neg$，$\simeq$ 和 $\forall x_0 \exists x_1 (x_0 < x_1)$ 都是 $\mathscr{L}_1$ 的有穷符号序列，但 $p \to q$ 和 $x_0 \cdots x_{n-1} x_n x_{n+1} \cdots$ 不是。 □

定义 3.2.9. 给定一阶语言 $\mathscr{L}_1$ 的非逻辑符号。全体项集，记为 $\mathscr{T}$，是由有穷符号序列组成的满足如下条件的最小集合 T：

(1) 任给 $x \in \mathcal{V}$ 和 $c \in \mathcal{C}$，都有 $x, c \in T$；

(2) 任给 n 元函数符号 $F \in \mathcal{F}$ 和 $\tau_0, \cdots, \tau_{n-1} \in T$ 都有 $F(\tau_0, \cdots, \tau_{n-1}) \in T$。

称全体项集中的元素为项。常用 $\sigma, \tau, \cdots$ 表示项，常用 $\Sigma, \Pi, \cdots$ 表示项集。 □

评注 3.2.10. (1) 定义 3.2.9 中 "最小" 的涵义是：任给集合 T'，如果 T' 满足 (1) 和 (2)，那么 $T \subseteq T'$；"最小" 一词决定了只有这两种情形的有穷符号序列是项，比如，如果常量符号 $d \notin \mathcal{C}$，那么 d 不是项，等等。

(2) 定义 3.2.9 (1) 中的项称为原子（atomic）项；定义 3.2.9 (2) 中的项称为复合（composed）项。

(3) 定义 3.2.9 (2) 中，当 F 为二元函数符号时，为增强可读性，有时也记 $F(\tau_0, \tau_1)$ 为 $\tau_0 F \tau_1$。如当 $\mathrm{sig}\mathscr{L}_1 = \{+, 0, 1\}$ 时，记 $+(0, 1)$ 为 $0 + 1$。 □

习题 3.2.11. 设 $\mathrm{sig}\mathscr{L}_1 = \{F, 0, 1\}$，其中 F 是二元函数符号。判断如下有穷符号序列是不是其项。

(1) x；

(2) x_{2019}；

(3) $f(x_1, 1)$；

(4) $F x_0 0$；

(5) $F(x_7, 0, 1)$；

(6) $F(F(x_0, x_1), x_2)$。 □

定义 3.2.12. 给定一阶语言 $\mathscr{L}_1$ 的非逻辑符号。全体（一阶）公式集，即一阶语言 $\mathscr{L}_1$，是由有穷符号序列组成的满足如下条件的最小集合 L：

(1) 任给 $\tau_0, \tau_1 \in \mathscr{T}$ 都有 $(\tau_0 \simeq \tau_1) \in L$；

(2) 任给 n 元关系符号 $R \in \mathcal{R}$ 和 $\tau_0, \cdots, \tau_{n-1} \in \mathscr{T}$ 都有 $R(\tau_0, \cdots, \tau_{n-1}) \in L$；

(3) 任给 $\phi \in L$ 都有 $(\neg \phi) \in L$；

(4) 任给 $\phi, \psi \in L$ 都有 $(\phi \to \psi) \in L$；

(5) 任给 $\phi \in L$ 和 $x \in \mathcal{V}$ 都有 $(\forall x \phi) \in L$。

称全体（一阶）公式集中的元素为（一阶）公式。常用 $\phi, \psi, \theta, \cdots$ 表示公式，常用 $\Gamma, \Delta, \Theta, \cdots$ 表示公式集。 □

评注 3.2.13. (1) 定义 3.2.12 中 "最小" 的涵义是：任给集合 L'，如果 L' 满足 (1)–(5)，那么 $L \subseteq L'$；"最小" 一词决定了只有这五种情形的有穷符号序列是项，比如，虽然 R 是 n 元关系符号且 $\tau_0, \cdots, \tau_{n-1}$ 是公式，但 $R \tau_0 \cdots \tau_{n-1}$ 不是公式。

(2) 定义 3.2.12 (2) 中，当 R 为二元关系符号时，为增强可读性，有时也记 $R(\tau_0, \tau_1)$ 为 $\tau_0 R \tau_1$。如当 $\mathrm{sig}\mathscr{L}_1 = \{\in\}$ 时，记 $\in (x_0, x_1)$ 为 $x_0 \in x_1$。

(3) 给定一阶语言的初始符号之后，一阶语言，亦即全体（一阶）公式集，便随之确定了。 □

习题 3.2.14. 设 $\mathrm{sig}\,\mathscr{L}_1 = \{\in\}$，其中 $\in$ 是二元关系符号。判断如下有穷符号序列是不是其公式。

(1) $(x_1 \simeq x_2)$；

(2) $\in x_0 x_1$；

(3) $(\neg(\in (x_0, x_1)))$；

(4) $\in (x_0, x_2) \to \in (x_2, x_4)$；

(5) $(\forall x_0 (x_1 = x_2))$；

(6) $(\phi \to \psi)$。 □

定义 3.2.15. 如下定义 $\not\simeq, \vee, \wedge, \leftrightarrow, \exists, \bigvee, \bigwedge$ 等其他符号：

$$(\sigma \not\simeq \tau) \triangleq (\neg(\sigma \simeq \tau));$$
$$(\phi \wedge \psi) \triangleq (\neg(\phi \to \neg\psi));$$
$$(\phi \vee \psi) \triangleq ((\neg\phi) \to \psi);$$
$$(\phi \leftrightarrow \psi) \triangleq ((\phi \to \psi) \wedge (\psi \to \phi));$$
$$(\exists x \phi) \triangleq (\neg(\forall x(\neg\phi)));$$
$$(\bigwedge_{i<n} \phi_i) \triangleq (\cdots(\phi_0 \wedge \phi_1)\cdots \wedge \phi_{n-1});$$
$$(\bigvee_{i<n} \phi_i) \triangleq (\cdots(\phi_0 \vee \phi_1)\cdots \vee \phi_{n-1})。$$
□

评注 3.2.16. (1) 称定义 3.2.12 (1) 和 (2) 中的公式为原子公式；称定义 3.2.12 (3)–(5) 中的公式和定义 3.2.15 中的公式为复合公式；称定义 3.2.12 (3) 中的公式、定义 3.2.15 中的 $\wedge$ 类公式以及 $\vee$ 类公式为布尔（Boolean）公式。

(2) 即便不引入定义 3.2.15 中的符号，也不影响一阶语言的表达力；但显然 $\triangleq$ 左边的式子比右边的式子更简洁更易读。

(3) 在引入定义 3.2.15 之后，这些类型的有穷符号序列也是公式了。但如无特殊说明，本章所说的公式默认不包含这些类型的有穷符号序列。 □

约定 3.2.17（一阶公式语法括号省略）. 为增强公式的可读性，有时会适当省略公式的部分语法括号。现对语法括号的省略约定进行说明：

(1) 公式最外层的语法括号一般省略，如

$$\forall x\phi \text{ 是 } (\forall x\phi);$$

$$\phi \wedge \psi \text{ 是 } (\phi \wedge \psi)。$$

(2) 某个联词连续出现时，按右结合的方式解读，如

$$\phi \vee \psi \vee \theta \text{ 是 } \phi \vee (\psi \vee \theta);$$

$$\phi \to \psi \to \theta \text{ 是 } \phi \to (\psi \to \theta)。$$

(3) 也按联词或量词的结合力强弱省略语法括号。联词或量词的结合力由强到弱依次为：$\neg, \forall, \exists, \bigwedge, \bigvee$ 强于 $\wedge, \vee$ 强于 $\to$ 强于 $\leftrightarrow$。如

$$\neg\phi \wedge \psi \text{ 是 } (\neg\phi) \wedge \psi;$$

$$\forall x\phi \vee \psi \text{ 是 } (\forall x\phi) \vee \psi;$$

$$\bigvee_{i<n}\phi_i \wedge \psi \text{ 是 } \left(\bigvee_{i<n}\phi_i\right) \wedge \psi;$$

$$\phi \vee \psi \to \theta \text{ 是 } (\phi \vee \psi) \to \theta;$$

$$\phi \leftrightarrow \theta \to \psi \text{ 是 } \phi \leftrightarrow (\theta \to \psi)。$$

另外，为增强可读性，有时候也改变语法括号的大小，有时候也用 [,] 替代部分语法括号，有时候也将长公式做断行处理。　　　　□

习题 3.2.18. 适当省去如下公式中的括号。

(1) $(\exists x\phi)$;
(2) $(\phi \to \psi)$;
(3) $(\neg(\sigma \simeq \tau))$;
(4) $((\neg\phi) \to \psi)$;
(5) $(\neg(\phi \to \neg\psi))$;
(6) $((\phi \to \psi) \wedge (\psi \to \phi))$;
(7) $(\neg(\forall x(\neg\phi)))$;
(8) $(\sigma \not\simeq \tau) \vee (\sigma_0 \simeq \tau_1)$;
(9) $(\phi_0 \to (\phi_1 \to \cdots \to (\phi_{n-1} \to \psi)\cdots))$。　　　　□

习题 3.2.19. 为下列所有陈述统一选择一个合适的一阶语言，并将其翻译成相应的公式。

(1) 存在最小的自然数；
(2) 所有偶数都是 2 的倍数；
(3) 如果一个自然数小于 2，那么它或者等于 0 或者等于 1。　　　　□

接下来给出几个将来常用的说法。

定义 3.2.20. 设 $\mathscr{L}_1$ 是一阶语言。

(1) 称一个公式是无量词（quantifier free）公式，如果它不包含任何量词；

(2) 称一个公式是全称型（universal）公式，如果它形如

$$\forall x_0 \cdots \forall x_{n-1}\phi,$$

其中 ϕ 是无量词公式；

(3) 称一个公式是存在型（existential）公式，如果它形如

$$\exists x_0 \cdots \exists x_{n-1}\phi,$$

其中 ϕ 是无量词公式。 □

评注 3.2.21. 出于简洁，常将 $\exists x_0 \cdots \exists x_{n-1}\phi$ 和 $\forall x_0 \cdots \forall x_{n-1}\phi$ 分别简记为

$$\exists x_0, \cdots, x_{n-1}\phi \text{ 和 } \forall x_0, \cdots, x_{n-1}\phi。$$ □

有时候需要谈论一阶语言的大小，而一阶语言的大小实际就是其图册的大小。

定义 3.2.22. 设 $\mathscr{L}_1$ 是一阶语言，κ 是基数[①]。

(1) 称 $\mathscr{L}_1$ 的大小为 κ，如果 $|\mathrm{sig}\mathscr{L}_1| = \kappa$。

(2) 称 $\mathscr{L}_1$ 是可数的（countable），如果 $|\mathrm{sig}\mathscr{L}_1| \leq \omega$；否则称 $\mathscr{L}_1$ 是不可数的（uncountable）。

(3) 称 $\mathscr{L}_1$ 是有穷的（finite），如果 $|\mathrm{sig}\mathscr{L}_1| < \omega$；否则称 $\mathscr{L}_1$ 是无穷的（infinite）。 □

评注 3.2.23. (1) 设 κ 是无穷基数，$|\mathrm{sig}\mathscr{L}_1| = \kappa$。由于 $\kappa \leq |\mathscr{L}_1| \leq |\mathrm{sig}\mathscr{L}_1^{<\omega}| = \kappa^{<\omega} = \kappa$，所以 $|\mathscr{L}_1| = \kappa$。此时 $|\mathscr{L}_1| = |\mathrm{sig}\mathscr{L}_1|$，这也就解释了一阶语言大小如此定义的原因。

(2) 要注意的是，当一阶语言有穷时，一阶语言这个公式集却是无穷的，即 $\omega = |\mathscr{L}_1| \neq |\mathrm{sig}\mathscr{L}_1| < \omega$。

(3) 一般说来，各数学分支所用的一阶语言都是有穷的。

(4) 如无特殊说明，本书默认一阶语言都是可数的。 □

3.2.2 无歧义性

如上所述，给定一阶语言的初始符号后，我们借其生成了项和公式，它们类似于自然语言[②]中的词语和句子。相较于词语和句子，如此定义的项和公式有一个优势：它们是

[①] 关于基数等更多集合论的知识，详见 [86, 112, 116, 133, 135]。

[②] 关于语言的进一步讨论，详见第 163 页。

唯一可读的，亦即（语法）无歧义的，而这也是逻辑中引入一阶语言这样的形式语言的主要原因。本子节的任务便是证明项和公式的唯一可读性（无歧义性），我们分开并逐步进行处理，先处理项的情形。

引理 3.2.24（项的可读性）. 设 $\tau \in \mathscr{T}$。则有且仅有如下情形之一成立：

(1) 存在变元符号 $x \in \mathcal{V}$ 使得 $\tau = x$；
(2) 存在常量符号 $c \in \mathcal{C}$ 使得 $\tau = c$；
(3) 存在 n 元函数符号 $F \in \mathcal{F}$ 和项 $\tau_0, \cdots, \tau_{n-1} \in \mathscr{T}$ 使得 $\tau = F(\tau_0, \cdots, \tau_{n-1})$。

证明： 根据定义 3.2.9 可知，τ 一定满足上述三种情形之一，而 τ 的第一个符号便决定了它只能满足三种情形之一。 $\qquad\square$

引理 3.2.25. 设 $\tau \in \mathscr{T}$。则不存在 τ 的真前段 σ 使得 $\sigma \in \mathscr{T}$。

证明： 施归纳于 τ 的长度 k。

- $k = 1$。此时 τ 的真前段是空序列 $\varnothing$，根据引理 3.2.24 可知 $\varnothing \notin \mathscr{T}$。
- $k = l+1$。归纳假设是引理对长度小于 k 的项都成立，只需证引理对长度为 k 的项成立。由于 τ 的长度大于 1，所以根据引理 3.2.24 可知 τ 是如下形式的项：$F(\tau_0, \cdots, \tau_{n-1})$。不妨假设 σ 是 τ 的真前段且 $\sigma \in \mathscr{T}$。由于 $\sigma \in \mathscr{T}$，所以类似起始步骤所证，σ 不是空序列。又由于 σ 是 τ 的真前段，所以 σ 的第一个符号是 F，从而根据引理 3.2.24 可知 σ 是如下形式的项：$F(\sigma_0, \cdots, \sigma_{n-1})$。根据归纳假设可知 τ_0 和 σ_0 不是彼此的真前段，加之 σ 是 τ 的真前段，因而 $\tau_0 = \sigma_0$。进一步可证任给 $i < n$ 都有 $\tau_i = \sigma_i$。这说明 $\tau = \sigma$，与 "σ 是 τ 的真前段" 矛盾。 $\qquad\square$

定理 3.2.26（项的唯一可读性）. 设 $\tau \in \mathscr{T}$。则有且仅有如下情形之一成立：

(1) 存在变元符号 $x \in \mathcal{V}$ 使得 $\tau = x$；
(2) 存在常量符号 $c \in \mathcal{C}$ 使得 $\tau = c$；
(3) 存在 n 元函数符号 $F \in \mathcal{F}$ 和项 $\tau_0, \cdots, \tau_{n-1} \in \mathscr{T}$ 使得 $\tau = F(\tau_0, \cdots, \tau_{n-1})$。

并且 (1)–(3) 中的 $x, c, F, \tau_0, \cdots, \tau_{n-1}$ 都是唯一的。

证明： 根据引理 3.2.24 只需证唯一性。情形 (1) 和 (2) 易证，只证情形 (3)。假设 $\tau = F(\tau_0, \cdots, \tau_{n-1}) = F'(\sigma_0, \cdots, \sigma_{m-1})$。

- 由于 F 和 F' 都是 τ 的第一个符号，所以 $F = F'$，因而二者的元数也相等，即 $n = m$。
- 现在证明任给 $i < n$ 都有 $\tau_i = \sigma_i$。易知 $\tau_0 = \sigma_0$，否则 τ_0 和 σ_0 将互为彼此的真前段，而这与引理 3.2.25 矛盾；继而类似可证任给 $i < n$ 都有 $\tau_i = \sigma_i$。 $\qquad\square$

现在处理公式的情形。由于证明类似于项的情形，只对相关引理或定理进行表述，具体证明留作习题。

引理 3.2.27（公式的可读性）. 设 $\phi \in \mathscr{L}_1$。则有且仅有如下情形之一成立：

(1) 存在项 $\tau_0, \tau_1 \in \mathscr{T}$ 使得 $\phi = (\tau_0 \simeq \tau_1)$；

(2) 存在 n 元关系符号 $R \in \mathcal{R}$ 和项 $\tau_0, \cdots, \tau_{n-1} \in \mathscr{T}$ 使得 $\phi = R(\tau_0, \cdots, \tau_{n-1})$；

(3) 存在公式 $\psi \in \mathscr{L}_1$ 使得 $\phi = (\neg\psi)$；

(4) 存在公式 $\psi, \theta \in \mathscr{L}_1$ 使得 $\phi = (\psi \to \theta)$；

(5) 存在公式 $\psi \in \mathscr{L}_1$ 和变元符号 $x \in \mathcal{V}$ 使得 $\phi = (\forall x \psi)$。 □

引理 3.2.28. 设 $\phi \in \mathscr{L}_1$。则不存在 ϕ 的真前段 ψ 使得 $\psi \in \mathscr{L}_1$。 □

定理 3.2.29（公式的唯一可读性）. 设 $\phi \in \mathscr{L}_1$。则有且仅有如下情形之一成立：

(1) 存在项 $\tau_0, \tau_1 \in \mathscr{T}$ 使得 $\phi = (\tau_0 \simeq \tau_1)$；

(2) 存在 n 元关系符号 $R \in \mathcal{R}$ 和项 $\tau_0, \cdots, \tau_{n-1} \in \mathscr{T}$ 使得 $\phi = R(\tau_0, \cdots, \tau_{n-1})$；

(3) 存在公式 $\psi \in \mathscr{L}_1$ 使得 $\phi = (\neg\psi)$；

(4) 存在公式 $\psi, \theta \in \mathscr{L}_1$ 使得 $\phi = (\psi \to \theta)$；

(5) 存在公式 $\psi \in \mathscr{L}_1$ 和变元符号 $x \in \mathcal{V}$ 使得 $\phi = (\forall x \psi)$。

并且 (1)–(5) 中的 $R, \tau_0, \cdots, \tau_{n-1}, \psi, \theta, x$ 都是唯一的。 □

习题 3.2.30. 证明引理 3.2.27。 □

习题 3.2.31. 证明引理 3.2.28。 □

习题 3.2.32. 证明定理 3.2.29。 □

习题 3.2.33. (1) 如果改定义 3.2.12 (5) 为"任给 $\phi \in L$ 和 $x \in \mathcal{V}$ 都有 $\forall x \phi \in L$"，那么公式的唯一可读性定理是否还成立？

(2) 进一步思考：在定义 3.2.1 中，作为逻辑符号的语法逗号和语法括号是不是必需的？ □

3.2.3 递归定义

项和公式是递归定义来的，所以要定义关于项或公式的某个概念，也需类似地进行递归定义，这是由（结构）递归定义[①]（structural recursive definition）定理保证的。我

[①]也有教科书称之为（结构）归纳定义。不过本书在定义时称（结构）递归定义，在证明时称（结构）归纳证明（structural inductive proof，详见第 3.2.4 子节）。之所以做这种区分，是因为（结构）递归定义定理为递归地定义某种概念的合

们只给出定理表述，将具体证明留给读者。

定理 3.2.34（项的结构递归定义）. 设 C 是关于项的某个概念。则任给项 τ，$C(\tau)$ 可如下进行定义：

(1) 如果存在 $x \in \mathcal{V}$ 使得 $\tau = x$，那么定义 $C(\tau) = C(x)$，而 $C(x)$ 直接定义即可；

(2) 如果存在 $c \in \mathcal{C}$ 使得 $\tau = c$，那么定义 $C(\tau) = C(c)$，而 $C(c)$ 直接定义即可；

(3) 如果存在 n 元函数符号 $F \in \mathcal{F}$ 和项 $\tau_0, \cdots, \tau_{n-1}$ 使得 $\tau = F(\tau_0, \cdots, \tau_{n-1})$，那么从 $C(\tau_0), \cdots, C(\tau_{n-1})$ 定义 $C(\tau)$。　　□

习题 3.2.35. 证明定理 3.2.34。　　□

习题 3.2.36. 定义关于项中出现常量符号个数的函数 $n_c(\tau)$。　　□

定理 3.2.37（公式的结构递归定义）. 设 C 是关于公式的某个概念。则任给公式 ϕ，$C(\phi)$ 可如下进行定义：

(1) 如果存在项 $\tau_0, \tau_1 \in \mathcal{T}$ 使得 $\phi = (\tau_0 \simeq \tau_1)$，那么从 $C(\tau_0)$ 和 $C(\tau_1)$ 定义 $C(\phi)$；

(2) 如果存在 n 元关系符号 $R \in \mathcal{R}$ 和项 $\tau_0, \cdots, \tau_{n-1} \in \mathcal{T}$ 使得 $\phi = R(\tau_0, \cdots, \tau_{n-1})$，那么从 $C(\tau_0), \cdots, C(\tau_{n-1})$ 定义 $C(\phi)$；

(3) 如果存在公式 $\psi \in \mathscr{L}_1$ 使得 $\phi = (\neg \psi)$，那么从 $C(\psi)$ 定义 $C(\phi)$；

(4) 如果存在公式 $\psi, \theta \in \mathscr{L}_1$ 使得 $\phi = (\psi \to \theta)$，那么从 $C(\psi)$ 和 $C(\theta)$ 定义 $C(\phi)$；

(5) 如果存在公式 $\psi \in \mathscr{L}_1$ 和变元符号 $x \in \mathcal{V}$ 使得 $\phi = (\forall x \psi)$，那么从 $C(\psi)$ 定义 $C(\phi)$。　　□

习题 3.2.38. 证明定理 3.2.37。　　□

习题 3.2.39. 定义关于公式中出现语法括号对数的函数 $n_p(\phi)$。　　□

实际上定理 3.2.34 可以推广到对子项封闭的项集上，而定理 3.2.37 也可以推广到对子公式封闭的公式集上。对此，首先引入子项集和子公式集的概念，而这实际上也分别是对定理 3.2.34 和定理 3.2.37 的应用。

定义 3.2.40. 设 τ 是项，ϕ 是公式。如下定义 τ 的子项集 $\mathrm{ST}(\tau)$：

(1) 如果存在 $x \in \mathcal{V}$ 使得 $\tau = x$，那么 $\mathrm{ST}(\tau) = \{\tau\}$；

(2) 如果存在 $c \in \mathcal{C}$ 使得 $\tau = c$，那么 $\mathrm{ST}(\tau) = \{\tau\}$；

(3) 如果存在 n 元函数符号 $F \in \mathcal{F}$ 和项 $\tau_0, \cdots, \tau_{n-1}$ 使得 $\tau = F(\tau_0, \cdots, \tau_{n-1})$，那么 $\mathrm{ST}(\tau) = \{\tau\} \cup \mathrm{ST}(\tau_0) \cup \cdots \cup \mathrm{ST}(\tau_{n-1})$。

还可如下定义 ϕ 的子项集 $\mathrm{ST}(\phi)$：

理性提供保证，而（结构）归纳证明定理则为归纳地证明某种性质成立提供保证。

(1) 如果存在项 $\tau_0, \tau_1 \in \mathscr{T}$ 使得 $\phi = (\tau_0 \simeq \tau_1)$，那么 $\mathrm{ST}(\phi) = \mathrm{ST}(\tau_0) \cup \mathrm{ST}(\tau_1)$；

(2) 如果存在 n 元关系符号 $R \in \mathscr{R}$ 和项 $\tau_0, \cdots, \tau_{n-1} \in \mathscr{T}$ 使得 $\phi = R(\tau_0, \cdots, \tau_{n-1})$，那么 $\mathrm{ST}(\phi) = \mathrm{ST}(\tau_0) \cup \cdots \cup \mathrm{ST}(\tau_{n-1})$；

(3) 如果存在公式 $\psi \in \mathscr{L}_1$ 使得 $\phi = (\neg\psi)$，那么 $\mathrm{ST}(\phi) = \mathrm{ST}(\psi)$；

(4) 如果存在公式 $\psi, \theta \in \mathscr{L}_1$ 使得 $\phi = (\psi \to \theta)$，那么 $\mathrm{ST}(\phi) = \mathrm{ST}(\psi) \cup \mathrm{ST}(\theta)$；

(5) 如果存在公式 $\psi \in \mathscr{L}_1$ 和变元符号 $x \in \mathcal{V}$ 使得 $\phi = (\forall x \psi)$，那么 $\mathrm{ST}(\phi) = \{x\} \cup \mathrm{ST}(\psi)$。 □

评注 3.2.41. 将 $\mathrm{ST}((\forall x \psi))$ 定义为 $\{x\} \cup \mathrm{ST}(\psi)$ 是必要的，因为 x 不一定出现在 ψ 中，比如 $(\forall x(c_0 \simeq c_1))$。 □

定义 3.2.42. 设 σ, τ 是项，ϕ 是公式，Σ 是项集。

(1) 称 σ 是 τ 的子项，如果 $\sigma \in \mathrm{ST}(\tau)$。

(2) 称 σ 是 ϕ 的子项，如果 $\sigma \in \mathrm{ST}(\phi)$。

(3) 称 Σ 是对子项封闭的项集，如果任给 $\sigma \in \Sigma$ 都有 $\mathrm{ST}(\sigma) \subseteq \Sigma$。 □

示例 3.2.43. (1) 全体项集 $\mathscr{T}$ 是对子项封闭的项集。

(2) 任给变元符号 $x \in \mathcal{V}$ 和常量符号 $c \in \mathcal{C}$，$\{x\}, \{c\}$ 都是对子项封闭的项集。

(3) 任给项 τ，$\mathrm{ST}(\tau)$ 也都是对子项封闭的项集。 □

习题 3.2.44. 证明：如果 Σ 是对子项封闭的项集，那么 $\Sigma = \bigcup\{\mathrm{ST}(\sigma) \mid \sigma \in \Sigma\}$。 □

定理 3.2.45（对子项封闭的项集上的结构递归定义）. 设 Σ 是对子项封闭的项集，C 是关于项的某个概念。则任给项 $\tau \in \Sigma$，$C(\tau)$ 可如下进行定义：

(1) 如果存在 $x \in \mathcal{V}$ 使得 $\tau = x$，那么定义 $C(\tau) = C(x)$，而 $C(x)$ 直接定义即可；

(2) 如果存在 $c \in \mathcal{C}$ 使得 $\tau = c$，那么定义 $C(\tau) = C(c)$，而 $C(c)$ 直接定义即可；

(3) 如果存在 n 元函数符号 $F \in \mathscr{F}$ 和项 $\tau_0, \cdots, \tau_{n-1}$ 使得 $\tau = F(\tau_0, \cdots, \tau_{n-1})$，那么从 $C(\tau_0), \cdots, C(\tau_{n-1})$ 定义 $C(\tau)$。 □

习题 3.2.46. 证明定理 3.2.45。 □

定义 3.2.47. 设 ϕ 是公式。如下定义 ϕ 的子公式集 $\mathrm{SF}(\phi)$：

(1) 如果存在项 $\tau_0, \tau_1 \in \mathscr{T}$ 使得 $\phi = (\tau_0 \simeq \tau_1)$，那么 $\mathrm{SF}(\phi) = \{\phi\}$；

(2) 如果存在 n 元关系符号 $R \in \mathscr{R}$ 和项 $\tau_0, \cdots, \tau_{n-1} \in \mathscr{T}$ 使得 $\phi = R(\tau_0, \cdots, \tau_{n-1})$，那么 $\mathrm{SF}(\phi) = \{\phi\}$；

(3) 如果存在公式 $\psi \in \mathscr{L}_1$ 使得 $\phi = (\neg\psi)$，那么 $\mathrm{SF}(\phi) = \{\phi\} \cup \mathrm{SF}(\psi)$；

(4) 如果存在公式 $\psi, \theta \in \mathscr{L}_1$ 使得 $\phi = (\psi \to \theta)$，那么 $\mathrm{SF}(\phi) = \{\phi\} \cup \mathrm{SF}(\psi) \cup \mathrm{SF}(\theta)$；

(5) 如果存在公式 $\psi \in \mathscr{L}_1$ 和变元符号 $x \in \mathcal{V}$ 使得 $\phi = (\forall x \psi)$，那么 $\mathrm{SF}(\phi) = \{\phi\} \cup \mathrm{SF}(\psi)$。 □

定义 3.2.48. 设 ϕ, ψ 是公式，Γ 是公式集。

(1) 称 ψ 是 ϕ 的子公式，如果 $\psi \in \mathrm{SF}(\phi)$。

(2) 称 Γ 是对子公式封闭的公式集，如果任给 $\phi \in \Gamma$ 都有 $\mathrm{SF}(\phi) \subseteq \Gamma$。 □

示例 3.2.49. (1) 全体公式集 $\mathscr{L}_1$ 是对子公式封闭的公式集。

(2) 任给变元符号 $x \in \mathcal{V}$ 和常量符号 $c \in \mathcal{C}$，$\{x \simeq c\}$ 都是对子公式封闭的公式集。

(3) 任给公式 ϕ，$\mathrm{SF}(\phi)$ 也都是对子公式封闭的公式集。 □

习题 3.2.50. 证明：如果 Γ 是对子公式封闭的公式集，那么 $\Gamma = \bigcup\{\mathrm{SF}(\phi) \mid \phi \in \Gamma\}$。 □

定理 3.2.51（对子公式封闭的公式集上的结构递归定义）. 设 Γ 是对子公式封闭的公式集，C 是关于公式的某个概念。则任给公式 $\phi \in \Gamma$，$C(\phi)$ 可如下进行定义：

(1) 如果存在项 $\tau_0, \tau_1 \in \mathscr{T}$ 使得 $\phi = (\tau_0 \simeq \tau_1)$，那么从 $C(\tau_0)$ 和 $C(\tau_1)$ 定义 $C(\phi)$；

(2) 如果存在 n 元关系符号 $R \in \mathcal{R}$ 和项 $\tau_0, \cdots, \tau_{n-1} \in \mathscr{T}$ 使得 $\phi = R(\tau_0, \cdots, \tau_{n-1})$，那么从 $C(\tau_0), \cdots, C(\tau_{n-1})$ 定义 $C(\phi)$；

(3) 如果存在公式 $\psi \in \mathscr{L}_1$ 使得 $\phi = (\neg \psi)$，那么从 $C(\psi)$ 定义 $C(\phi)$；

(4) 如果存在公式 $\psi, \theta \in \mathscr{L}_1$ 使得 $\phi = (\psi \to \theta)$，那么从 $C(\psi)$ 和 $C(\theta)$ 定义 $C(\phi)$；

(5) 如果存在公式 $\psi \in \mathscr{L}_1$ 和变元符号 $x \in \mathcal{V}$ 使得 $\phi = (\forall x \psi)$，那么从 $C(\psi)$ 定义 $C(\phi)$。 □

习题 3.2.52. 证明定理 3.2.51。 □

3.2.4 归纳证明

项和公式是递归定义来的，所以要证明关于项或公式的某个性质成立，就需要归纳地进行证明，这是由（结构）归纳证明定理保证的。我们依然只给出定理表述，将具体证明留给读者。

定理 3.2.53（项的结构归纳证明）. 设 P 是关于项的某个性质。如果如下情形都成立，那么任给项 τ 都有 $P(\tau)$ 成立。

(1) 如果存在 $x \in \mathcal{V}$ 使得 $\tau = x$，那么 $P(\tau)$ 成立；

(2) 如果存在 $c \in \mathcal{C}$ 使得 $\tau = c$，那么 $P(\tau)$ 成立；

(3) 如果存在 n 元函数符号 $F \in \mathcal{F}$ 和项 $\tau_0, \cdots, \tau_{n-1} \in \mathscr{T}$ 使得 $\tau = F(\tau_0, \cdots, \tau_{n-1})$，那么由 $P(\tau_0), \cdots, P(\tau_{n-1})$ 成立推出 $P(\tau)$ 成立。 □

习题 3.2.54. 证明定理 3.2.53。 □

习题 3.2.55. 证明:项中出现左右括号的个数相等。 □

定理 3.2.56(公式的结构归纳证明). 设 P 是关于公式的某个性质。如果如下情形都成立,那么任给公式 ϕ 都有 $P(\phi)$ 成立。

(1) 如果存在项 $\tau_0, \tau_1 \in \mathscr{T}$ 使得 $\phi = (\tau_0 \simeq \tau_1)$,那么由 $P(\tau_0), P(\tau_1)$ 成立推出 $P(\phi)$ 成立;

(2) 如果存在 n 元关系符号 $R \in \mathscr{R}$ 和项 $\tau_0, \cdots, \tau_{n-1} \in \mathscr{T}$ 使得 $\phi = R(\tau_0, \cdots, \tau_{n-1})$,那么由 $P(\tau_0), \cdots, P(\tau_{n-1})$ 成立推出 $P(\phi)$ 成立;

(3) 如果存在公式 $\psi \in \mathscr{L}_1$ 使得 $\phi = (\neg \psi)$,那么由 $P(\psi)$ 成立推出 $P(\phi)$ 成立;

(4) 如果存在公式 $\psi, \theta \in \mathscr{L}_1$ 使得 $\phi = (\psi \to \theta)$,那么由 $P(\psi), P(\theta)$ 成立推出 $P(\phi)$ 成立;

(5) 如果存在公式 $\psi \in \mathscr{L}_1$ 和变元符号 $x \in \mathcal{V}$ 使得 $\phi = (\forall x \psi)$,那么由 $P(\psi)$ 成立推出 $P(\phi)$ 成立。 □

习题 3.2.57. 证明定理 3.2.56。 □

习题 3.2.58. 证明:公式中量词符号的个数小于或等于变元符号的个数。 □

实际上定理 3.2.53 和定理 3.2.56 也可以分别相应地推广到对子项封闭的项集上和对子公式封闭的公式集上。

定理 3.2.59(对子项封闭的项集上的结构归纳证明). 设 Σ 是对子项封闭的项集,P 是关于项的某个性质。如果如下情形都成立,那么任给项 $\tau \in \Sigma$ 都有 $P(\tau)$ 成立。

(1) 如果存在 $x \in \mathcal{V}$ 使得 $\tau = x$,那么 $P(\tau)$ 成立;

(2) 如果存在 $c \in \mathcal{C}$ 使得 $\tau = c$,那么 $P(\tau)$ 成立;

(3) 如果存在 n 元函数符号 $F \in \mathscr{F}$ 和项 $\tau_0, \cdots, \tau_{n-1} \in \mathscr{T}$ 使得 $\tau = F(\tau_0, \cdots, \tau_{n-1})$,那么由 $P(\tau_0), \cdots, P(\tau_{n-1})$ 成立推出 $P(\tau)$ 成立。 □

习题 3.2.60. 证明定理 3.2.59。 □

定理 3.2.61(对子公式封闭的公式集上的结构归纳证明). 设 Γ 是对子公式封闭的公式集,P 是关于公式的某个性质。如果如下情形都成立,那么任给公式 $\phi \in \Gamma$ 都有 $P(\phi)$ 成立。

(1) 如果存在项 $\tau_0, \tau_1 \in \mathscr{T}$ 使得 $\phi = (\tau_0 \simeq \tau_1)$,那么由 $P(\tau_0), P(\tau_1)$ 成立推出 $P(\phi)$ 成立;

(2) 如果存在 n 元关系符号 $R \in \mathscr{R}$ 和项 $\tau_0, \cdots, \tau_{n-1} \in \mathscr{T}$ 使得 $\phi = R(\tau_0, \cdots, \tau_{n-1})$,那么由 $P(\tau_0), \cdots, P(\tau_{n-1})$ 成立推出 $P(\phi)$ 成立;

(3) 如果存在公式 $\psi \in \mathscr{L}_1$ 使得 $\phi = (\neg \psi)$,那么由 $P(\psi)$ 成立推出 $P(\phi)$ 成立;

(4) 如果存在公式 $\psi, \theta \in \mathscr{L}_1$ 使得 $\phi = (\psi \to \theta)$,那么由 $P(\psi), P(\theta)$ 成立推出 $P(\phi)$ 成立;

(5) 如果存在公式 $\psi \in \mathscr{L}_1$ 和变元符号 $x \in \mathcal{V}$ 使得 $\phi = (\forall x\psi)$，那么由 $P(\psi)$ 成立推出 $P(\phi)$ 成立。 □

习题 3.2.62. 证明定理 3.2.61。 □

3.2.5 自由变元

从本子节开始，为增强可读性，酌情省去项或公式中的语法括号，也酌情使用中括号替代部分语法括号。

在某些数学陈述中，变元有两种用法。一种体现在如下命题中：

$$x \le 6 \text{ 或 } x > 8。 \tag{3.2.1}$$

在 (3.2.1) 中，x 可以自由地取任意值，(3.2.1) 的真假随 x 取值而变。类似于 (3.2.1) 中 x 这种变元，数学分支中称其为自由（free）变元。另一种体现在如下命题中：

$$\text{任给自然数 } x \text{ 都有 } x \le 9。 \tag{3.2.2}$$

它具有确定的意义：所有自然数都小于或等于 9。只要具备最简单的数论知识，就可以判断出这个命题为假，且它的假不随 x 取值而变。实际上，这里的变元 x 只是为了表述方便才被使用。类似于 (3.2.2) 中 x 这种变元，数学分支中称其为约束（bounded）变元。

一阶公式与某些数学陈述一样表达特定的命题，因此一阶公式中出现的变元符号也有自由和约束之分，本子节的任务便是把数学命题中变元的自由和约束之分具体到一阶公式上。

定义 3.2.63. 设 τ 是项，ϕ 是公式。可以递归地定义 τ 的变元集 $\mathrm{Vr}(\tau)$：

(1) 如果 $\tau = x$，那么 $\mathrm{Vr}(\tau) = \{x\}$；
(2) 如果 $\tau = c$，那么 $\mathrm{Vr}(\tau) = \varnothing$；
(3) 如果 $\tau = F(\tau_0, \cdots, \tau_{n-1})$，那么 $\mathrm{Vr}(\tau) = \mathrm{Vr}(\tau_0) \cup \cdots \cup \mathrm{Vr}(\tau_{n-1})$。

同样可以递归地定义 ϕ 的变元集 $\mathrm{Vr}(\phi)$：

(1) 如果 $\phi = R(\tau_0, \cdots, \tau_{n-1})$，那么 $\mathrm{Vr}(\phi) = \mathrm{Vr}(\tau_0) \cup \cdots \cup \mathrm{Vr}(\tau_{n-1})$；
(2) 如果 $\phi = (\tau_0 \simeq \tau_{n-1})$，那么 $\mathrm{Vr}(\phi) = \mathrm{Vr}(\tau_0) \cup \mathrm{Vr}(\tau_1)$；
(3) 如果 $\phi = \neg\psi$，那么 $\mathrm{Vr}(\phi) = \mathrm{Vr}(\psi)$；
(4) 如果 $\phi = \psi \to \theta$，那么 $\mathrm{Vr}(\phi) = \mathrm{Vr}(\psi) \cup \mathrm{Vr}(\theta)$；
(5) 如果 $\phi = \forall x\psi$，那么 $\mathrm{Vr}(\phi) = \mathrm{Vr}(\psi) \cup \{x\}$。 □

评注 3.2.64. 简单说来，$\mathrm{Vr}(\tau)$ 就是把该项中出现的全部变元收集进来；而 $\mathrm{Vr}(\phi)$ 就是把该公式所含项的变元全部收集进来，包括紧跟量词之后的变元，比如公式 $\forall x_0(x_1 \simeq x_2)$ 中的变元 x_0 也会被收集进来。 □

定义 3.2.65. 设 τ 是项，ϕ 是公式。可以递归地定义 τ 的自由变元集 $\mathrm{Fr}(\tau)$：

(1) 如果 $\tau = x$，那么 $\mathrm{Fr}(\tau) = \{x\}$；

(2) 如果 $\tau = c$，那么 $\mathrm{Fr}(\tau) = \varnothing$；

(3) 如果 $\tau = F(\tau_0, \cdots, \tau_{n-1})$，那么 $\mathrm{Fr}(\tau) = \mathrm{Fr}(\tau_0) \cup \cdots \cup \mathrm{Fr}(\tau_{n-1})$。

同样可以递归地定义 ϕ 的自由变元集 $\mathrm{Fr}(\phi)$：

(1) 如果 $\phi = R(\tau_0, \cdots, \tau_{n-1})$，那么 $\mathrm{Fr}(\phi) = \mathrm{Fr}(\tau_0) \cup \cdots \cup \mathrm{Fr}(\tau_{n-1})$；

(2) 如果 $\phi = (\tau_0 \simeq \tau_{n-1})$，那么 $\mathrm{Fr}(\phi) = \mathrm{Fr}(\tau_0) \cup \mathrm{Fr}(\tau_1)$；

(3) 如果 $\phi = \neg\psi$，那么 $\mathrm{Fr}(\phi) = \mathrm{Fr}(\psi)$；

(4) 如果 $\phi = \psi \rightarrow \theta$，那么 $\mathrm{Fr}(\phi) = \mathrm{Fr}(\psi) \cup \mathrm{Fr}(\theta)$；

(5) 如果 $\phi = \forall x\psi$，那么 $\mathrm{Fr}(\phi) = \mathrm{Fr}(\psi) - \{x\}$。

称 x 是 τ 中的自由变元或自由出现，如果 $x \in \mathrm{Fr}(\tau)$；称 x 是 ϕ 中的自由变元或自由出现，如果 $x \in \mathrm{Fr}(\phi)$。 □

评注 3.2.66. 由于项中没有量词出现，所以项中的变元都是自由的，因此 $\mathrm{Fr}(\tau)$ 同 $\mathrm{Vr}(\tau)$ 一样，就是把该项中出现的全部变元收集进来；而 $\mathrm{Fr}(\phi)$ 的情形略微复杂，它不是简单的 "先把该公式所含项的变元收集进来，再把该公式中紧跟量词之后的变元剔除出去"，也不是简单的 "把该公式中紧跟量词之后的变元剔除出去，再把该公式其余项中的变元收集进来"，前者可能导致自由变元变少（见如下示例 ψ），后者可能导致自由变元增多（见如下示例 θ）。它收集或剔除变元的过程是一个根据公式结构交替往复的过程。因此，对于 $\mathrm{Fr}(\phi)$，需要结合具体公式分析其具体结构，严格按照定义逐步地收集或剔除相应的变元。这里试举两例，不妨令 $\mathrm{sig}\mathscr{L}_1 = \{+, 0, 1, 2\}$ 且

$$\psi \triangleq \forall x_0(x_2 \simeq x_3 \rightarrow 0 \simeq 1) \rightarrow x_0 \simeq 2;$$
$$\theta \triangleq \forall x_0(x_0 \simeq 0) \rightarrow \neg(x_1 + x_2 \simeq 1)。$$

则

$$\begin{aligned}
\mathrm{Fr}(\psi) &= \mathrm{Fr}(\forall x_0(x_2 \simeq x_3 \rightarrow 0 \simeq 1) \rightarrow x_0 \simeq 2) \\
&= \mathrm{Fr}(\forall x_0(x_2 \simeq x_3 \rightarrow 0 \simeq 1)) \cup \mathrm{Fr}(x_0 \simeq 2) \\
&= (\mathrm{Fr}(x_2 \simeq x_3 \rightarrow 0 \simeq 1) - \{x_0\}) \cup \{x_0\} \\
&= (\{x_2, x_3\} - \{x_0\}) \cup \{x_0\}
\end{aligned}$$

$$= \{x_0, x_2, x_3\};$$

$$\mathrm{Fr}(\theta) = \mathrm{Fr}(\forall x_0(x_0 \simeq 0) \to \neg(x_1 + x_2 \simeq 1))$$

$$= \mathrm{Fr}(\forall x_0(x_0 \simeq 0)) \cup \mathrm{Fr}(\neg(x_1 + x_2 \simeq 1))$$

$$= (\mathrm{Fr}(x_0 \simeq 0) - \{x_0\}) \cup \mathrm{Fr}(x_1 + x_2 \simeq 1)$$

$$= (\{x_0\} - \{x_0\}) \cup \{x_1, x_2\}$$

$$= \{x_1, x_2\}。 \qquad \square$$

定义 3.2.67. 设 τ 是项，ϕ 是公式。则 τ 的约束变元集 $\mathrm{Bo}(\tau) = \varnothing$。还可以递归地定义 ϕ 的约束变元集 $\mathrm{Bo}(\phi)$：

(1) 如果 $\phi = R(\tau_0, \cdots, \tau_{n-1})$，那么 $\mathrm{Bo}(\phi) = \mathrm{Bo}(\tau_0) \cup \cdots \cup \mathrm{Bo}(\tau_{n-1})$；

(2) 如果 $\phi = (\tau_0 \simeq \tau_{n-1})$，那么 $\mathrm{Bo}(\phi) = \mathrm{Bo}(\tau_0) \cup \mathrm{Bo}(\tau_1)$；

(3) 如果 $\phi = \neg\psi$，那么 $\mathrm{Bo}(\phi) = \mathrm{Bo}(\psi)$；

(4) 如果 $\phi = \psi \to \theta$，那么 $\mathrm{Bo}(\phi) = \mathrm{Bo}(\psi) \cup \mathrm{Bo}(\theta)$；

(5) 如果 $\phi = \forall x\psi$，那么 $\mathrm{Bo}(\phi) = \mathrm{Bo}(\psi) \cup \{x\}$。

称 x 是 ϕ 中的约束变元或约束出现，如果 $x \in \mathrm{Bo}(\phi)$。 $\qquad \square$

评注 3.2.68. 如前所述，项中的变元都是自由的，因此 $\mathrm{Bo}(\tau) = \varnothing$；而 $\mathrm{Bo}(\phi)$ 只是把该公式中紧跟量词之后的变元收集进来。 $\qquad \square$

引理 3.2.69. 设 τ 是项，ϕ 是公式。则

(1) $\mathrm{Bo}(\tau) = \varnothing$ 且 $\mathrm{Fr}(\tau) = \mathrm{Vr}(\tau)$；

(2) $\mathrm{Bo}(\phi) \subseteq \mathrm{Vr}(\phi)$，$\mathrm{Fr}(\phi) \subseteq \mathrm{Vr}(\phi)$ 且 $\mathrm{Bo}(\phi) \cup \mathrm{Fr}(\phi) = \mathrm{Vr}(\phi)$。 $\qquad \square$

评注 3.2.70. (1) $\mathrm{Bo}(\phi) \cap \mathrm{Fr}(\phi)$ 不一定为 $\varnothing$。换言之，一个变元符号既可能是某个公式的约束变元，也可能是它的自由变元，比如如下公式中的 x：

$$\forall x(x \simeq x) \wedge x \simeq c。$$

(2) 由于公式 ϕ 是有穷序列，所以 $\mathrm{Fr}(\phi)$ 也是有穷的，因此通常将 ϕ 写作 $\phi(x_0, \cdots, x_{n-1})$ 或 $\phi(\vec{x})$，其中 $\mathrm{Fr}(\phi) \subseteq \{x_0, \cdots, x_{n-1}\}$；类似地，对项 τ 也可以这样做。

(3) 任给公式 $\phi(x_0, \cdots, x_{n-1})$，它的全称闭包（universal closure）是

$$\forall x_0, \cdots, \forall x_{n-1}\phi(x_0, \cdots, x_{n-1})。 \qquad \square$$

习题 3.2.71. 当公式中出现 $\wedge, \vee, \leftrightarrow, \exists$，可以先按照定义 3.2.15 的定义将该公式转化成不含这些符号的公式，再计算其变元、自由变元及约束变元；也可以在定义 3.2.63、3.2.65 和 3.2.67 中直接加入这些情形，从而实现直接计算。那么该如何加入？ $\qquad \square$

习题 3.2.72. 设 $\mathrm{sig}\mathscr{L}_1 = \{<, +, 0, 1\}$。求出下列公式的自由变元和约束变元。

(1) $\forall x_0(x_0 + x_1 \simeq x_2 \to x_0 \simeq 0)$;

(2) $\forall x_0(x_0 + x_1 \simeq x_2) \to x_0 \simeq 0$;

(3) $\exists x_2(x_2 \simeq 0) \wedge (x_2 + 1 < x_3)$;

(4) $(\forall x_1(x_2 + x_3 \simeq 1) \leftrightarrow \exists x_2(x_2 \simeq 0)) \vee (x_0 + x_1 \simeq x_2 \to \neg(x_4 \simeq x_6))$。 □

定义 3.2.73. 设 τ 是项，ϕ 是公式。

(1) 称 τ 是闭项，如果 $\mathrm{Fr}(\tau) = \varnothing$；

(2) 称 ϕ 是语句，如果 $\mathrm{Fr}(\phi) = \varnothing$。 □

定义 3.2.74. (1) 称 τ 为 $\mathscr{L}_1$-项，如果 τ 是项且其中出现的常量符号和函数符号都在 $\mathrm{sig}\mathscr{L}_1$ 中；

(2) 称 τ 为 $\mathscr{L}_1$-闭项，如果 τ 是闭项且其中出现的常量符号和函数符号都在 $\mathrm{sig}\mathscr{L}_1$ 中；

(3) 称 ϕ 为 $\mathscr{L}_1$-公式，如果 ϕ 是公式且其中出现的常量符号、关系符号及函数符号都在 $\mathrm{sig}\mathscr{L}_1$ 中；

(4) 称 ϕ 是 $\mathscr{L}_1$-语句，如果 ϕ 是语句且其中出现的常量符号、关系符号及函数符号都在 $\mathrm{sig}\mathscr{L}_1$ 中。 □

3.3 语 义

3.3.1 结构与赋值

上文提及，一阶公式是用来表达数学命题的。但是一阶语言的符号，除了其逻辑符号中的等词、联词、括号等符号外，其量词、常量、关系、函数、变元等符号都没有确定的涵义，这也就是说，仅有一阶公式便无所谓真假。因此，一阶公式所表达的数学命题要想有所谓真假，就必须赋予量词、常量、关系、函数、变元等符号确定的涵义。我们称赋予这些符号确定涵义的这一整个过程为语义说明，它共分两步：

(1) 第一步是赋予量词、常量、关系、函数等符号以确定的涵义。要想量词具有确定的涵义，就必须指定它所"辖制"的范围，而这个范围即下文所谓"论域"（universe）；要想常量、关系、函数等非逻辑符号具有确定的涵义，就必须对其进行说明，而这个说明即下文所谓"解释"（interpretation）：论域和解释组合到一起就组成了下文所谓"结构"（structure）。

(2) 第二步是赋予变元符号以确定的涵义。变元符号必须在结构下才具有涵义，它就是用来指代结构论域中的元素的，并且只有在确定了它指向结构论域中的哪个元素时，它的涵义才能确定下来。这个确定变元指向结构论域中元素的方式即下文所谓"赋值"（valuation）。

现在引入严格的结构概念。

定义 3.3.1. 称 $\mathcal{M} = (M, I)$ 是一阶语言 $\mathscr{L}_1$ 的结构或 $\mathscr{L}_1$-结构，如果它满足

(1) $M \neq \varnothing$；

(2) I 是以 $\mathrm{sig}\mathscr{L}_1$ 为定义域的函数且

   (a) 任给 $c \in \mathcal{C}$ 都有 $I(c) \in M$，

   (b) 任给 n 元关系符号 $R \in \mathcal{R}$ 都有 $I(R) \subseteq M^n$，

   (c) 任给 n 元函数符号 $F \in \mathcal{F}$ 都有 $I(F) : M^n \to M$。

通常称 M 为 $\mathcal{M}$ 的论域[1]，称 I 为 $\mathcal{M}$ 的解释。　　□

评注 3.3.2. (1) 本书采用英文书法体（calligraphic）大写字母 $\mathcal{M}, \mathcal{N}, \cdots$ 表示结构，这是目前比较新兴的方式；还有一种比较传统的方式是用德文哥特体（fraktur）大写字母 $\mathfrak{M}, \mathfrak{N}, \cdots$ 表示结构，早期的一部分教科书（多为 21 世纪前所著）采用的就是这种方式。

(2) 当 I 的定义域为空，即 $\mathrm{sig}\mathscr{L}_1 = \varnothing$ 时，$\mathcal{M} = (M, \varnothing)$。

(3) 特殊地，当 $\mathscr{L}_1$ 的非逻辑符号为有穷个且 $\mathcal{M}$ 为具体的结构时，一般记 $\mathcal{M}$ 为

$$(M, I(F), \cdots, I(R), \cdots, I(c), \cdots)。$$

同时为增强可读性，进一步记 $\mathcal{M}$ 为

$$(M, F, \cdots, R, \cdots, c, \cdots)。$$

比如，常记标准算术模型 $\mathcal{N}$ 为 $(\mathbb{N}, S, +, \times, 0)$。也就是说，以后我们会常用同一个符号表示语言中的非逻辑符号和其在结构中相应的解释。当然在引起歧义且迫切需要区分的时候，我们一般给语言中的相应符号戴上 $\bar{\ }$，比如有时会将一阶算术语言的二元函数符号 $+$ 记为 $\bar{+}$。　　□

定义 3.3.3. 设 $\mathcal{M} = (M, I)$ 是 $\mathscr{L}_1$-结构。

(1) 称 $\mathcal{M}$ 为关系结构，如果 $\mathscr{L}_1$ 为关系语言，即 $\mathrm{sig}\mathscr{L}_1$ 不含常量符号和函数符号。

(2) 称 $\mathcal{M}$ 为代数结构，如果 $\mathscr{L}_1$ 为代数语言，即 $\mathrm{sig}\mathscr{L}_1$ 不含关系符号。　　□

---

[1] 如果允许 $M = \varnothing$，那么将导致一些病态现象，详见 [134，第 114 页]。当然，如果读者可以接受这样的现象，也可以令 $M = \varnothing$。

下面结合数学分支，给出几个结构、关系结构、代数结构的示例。

示例 3.3.4. (1) 设一阶等词语言的图册 $\text{sig}\mathscr{L}_1 = \varnothing$。任给集合 A，$(A, \varnothing)$ 都是一个一阶等词语言下的结构。它是最简单的结构，既是一个关系结构，也是一个代数结构。

(2) 设一阶图语言的图册 $\text{sig}\mathscr{L}_1 = \{E\}$，其中 E 是二元关系符号。令 $V = \{v_0, v_1, v_2, v_3\}$ 且 $E = \{(v_0, v_1), (v_1, v_2), (v_2, v_3), (v_3, v_0), (v_0, v_3), (v_3, v_2), (v_2, v_1), (v_1, v_0)\}$，则 (V, E) 就是一个图。它是一个关系结构。

图 3.2 (V, E)

(3) 设一阶序语言的图册 $\text{sig}\mathscr{L}_1 = \{\leq\}$，其中 $\leq$ 也是二元关系符号。令 $P = \{a, b, c, d\}$ 且 $\leq = \{(a, a), (a, b), (a, c), (a, d), (b, b), (b, d), (c, c), (c, d), (d, d)\}$，则偏序 $(P, \leq)$ 就是一个序。它也是一个关系结构。

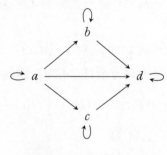

图 3.3 $(P, \leq)$

(4) 设一阶半群语言的图册 $\text{sig}\mathscr{L}_1 = \{\circ\}$，其中 $\circ$ 是二元函数符号。令 $+$ 为 $\mathbb{Z}$ 上的加法（即 $I(\circ) = +$），则 $(\mathbb{Z}, +)$ 就是一个半群。它是一个代数结构。

(5) 设一阶集合论语言的图册 $\text{sig}\mathscr{L}_1 = \{\in\}$，其中 $\in$ 是二元关系符号。任给集合 S 和它上面的 $\in$ 关系，$(S, \in)$ 都是集合论结构。它们也都是关系结构。

(6) 设一阶群语言的图册 $\text{sig}\mathscr{L}_1 = \{\circ, e\}$，其中 $\circ$ 是二元函数符号，e 是常量符号。令 $\times, 1$ 分别为 $\mathbb{Q}^+$ 上的乘法、1（即 $I(\circ) = +, I(e) = 1$），则 $(\mathbb{Q}^+, +, 1)$ 就是一个群。它也是一个代数结构。

(7) 设一阶环语言和一阶域语言的图册都是 $\text{sig}\mathscr{L}_1 = \{+, \times, 0, 1\}$，其中 $+, \times$ 是二元函数符号，$0, 1$ 是常量符号。如果令 $+, \times, 0, 1$ 分别为 $\mathbb{Z}$ 上的加法函数、乘法函数、0、1，那么 $(\mathbb{Z}, +, \times, 0, 1)$ 就是一个环。如果令 $+, \times, 0, 1$ 分别为 $\mathbb{R}$ 上的加法函数、乘法函

数、0、1，那么 $(\mathbb{R},+,\times,0,1)$ 就是一个域。它们也都是代数结构。

(8) 设一阶布尔代数语言的图册 $\mathrm{sig}\mathscr{L}_1 = \{\vee,\wedge,\neg,0,1\}$，其中 $\vee,\wedge$, 是二元函数符号，$\neg$ 是一元函数符号。给定集合 A，令 $\cup,\cap,\bar{\ },0,1$ 分别为 $\wp(A)$ 上的并集运算、交集运算、补集运算、空集、全集（即 $I(\vee)=\cup,I(\wedge)=\cap,I(\neg)=\bar{\ },I(0)=\varnothing,I(1)=A$），则 $(\wp(A),\cup,\cap,\bar{\ },\varnothing,A)$ 就是一个布尔代数。它也是一个代数结构。

(9) 设一阶算术语言的图册 $\mathrm{sig}\mathscr{L}_1 = \{+,\times,S,0\}$，其中 $+,\times$ 是二元函数符号，S 是一元函数符号，0 是常量符号。令 $+,\times,S,0$ 分别为 $\mathbb{N}$ 上的加法函数、乘法函数、后继函数、0，则 $(\mathbb{N},+,\times,S,0)$ 就是一个算术结构。它也是一个代数结构。如果再加上可定义的序关系 $<$，那么算术结构 $(\mathbb{N},+,\times,<,S,0)$ 便既不是关系结构也不是代数结构。□

习题 3.3.5. 给出不同于上述示例的关系结构、代数结构、其他结构各一个。□

有时候需要谈论结构的大小，因此需要对其给出严格定义。

定义 3.3.6. 设 $\mathcal{M}=(M,I)$ 是 $\mathscr{L}_1$-结构，κ 是基数。

(1) 称 $\mathcal{M}$ 的大小为 κ，如果 $|M|=\kappa$。
(2) 称 $\mathcal{M}$ 是可数的，如果 $|M|\leq\omega$；否则称 $\mathcal{M}$ 是不可数的。
(3) 称 $\mathcal{M}$ 是有穷的，如果 $|M|<\omega$；否则称 $\mathcal{M}$ 是无穷的。□

现在引入严格的赋值概念和一个下文频繁使用的、技术性的赋值函数。

定义 3.3.7. 设 $\mathcal{M}=(M,I)$ 是 $\mathscr{L}_1$-结构。称 v 是 $\mathcal{M}$-赋值，如果 $v:\mathcal{V}\to M$。□

定义 3.3.8. 设 $\mathcal{M}=(M,I)$ 是 $\mathscr{L}_1$-结构，v 是 $\mathcal{M}$-赋值，$m\in M$。令

$$v_{x\mapsto m}(y)=\begin{cases} m & y=x,\\ v(y) & y\neq x。\end{cases}$$
□

评注 3.3.9. (1) 如果 v 是 $\mathcal{M}$-赋值且 $m\in M$，那么 $v_{x\mapsto m}(y)$ 也是 $\mathcal{M}$-赋值。
(2) $v_{x\mapsto m}(y)$ 的涵义很简单：将变元 x 重新赋值为 m，其余变元的赋值依然遵循 v 的指示。□

3.3.2 塔斯基语义

在引入结构和赋值从而完成语义说明之后，就可以对项的值和公式的真假进行语义规定了。

原本局限于全部变元的赋值 v，可以扩展至包括全部变元在内的全部项上，从而对项的值进行语义规定。

定义 3.3.10. 设 $\mathcal{M} = (M, I)$ 是 $\mathscr{L}_1$-结构，v 是 $\mathcal{M}$-赋值。如下递归地定义 $\overline{v} : \mathscr{T} \to M$：

(1) 如果 $\tau = x$，那么 $\overline{v}(\tau) = v(x)$；

(2) 如果 $\tau = c$，那么 $\overline{v}(\tau) = I(c)$；

(3) 如果 $\tau = F(\tau_0, \cdots, \tau_{n-1})$，那么 $\overline{v}(\tau) = I(F)(\overline{v}(\tau_0), \cdots, \overline{v}(\tau_{n-1}))$。 □

习题 3.3.11. 设 $\mathcal{N} = (\mathbb{N}, +, \times, S, 0)$，其中 $+, \times, S, 0$ 分别为 $\mathbb{N}$ 上通常的加法函数、乘法函数、后继函数和自然数 0；$v(x_i) = 2^i$。

(1) 计算 $\overline{v}(x_{2019} + S(S(0)))$ 和 $\overline{v}((S(S(0)) + S(S(S(0)))) \times S(0))$ 的值；

(2) 计算 $v_{x_3 \mapsto 2019}(x_i)$ 和 $v_{x_4 \mapsto 16}(x_i)$ 的值。 □

习题 3.3.12. 设 $\mathcal{M} = (M, I)$ 是 $\mathscr{L}_1$-结构，v 是 $\mathcal{M}$-赋值。证明：任给 $\mathscr{L}_1$-项 τ 都有 $\overline{v}(\tau) \in M$。 □

现在对公式的真假进行语义规定。

定义 3.3.13（塔斯基，1933[①]）. 设 ϕ 是 $\mathscr{L}_1$-公式，$\mathcal{M} = (M, I)$ 是 $\mathscr{L}_1$-结构，v 是 $\mathcal{M}$-赋值。如下递归地定义可满足关系 "$\vDash$"：

(1) 如果 $\phi = (\tau_0 \simeq \tau_1)$，那么 $(\mathcal{M}, v) \vDash \phi$ 当且仅当 $\overline{v}(\tau_0) = \overline{v}(\tau_1)$；

(2) 如果 $\phi = R(\tau_0, \cdots, \tau_{n-1})$，那么 $(\mathcal{M}, v) \vDash \phi$ 当且仅当 $(\overline{v}(\tau_0), \cdots, \overline{v}(\tau_{n-1})) \in I(R)$；

(3) 如果 $\phi = \neg\psi$，那么 $(\mathcal{M}, v) \vDash \phi$ 当且仅当 $(\mathcal{M}, v) \vDash \psi$ 不成立；

(4) 如果 $\phi = \psi \to \theta$，那么 $(\mathcal{M}, v) \vDash \phi$ 当且仅当 $(\mathcal{M}, v) \vDash \psi$ 不成立或 $(\mathcal{M}, v) \vDash \theta$ 成立；

(5) 如果 $\phi = \forall x\psi$，那么 $(\mathcal{M}, v) \vDash \phi$ 当且仅当 任给 $m \in M$ 都有 $(\mathcal{M}, v_{x \mapsto m}) \vDash \psi$。 □

定义 3.3.14. 设 ϕ 是 $\mathscr{L}_1$-公式，$\mathcal{M} = (M, I)$ 是 $\mathscr{L}_1$-结构，v 是 $\mathcal{M}$-赋值。$(\mathcal{M}, v) \nvDash \phi$，如果 $(\mathcal{M}, v) \vDash \phi$ 不成立。 □

评注 3.3.15. (1) $\vDash$ 是双转门符号（double turnstile），最早由寇审（Kochen, S.）在 1961 年使用[②]，其具体读法需结合具体的使用环境选择。此时 "$\vDash$" 读作 "满足"（satisfy），而 "$\nvDash$" 读作 "不满足"。

(2) "$(\mathcal{M}, v) \vDash \phi$" 的直观涵义是：先把公式 ϕ 中的常量符号、关系符号和函数符号按照 I 的要求进行解释，把量词的论域限制在 M 上，把 ϕ 中的自由变元通过 v 赋值成 M

---

① 详见 [218]。

② 详见 [129]。

中的元素，再把 ϕ 翻译成自然语言命题，最后根据相关知识判断该命题成立。如果该命题成立，那么可满足关系就成立，反之不然。 $\square$

习题 3.3.16. 设 $\mathcal{M} = (M, I)$ 是 $\mathscr{L}_1$-结构，v 是 $\mathcal{M}$-赋值。证明如下命题：

(1) 任给 $\mathscr{L}_1$-公式 ϕ，都有 $(\mathcal{M}, v) \vDash \neg\phi$ 当且仅当 $(\mathcal{M}, v) \nvDash \phi$。

(2) 任给 $\mathscr{L}_1$-公式 ϕ，$(\mathcal{M}, v) \vDash \phi$ 和 $(\mathcal{M}, v) \vDash \neg\phi$ 有且仅有一个成立。 $\square$

习题 3.3.17. 设 $\operatorname{sig}\mathscr{L}_1 = \{+, <, 1\}$，$\mathcal{N} = (\mathbb{N}, +, <, 1)$，其中 $+, <, 1$ 分别为 $\mathbb{N}$ 上的加法函数、小于关系、1。

(1) 设 $u(x_i) = 2i$。则 $(\mathcal{N}, u) \vDash \forall x_0(x_2 < x_0 + x_1)$?

(2) 构造 $\mathcal{N}$-赋值 v 使得 $(\mathcal{N}, v) \vDash \exists x_3(x_3 < x_0 + 1)$。

(3) 构造 $\mathscr{L}_1$-公式 ϕ 使得任给 $\mathcal{N}$-赋值 v 都有 $(\mathcal{N}, v) \vDash \phi$。 $\square$

关于 $(\mathcal{M}, v)$ 与定义 3.2.15 中引入的几类公式之间的可满足关系，有如下结论，具体证明留作习题。

引理 3.3.18. 设 x 是 $\mathscr{L}_1$ 的变元符号，σ, τ 是 $\mathscr{L}_1$-项，$\phi, \psi, \phi_0, \cdots, \phi_{n-1}$ 是 $\mathscr{L}_1$-公式，$\mathcal{M} = (M, I)$ 是 $\mathscr{L}_1$-结构，v 是 $\mathcal{M}$-赋值。则

(1) $(\mathcal{M}, v) \vDash \sigma \not\approx \tau$ 当且仅当 $\overline{v}(\sigma) \neq \overline{v}(\tau)$；

(2) $(\mathcal{M}, v) \vDash \phi \wedge \psi$ 当且仅当 $(\mathcal{M}, v) \vDash \phi$ 且 $(\mathcal{M}, v) \vDash \psi$；

(3) $(\mathcal{M}, v) \vDash \phi \vee \psi$ 当且仅当 $(\mathcal{M}, v) \vDash \phi$ 或 $(\mathcal{M}, v) \vDash \psi$；

(4) $(\mathcal{M}, v) \vDash \phi \leftrightarrow \psi$ 当且仅当 $\big((\mathcal{M}, v) \vDash \phi$ 当且仅当 $(\mathcal{M}, v) \vDash \psi\big)$；

(5) $(\mathcal{M}, v) \vDash \exists x\phi$ 当且仅当 存在 $m \in M$ 使得 $(\mathcal{M}, v_{x \to m}) \vDash \phi$；

(6) $(\mathcal{M}, v) \vDash \bigwedge_{i<n} \phi_i$ 当且仅当 任给 $i < n$ 都有 $(\mathcal{M}, v) \vDash \phi_i$；

(7) $(\mathcal{M}, v) \vDash \bigvee_{i<n} \phi_i$ 当且仅当 存在 $i < n$ 使得 $(\mathcal{M}, v) \vDash \phi_i$。 $\square$

习题 3.3.19. 证明引理 3.3.18。 $\square$

定义 3.3.20. 设 $\Gamma \subseteq \mathscr{L}_1$，$\mathcal{M} = (M, I)$ 是 $\mathscr{L}_1$-结构，v 是 $\mathcal{M}$-赋值。$(\mathcal{M}, v) \vDash \Gamma$，如果任给 $\phi \in \Gamma$ 都有 $(\mathcal{M}, v) \vDash \phi$；否则，$(\mathcal{M}, v) \nvDash \Gamma$。 $\square$

定义 3.3.21. 设 $\Gamma \subseteq \mathscr{L}_1$，$\phi \in \mathscr{L}_1$。

(1) 称 ϕ 是可满足的（satisfiable），如果存在 $\mathscr{L}_1$-结构 $\mathcal{M}$ 和 $\mathcal{M}$-赋值 v 使得 $(\mathcal{M}, v) \vDash \phi$；否则称 ϕ 不是可满足的。

(2) 称 Γ 是可满足的，如果存在 $\mathscr{L}_1$-结构 $\mathcal{M}$ 和 $\mathcal{M}$-赋值 v 使得 $(\mathcal{M}, v) \vDash \Gamma$；否则称 Γ 不是可满足的。 $\square$

示例 3.3.22. 设 $\mathrm{sig}\mathscr{L}_1 = \{+, \times, <, 1, 6\}$。判断 $\mathscr{L}_1$-公式 $\forall x_0(1 + x_1 < 6 + x_0)$ 是不是可满足的。

解: 一般情况下，如果一个公式是可满足的，我们只需构造出满足它的结构 $\mathcal{M}$ 和赋值 v；如果它不是可满足的，我们通常用反证法进行证明，即先假设它可满足再导出矛盾。

该公式是可满足的，接下来构造满足它的结构 $\mathcal{M}$ 和赋值 v：令论域为 $\mathbb{N}$；令 $+, \times$, $<, 1, 6$ 分别为 $\mathbb{N}$ 上的加法函数、乘法函数、1、6；令 v 为满足 $v(x_1) = 2$ 的赋值函数。容易验证 $((\mathbb{N}, +, \times, 1, 6), v) \vDash \forall x_0(1 + x_1 < 6 + x_0)$。$\quad\square$

定义 3.3.23. 设 $\Gamma \subseteq \mathscr{L}_1$，$\phi, \psi \in \mathscr{L}_1$。

(1) 称 Γ 逻辑蕴涵（logically implies）ϕ，记为 $\Gamma \vDash \phi$，如果，任给 $\mathscr{L}_1$-结构 $\mathcal{M}$ 和 $\mathcal{M}$-赋值 v 如果 $(\mathcal{M}, v) \vDash \Gamma$ 那么 $(\mathcal{M}, v) \vDash \phi$；否则称 Γ 不逻辑蕴涵 ϕ 记为 $\Gamma \nvDash \phi$；特殊地，记 $\{\phi\} \vDash \psi$ 为 $\phi \vDash \psi$，记 $\{\phi\} \nvDash \psi$ 为 $\phi \nvDash \psi$。

(2) 称 ϕ 逻辑等价（logically equivalent to）ψ，或，ϕ 和 ψ 是逻辑等价的，记为 $\phi \vDash\dashv \psi$，如果 $\phi \vDash \psi$ 且 $\psi \vDash \phi$；否则称 ϕ 不逻辑等价 ψ，或 ϕ 和 ψ 不是逻辑等价的，记为 $\phi \nvDash\dashv \psi$。$\quad\square$

评注 3.3.24. (1) 此时 "$\vDash$" 读作 "逻辑蕴涵"，而 "$\nvDash$" 读作 "不逻辑蕴涵"。

(2) 如果 $\Gamma \subseteq \Delta$ 且 $\Gamma \vDash \phi$，那么 $\Delta \vDash \phi$。

(3) 实际上，这里的 "逻辑蕴涵" 就是 "必然地推出" 这一逻辑学概念的严格化，因此，如果 $\Gamma \vDash \phi$ 成立，那么它的意思也就是 "从 Γ 可以必然地推出 ϕ"。$\quad\square$

示例 3.3.25. 设 x 是 $\mathscr{L}_1$ 的变元符号且 ϕ 是 $\mathscr{L}_1$-公式。则 $\forall x\phi \vDash \exists x\phi$。

证明: 设 $\mathcal{M} = (M, I)$ 是 $\mathscr{L}_1$-结构，v 是 $\mathcal{M}$-赋值，$(\mathcal{M}, v) \vDash \forall x\phi$，只需证 $(\mathcal{M}, v) \vDash \exists x\phi$。由于 $(\mathcal{M}, v) \vDash \forall x\phi$，所以任给 $m \in M$ 都有 $(\mathcal{M}, v_{x \mapsto m}) \vDash \phi$。又因为 $M \neq \varnothing$，所以存在 $n \in M$。因此存在 $n \in M$ 使得 $(\mathcal{M}, v_{x \mapsto n}) \vDash \phi$，从而 $(\mathcal{M}, v) \vDash \exists x\phi$。$\quad\square$

习题 3.3.26. 设 ϕ, ψ 是 $\mathscr{L}_1$-公式。证明：$\{\phi, \phi \to \psi\} \vDash \psi$。$\quad\square$

习题 3.3.27. 设 R, S 分别是一元、二元关系符号。证明如下命题：

(1) $\forall x_0 R(x_0) \vDash R(x_1)$；

(2) $R(x_0) \nvDash \forall x_0 R(x_0)$；

(3) $\exists x_0 \forall x_1 S(x_0, x_1) \vDash \forall x_1 \exists x_0 S(x_0, x_1)$；

(4) $\forall x_1 \exists x_0 S(x_0, x_1) \nvDash \exists x_0 \forall x_1 S(x_0, x_1)$。$\quad\square$

引理 3.3.28. 设 $\Gamma \subseteq \mathscr{L}_1$，$\phi, \psi \in \mathscr{L}_1$。则 $\Gamma \cup \{\phi\} \vDash \psi$ 当且仅当 $\Gamma \vDash \phi \to \psi$。$\quad\square$

习题 3.3.29. 证明引理 3.3.28。　　　　□

定义 3.3.30. 设 $\phi \in \mathscr{L}_1$。

(1) 称 ϕ 是有效的（valid）或有效式（valid formula），记为 $\vDash \phi$，如果任给 $\mathscr{L}_1$-结构 $\mathcal{M}$ 和 $\mathcal{M}$-赋值 v 都有 $(\mathcal{M}, v) \vDash \phi$；否则称 ϕ 不是有效的或不是有效式。

(2) 称 ϕ 是矛盾的（contradictory）或矛盾式（contradictory formula），如果任给 $\mathscr{L}_1$-结构 $\mathcal{M}$ 和 $\mathcal{M}$-赋值 v 都有 $(\mathcal{M}, v) \nvDash \phi$；否则称 ϕ 不是矛盾的或不是矛盾式。　　□

评注 3.3.31. (1) 显然 $\phi \vee \neg\phi$ 是有效式，$\phi \wedge \neg\phi$ 是矛盾式。

(2) 有效式和矛盾式都不一定是语句，比如 $x \simeq x$ 和 $\neg(x \simeq x)$。

(3) 如果公式 ϕ 是有效的，那么也是可满足的，反之不然；公式 ϕ 是矛盾的当且仅当它不是可满足的。

(4) 容易看到所有有效式（矛盾式）都是逻辑等价的，因此常用 $\top$（$\bot$）作为有效式（矛盾式）的代表。　　□

习题 3.3.32. 设 R 是一元关系符号。证明如下命题：

(1) $\nvDash \exists x(R(x) \wedge \forall x R(x))$。

(2) $\vDash \exists x(R(x) \to \forall x R(x))$。结论乍看有些奇怪，但的确是对的。提示：将 R 分空集、全集、非空非全集三种情形讨论。　　□

习题 3.3.33. 设 $\mathrm{sig}\mathscr{L}_1 = \{\in\}$。按如下要求分别构造一个公式，并证明它们满足各自要求。

(1) 有效的；

(2) 矛盾的；

(3) 可满足的但不是有效的。　　□

习题 3.3.34. 设 $\phi, \psi \in \mathscr{L}_1$。证明如下命题：

(1) $\vDash \phi$ 当且仅当 $\varnothing \vDash \phi$；

(2) $\vDash \phi \to \psi$ 当且仅当 $\phi \vDash \psi$；

(3) $\vDash \phi \leftrightarrow \psi$ 当且仅当 $\phi \dashv\vDash \psi$。　　□

习题 3.3.35. 设 $\phi, \psi \in \mathscr{L}_1$。考虑命题：如果 $\vDash \phi$ 当且仅当 $\vDash \psi$，那么 $\vDash \phi \leftrightarrow \psi$。

(1) 举反例说明该命题不成立；

(2) 证明该命题的逆命题成立。　　□

习题 3.3.36. 设 $\phi \in \mathscr{L}_1$。证明：$\vDash \phi$ 当且仅当 $\vDash \forall x \phi$。　　□

引理 3.3.37. 设 $\Gamma \subseteq \mathscr{L}_1$。则如下命题等价：

(1) $\Gamma \vDash \bot$；

(2) $\Gamma = \mathscr{L}_1$；

(3) Γ 不是可满足的；

(4) 任给公式 ϕ 都有 $\Gamma \vDash \phi$；

(5) 存在（任给）公式 ϕ 使得（都有）$\Gamma \vDash \phi \wedge \neg \phi$。 □

引理 3.3.38. 设 $\Gamma \subseteq \mathscr{L}_1$，$\phi \in \mathscr{L}_1$。则

(1) $\Gamma \vDash \phi$ 当且仅当 $\Gamma \cup \{\neg\phi\}$ 不是可满足的；

(2) $\Gamma \vDash \neg\phi$ 当且仅当 $\Gamma \cup \{\phi\}$ 不是可满足的；

(3) 如果 Γ 是可满足的，那么或 $\Gamma \cup \{\phi\}$ 是可满足的或 $\Gamma \cup \{\neg\phi\}$ 是可满足的。 □

习题 3.3.39. 证明引理 3.3.37。 □

习题 3.3.40. 证明引理 3.3.38。 □

3.3.3 合同与代入

现在把注意力集中到二元组 $(\mathcal{M}, v)$，假设 $\mathcal{M}$ 已经确定，讨论赋值 v 的变化对项值和公式真值的影响。对项 τ 来说，其中出现的常量符号和函数符号的涵义由于结构 $\mathcal{M}$ 的确定已经确定了，所以 $\overline{v}(\tau)$ 的值只与其所含变元（亦即自由变元）的赋值有关。类似地，对公式 ϕ 来说，其中出现的常量符号、关系符号和函数符号，以及量词的范围也由于结构 $\mathcal{M}$ 的确定已经确定了，所以 ϕ 的真值也只与其所含自由变元的赋值有关。下面的合同（agreement）引理便是这一观察的总结和严格化。

定义 3.3.41（合同）. 设 τ 是项，ϕ 是公式，$\mathcal{M}$ 是 $\mathscr{L}_1$-结构，u, v 是 $\mathcal{M}$-赋值。

(1) 称 u, v（相对于 $\mathcal{M}$）在 τ 上合同，如果任给 $x \in \mathrm{Fr}(\tau)$ 都有 $u(x) = v(x)$；

(2) 称 u, v（相对于 $\mathcal{M}$）在 ϕ 上合同，如果任给 $x \in \mathrm{Fr}(\phi)$ 都有 $u(x) = v(x)$。 □

评注 3.3.42. (1) 如果 u, v 在 τ 上合同，那么 u, v 在 τ 的所有子项上也合同。

(2) 设 u, v 在 ϕ 上合同。则 u, v 在 ϕ 的所有子项上也合同；同时，如果 $\mathrm{Fr}(\psi) \subseteq \mathrm{Fr}(\phi)$，那么 u, v 在 ψ 上也合同。

(3) 如果 u, v 在 $\forall x \phi$ 上合同，那么 $u_{x \mapsto m}, v_{x \mapsto m}$ 在 ϕ 上也合同。 □

定理 3.3.43（合同引理）. 设 $\mathcal{M} = (M, I)$ 是 $\mathscr{L}_1$-结构，ϕ 是 $\mathscr{L}_1$-公式，u, v 是 $\mathcal{M}$-赋值。

(1) 如果 u, v 在 τ 上合同，那么 $\overline{u}(\tau) = \overline{v}(\tau)$；

(2) 如果 u, v 在 ϕ 上合同，那么 $(\mathcal{M}, u) \vDash \phi$ 当且仅当 $(\mathcal{M}, v) \vDash \phi$。

证明： (1) 施归纳于项 τ。

- $\tau = x$。则

$$
\begin{aligned}
\overline{u}(\tau) &= \overline{u}(x) \quad && \tau = x \\
&= u(x) \quad && \overline{u} \text{ 定义} \\
&= v(x) \quad && u, v \text{ 在 } \tau \text{ 上合同} \\
&= \overline{v}(x) \quad && \overline{v} \text{ 定义} \\
&= \overline{v}(\tau) \quad && \tau = x。
\end{aligned}
$$

- $\tau = c$。则

$$
\begin{aligned}
\overline{u}(\tau) &= \overline{u}(c) \quad && \tau = c \\
&= I(c) \quad && \overline{u} \text{ 定义} \\
&= \overline{v}(c) \quad && \overline{v} \text{ 定义} \\
&= \overline{v}(\tau) \quad && \tau = c。
\end{aligned}
$$

- $\tau = F(\tau_0, \cdots, \tau_{n-1})$。则

$$
\begin{aligned}
\overline{u}(\tau) &= \overline{u}(F(\tau_0, \cdots, \tau_{n-1})) \quad && \tau = F(\tau_0, \cdots, \tau_{n-1}) \\
&= I(F)(\overline{u}(\tau_0), \cdots, \overline{u}(\tau_{n-1})) \quad && \overline{u} \text{ 定义} \\
&= I(F)(\overline{v}(\tau_0), \cdots, \overline{v}(\tau_{n-1})) \quad && \text{归纳假设和评注 3.3.42 (1)} \\
&= \overline{v}(F(\tau_0, \cdots, \tau_{n-1})) \quad && \overline{v} \text{ 定义} \\
&= \overline{v}(\tau) \quad && \tau = F(\tau_0, \cdots, \tau_{n-1})。
\end{aligned}
$$

(2) 施归纳于公式 ϕ。

- $\phi = (\sigma \simeq \tau)$。则

$$
\begin{aligned}
(\mathcal{M}, u) \vDash \phi &\Leftrightarrow (\mathcal{M}, u) \vDash (\sigma \simeq \tau) \quad && \phi = (\sigma \simeq \tau) \\
&\Leftrightarrow \overline{u}(\sigma) = \overline{u}(\tau) \quad && \vDash \text{ 定义} \\
&\Leftrightarrow \overline{v}(\sigma) = \overline{v}(\tau) \quad && \text{(1) 和评注 3.3.42 (2)} \\
&\Leftrightarrow (\mathcal{M}, v) \vDash (\sigma \simeq \tau) \quad && \vDash \text{ 定义} \\
&\Leftrightarrow (\mathcal{M}, v) \vDash \phi \quad && \phi = (\sigma \simeq \tau)。
\end{aligned}
$$

- $\phi = R(\tau_0, \cdots, \tau_{n-1})$。则

$$
\begin{aligned}
(\mathcal{M}, u) \vDash \phi &\Leftrightarrow (\mathcal{M}, u) \vDash R(\tau_0, \cdots, \tau_{n-1}) \quad && \phi = R(\tau_0, \cdots, \tau_{n-1}) \\
&\Leftrightarrow I(R)(\overline{u}(\tau_0), \cdots, \overline{u}(\tau_{n-1})) \quad && \vDash \text{ 定义} \\
&\Leftrightarrow I(R)(\overline{v}(\tau_0), \cdots, \overline{v}(\tau_{n-1})) \quad && \text{(1) 和评注 3.3.42 (2)} \\
&\Leftrightarrow (\mathcal{M}, v) \vDash R(\tau_0, \cdots, \tau_{n-1}) \quad && \vDash \text{ 定义} \\
&\Leftrightarrow (\mathcal{M}, v) \vDash \phi \quad && \phi = R(\tau_0, \cdots, \tau_{n-1})。
\end{aligned}
$$

- $\phi = \neg\psi$。则

$$
\begin{aligned}
(\mathcal{M}, u) \vDash \phi &\Leftrightarrow (\mathcal{M}, u) \vDash \neg\psi \quad \phi = \neg\psi \\
&\Leftrightarrow (\mathcal{M}, u) \nvDash \psi \quad \vDash \text{ 定义} \\
&\Leftrightarrow (\mathcal{M}, v) \nvDash \psi \quad \text{归纳假设和评注 } 3.3.42\ (2) \\
&\Leftrightarrow (\mathcal{M}, v) \vDash \neg\psi \quad \vDash \text{ 定义} \\
&\Leftrightarrow (\mathcal{M}, v) \vDash \phi \quad \phi = \neg\psi。
\end{aligned}
$$

- $\phi = \psi \to \theta$。则

$$
\begin{aligned}
(\mathcal{M}, u) \vDash \phi &\Leftrightarrow (\mathcal{M}, u) \vDash \psi \to \theta & \phi = \psi \to \theta \\
&\Leftrightarrow (\mathcal{M}, u) \nvDash \psi \text{ 或 } (\mathcal{M}, u) \vDash \theta & \vDash \text{ 定义} \\
&\Leftrightarrow (\mathcal{M}, v) \nvDash \psi \text{ 或 } (\mathcal{M}, v) \vDash \theta & \text{归纳假设和评注 } 3.3.42\ (2) \\
&\Leftrightarrow (\mathcal{M}, v) \vDash \psi \to \theta & \vDash \text{ 定义} \\
&\Leftrightarrow (\mathcal{M}, v) \vDash \phi & \phi = \psi \to \theta。
\end{aligned}
$$

- $\phi = \forall x\psi$。则

$$
\begin{aligned}
(\mathcal{M}, u) \vDash \phi &\Leftrightarrow (\mathcal{M}, u) \vDash \forall x\psi & \phi = \forall x\psi \\
&\Leftrightarrow (\mathcal{M}, u_{x \mapsto m}) \vDash \psi,\ \text{任给 } m \in M & \vDash \text{ 定义} \\
&\Leftrightarrow (\mathcal{M}, v_{x \mapsto m}) \vDash \psi,\ \text{任给 } m \in M & \text{归纳假设和评注 } 3.3.42\ (3) \\
&\Leftrightarrow (\mathcal{M}, v) \vDash \forall x\psi & \vDash \text{ 定义} \\
&\Leftrightarrow (\mathcal{M}, v) \vDash \phi & \phi = \forall x\psi。
\end{aligned}
$$

这就完成了证明。 □

评注 3.3.44. (1) 设 $v(x_i) = a_i$。根据合同引理可记 $(\mathcal{M}, v) \vDash \phi(x_0, \cdots, x_{n-1})$ 为

$$
\mathcal{M} \vDash \phi[v(x_0), \cdots, v(x_{n-1})],
$$

即 $\mathcal{M} \vDash \phi[a_0, \cdots, a_{n-1}]$。

(2) 根据合同引理可知，当 τ 是闭项时，τ 的值与 $\mathcal{M}$-赋值无关；再根据项的定义可知，其值只与结构 $\mathcal{M}$ 有关；此时记其值为 $\tau^{\mathcal{M}}$。

(3) 类似地，当 ϕ 是语句时，ϕ 的真值也与 $\mathcal{M}$-赋值无关。再根据可满足关系的定义可知，其真值只与结构 $\mathcal{M}$ 有关；此时记 $(\mathcal{M}, v) \vDash \phi$ 为 $\mathcal{M} \vDash \phi$。 □

习题 3.3.45. 用合同引理严格证明：语句 ϕ 的真值只与结构 $\mathcal{M}$ 有关，而与 $\mathcal{M}$-赋值无关。 □

习题 3.3.46. 设 x 是 $\mathscr{L}_1$ 的变元符号，$\phi \in \mathscr{L}_1$ 且 $x \notin \mathrm{Fr}(\phi)$。证明：$\vDash \phi \to \forall x\phi$。提示：注意使用合同引理。 □

习题 3.3.47. 设 x 是 $\mathscr{L}_1$ 的变元符号，$\Gamma \subseteq \mathscr{L}_1$，$\phi \in \mathscr{L}_1$ 且 $x \notin \bigcup\{\mathrm{Fr}(\phi) \mid \phi \in \Gamma\}$。证明：如果 $\Gamma \vDash \phi$，那么 $\Gamma \vDash \forall x\phi$。　　□

定义 3.3.48. 设 $\Gamma \subseteq \mathscr{L}_1$，$\phi \in \mathscr{L}_1$，$\mathcal{M}$ 是 $\mathscr{L}_1$-结构，v 是 $\mathcal{M}$-赋值。

(1) 称 $(\mathcal{M}, v)$ 是 ϕ 的模型，如果 $(\mathcal{M}, v) \vDash \phi$；称 $(\mathcal{M}, v)$ 是 Γ 的模型，如果 $(\mathcal{M}, v) \vDash \Gamma$。
(2) 假如 Γ 是语句集，ϕ 是语句。称 $\mathcal{M}$ 是 ϕ 的模型，如果 $\mathcal{M} \vDash \phi$；称 $\mathcal{M}$ 是 Γ 的模型，如果 $\mathcal{M} \vDash \Gamma$。　　□

评注 3.3.49. (1) 定义 3.3.48 实际上给出了一阶逻辑中模型与结构的区别。结构一定是模型，但模型不一定是结构。

(2) 在数理逻辑中，模型是指模拟决定数学命题真假的实际语境而抽象出来的决定公式真假的一种典型。从这个意义上讲，不管是前面命题逻辑中的真值赋值 v，还是一阶逻辑中的结构 $\mathcal{M}$ 和二元组 $(\mathcal{M}, v)$，抑或是下文模态逻辑中的框架 $\mathfrak{F}$ 和二元组 $(\mathfrak{F}, v)$，都是特定类型公式的模型。　　□

习题 3.3.50. 设 $\mathcal{M} = (M, I)$ 是 $\mathscr{L}_1$-结构，n 是大于 1 的自然数。

(1) 构造语句 ϕ 使得 M 至少有 n 个元素当且仅当 $\mathcal{M} \vDash \phi$；
(2) 构造语句 ψ 使得 M 至多有 n 个元素当且仅当 $\mathcal{M} \vDash \psi$；
(3) 构造语句 θ 使得 M 恰好有 n 个元素当且仅当 $\mathcal{M} \vDash \theta$。　　□

习题 3.3.51. 设 $\mathrm{sig}\,\mathscr{L}_1 = \{c_0, c_1\}$。判断如下命题是否成立，并给出证明或反例。

(1) 任给 $\mathscr{L}_1$-语句 ϕ 和 $\mathscr{L}_1$-结构 $\mathcal{M}$，都有或者 $\mathcal{M} \vDash \phi$ 或者 $\mathcal{M} \vDash \neg\phi$。
(2) 任给 $\mathscr{L}_1$-语句 ϕ，都有或者 $\vDash \phi$ 或者 $\vDash \neg\phi$。　　□

　　在数学分支中，作为特例，我们常用某个数值代入某个数学命题的变元，从而利于理解该数学命题。比如用 4 代入数论命题

$$\text{如果 } x \text{ 是偶数，那么 } x \text{ 能被 2 整除} \tag{3.3.1}$$

中的变元 x 就得到"如果 4 是偶数，那么 4 能被 2 整除"。这种代入体现在一阶语言上，就是用某个项替换公式中的某个变元符号。现在要做的就是把这种想法严格化，并讨论其相关性质。

定义 3.3.52（代入）。设 τ, σ 是项，ϕ 是公式。σ 对 x 在 τ 中的代入（substitution），记为 $\tau(x; \sigma)$，可如下递归地定义：

(1) 如果存在 $y \in \mathcal{V}$ 使得 $\tau = y$，那么

$$\tau(x; \sigma) = \begin{cases} \sigma & y = x, \\ \tau & y \neq x; \end{cases}$$

(2) 如果存在 $c \in \mathcal{C}$ 使得 $\tau = c$，那么 $\tau(x; \sigma) = c$；

(3) 如果 $\tau = F(\tau_0, \cdots, \tau_{n-1})$，那么 $\tau(x; \sigma) = F(\tau_0(x; \sigma), \cdots, \tau_{n-1}(x; \sigma))$。

类似地，σ 对 x 在 ϕ 中的代入，记为 $\phi(x; \sigma)$，也可如下递归地定义：

(1) 如果 $\phi = R(\tau_0, \cdots, \tau_{n-1})$，那么 $\phi(x; \sigma) = R(\tau_0(x; \sigma), \cdots, \tau_{n-1}(x; \sigma))$；

(2) 如果 $\phi = (\tau_0 \simeq \tau_{n-1})$，那么 $\phi(x; \sigma) = (\tau_0(x; \sigma) \simeq \tau_1(x; \sigma))$；

(3) 如果 $\phi = \neg\psi$，那么 $\phi(x; \sigma) = \neg\psi(x; \sigma)$；

(4) 如果 $\phi = \psi \rightarrow \theta$，那么 $\phi(x; \sigma) = (\psi(x; \sigma) \rightarrow \theta(x; \sigma))$；

(5) 如果 $\phi = \forall y\psi$，那么

$$\phi(x; \sigma) = \begin{cases} \forall y\psi & y = x, \\ \forall y(\psi(x; \sigma)) & y \neq x。 \end{cases}$$

简称 $\tau(x; \sigma)$ 或 $\phi(x; \sigma)$ 是代入；特殊地，如果 σ 是确定的，如存在 $c \in \mathcal{C}$ 使得 $\sigma = c$，那么记 $\tau(x; \sigma)$ 为 $\tau(\sigma)$，记 $\phi(x; \sigma)$ 为 $\phi(\sigma)$。　　　　□

评注 3.3.53. 简而言之，代入 $\tau(x; \sigma)$ 和 $\phi(x; \sigma)$ 就是用 σ 分别替换 τ 和 ϕ 中 x 的所有自由出现而得到的结果。　　　　□

习题 3.3.54. 设 x 是变元符号，τ, σ 是项，ϕ 是公式。证明：$\tau(x; \sigma)$ 是项，$\phi(x; \sigma)$ 是公式。　　　　□

习题 3.3.55. 设 R, S 分别是一元、二元关系符号。计算如下代入至最终结果：

(1) $(R(x) \rightarrow \forall x R(x))(x; y)$；

(2) $(\forall x \neg \forall y(x \simeq y) \rightarrow \forall y(x \simeq y))(x; y)$。　　　　□

考虑如下关于实数的命题

$$\text{存在实数 } y \text{ 使得 } y > x + \pi。 \tag{3.3.2}$$

用 $z + x$ 代入 (3.3.2) 中的变元 x 得到的

$$\text{存在实数 } y \text{ 使得 } y > (z + x) + \pi \tag{3.3.3}$$

是正常的，(3.3.3) 断言的是至少存在一个实数大于 $z + x + \pi$。但是，用 $y + x$ 代入 (3.3.2) 中的变元 x 得到的

$$\text{存在实数 } y \text{ 使得 } y > (y + x) + \pi \tag{3.3.4}$$

却是不正常的，(3.3.4) 不仅与 (3.3.2) 的涵义相差很大，而且与 (3.3.3) 也相差较大。这种情况，同样可能发生在刚刚定义的一阶语言中的代入上。为了避免这种情况出现，还需要引入"自由代入"的概念，从而得到我们想要的代入结果。

定义 3.3.56（自由代入）. 设 τ, σ 是项，ϕ 是公式。由于项中没有量词，所以 σ 在 τ 中相对于 x 是自由的，因此只需定义公式的情形。称 σ 在 ϕ 中相对于 x 是自由的，如果如下情形之一成立：

(1) ϕ 是原子公式；

(2) $\phi = \neg\psi$ 且 σ 在 ψ 中相对于 x 是自由的；

(3) $\phi = \psi \to \theta$ 且 σ 在 ψ 和 θ 中相对于 x 都是自由的；

(4) $\phi = \forall y\psi$ 且

  - 或 $x \notin \mathrm{Fr}(\phi)$

  - 或（$x \in \mathrm{Fr}(\phi)$ 时）$y \notin \mathrm{Vr}(\sigma)$ 且 σ 在 ψ 中相对于 x 是自由的。

此时简称 $\tau(x;\sigma)$ 或 $\phi(x;\sigma)$ 是自由代入（free substitution）。 □

评注 3.3.57. (1) 习题 3.3.55 (1) 中的代入是自由代入，但习题 3.3.55 (2) 中的代入不是。

(2) 对项来说，代入和自由代入没有区别。如前所述，$\tau(x;\sigma)$ 就是用 σ 替换 τ 中 x 的所有（自由）出现所得到的结果。

(3) 对公式来说，如前所述，代入 $\phi(x;\sigma)$ 就是用 σ 替换 ϕ 中 x 的所有自由出现而得到的结果；而自由代入 $\phi(x;\sigma)$ 却是用 σ 替换 ϕ 中 x 的部分自由出现而得到的结果，它排除的是这部分自由出现：x 在 ϕ 中自由出现且 x 在 ϕ 的形如 $\forall y\psi$ 的子公式中自由出现且 y 出现在 σ 中。所以从这个角度看，"自由代入"中的"自由"是针对 σ 来说的，亦即 σ 代入 x 的位置时，不能有量词对 σ 起作用，不能有量词抓住 σ 中的变元符号。

(4) 简而言之，自由代入 $\phi(x;\sigma)$ 是用 σ 替换

$$\{x \in \mathrm{Fr}(\phi) \mid \text{存在 } \psi \in \mathrm{SF}(\phi) \text{ 使得 } x \in \mathrm{Fr}(\psi) \text{ 且 } \mathrm{Bo}(\psi) \cap \mathrm{Vr}(\sigma) = \varnothing\}$$

中这部分 x 的自由出现所得到的结果。 □

习题 3.3.58. 代入和自由代入的定义显然可以推广到含有 $\wedge, \vee, \leftrightarrow, \exists$ 等符号的公式的情形上。这些情形该如何定义？ □

习题 3.3.59. 设 $\mathrm{sig}\mathscr{L}_1 = \{\circ, e\}$。判断 $x_0 \circ x_1$ 在如下公式中对 x_0 是否自由的。

(1) $\exists x_0(x_0 \simeq e)$；

(2) $x_0 \simeq x_2 \to \forall x_1(x_0 \simeq x_1)$；

(3) $x_0 \simeq x_2 \to \exists x_0 \forall x_1(x_0 \simeq x_1)$；

(4) $\forall x_1(x_1 \simeq x_2 \to \exists x_2(x_0 \simeq x_2))$。 □

如下引理说明了代入对项值和公式真假的影响。

定理 3.3.60（代入引理）. 设 σ, τ 是项，$\phi(x)$ 是公式，$\mathcal{M} = (M, I)$ 是 $\mathscr{L}_1$-结构，v 是 $\mathcal{M}$-赋值。则

(1) $\bar{v}(\tau(x; \sigma)) = \overline{v_{x \mapsto \bar{v}(\sigma)}}(\tau)$；

(2) 如果 $\phi(x; \sigma)$ 是自由代入，那么 $(\mathcal{M}, v) \vDash \phi(x; \sigma)$ 当且仅当 $(\mathcal{M}, v_{x \mapsto \bar{v}(\sigma)}) \vDash \phi$。

证明： (1) 施归纳于项 τ。

- $\tau = y$。分两种情形：
  - $y = x$。则

$$
\begin{aligned}
\bar{v}(\tau(x; \sigma)) &= \bar{v}(y(x; \sigma)) & \tau = y \\
&= \bar{v}(\sigma) & \text{代入定义和 } y = x \\
&= v_{x \mapsto \bar{v}(\sigma)}(x) & v_{x \mapsto \bar{v}(\sigma)} \text{ 定义} \\
&= \overline{v_{x \mapsto \bar{v}(\sigma)}}(x) & \overline{v_{x \mapsto \bar{v}(\sigma)}} \text{ 定义} \\
&= \overline{v_{x \mapsto \bar{v}(\sigma)}}(y) & y = x \\
&= \overline{v_{x \mapsto \bar{v}(\sigma)}}(\tau) & \tau = y。
\end{aligned}
$$

  - $y \neq x$。则

$$
\begin{aligned}
\bar{v}(\tau(x; \sigma)) &= \bar{v}(y(x; \sigma)) & \tau = y \\
&= \bar{v}(y) & \text{代入定义和 } y \neq x \\
&= v(y) & v \text{ 定义} \\
&= v_{x \mapsto \bar{v}(\sigma)}(y) & v_{x \mapsto \bar{v}(\sigma)} \text{ 定义和 } y \neq x \\
&= \overline{v_{x \mapsto \bar{v}(\sigma)}}(y) & \overline{v_{x \mapsto \bar{v}(\sigma)}} \text{ 定义} \\
&= \overline{v_{x \mapsto \bar{v}(\sigma)}}(\tau) & \tau = y。
\end{aligned}
$$

- $\tau = c$。则

$$
\begin{aligned}
\bar{v}(\tau(x; \sigma)) &= \bar{v}(c(x; \sigma)) & \tau = c \\
&= \bar{v}(c) & \text{代入定义} \\
&= I(c) & \bar{v} \text{ 定义} \\
&= \overline{v_{x \mapsto \bar{v}(\sigma)}}(c) & \overline{v_{x \mapsto \bar{v}(\sigma)}} \text{ 定义} \\
&= \overline{v_{x \mapsto \bar{v}(\sigma)}}(\tau) & \tau = c。
\end{aligned}
$$

- $\tau = F(\tau_0, \cdots, \tau_{n-1})$。则

$$
\begin{aligned}
\overline{v}(\tau(x;\sigma)) &= \overline{v}(F(\tau_0,\cdots,\tau_{n-1})(x;\sigma)) && \tau = F(\tau_0,\cdots,\tau_{n-1}) \\
&= I(F)(\overline{v}(\tau_0(x;\sigma)),\cdots,\overline{v}(\tau_{n-1}(x;\sigma))) && \text{代入定义} \\
&= I(F)(\overline{v_{x\mapsto \hat{v}(\sigma)}}(\tau_0),\cdots,\overline{v_{x\mapsto \hat{v}(\sigma)}}(\tau_{n-1})) && \text{归纳假设} \\
&= \overline{v_{x\mapsto \hat{v}(\sigma)}}(F(\tau_0,\cdots,\tau_{n-1})) && \overline{v_{x\mapsto \hat{v}(\sigma)}} \text{ 定义} \\
&= \overline{v_{x\mapsto \hat{v}(\sigma)}}(\tau) && \tau = F(\tau_0,\cdots,\tau_{n-1})。
\end{aligned}
$$

(2) 施归纳于公式 ϕ。

- $\phi = (\tau_0 \simeq \tau_1)$。则

$$
\begin{aligned}
(\mathcal{M},v) \vDash \phi(x;\sigma) &\Leftrightarrow (\mathcal{M},v) \vDash (\tau_0 \simeq \tau_1)(x;\sigma) && \phi = (\tau_0 \simeq \tau_1) \\
&\Leftrightarrow (\mathcal{M},v) \vDash (\tau_0(x;\sigma) \simeq \tau_1(x;\sigma)) && \text{代入定义} \\
&\Leftrightarrow \overline{v}(\tau_0(x;\sigma)) = \overline{v}(\tau_1(x;\sigma)) && \vDash \text{ 定义} \\
&\Leftrightarrow \overline{v_{x\mapsto \hat{v}(\sigma)}}(\tau_0) = \overline{v_{x\mapsto \hat{v}(\sigma)}}(\tau_1) && (1) \\
&\Leftrightarrow (\mathcal{M},v_{x\mapsto \hat{v}(\sigma)}) \vDash (\tau_0 \simeq \tau_1) && \vDash \text{ 定义} \\
&\Leftrightarrow (\mathcal{M},v_{x\mapsto \hat{v}(\sigma)}) \vDash \phi && \phi = (\tau_0 \simeq \tau_1)。
\end{aligned}
$$

- $\phi = R(\tau_0, \cdots, \tau_{n-1})$。则

$$
\begin{aligned}
(\mathcal{M},v) \vDash \phi(x;\sigma) &\Leftrightarrow (\mathcal{M},v) \vDash R(\tau_0,\cdots,\tau_{n-1})(x;\sigma) && \phi = R(\tau_0,\cdots,\tau_{n-1}) \\
&\Leftrightarrow (\mathcal{M},v) \vDash R(\tau_0(x;\sigma),\cdots,\tau_{n-1}(x;\sigma)) && \text{代入定义} \\
&\Leftrightarrow I(R)(\overline{v}(\tau_0(x;\sigma)),\cdots,\overline{v}(\tau_{n-1})(x;\sigma)) && \vDash \text{ 定义} \\
&\Leftrightarrow I(R)(\overline{v_{x\mapsto \hat{v}(\sigma)}}(\tau_0),\cdots,\overline{v_{x\mapsto \hat{v}(\sigma)}}(\tau_{n-1})) && (1) \\
&\Leftrightarrow (\mathcal{M},v_{x\mapsto \hat{v}(\sigma)}) \vDash R(\tau_0,\cdots,\tau_{n-1}) && \vDash \text{ 定义} \\
&\Leftrightarrow (\mathcal{M},v_{x\mapsto \hat{v}(\sigma)}) \vDash \phi && \phi = R(\tau_0,\cdots,\tau_{n-1})。
\end{aligned}
$$

- $\phi = (\neg\psi)$。则

$$
\begin{aligned}
(\mathcal{M},v) \vDash \phi(x;\sigma) &\Leftrightarrow (\mathcal{M},v) \vDash (\neg\psi)(x;\sigma) && \phi = \neg\psi \\
&\Leftrightarrow (\mathcal{M},v) \vDash \neg(\psi(x;\sigma)) && \text{代入定义} \\
&\Leftrightarrow (\mathcal{M},v) \nvDash \psi(x;\sigma) && \vDash \text{ 定义} \\
&\Leftrightarrow (\mathcal{M},v_{x\mapsto \hat{v}(\sigma)}) \nvDash \psi && \text{归纳假设} \\
&\Leftrightarrow (\mathcal{M},v_{x\mapsto \hat{v}(\sigma)}) \vDash \neg\psi && \vDash \text{ 定义} \\
&\Leftrightarrow (\mathcal{M},v_{x\mapsto \hat{v}(\sigma)}) \vDash \phi && \phi = \neg\psi。
\end{aligned}
$$

- $\phi = (\psi \to \theta)$。则

$$
\begin{aligned}
(\mathcal{M}, v) \vDash \phi(x; \sigma) &\Leftrightarrow (\mathcal{M}, v) \vDash (\psi \to \theta)(x; \sigma) && \phi = (\psi \to \theta) \\
&\Leftrightarrow (\mathcal{M}, v) \vDash (\psi(x; \sigma) \to \theta(x; \sigma)) && \text{代入定义} \\
&\Leftrightarrow (\mathcal{M}, v) \nvDash \psi(x; \sigma) \text{ 或 } (\mathcal{M}, v) \vDash \theta(x; \sigma) && \vDash \text{ 定义} \\
&\Leftrightarrow (\mathcal{M}, v_{x \mapsto \hat{v}(\sigma)}) \nvDash \psi \text{ 或 } (\mathcal{M}, v_{x \mapsto \hat{v}(\sigma)}) \vDash \theta && \text{归纳假设} \\
&\Leftrightarrow (\mathcal{M}, v_{x \mapsto \hat{v}(\sigma)}) \vDash (\psi \to \theta) && \vDash \text{ 定义} \\
&\Leftrightarrow (\mathcal{M}, v_{x \mapsto \hat{v}(\sigma)}) \vDash \phi && \phi = (\psi \to \theta)。
\end{aligned}
$$

- $\phi = (\forall y \psi)$。分两种情形：

  - 或 $x \notin \mathrm{Fr}(\phi)$。则

$$
\begin{aligned}
(\mathcal{M}, v) \vDash \phi(x; \sigma) &\Leftrightarrow (\mathcal{M}, v) \vDash (\forall y \psi)(x; \sigma) && \phi = (\forall y \psi) \\
&\Leftrightarrow (\mathcal{M}, v) \vDash (\forall y \psi) && \text{假设和代入定义} \\
&\Leftrightarrow (\mathcal{M}, v) \vDash \phi && \phi = (\forall y \psi) \\
&\Leftrightarrow (\mathcal{M}, v_{x \mapsto \hat{v}(\sigma)}) \vDash \phi && \text{假设和合同引理。}
\end{aligned}
$$

  - 或（ $x \in \mathrm{Fr}(\phi)$ 时） $y \notin \mathrm{Vr}(\sigma)$ 且 σ 在 ψ 中相对于 x 是自由的。由于 $y \notin \mathrm{Fr}(\phi)$，所以 $y \neq x$。则

$$
\begin{aligned}
(\mathcal{M}, v) \vDash \phi(x; \sigma) &\Leftrightarrow (\mathcal{M}, v) \vDash (\forall y \psi)(x; \sigma) && \phi = (\forall y \psi) \\
&\Leftrightarrow (\mathcal{M}, v) \vDash \forall y (\psi(x; \sigma)) && y \neq x, \text{ 假设和代入定义} \\
&\Leftrightarrow (\mathcal{M}, v_{y \mapsto m}) \vDash \psi(x; \sigma), \text{ 任给 } m \in M && \vDash \text{ 定义} \\
&\Leftrightarrow (\mathcal{M}, v_{y \mapsto m, x \mapsto \hat{v}(\sigma)}) \vDash \psi, \text{ 任给 } m \in M && \text{归纳假设} \\
&\Leftrightarrow (\mathcal{M}, v_{x \mapsto \hat{v}(\sigma), y \mapsto m}) \vDash \psi, \text{ 任给 } m \in M && v_{y \mapsto m, x \mapsto \hat{v}(\sigma)} = v_{x \mapsto \hat{v}(\sigma), y \mapsto m} \\
&\Leftrightarrow (\mathcal{M}, v_{x \mapsto \hat{v}(\sigma)}) \vDash (\forall y \psi) && \vDash \text{ 定义} \\
&\Leftrightarrow (\mathcal{M}, v_{x \mapsto \hat{v}(\sigma)}) \vDash \phi && \phi = (\forall y \psi)。
\end{aligned}
$$

这就完成了证明。 □

如下的唯一存在量词（unique existential quantifier）符号在后面的章节会用到，我们先在这里给出。

定义 3.3.61. 设 $\phi(x)$ 是 $\mathscr{L}_1$-公式， $\phi(x; y)$ 是自由代入。令

$$
\exists! x \phi(x) \triangleq \exists x \forall y (\phi(x; y) \to y = x)。
$$

称 $\exists!$ 为唯一存在量词符号。 □

评注 3.3.62. $\exists! x \phi(x)$ 可简单地理解为"存在唯一的一个 x 使得 $\phi(x)$ 成立"。 □

3.3.4 重要有效式

作为引理 3.3.28 和 3.3.38 (2) 的应用，有如下简单推论：

推论 3.3.63. 设 ϕ, ψ, θ 是 $\mathscr{L}_1$-公式。则

(1) $\{\phi, \psi\} \vDash \theta$ 当且仅当 $\vDash \phi \to (\psi \to \theta)$；

(2) $\{\phi, \psi\}$ 不可满足当且仅当 $\vDash \neg\phi \vee \neg\psi$。　　　　　　　　　□

这个推论虽然简单，传递出的信息却是十分有意义的：在有穷的情形下，逻辑后承关系和不可满足性都可以转化为公式的有效性问题。如此一来，有效式的地位就显得举足轻重。实际上，有效式本身也十分有意义，它们合在一起体现了人类思维的部分重要规律。

有效式有很多，本子节只分类罗列部分常用且重要的有效式：联词类、等词类、量词基础类、量词交换类、量词分配类、量词消去类以及代入类。关于其有效性，我们只选择个别来证明，并选择部分典型的留作习题。关于有效式有效性的证明方法，截至目前，我们唯一的办法就是：按照有效式的定义，任给 $\mathscr{L}_1$-结构 $\mathcal{M}$ 和 $\mathcal{M}$-赋值 v，检验 $(\mathcal{M}, v)$ 是否满足它；如果都满足，它就是有效式，否则不然。在这个检验过程中，目前可使用的主要工具是合同引理 3.3.43 和代入引理 3.3.60，将来可使用的工具还有下一子节的逻辑等价替换定理 3.3.87 和逻辑等价易字定理 3.3.94。

定理 3.3.64（联词类有效式）. 设 ϕ, ψ, θ 是 $\mathscr{L}_1$-公式。则如下公式是有效式：

(1)（同一律）　　$\phi \leftrightarrow \phi$；

(2)（排中律）　　$\phi \vee \neg\phi$；

(3)（矛盾律）　　$\neg(\phi \wedge \neg\phi)$；

(4)（分离律）　　$\phi \wedge (\phi \to \psi) \to \psi$；

(5)（双重否定律）$\neg\neg\phi \leftrightarrow \phi$；

(6)（幂等律）　　$(\phi \wedge \phi) \leftrightarrow \phi$；

　　　　　　　　$(\phi \vee \phi) \leftrightarrow \phi$；

(7)（交换律）　　$(\phi \wedge \psi) \leftrightarrow (\psi \wedge \phi)$；

　　　　　　　　$(\phi \vee \psi) \leftrightarrow (\psi \vee \phi)$；

(8)（德·摩根律）$\neg(\phi \wedge \psi) \leftrightarrow (\neg\phi \vee \neg\psi)$；

　　　　　　　　$\neg(\phi \vee \psi) \leftrightarrow (\neg\phi \wedge \neg\psi)$；

(9)（结合律）　　$\phi \wedge (\psi \wedge \theta) \leftrightarrow (\phi \wedge \psi) \wedge \theta$；

　　　　　　　　$\phi \vee (\psi \vee \theta) \leftrightarrow (\phi \vee \psi) \vee \theta$；

(10)（分配律）　 $\phi \wedge (\psi \vee \theta) \leftrightarrow (\phi \wedge \psi) \vee (\phi \wedge \theta)$；

$$\phi \vee (\psi \wedge \theta) \leftrightarrow (\phi \vee \psi) \wedge (\phi \vee \theta)。$$

评注 3.3.65. 定理 2.3.20 和定理 3.3.64 例证了，命题逻辑中的重言式都是一阶逻辑的有效式。

习题 3.3.66. 设 ϕ, ψ, θ 是 $\mathscr{L}_1$-公式。则如下公式是有效式：

(1) $\phi \to \psi \to \phi$；

(2) $(\phi \to \psi \to \theta) \to (\phi \to \psi) \to (\phi \to \theta)$；

(3) $(\neg\phi \to \psi) \to (\neg\phi \to \neg\psi) \to \phi$。

定理 3.3.67（等词类有效式）. 设 $\sigma, \sigma_0, \cdots, \sigma_{n-1}, \tau, \tau_0, \cdots, \tau_{n-1}$ 是 $\mathscr{L}_1$-项，R, F 分别是 $\mathscr{L}_1$ 的 n 元关系符号、n 元函数符号。则如下公式是有效式：

(1) $\tau \simeq \tau$；

(2) $\tau \simeq \sigma \to \sigma \simeq \tau$；

(3) $\tau_0 \simeq \tau_1 \to \tau_1 \simeq \tau_2 \to \tau_0 \simeq \tau_2$；

(4) $\tau_0 \simeq \sigma_0 \to \cdots \to \tau_{n-1} \simeq \sigma_{n-1} \to R(\tau_0, \cdots, \tau_{n-1}) \to R(\sigma_0, \cdots, \sigma_{n-1})$；

(5) $\tau_0 \simeq \sigma_0 \to \cdots \to \tau_{n-1} \simeq \sigma_{n-1} \to F(\tau_0, \cdots, \tau_{n-1}) \simeq F(\sigma_0, \cdots, \sigma_{n-1})$。

习题 3.3.68. 证明定理 3.3.67 中的 (1)、(4) 和 (5) 为有效式。

定理 3.3.69（量词基础类有效式）. 设 x 是 $\mathscr{L}_1$ 的变元符号，ϕ 是 $\mathscr{L}_1$-公式。则如下公式是有效式：

(1) $\forall x\phi \to \phi$；

(2) $\phi \to \exists x\phi$；

(3) $\forall x\phi \to \exists x\phi$；

(4) $\forall x\phi \leftrightarrow \phi$，其中 $x \notin \mathrm{Fr}(\phi)$；

(5) $\phi \leftrightarrow \exists x\phi$，其中 $x \notin \mathrm{Fr}(\phi)$；

(6) $\forall x\phi \leftrightarrow \exists x\phi$，其中 $x \notin \mathrm{Fr}(\phi)$；

(7) $\neg\forall x\phi \leftrightarrow \exists x\neg\phi$；

(8) $\neg\exists x\phi \leftrightarrow \forall x\neg\phi$。

证明： 实际上 (3) 在示例 3.3.25 已经得证，我们只证 (4)，其余选择性列为习题。任给 $\mathscr{L}_1$-结构 $\mathcal{M}$ 和 $\mathcal{M}$-赋值 v，检验 $(\mathcal{M}, v)$ 是否满足 $\phi \leftrightarrow \exists x\phi$，分两个方向：

- ($\to$) 假设 $(\mathcal{M}, v) \vDash \forall x\phi$，则任给 $m \in M$ 都有 $(\mathcal{M}, v_{x\mapsto m}) \vDash \phi$。又由于 $x \notin \mathrm{Fr}(\phi)$，所以 $v_{x\mapsto m}$ 和 v 在 ϕ 上合同，因此根据合同引理有 $(\mathcal{M}, v) \vDash \phi$。注意，证明过程中用到了 $M \neq \varnothing$。

- (←) 假设 $(\mathcal{M},v) \vDash \phi$。由于 $x \notin \mathrm{Fr}(\phi)$，所以任给 $m \in M$ 都有 $v_{x \mapsto m}$ 和 v 在 ϕ 上合同。从而根据合同引理可知，任给 $m \in M$ 都有 $(\mathcal{M}, v_{x \mapsto m}) \vDash \phi$，因此 $(\mathcal{M},v) \vDash \forall x \phi$。 □

习题 3.3.70. 证明定理 3.3.69 中的 (2)、(4) 和 (7) 为有效式。 □

定理 3.3.71（量词交换类有效式）. 设 x, y 是 $\mathcal{L}_1$ 的变元符号，ϕ 是 $\mathcal{L}_1$-公式。则如下公式是有效式：

(1) $\forall x \forall y \phi \leftrightarrow \forall y \forall x \phi$；

(2) $\exists x \exists y \phi \leftrightarrow \exists y \exists x \phi$；

(3) $\exists x \forall y \phi \rightarrow \forall y \exists x \phi$。

证明： (3) 实际就是习题 3.3.27 (3)。 □

习题 3.3.72. 证明定理 3.3.71 中的 (2) 为有效式。 □

定理 3.3.73（量词分配类有效式）. 设 x 是 $\mathcal{L}_1$ 的变元符号，ϕ, ψ 是 $\mathcal{L}_1$-公式。则如下公式是有效式：

(1) $\forall x(\phi \wedge \psi) \leftrightarrow (\forall x \phi \wedge \forall x \psi)$；

(2) $\exists x(\phi \wedge \psi) \rightarrow (\exists x \phi \wedge \exists x \psi)$；

(3) $(\forall x \phi \vee \forall x \psi) \rightarrow \forall x(\phi \vee \psi)$；

(4) $\exists x(\phi \vee \psi) \leftrightarrow (\exists x \phi \vee \exists x \psi)$；

(5) $\forall x(\phi \rightarrow \psi) \rightarrow (\forall x \phi \rightarrow \forall x \psi)$；

(6) $\forall x(\phi \rightarrow \psi) \rightarrow (\exists x \phi \rightarrow \exists x \psi)$。

证明： 只证 (4)。任给 $\mathcal{L}_1$-结构 $\mathcal{M}$ 和 $\mathcal{M}$-赋值 v。分两个方向：

- (→) 假设 $(\mathcal{M},v) \vDash \exists x(\phi \vee \psi)$，则存在 $m \in M$ 使得 $(\mathcal{M}, v_{x \mapsto m}) \vDash \phi \vee \psi$，进而或存在 $m \in M$ 使得 $(\mathcal{M}, v_{x \mapsto m}) \vDash \phi$ 或存在 $m \in M$ 使得 $(\mathcal{M}, v_{x \mapsto m}) \vDash \psi$，因而或 $(\mathcal{M},v) \vDash \exists x \phi$ 或 $(\mathcal{M},v) \vDash \exists x \psi$，所以 $(\mathcal{M},v) \vDash \exists x \phi \vee \exists x \psi$。

- (←) 假设 $(\mathcal{M},v) \vDash \exists x \phi \vee \exists x \psi$，则或 $(\mathcal{M},v) \vDash \exists x \phi$ 或 $(\mathcal{M},v) \vDash \exists x \psi$。不妨假设 $(\mathcal{M},v) \vDash \exists x \phi$，则存在 $m \in M$ 使得 $(\mathcal{M}, v_{x \mapsto m}) \vDash \phi$，因而存在 $m \in M$ 使得 $(\mathcal{M}, v_{x \mapsto m}) \vDash \phi \vee \psi$，所以 $(\mathcal{M},v) \vDash \exists x(\phi \vee \psi)$；$(\mathcal{M},v) \vDash \exists x \psi$ 的情形类似。 □

习题 3.3.74. 证明定理 3.3.73 中的 (1) 和 (5) 为有效式。 □

习题 3.3.75. 设 x 是 $\mathcal{L}_1$ 的变元符号，ϕ, ψ 是 $\mathcal{L}_1$-公式。举反例说明如下编号为奇数或偶数的公式不是有效式：

(1) $(\exists x \phi \wedge \exists x \psi) \rightarrow \exists x(\phi \wedge \psi)$；

(2) $\forall x(\phi \vee \psi) \rightarrow (\forall x\phi \vee \forall x\psi)$;

(3) $(\forall x\phi \rightarrow \forall x\psi) \rightarrow \forall x(\phi \rightarrow \psi)$;

(4) $(\exists x\phi \rightarrow \exists x\psi) \rightarrow \forall x(\phi \rightarrow \psi)$。 □

定理 3.3.76（量词消去类有效式）. 设 x 是 $\mathscr{L}_1$ 的变元符号，ϕ, ψ 是 $\mathscr{L}_1$-公式，$x \notin \mathrm{Fr}(\phi)$。则如下公式是有效式:

(1) $\forall x(\phi \vee \psi) \leftrightarrow (\phi \vee \forall x\psi)$;

(2) $\exists x(\phi \vee \psi) \leftrightarrow (\phi \vee \exists x\psi)$;

(3) $\forall x(\phi \wedge \psi) \leftrightarrow (\phi \wedge \forall x\psi)$;

(4) $\exists x(\phi \wedge \psi) \leftrightarrow (\phi \wedge \exists x\psi)$;

(5) $\forall x(\phi \rightarrow \psi) \leftrightarrow (\phi \rightarrow \forall x\psi)$;

(6) $\exists x(\phi \rightarrow \psi) \leftrightarrow (\phi \rightarrow \exists x\psi)$;

(7) $\exists x(\psi \rightarrow \phi) \leftrightarrow (\forall x\psi \rightarrow \phi)$;

(8) $\forall x(\psi \rightarrow \phi) \leftrightarrow (\exists x\psi \rightarrow \phi)$。

证明: 只证 (1) 和 (7)。任给 $\mathscr{L}_1$-结构 $\mathcal{M}$ 和 $\mathcal{M}$-赋值 v。

(1) 分两个方向:

- ($\rightarrow$) 假设 $(\mathcal{M}, v) \vDash \forall x(\phi \vee \psi)$，则任给 $m \in M$ 都有 $(\mathcal{M}, v_{x \mapsto m}) \vDash \phi \vee \psi$，进而或任给 $m \in M$ 都有 $(\mathcal{M}, v_{x \mapsto m}) \vDash \phi$ 或任给 $m \in M$ 都有 $(\mathcal{M}, v_{x \mapsto m}) \vDash \psi$。如果是前者，取 $m \in M$，则 $(\mathcal{M}, v_{x \mapsto m}) \vDash \phi$，又由于 $x \notin \mathrm{Fr}(\phi)$，所以 $v_{x \mapsto m}$ 和 v 在 ϕ 上合同，从而根据合同引理有 $(\mathcal{M}, v) \vDash \phi$。如果是后者，那么 $(\mathcal{M}, v) \vDash \forall x\psi$。于是有或 $(\mathcal{M}, v) \vDash \phi$ 或 $(\mathcal{M}, v) \vDash \forall x\psi$，因此 $(\mathcal{M}, v) \vDash \phi \vee \forall x\psi$。

- ($\leftarrow$) 假设 $(\mathcal{M}, v) \vDash \phi \vee \forall x\psi$，则或 $(\mathcal{M}, v) \vDash \phi$ 或 $(\mathcal{M}, v) \vDash \forall x\psi$。如果是前者，由于 $x \notin \mathrm{Fr}(\phi)$，所以任给 $m \in M$ 都有 $v_{x \mapsto m}$ 和 v 在 ϕ 上合同，从而根据合同引理可知，任给 $m \in M$ 都有 $(\mathcal{M}, v_{x \mapsto m}) \vDash \phi$，进而任给 $m \in M$ 都有 $(\mathcal{M}, v_{x \mapsto m}) \vDash \phi \vee \psi$，于是有 $(\mathcal{M}, v) \vDash \forall x(\phi \vee \psi)$。如果是后者，那么任给 $m \in M$ 都有 $(\mathcal{M}, v_{x \mapsto m}) \vDash \psi$，从而任给 $m \in M$ 都有 $(\mathcal{M}, v_{x \mapsto m}) \vDash \phi \vee \psi$，最终也有 $(\mathcal{M}, v) \vDash \forall x(\phi \vee \psi)$。

(7) 分两个方向:

- ($\rightarrow$) 假设 $(\mathcal{M}, v) \vDash \exists x(\psi \rightarrow \phi)$ 且 $(\mathcal{M}, v) \vDash \forall x\psi$，则存在 $n \in M$ 使得 $(\mathcal{M}, v_{x \mapsto n}) \vDash \psi \rightarrow \phi$，且任给 $m \in M$ 都有 $(\mathcal{M}, v_{x \mapsto m}) \vDash \psi$。所以存在 $n \in M$ 使得 $(\mathcal{M}, v_{x \mapsto n}) \vDash \psi$，进而 $n \in M$ 使得 $(\mathcal{M}, v_{x \mapsto n}) \vDash \phi$。又由于 $x \notin \mathrm{Fr}(\phi)$，所以 $v_{x \mapsto n}$ 和 v 在 ϕ 上合同，从而根据合同引理有 $(\mathcal{M}, v) \vDash \phi$。

- ($\leftarrow$) 假设 $(\mathcal{M}, v) \vDash \forall x\psi \rightarrow \phi$，则或 $(\mathcal{M}, v) \nvDash \forall x\psi$ 或 $(\mathcal{M}, v) \vDash \phi$。如果是前者，那么存

在 $m \in M$ 使得 $(\mathcal{M}, v_{x \mapsto m}) \nvDash \psi$，从而存在 $m \in M$ 使得 $(\mathcal{M}, v_{x \mapsto m}) \vDash \psi \to \phi$，于是有 $(\mathcal{M}, v) \vDash \exists x(\psi \to \phi)$。如果是后者，由于 $x \notin \mathrm{Fr}(\phi)$，所以任给 $m \in M$ 都有 $v_{x \mapsto m}$ 和 v 在 ϕ 上合同，进而取 $n \in M$，并根据合同引理可知，存在 $n \in M$ 使得 $(\mathcal{M}, v_{x \mapsto n}) \vDash \psi$，从而存在 $n \in M$ 使得 $(\mathcal{M}, v_{x \mapsto n}) \vDash \psi \to \phi$，最终也有 $(\mathcal{M}, v) \vDash \exists x(\psi \to \phi)$。 □

习题 3.3.77. 证明定理 3.3.76 中的 (2) 和 (8) 为有效式。 □

习题 3.3.78. 当 $x \in \mathrm{Fr}(\phi)$ 时，定理 3.3.76 中的公式都可能不是有效式。请针对 (3) 和 (7) 举出反例从而说明它们可能不是有效的。 □

定理 3.3.79（代入类有效式）. 设 x 是 $\mathscr{L}_1$ 的变元符号，σ, τ, γ 是 $\mathscr{L}_1$-项，ϕ 是 $\mathscr{L}_1$-公式，$\phi(x; \sigma), \phi(x; \tau)$ 是自由代入。则如下公式是有效式：

(1) $\forall x \phi \to \phi(x; \tau)$；

(2) $\phi(x; \tau) \to \exists x \phi$；

(3) $\sigma \simeq \tau \to (\gamma(x; \sigma) \simeq \gamma(x; \tau))$；

(4) $\sigma \simeq \tau \to (\phi(x; \sigma) \leftrightarrow \phi(x; \tau))$。

如果 $x \notin \mathrm{Vr}(\tau)$，则如下公式也是有效式：

(5) $\exists x(x \simeq \tau)$；

(6) $\phi(x; \tau) \to \forall x(x \simeq \tau \to \phi)$；

(7) $\phi(x; \tau) \to \exists x(x \simeq \tau \land \phi)$。

证明： 只证 (3)、(5) 和 (6)。任给 $\mathscr{L}_1$-结构 $\mathcal{M}$ 和 $\mathcal{M}$-赋值 v。

(3) 假设 $(\mathcal{M}, v) \vDash \sigma \simeq \tau$，则 $\bar{v}(\sigma) = \bar{v}(\tau)$，进而 $\overline{v_{x \mapsto \bar{v}(\sigma)}}(\gamma) = \overline{v_{x \mapsto \bar{v}(\tau)}}(\gamma)$，再根据代入引理有 $\bar{v}(\gamma(x; \sigma)) = \bar{v}(\gamma(x; \tau))$，所以 $(\mathcal{M}, v) \vDash \gamma(x; \sigma) \simeq \gamma(x; \tau)$。

(5) 考虑赋值 $v_{x \mapsto \bar{v}(\tau)}$。由于 $x \notin \mathrm{Vr}(\tau)$，因而 v 和 $v_{x \mapsto \bar{v}(\tau)}$ 在 τ 上合同，进而根据合同引理有 $\bar{v}(\tau) = \overline{v_{x \mapsto \bar{v}(\tau)}}(\tau)$。又由于 $v_{x \mapsto \bar{v}(\tau)}(x) = \bar{v}(\tau)$，所以 $v_{x \mapsto \bar{v}(\tau)}(x) = \overline{v_{x \mapsto \bar{v}(\tau)}}(\tau)$，于是 $(\mathcal{M}, v_{x \mapsto \bar{v}(\tau)}) \vDash x \simeq \tau$，即存在 $\bar{v}(\tau) \in M$ 使得 $(\mathcal{M}, v_{x \mapsto \bar{v}(\tau)}) \vDash x \simeq \tau$，因此 $(\mathcal{M}, v) \vDash \exists x(x \simeq \tau)$。

(6) 假设 $(\mathcal{M}, v) \vDash \phi(x; \tau)$，证 $(\mathcal{M}, v) \vDash \forall x(x \simeq \tau \to \phi)$，即证任给 $m \in M$ 都有 $(\mathcal{M}, v_{x \mapsto m}) \vDash x \simeq \tau \to \phi$。不妨任取 $m \in M$ 并进一步假设 $(\mathcal{M}, v_{x \mapsto m}) \vDash x \simeq \tau$，接下来只需证 $(\mathcal{M}, v_{x \mapsto m}) \vDash \phi$：

- 先证 $\bar{v}(\tau) = m$。由于 $(\mathcal{M}, v_{x \mapsto m}) \vDash x \simeq \tau$，所以 $\overline{v_{x \mapsto m}}(x) = \overline{v_{x \mapsto m}}(\tau)$，即 $m = \overline{v_{x \mapsto m}}(\tau)$。又由于 $x \notin \mathrm{Vr}(\tau)$，因而 $v_{x \mapsto m}$ 和 v 在 τ 上合同，进而根据合同引理有 $\overline{v_{x \mapsto m}}(\tau) = \bar{v}(\tau)$。因此 $\bar{v}(\tau) = m$。

- $(\mathcal{M}, v_{x \mapsto m}) \vDash \phi$。由于 $(\mathcal{M}, v) \vDash \phi(x; \tau)$，所以根据代入引理有 $(\mathcal{M}, v_{x \mapsto \bar{v}(\tau)}) \vDash \phi$，因此 $(\mathcal{M}, v_{x \mapsto m}) \vDash \phi$。 □

习题 3.3.80. 证明定理 3.3.79 中的 (1)、(4) 和 (7) 为有效式。 □

习题 3.3.81. 当 $x \in \mathrm{Vr}(\tau)$ 时，定理 3.3.79 中的 (5)、(6) 和 (7) 都可能不是有效的。请针对 (7) 举出反例从而说明它可能不是有效的。 □

3.3.5 公式的范式

本子节我们给出一阶公式的几种范式，从而为在这些范式基础上进一步处理一些问题奠定基础。首先考虑公式

$$\phi \triangleq \forall x_0 (x_0 + 0 \simeq x_2 \wedge \exists x_1 (x_1 \simeq c_0)) \to \exists x_2 (x_2 \times x_3 \simeq x_4).$$

如你所见，ϕ 中的量词随处可见，陈列没有规律。如果能将所有量词都移到前面且又不改变公式 ϕ 的涵义，那么对理解 ϕ 的复杂度（详见定义 5.3.9 ）将十分有帮助。接下来我们证明所有公式都存在这样的公式与其逻辑等价，即前束范式定理 3.3.96。不过在此之前需要做些必要的准备工作：证明逻辑等价替换定理 3.3.87 和逻辑等价易字定理 3.3.94。

上文提到，代入是用项去替换项或公式中的某个变元。实际上，也可以用公式去替换公式中的某个子公式，这也是一种代入；但为了与前者区分开来，我们称此为替换，并且由于项中没有子公式，也就不存在"用公式去替换项中的某个子公式"的情形。

定义 3.3.82（替换）. 设 ϕ, ξ, ζ 是 $\mathscr{L}_1$-公式。ζ 对 ξ 在 ϕ 中的替换（replacement），记为 $\phi(\xi; \zeta)$，是指用 ζ 替换 ϕ 中的所有 ξ 而得到的有穷符号序列。也称 $\phi(\xi; \zeta)$ 为替换。 □

评注 3.3.83. (1) $\phi(\xi; \zeta)$ 也可以类似代入一样结构递归地定义。

(2) 显然，如果 $\xi \notin \mathrm{SF}(\phi)$，那么 $\phi(\xi; \zeta) = \phi$。 □

习题 3.3.84. 设 ϕ, ξ, ζ 是 $\mathscr{L}_1$-公式。证明：$\phi(\xi; \zeta)$ 也是公式。 □

引理 3.3.85. 设 x 是 $\mathscr{L}_1$ 的变元符号，ψ, θ, ξ, ζ 是 $\mathscr{L}_1$-公式。如果 $\psi \dashv\vdash \psi(\xi; \zeta)$ 且 $\theta \dashv\vdash \theta(\xi; \zeta)$，那么

(1) $\neg \psi \dashv\vdash \neg \psi(\xi; \zeta)$；

(2) $\psi \to \theta \dashv\vdash \psi(\xi; \zeta) \to \theta(\xi; \zeta)$；

(3) $\forall x \psi \dashv\vdash \forall x (\psi(\xi; \zeta))$。

证明： 只证 (3)，而这由习题 3.3.34 (3)、习题 3.3.36 和定理 3.3.73 (5) 可得。其余留作习题。 □

习题 3.3.86. 证明引理 3.3.85 中的 (1) 和 (2)。 □

定理 3.3.87（逻辑等价替换）．设 ϕ, ξ, ζ 是 $\mathscr{L}_1$-公式。如果 $\xi \dashv\vdash \zeta$，那么 $\phi \dashv\vdash \phi(\xi; \zeta)$。

证明： 如果 $\phi = \xi$，那么 $\phi(\xi; \zeta) = \zeta$，从而由 $\xi \dashv\vdash \zeta$ 可得结论 $\phi \dashv\vdash \phi(\xi; \zeta)$。所以可以进一步假设 $\phi \neq \xi$，现在施归纳于公式 ϕ。

- ϕ 是原子公式。此时 ϕ 的子公式只有它自己，又由于 $\phi \neq \xi$，所以 ξ 不在 ϕ 中出现，从而 $\phi(\xi; \zeta) = \phi$，进而 $\phi \dashv\vdash \phi(\xi; \zeta)$。

- $\phi = \neg\psi$。由归纳假设可得 $\psi \dashv\vdash \psi(\xi; \zeta)$，再由引理 3.3.85 (1) 可得 $\neg\psi \dashv\vdash \neg\psi(\xi; \zeta)$，亦即 $\phi \dashv\vdash \phi(\xi; \zeta)$。

- $\phi = \psi \rightarrow \theta$。由归纳假设可得 $\psi \dashv\vdash \psi(\xi; \zeta)$ 且 $\theta \dashv\vdash \theta(\xi; \zeta)$，再由引理 3.3.85 (2) 可得 $\psi \rightarrow \theta \dashv\vdash \psi(\xi; \zeta) \rightarrow \theta(\xi; \zeta)$，从而 $\psi \rightarrow \theta \dashv\vdash (\psi \rightarrow \theta)(\xi; \zeta)$，亦即 $\phi \dashv\vdash \phi(\xi; \zeta)$。

- $\phi = \forall x\psi$。由归纳假设可得 $\psi \dashv\vdash \psi(\xi; \zeta)$，再由引理 3.3.85 (3) 可得 $\forall x\psi \dashv\vdash \forall x(\psi(\xi; \zeta))$，从而 $\forall x\psi \dashv\vdash (\forall x\psi)(\xi; \zeta)$，亦即 $\phi \dashv\vdash \phi(\xi; \zeta)$。 □

考虑公式

$$\phi \triangleq \neg\exists x_0\neg(x_0 \simeq x_1).$$

根据自由代入定义可知，x_0 对 x_1 在 ϕ 中不自由，即 $\phi(x_1; x_0)$ 不是自由代入。同时，我们发现公式

$$\psi \triangleq \neg\exists x_2\neg(x_2 \simeq x_1)$$

与 ϕ 涵义相同且逻辑等价，而且此时 x_0 对 x_1 在 ψ 中自由。通过改变约束变元符号，将不自由代入转化为了自由代入，并且没有改变原公式的涵义与真值。如下概念，便是对这种想法的进一步严格化。

定义 3.3.88. 设 x, y 是 $\mathscr{L}_1$ 的变元符号，ϕ 是 $\mathscr{L}_1$-公式，$\forall x\psi$ 是 ϕ 的子公式，$y \notin \mathrm{Fr}(\psi)$ 且 $\psi(x; y)$ 是自由代入。称 ϕ' 是 ϕ 的（约束变元）易字（alphabetical variant），如果它是用 $\forall y\psi(x; y)$ 替换 ϕ 中的 $\forall x\psi$ 若干次出现得到的结果。 □

评注 3.3.89. (1) 注意，"若干次"的意思是指任意次的替换都是允许的，可以替换 $\forall x\psi$ 的 0 次出现，可以替换 $\forall x\psi$ 的部分出现，也可以替换 $\forall x\psi$ 的全部出现。

(2) 任给代入 $\phi(x; \sigma)$，如果它不是自由代入，那么，由于 $\mathrm{Vr}(\sigma)$ 和 $\mathrm{Bo}(\phi)$ 都是有穷的，都可以先对 ϕ 进行易字，从而使得 $\phi(x; \sigma)$ 变成自由代入。 □

习题 3.3.90. 设 ϕ 是 $\mathscr{L}_1$-公式。证明：如果 ϕ' 是 ϕ 的易字，那么 ϕ' 也是公式。 □

习题 3.3.91. 给出 $\forall x_0(x_0 \simeq c_0 \rightarrow \exists x_0\forall x_3(x_0 \simeq x_3))$ 的 3 个不同的易字使得所有易字的约束变元只有一次约束出现。 □

习题 3.3.92（循环代入引理）. 设 x, y 是 $\mathscr{L}_1$ 的变元符号，ψ 是 $\mathscr{L}_1$-公式。证明：如果 $y \notin \mathrm{Fr}(\psi)$ 且 $\psi(x; y)$ 是自由代入，那么 $\psi(x; y)(y; x)$ 是自由代入且 $\psi(x; y)(y; x) = \psi$。 □

引理 3.3.93. 设 x, y 是 $\mathscr{L}_1$ 的变元符号，ψ 是 $\mathscr{L}_1$-公式。如果 $y \notin \mathrm{Fr}(\psi)$ 且 $\psi(x; y)$ 是自由代入，那么 $\forall x \psi \vDash\!\dashv \forall y \psi(x; y)$。

证明： 分两个方向证明：

- $\forall x \psi \vDash \forall y \psi(x; y)$。由定理 3.3.79 (1) 可得 $\forall x \psi \vDash \psi(x; y)$，又由于 $y \notin \mathrm{Fr}(\forall \psi)$，所以根据习题 3.3.47 可得 $\forall x \psi \vDash \forall y \psi(x; y)$。

- $\forall y \psi(x; y) \vDash \forall x \psi$。同样根据定理 3.3.79 (1) 可得 $\forall y \psi(x; y) \vDash \psi(x; y)(y; x)$，又由于 $x \notin \mathrm{Fr}(\forall y \psi(x; y))$，所以根据习题 3.3.47 可得 $\forall y \psi(x; y) \vDash \forall x \psi(x; y)(y; x)$，亦即 $\forall y \psi(x; y) \vDash \forall x \psi$。 □

定理 3.3.94（逻辑等价易字）. 设 ϕ 是 $\mathscr{L}_1$-公式，如果 ϕ' 是 ϕ 的易字，那么 $\phi \vDash\!\dashv \phi'$。

证明： 引理 3.3.93 和定理 3.3.87 的直接推论。 □

现在可以证明前束范式定理了，不过在此之前，我们还需要将前束范式的概念严格化。

定义 3.3.95. 设 ϕ 是 $\mathscr{L}_1$-公式。称 ϕ 是前束范式（prenex normal form），如果存在无量词公式 ψ 使得

$$\phi \triangleq Q_0 x_0 \cdots Q_{n-1} x_{n-1} \psi,$$

其中任给 $i < n$，Q_i 是 $\forall$ 或 $\exists$；此时称 $Q_0, \cdots, Q_{n-1}$ 为 ϕ 的前束量词，称 $x_0, \cdots, x_{n-1}$ 为 ϕ 的前束变元。 □

定理 3.3.96（前束范式）. 任给 $\mathscr{L}_1$-公式 ϕ 都有前束范式 ϕ' 使得 $\phi \vDash\!\dashv \phi'$。

证明： 施归纳于公式 ϕ。

(1) ϕ 是原子公式。则 $\phi' = \phi$，即 ϕ 就是自己的前束范式，且 $\phi \vDash\!\dashv \phi'$。

(2) $\phi = \neg \psi$。根据归纳假设不妨假设 ψ 的前束范式为

$$\psi' \triangleq Q_0 x_0 \cdots Q_{n-1} x_{n-1} \xi.$$

根据定理 3.3.69 (7)–(8)，可将 $\neg \psi'$ 的量词都移到前面，从而得到

$$\phi' \triangleq Q'_0 x_0 \cdots Q'_{n-1} x_{n-1} \neg \xi,$$

其中，任给 $i < n$ 都有 $Q'_i = \exists$ 当且仅当 $Q_i = \forall$。显然，ϕ' 就是 ϕ 的前束范式，而且根据逻辑等价替换定理和定理 3.3.69 (7)–(8) 可知 $\phi \vDash\!\dashv \phi'$。

(3) $\phi = \psi \to \theta$。根据归纳假设不妨假设 ψ 和 θ 的前束范式为

$$\psi' \triangleq Q_0 x_0 \cdots Q_{n-1} x_{n-1} \xi,$$

$$\theta' \triangleq P_0 y_0 \cdots P_{m-1} y_{m-1} \zeta。$$

根据约束变元易字，不妨假设 $x_0, \cdots, x_{n-1}$ 不出现在 ζ 中且 $y_0, \cdots, y_{n-1}$ 不出现在 ξ 中。再根据定理 3.3.76 (5)–(8)，可将 $\psi' \to \theta'$ 的量词都移到前面，从而得到

$$\phi' \triangleq Q'_0 x_0 \cdots Q'_{n-1} x_{n-1} P_0 y_0 \cdots P_{m-1} y_{m-1} (\xi \to \zeta),$$

其中，任给 $i < n$ 都有 $Q'_i = \exists$ 当且仅当 $Q_i = \forall$。显然，ϕ' 就是 ϕ 的前束范式，而且根据逻辑等价易字定理、逻辑等价替换定理和定理 3.3.76 (5)–(8) 可知 $\phi \vDash\dashv \phi'$。

(4) $\phi = \forall x \psi$。根据归纳假设不妨假设 ψ 的前束范式为

$$\psi' \triangleq Q_0 x_0 \cdots Q_{n-1} x_{n-1} \xi。$$

ψ' 前面缀以 $\forall x$，从而得到

$$\phi' \triangleq \forall x Q_0 x_0 \cdots Q_{n-1} x_{n-1} \xi。$$

显然，ϕ' 就是 ϕ 的前束范式，而且根据逻辑等价替换定理可知 $\phi \vDash\dashv \phi'$。 □

评注 3.3.97. 前束范式定理的证明过程实际上给出了任意公式前束范式的求解步骤。在这个过程中逻辑等价易字定理、逻辑等价替换定理、定理 3.3.69 (7)–(8) 和定理 3.3.76（考虑 $\wedge$ 类公式和 $\vee$ 类公式在内）都可能用到，而具体每步变换时使用哪些定理，读者可自行把握。 □

示例 3.3.98. 设 R, S 分别是 $\mathscr{L}_1$ 的二元、三元关系符号。求

$$\forall x_0 R(x_0, x_1) \to \neg \exists x_0 R(x_0, x_1) \wedge \exists x_0 S(x_0, x_1, x_2)$$

的前束范式。 □

解： 逐步进行求解。

$\forall x_0 R(x_0, x_1) \to \neg \exists x_0 R(x_0, x_1) \wedge \exists x_0 S(x_0, x_1, x_2)$

$\vDash\dashv \forall x_0 R(x_0, x_1) \to \forall x_0 \neg R(x_0, x_1) \wedge \exists x_0 S(x_0, x_1, x_2)$　　　$\neg$ 内移　定理 3.3.69 (8)

$\vDash\dashv \forall x_0 R(x_0, x_1) \to \forall x_0 (\neg R(x_0, x_1) \wedge \exists x_0 S(x_0, x_1, x_2))$　　　$\forall x_0$ 外移　定理 3.3.76 (3)

$\vDash\dashv \forall x_0 R(x_0, x_1) \to \forall x_0 (\neg R(x_0, x_1) \wedge \exists x_3 S(x_3, x_1, x_2))$　　　$\exists x_0$ 易字　逻辑等价易字定理

$\vDash\dashv \forall x_0 R(x_0, x_1) \to \forall x_0 \exists x_3 (\neg R(x_0, x_1) \wedge S(x_3, x_1, x_2))$　　　$\exists x_3$ 外移　定理 3.3.76 (4)

$\vDash\dashv \exists x_0 (R(x_0, x_1) \to \forall x_0 \exists x_3 (\neg R(x_0, x_1) \wedge S(x_3, x_1, x_2)))$　　　$\forall x_0$ 外移　定理 3.3.76 (8)

$\vDash\dashv \exists x_0 (R(x_0, x_1) \to \forall x_4 \exists x_3 (\neg R(x_4, x_1) \wedge S(x_3, x_1, x_2)))$　　　$\forall x_0$ 易字　逻辑等价易字定理

$\vDash\dashv \exists x_0 \forall x_4 (R(x_0, x_1) \to \exists x_3 (\neg R(x_4, x_1) \wedge S(x_3, x_1, x_2)))$　　　$\forall x_4$ 外移　定理 3.3.76 (5)

$\vDash\dashv \exists x_0 \forall x_4 \exists x_3 (R(x_0, x_1) \to \neg R(x_4, x_1) \wedge S(x_3, x_1, x_2))$　　　$\exists x_3$ 外移　定理 3.3.76 (6)。

这就完成了求解。 □

习题 3.3.99. 设 R, S 分别是 $\mathscr{L}_1$ 的二元、三元关系符号。求如下公式的前束范式。

(1) $\forall x_0 \exists x_1 R(x_0, x_1) \vee \exists x_0 \forall x_1 \exists x_2 S(x_0, x_1, x_2)$;

(2) $\exists x_0 R(x_0, x_2) \leftrightarrow \forall x_0 S(x_0, x_2, x_7)$。 □

一阶公式,不仅有前束范式,而且也像命题语言的公式一样有合取范式和析取范式。当然,由于一阶语言中有量词符号,需要对其合取范式和析取范式的定义略加修改。由于一阶公式的合取范式和析取范式没有命题语言公式的合取范式和析取范式的用处大,这里我们只陈述概念和定理,证明留作习题。

定义 3.3.100. 设 ϕ 是 $\mathscr{L}_1$-公式。

(1) 称 ϕ 是合取范式,如果

$$\phi \triangleq \psi_0 \wedge \cdots \wedge \psi_{n-1},$$

其中所有 ψ_i 都形如

$$\theta_0 \vee \cdots \vee \theta_{m-1},$$

同时所有 θ_j 或是原子公式,或形如 $\forall x \xi$,或形如 $\exists x \xi$(ξ 为原子公式)。

(2) 称 ϕ 是析取范式,如果

$$\phi \triangleq \psi_0 \vee \cdots \vee \psi_{n-1},$$

其中所有 ψ_i 都形如

$$\theta_0 \wedge \cdots \wedge \theta_{m-1},$$

同时所有 θ_j 或是原子公式,或形如 $\forall x \xi$,或形如 $\exists x \xi$(ξ 为原子公式)。 □

定理 3.3.101(合取范式). 任给 $\mathscr{L}_1$-公式 ϕ 都有合取范式 ϕ' 使得 $\phi \vdash\!\dashv \phi'$。 □

定理 3.3.102(析取范式). 任给 $\mathscr{L}_1$-公式 ϕ 都有析取范式 ϕ' 使得 $\phi \vdash\!\dashv \phi'$。 □

习题 3.3.103. 证明定理 3.3.101 或 3.3.102。 □

接下来,在前束范式的基础上,我们证明埃尔布朗[①]定理 3.3.108,它断言的是:所有公式的有效性可以转化为某个存在型公式(埃尔布朗范式)的有效性。在此之前,先做必要的准备工作。

定义 3.3.104. 设 ϕ 是前束范式且其前束变元都不相同。如下定义全称量词消去运算 $e(\phi)$:

[①] Herbrand, J., 1908—1931, 法国数学家。

(1) $\phi = \forall x \psi$，其中 ψ 也是前束范式。令 $e(\phi) = \psi$。

(2) $\phi = \exists x_0, \cdots, \exists x_{n-1} \forall y \psi$，其中 ψ 也是前束范式。选择一个不在 ϕ 中出现的 n 元函数符号 F，此时令

$$e(\phi) = \exists x_0, \cdots, \exists x_{n-1} \psi(y; F(x_0, \cdots, x_{n-1}))。$$

注意，由于假设 ϕ 的前束变元都不相同，所以 $F(x)$ 对 y 在 ψ 中代入自由。

(3) 否则令 $e(\phi) = \phi$。 $\qquad\square$

引理 3.3.105. 设 ϕ 是前束范式且其前束变元都不相同。则 $\vDash \phi$ 当且仅当 $\vDash e(\phi)$。

证明： 分三种情形：

- $\phi = \forall x \psi$，其中 ψ 也是前束范式。此时 $e(\phi) = \psi$，由习题 3.3.36 可得结论。

- $\phi = \exists x_0, \cdots, \exists x_{n-1} \forall y \psi$，其中 ψ 也是前束范式。此时

$$e(\phi) = \exists x_0, \cdots, \exists x_{n-1} \psi(y; F(x_0, \cdots, x_{n-1})),$$

其中 $\psi(y; F(x_0, \cdots, x_{n-1}))$ 是自由代入。分两个方向：

- $(\Rightarrow)$ 根据定理 3.3.79 (1) 有 $\vDash \forall y \psi \to \psi(y; F(x_0, \cdots, x_{n-1}))$，再根据习题 3.3.36 有 $\vDash \forall x_{n-1}(\forall y \psi \to \psi(y; F(x_0, \cdots, x_{n-1})))$，从而根据定理 3.3.73 (6) 有 $\vDash \exists x_{n-1} \forall y \psi \to \exists x_{n-1} \psi(y; F(x_0, \cdots, x_{n-1}))$。将这个过程重复 n 次可得

$$\vDash \exists x_0 \cdots \exists x_{n-1} \forall y \psi \to \exists x_0 \cdots \exists x_{n-1} \psi(y; F(x_0, \cdots, x_{n-1})),$$

即 $\vDash \phi \to e(\phi)$。所以，$\vDash \phi$ 推出 $\vDash e(\phi)$。

- $(\Leftarrow)$ 反证法。假设 $\vDash e(\phi)$ 且 $\nvDash \phi$。则存在 $\mathcal{M} = (M, I)$ 和 $\mathcal{M}$-赋值 v 使得任给 $a_0, \cdots, a_{n-1} \in M$ 都存在 $b \in M$ 使得

$$((M, I), v_{x_0 \mapsto a_0, \cdots, x_{n-1} \mapsto a_{n-1}, y \mapsto b}) \nvDash \psi。$$

现在将 I 扩展成 I'：$I'(F)(a_0, \cdots, a_{n-1}) = b$，其余与 I 相同。由于 F 不在 ψ 中出现，所以

$$((M, I'), v_{x_0 \mapsto a_0, \cdots, x_{n-1} \mapsto a_{n-1}, y \mapsto b}) \nvDash \psi。$$

取 $a_0, \cdots, a_{n-1} \in M$ 且 $I'(F)(a_0, \cdots, a_{n-1}) = b$，则

$$\overline{v_{x_0 \mapsto a_0, \cdots, x_{n-1} \mapsto a_{n-1}}}(F(x_0, \cdots, x_{n-1})) = I'(F)(a_0, \cdots, a_{n-1}) = b。$$

因而

$$((M, I'), v_{x_0 \mapsto a_0, \cdots, x_{n-1} \mapsto a_{n-1}, y \mapsto \overline{v_{x_0 \mapsto a_0, \cdots, x_{n-1} \mapsto a_{n-1}}}(F(x_0, \cdots, x_{n-1}))}) \nvDash \psi,$$

进而根据代入引理有

$$((M, I'), v_{x_0 \mapsto a_0, \cdots, x_{n-1} \mapsto a_{n-1}}) \nvDash \psi(y; F(x_0, \cdots, x_{n-1})),$$

所以 $((M,I'),v) \nvDash \exists x_0, \cdots, \exists x_{n-1} \psi(y; F(x_0, \cdots, x_{n-1}))$，即 $((M,I'),v) \nvDash e(\phi)$，与 $\vDash e(\phi)$ 矛盾！

- 以上两种情形都不是。此时 $e(\phi) = \phi$，结论显然成立。 □

定义 3.3.106. 设 ϕ 是前束范式且其前束变元都不相同。由于 ϕ 中的 $\forall$ 是有限的，所以必然存在一个最小的 $k \in \mathbb{N}$ 使得 $e^{k+1}(\phi) = e^k(\phi)$。称 $e^k(\phi)$ 为由 ϕ 得到的埃尔布朗范式（Herbrand normal form），记为 ϕ_h。 □

评注 3.3.107. 显然，埃尔布朗范式是存在型公式[①]。 □

定理 3.3.108（埃尔布朗范式）. 任给 $\mathscr{L}_1$-公式 ϕ，都存在埃尔布朗范式 ϕ_h 使得 $\vDash \phi$ 当且仅当 $\vDash \phi_h$。

证明： 设 ϕ 是 $\mathscr{L}_1$-公式。根据前束范式定理可知，存在一个前束范式 ϕ' 使得 $\phi \dashv\vdash \phi'$。于是，存在一个前束变元不同的前束范式 ϕ' 使得 $\phi \vDash \phi'$，这是因为：设 $\phi' = Q_0 x_0 \cdots Q_{n-1} x_{n-1} \psi$ 且存在 $i < j$ 使得 $x_i = x_j$，则 x_i 不是 $Q_{i+1} x_{i+1} \cdots Q_j x_j \cdots Q_{n-1} x_{n-1} \psi$ 的自由变元，根据定理 3.3.69 (4)–(5) 可知

$$Q_i x_i Q_{i+1} x_{i+1} \cdots Q_j x_j \cdots Q_{n-1} \psi \dashv\vdash Q_{i+1} x_{i+1} \cdots Q_j x_j \cdots Q_{n-1} \psi,$$

再根据逻辑等价替换定理可知

$$Q_0 x_0 \cdots Q_{n-1} x_{n-1} \psi \dashv\vdash Q_0 x_0 \cdots Q_{i-1} x_{i-1} Q_{i+1} x_{i+1} \cdots Q_{n-1} x_{n-1} \psi_\circ$$

接下来用定义 3.3.104 定义的全称量词消去运算 e，对 ϕ' 不断操作，直至获得埃尔布朗范式 ϕ_h。根据引理 3.3.105 可知 $\vDash \phi'$ 当且仅当 $\vDash \phi_h$。

因此，$\vDash \phi$ 当且仅当 $\vDash \phi_h$。 □

3.4 公理系统

3.4.1 公理系统

上文提到，$\Gamma \vDash \phi$ 中的逻辑蕴涵"$\vDash$"是"必然地推出"这一逻辑学概念的严格化，它是一种语义定义。在证明 $\Gamma \vDash \phi$ 时，我们也只能基于结构和赋值分析，并不能确切地知道如何从 Γ 一步一步地推出 ϕ，换言之作为语义概念的逻辑蕴涵"$\vDash$"缺乏某种构造性，甚至不免令部分读者觉得其中有某种模糊性。为了克服这种疑虑，我们在这一节定义一

[①] 根据定义 3.2.20 (3) 可知：存在型公式形如 $\exists x_0 \cdots \exists x_{n-1} \psi$，其中 ψ 为无量词公式。

种新的并且同样表达逻辑学"必然地推出"的语法蕴涵"⊢",它是一种语法定义。最后我们还会证明,二者实际上都等效地把握住了"必然地推出"这一逻辑学概念。

要想确切地知道如何从 Γ 一步一步地推出 ϕ,首先就必须明确除了 Γ 中的命题之外,哪些大家公认的前提可以使用;然后明确从有穷个命题推出某个命题的哪些规则可以使用。如果这些一步步的每一步都是上述三种情形之一,那么如何从 Γ 一步一步地推出 ϕ 自然就十分确切了,相信即便是上述带有疑虑的人们也会相信这是从 Γ "必然地推出" ϕ。

为更严谨地定义这种新的"必然地推出",我们需要先引入"一阶公理系统"(first order axiomatic system)的概念,它由两部分组成:一部分就是大家公认的前提,我们称之为公理(axiom);另一部分是从有穷个命题推出某个命题的简单直接的规则,我们称之为推理规则(inference rule)。这里之所以要求"有穷",同样是服务于"确切"这一要求:如此一来,至少我们能够在有穷步骤内逐一验证每一步的"合理性"。

由于公理和推理规则选择、"推出"表现形式的不同,一阶公理系统有很多个,但它们一般都是等价的。一般说来,称公理多、推理规则少且"推出"表现为线性结构的一类为希尔伯特式的一阶公理系统,大多数的公理系统都是这一类,如下定义的一阶公理系统就属于这一类;称公理少、推理规则多且"推出"表现为树状结构的一类为根岑式的一阶公理系统,如自然演绎系统[①]。

定义 3.4.1. 一阶公理系统 $\mathfrak{S}_1 = (\mathbf{A}_1, \mathbf{I}_1)$ 由两部分组成:公理集 $\mathbf{A}_1$ 和推理规则集 $\mathbf{I}_1$,其中 $\mathbf{A}_1$ 由如下各种形式的公理组成,而 $\mathbf{I}_1$ 只由如下分离规则这一个推理规则组成。设 $x, x_0, \cdots, x_{n-1}$ 是 $\mathscr{L}_1$ 的变元符号,R, F 是 $\mathscr{L}_1$ 的 n 元关系符号和 n 元函数符号,$\sigma, \tau, \rho, \tau_0, \cdots, \tau_{n-1}, \sigma_0, \cdots, \sigma_{n-1}$ 是 $\mathscr{L}_1$-项,ϕ, ψ, θ 是 $\mathscr{L}_1$-公式。

命题公理 1 (P_1)　$\phi \to (\psi \to \phi)$;

命题公理 2 (P_2)　$(\phi \to \psi \to \theta) \to (\phi \to \psi) \to (\phi \to \theta)$;

命题公理 3 (P_3)　$(\neg\phi \to \psi) \to (\neg\phi \to \neg\psi) \to \phi$;

代入公理　(S)　$\forall x\phi \to \phi(x;\tau)$,其中 $\phi(x;\tau)$ 是自由代入;

分配公理　(D)　$\forall x(\phi \to \psi) \to \forall x\phi \to \forall x\psi$;

等词公理 1 (E_1)　$\tau \simeq \tau$;

等词公理 2 (E_2)　$\sigma \simeq \tau \to \tau \simeq \sigma$;

[①]对自然演绎系统感兴趣的读者可以参考证明论相关的专业书籍,如 [178, 第 52–65 页] 或 [217, 9–17 页]。

等词公理 3 (E_3) $\sigma \simeq \tau \to \tau \simeq \rho \to \sigma \simeq \rho$；

等词公理 4 (E_4) $\tau_0 \simeq \sigma_0 \to \cdots \to \tau_{n-1} \simeq \sigma_{n-1} \to R(\tau_0, \cdots, \tau_{n-1}) \to R(\sigma_0, \cdots, \sigma_{n-1})$；

等词公理 5 (E_5) $\tau_0 \simeq \sigma_0 \to \cdots \to \tau_{n-1} \simeq \sigma_{n-1} \to F(\tau_0, \cdots, \tau_{n-1}) \simeq F(\sigma_0, \cdots, \sigma_{n-1})$；

概括公理 1 (C_1) $\phi \to \forall x\phi$，其中 $x \notin \mathrm{Fr}(\phi)$；

概括公理 2 (C_2) $\forall x_0 \cdots \forall x_{n-1}\phi$，其中 ϕ 是以上任意一种形式的公理。

分离规则 (MP) 如果有 ϕ 和 $\phi \to \psi$，那么有 ψ。 □

评注 3.4.2. (1) 每个公理实际上都是一个公理模式，都包含某一类的公理。

(2) 公理不一定都是语句，也有带自由变元的，如 $\forall x_0(x_0 \simeq x_0) \to (x_1 \simeq x_1)$。

(3) 这些公理中联词只涉及 $\neg, \to$，量词只涉及 $\forall$。至于带有其他联词或量词的公式是否属于公理，需要根据定义 3.2.15 先转化再判断。

(4) 命题（propositional）公理，顾名思义就是指与命题逻辑相关的公理，它们三个都曾作为命题公理系统的公理。P_1 的直观涵义是：真命题被任何命题蕴涵，即如果有 ϕ 那么就有 $\psi \to \phi$，不难从 P_1 和 MP 推出这一点；P_2 的直观涵义是假言三段论，严格说是强假言三段论，因为假言三段论标准形式 $(\psi \to \theta) \to (\phi \to \psi) \to (\phi \to \theta)$ 的前提 $\psi \to \theta$ 借助 P_1 和 MP 可以推出 P_2 的前提 $\phi \to \psi \to \theta$，从而 P_2 借助 P_1 和 MP 可以推出假言三段论标准形式；P_3 的直观涵义是反证法，它是具体数学分支中反证法的形式化。

(5) 代入（substitution）公理，顾名思义就是指与（自由）代入相关的公理，S 断言的是所有全称公式都有代入例证；分配（distribution）公理，顾名思义就是指与（全称）量词分配有关的公理，D 表明了蕴涵式前的量词如何分配到前后件的。

(6) 等词（equality）公理，顾名思义就是指与等词相关的公理。E_1 表明了等词的自返性，E_2 表明了等词的对称性，E_3 表明了等词的传递性，E_4 表明了等词对关系符号生成的原子公式的影响，E_5 表明了等词对函数符号生成原子项的影响。所有一阶公理系统的区别就在于 E_4 和 E_5，其余形式的公理它们都有，这是因为二者分别体现了一阶公理系统所对应的一阶语言的关系符号和函数符号的差异。

(7) 概括（comprehension）本意指所有某类对象都满足某种性质，概括公理显然也与此有关；C_1 断言的是，如果某种性质成立那么所有对象都满足这种性质；C_2 断言的是，所有对象都满足某种普遍的性质。要注意的是 $x_0, \cdots, x_{n-1}$ 这些变元，既可以出现在 ϕ 中也可以不出现在 ϕ 中。

(8) 分离（detachment）规则，又名蕴涵消去（implication elimination）规则，其涵义

是，有 ϕ 和 $\phi \to \psi$，就可以从 $\phi \to \psi$ 中分离出 ψ。分离规则之所以不用与 D 相关的缩写而用 MP 表示，一是因为分离规则与肯定前件式的涵义一样，而"肯定前件式"的拉丁语是 modus ponens；二是因为肯定前件式 modus ponens 的说法早已广为流传。

(9) 这些公理都是有效式，实际上在前面的习题中都已经证明过了，分别详见习题 3.3.66、3.3.80、3.3.74、3.3.68、3.3.70 和 3.3.36；分离规则是保真的（因而也是保有效的），即 $\{\phi, \phi \to \psi\} \vDash \psi$，它就是习题 3.3.26。

(10) 如前所述，推理规则是指从有穷个命题推出某个命题的简单直接的规则。具体到一阶语言上，推理规则就是指从某个有穷的 $\mathscr{L}_1$ 的公式集推出某个 $\mathscr{L}_1$-公式的简单直接的规则。而公理是直接得到某个 $\mathscr{L}_1$-公式，它可以看作从 $\varnothing$ 推出某个 $\mathscr{L}_1$-公式的规则。从这个意义上讲，公理都可以被看作推理规则。

(11) 由于推理规则就是指从有穷个命题推出某个命题的简单直接的规则，加之绝大多数推理规则都是保真的，所以绝大多数推理规则都可以转换成某个逻辑有效式，这就意味着绝大多数推理规则也可以被看作公理。 □

习题 3.4.3. 设 $\mathrm{sig}\mathscr{L}_1 = \varnothing$。判断如下公式是不是该语言下一阶公理系统的公理，如果是，那么请说明是哪组公理；如果不是，那么请说明理由。

(1) $(x_0 \simeq c_0) \to \forall x_0(x_0 \simeq c_0)$；

(2) $x_0 \simeq x_1 \to x_2 \simeq x_3 \to F(x_0, x_2) \simeq F(x_1, x_3)$；

(3) $\forall x_0 \forall x_6 (x_0 \simeq x_0)$。 □

习题 3.4.4. 设一阶序语言的图册 $\mathrm{sig}\mathscr{L}_1 = \{<\}$。写出其一阶序公理系统的具体样式，即一阶公理系统具体到一阶序语言上的样式。 □

3.4.2 证明与演绎

在一个具体的数学分支中，比如几何，证明一般有两种：在该分支的基础理论部分，比如初等几何，这些证明基本都是从公理出发推出某个结论，这是一种无假设的证明；在该分支的高阶部分，比如高等几何，这些证明大都是从某些假设出发推出某个结论，这是一种有假设的证明。对一阶公理系统而言，类似地也有两种证明，前者下文仍旧称为证明（proof），后者下文称为演绎（deduction）。

定义 3.4.5. 设 ϕ 是公式。

(1) 称序列 $s = \langle \phi_i \mid i < n \rangle$ 是 ϕ 的一个证明，如果 $\phi_{n-1} = \phi$，且任给 $i < n$ 都有

(a) 或 $\phi_i \in \mathbf{A}_1$；

(b) 或存在 $k, l < i$ 使得 $\phi_k = \phi_l \to \phi_i$。

(2) 称 ϕ 是定理（theorem），记为 $\vdash \phi$，如果存在 ϕ 的一个证明；否则，称 ϕ 不是定理，记为 $\nvdash \phi$。 □

评注 3.4.6. (1) $\vdash$ 是转门符号（turnstile），最早由弗雷格在 1879 年使用[①]，不过弗雷格当时使用的样式是 ├——，后来逐步演变成了现在这种样式，其具体的读法需结合具体的使用环境选择。此时 "$\vdash$" 读作 "证明"（prove）或 "定理"，而 "$\nvdash$" 读作 "不证明" 或 "非定理"。

(2) 在定义 3.4.5 (2) 中，也有教科书为了与元语言（即自然语言）中的 "定理" 区别开来，称 ϕ 是内定理。

(3) 对于涉及 $\wedge, \vee, \leftrightarrow, \exists$ 等其他符号的定理的证明，需要根据定义 3.2.15 先转化再证明。

(4) 任给一阶公式 ϕ，将其中原子的子公式和形如 $\forall x \psi$ 的子公式都统一地替换成相应的命题变元符号，都可以得到一个命题语言的公式 ϕ'。由于一阶公理系统中依然类似地含有命题公理系统的三个公理，如果 ϕ' 是命题公理系统的定理，那么 ϕ 也是一阶公理系统的定理。 □

示例 3.4.7. 设 ϕ 是公式。证明：$\vdash \phi \to \phi$。

证明： 根据定义，只需给出一个关于 ϕ 的证明序列，同示例 2.4.8。 □

示例 3.4.8. 设 ϕ 是公式。证明：$\vdash \neg\neg\phi \to \phi$。

证明： 给出一个 $\neg\neg\phi \to \phi$ 的证明序列。在这个过程中，我们还需要将示例 2.4.8 中 $\phi \to \phi$ 式的证明序列拿来使用。

(1) $\neg\phi \to (\neg\phi \to \neg\phi) \to \neg\phi$ $\qquad\qquad$ P_1

(2) $(\neg\phi \to (\neg\phi \to \neg\phi) \to \neg\phi) \to (\neg\phi \to \neg\phi \to \neg\phi) \to (\neg\phi \to \neg\phi)$ $\qquad$ P_2

(3) $(\neg\phi \to \neg\phi \to \neg\phi) \to (\neg\phi \to \neg\phi)$ $\qquad\qquad$ (1), (2), MP

(4) $\neg\phi \to \neg\phi \to \neg\phi$ $\qquad\qquad$ P_1

(5) $\neg\phi \to \neg\phi$ $\qquad\qquad$ (3), (4), MP

(6) $(\neg\phi \to \neg\phi) \to (\neg\phi \to \neg\neg\phi) \to \phi$ $\qquad\qquad$ P_3

(7) $(\neg\phi \to \neg\neg\phi) \to \phi$ $\qquad\qquad$ (5), (6), MP

(8) $((\neg\phi \to \neg\neg\phi) \to \phi) \to \neg\neg\phi \to ((\neg\phi \to \neg\neg\phi) \to \phi)$ $\qquad$ P_1

(9) $\neg\neg\phi \to ((\neg\phi \to \neg\neg\phi) \to \phi)$ $\qquad\qquad$ (7), (8), MP

(10) $(\neg\neg\phi \to ((\neg\phi \to \neg\neg\phi) \to \phi)) \to (\neg\neg\phi \to \neg\phi \to \neg\neg\phi) \to (\neg\neg\phi \to \phi)$ $\qquad$ P_2

[①] 详见 [66]。

(11) $(\neg\neg\phi \to \neg\phi \to \neg\neg\phi) \to (\neg\neg\phi \to \phi)$	(9)，(10)，MP
(12) $\neg\neg\phi \to \neg\phi \to \neg\neg\phi$	P_2
(13) $\neg\neg\phi \to \phi$	(11)，(12)，MP

这就完成了证明。　　　　　　　　　　　　　　　　　　　　　　　　　　□

示例 3.4.9. 设 ϕ,ψ 是公式。证明：$\vdash \neg\neg\phi \to (\psi \to \phi)$。

证明： 给出一个 $\vdash \neg\neg\phi \to (\psi \to \phi)$ 的证明序列。在这个过程中，我们还需要将示例 3.4.8 中的证明序列拿来使用。

(1) $\neg\phi \to (\neg\phi \to \neg\phi) \to \neg\phi$	P_1
(2) $(\neg\phi \to (\neg\phi \to \neg\phi) \to \neg\phi) \to (\neg\phi \to \neg\phi \to \neg\phi) \to (\neg\phi \to \neg\phi)$	P_2
(3) $(\neg\phi \to \neg\phi \to \neg\phi) \to (\neg\phi \to \neg\phi)$	(1)，(2)，MP
(4) $\neg\phi \to \neg\phi \to \neg\phi$	P_1
(5) $\neg\phi \to \neg\phi$	(3)，(4)，MP
(6) $(\neg\phi \to \neg\phi) \to (\neg\phi \to \neg\neg\phi) \to \phi$	P_3
(7) $(\neg\phi \to \neg\neg\phi) \to \phi$	(5)，(6)，MP
(8) $((\neg\phi \to \neg\neg\phi) \to \phi) \to \neg\neg\phi \to ((\neg\phi \to \neg\neg\phi) \to \phi)$	P_1
(9) $\neg\neg\phi \to ((\neg\phi \to \neg\neg\phi) \to \phi)$	(7)，(8)，MP
(10) $(\neg\neg\phi \to ((\neg\phi \to \neg\neg\phi) \to \phi)) \to (\neg\neg\phi \to \neg\phi \to \neg\neg\phi) \to (\neg\neg\phi \to \phi)$	P_2
(11) $(\neg\neg\phi \to \neg\phi \to \neg\neg\phi) \to (\neg\neg\phi \to \phi)$	(9)，(10)，MP
(12) $\neg\neg\phi \to \neg\phi \to \neg\neg\phi$	P_2
(13) $\neg\neg\phi \to \phi$	(11)，(12)，MP
(14) $\phi \to \psi \to \phi$	P_1
(15) $(\phi \to \psi \to \phi) \to \neg\neg\phi \to (\phi \to \psi \to \phi)$	P_1
(16) $\neg\neg\phi \to (\phi \to \psi \to \phi)$	(14)，(15)，MP
(17) $(\neg\neg\phi \to (\phi \to \psi \to \phi)) \to (\neg\neg\phi \to \phi) \to (\neg\neg\phi \to (\psi \to \phi))$	P_2
(18) $(\neg\neg\phi \to \phi) \to (\neg\neg\phi \to (\psi \to \phi))$	(16)，(17)，MP
(19) $\neg\neg\phi \to (\psi \to \phi)$	(13)，(18)，MP

这就完成了证明。　　　　　　　　　　　　　　　　　　　　　　　　　　□

评注 3.4.10. 在书写证明序列时，一般将序列中的每个公式依照相应顺序靠左排版，并在每个公式的左侧标上序号靠右排版，在每个公式的右侧标上依据靠右排版。　　□

示例 3.4.7–3.4.9 中的定理都不涉及量词，接下来我们再给个涉及量词的定理示例。

示例 3.4.11. 设变元符号 x 不在公式 ϕ, ψ 中自由出现。证明：$\vdash (\phi \to \psi) \to \forall x \phi \to \forall x \psi$。

证明： 给出一个 $\vdash (\phi \to \psi) \to \forall x \phi \to \forall x \psi$ 的证明序列。

(1) $\forall x(\phi \to \psi) \to \forall x \phi \to \forall x \psi$ D_1

(2) $(\forall x(\phi \to \psi) \to \forall x \phi \to \forall x \psi) \to (\phi \to \psi) \to (\forall x(\phi \to \psi) \to \forall x \phi \to \forall x \psi)$ P_1

(3) $(\phi \to \psi) \to (\forall x(\phi \to \psi) \to \forall x \phi \to \forall x \psi)$ (1)，(2)，MP

(4) $((\phi \to \psi) \to (\forall x(\phi \to \psi) \to \forall x \phi \to \forall x \psi)) \to ((\phi \to \psi) \to \forall x(\phi \to \psi)) \to ((\phi \to \psi) \to \forall x \phi \to \forall x \psi)$ P_2

(5) $((\phi \to \psi) \to \forall x(\phi \to \psi)) \to ((\phi \to \psi) \to \forall x \phi \to \forall x \psi)$ (3)，(4)，MP

(6) $(\phi \to \psi) \to \forall x(\phi \to \psi)$ C_1

(7) $(\phi \to \psi) \to \forall x \phi \to \forall x \psi$ (5)，(6)，MP

这就完成了证明。 □

习题 3.4.12. 设 ϕ, ψ 是公式。证明：$\vdash (\phi \to \psi) \to \phi \to \psi$。 □

引理 3.4.13. 设 ϕ, ψ 是公式。则如下命题成立：

(1)（同一律）$\vdash \phi \leftrightarrow \phi$；

(2)（排中律）$\vdash \phi \lor \neg \phi$；

(3)（矛盾律）$\vdash \neg(\phi \land \neg \phi)$；

(4)（分离律）$\vdash \phi \land (\phi \to \psi) \to \psi$。 □

习题 3.4.14. 证明：任给公式 ϕ 都有 $\vdash \phi$ 当且仅当 $\vdash \forall x \phi(x)$。 □

接下来引入演绎概念。

定义 3.4.15. 设 Γ 是公式集，ϕ 是公式。

(1) 称序列 $s = \langle \phi_i \mid i < n \rangle$ 是从 Γ 到 ϕ 的一个演绎，如果 $\phi_{n-1} = \phi$，且任给 $i < n$ 都有

     (a) 或 $\phi_i \in \Gamma$；

     (b) 或 $\phi_i \in \mathbf{A}_1$；

     (c) 或存在 $k, l < i$ 使得 $\phi_k = \phi_l \to \phi_i$。

(2) 称 Γ 语法蕴涵（syntactically implies）ϕ，或 ϕ 是 Γ-定理，记为 $\Gamma \vdash \phi$，如果存在从 Γ 到 ϕ 的演绎；否则称 Γ 不语法蕴涵 ϕ，或 ϕ 不是 Γ-定理，记为 $\Gamma \nvdash \phi$；特殊地，记 $\{\phi\} \vdash \psi$ 为 $\phi \vdash \psi$，记 $\{\phi\} \nvdash \psi$ 为 $\phi \nvdash \psi$。

(3) 称 ϕ 语法等价（syntactically equivalent to）ψ，或，ϕ 和 ψ 是语法等价的，记为 $\phi \vdash\!\dashv \psi$，如果 $\phi \vdash \psi$ 且 $\psi \vdash \phi$；否则称 ϕ 不语法等价 ψ，或 ϕ 和 ψ 不是语法等价的，记为 $\phi \nvdash\!\dashv \psi$。 □

评注 3.4.16. (1) 此时"⊢"读作"语法蕴涵","⊬"读作"不语法蕴涵"。

(2) 显然，⊢ ϕ 当且仅当 $\varnothing \vdash \phi$，因而，语法蕴涵符号是证明符号的推广，而演绎概念也是证明概念的推广。

(3) 也有教科书称"演绎"为"推演"。实际上，二者皆译自"deduction"，涵义是一样的。但考虑到下文"演绎定理"的说法十分流行而没有"推演定理"的说法，加之为避免可能引起的不必要的混淆，本书统一使用"演绎"而不使用"推演"。

(4) 对于涉及 $\wedge, \vee, \leftrightarrow, \exists$ 等其他符号的语法蕴涵关系的证明，需要根据定义 3.2.15 先转化再证明。　□

示例 3.4.17. 设 ϕ, ψ, θ 是公式。证明：（假言三段论）$\{\phi \to \psi, \psi \to \theta\} \vdash \phi \to \theta$。

证明： 给出一个从 $\{\phi \to \psi, \psi \to \theta\}$ 到 $\phi \to \theta$ 的演绎序列。

(1) $\psi \to \theta$	假设
(2) $(\psi \to \theta) \to \phi \to (\psi \to \theta)$	P_1
(3) $\phi \to (\psi \to \theta)$	(1)，(2)，MP
(4) $(\phi \to (\psi \to \theta)) \to (\phi \to \psi) \to (\phi \to \theta)$	P_2
(5) $(\phi \to \psi) \to (\phi \to \theta)$	(3)，(4)，MP
(6) $\phi \to \psi$	假设
(7) $\phi \to \theta$	(5)，(6)，MP

这就完成了证明。　□

示例 3.4.18. 设 ϕ, ψ 是公式且 $x \notin \mathrm{Fr}(\phi)$。证明：$\phi \to \forall x \psi \vdash \forall x(\phi \to \psi)$。

证明： 给出一个从 $\phi \to \forall x \psi$ 到 $\forall x(\phi \to \psi)$ 的演绎序列。这个过程中我们需要先套用一下示例 3.4.17 中三段论的演绎序列。

(1) $\forall x \psi \to \psi$	S
(2) $(\forall x \psi \to \psi) \to \phi \to (\forall x \psi \to \psi)$	P_1
(3) $\phi \to (\forall x \psi \to \psi)$	(1)，(2)，MP
(4) $(\phi \to (\forall x \psi \to \psi)) \to (\phi \to \forall x \psi) \to (\phi \to \psi)$	P_2
(5) $(\phi \to \forall x \psi) \to (\phi \to \psi)$	(3)，(4)，MP
(6) $\phi \to \forall x \psi$	假设
(7) $\phi \to \psi$	(5)，(6)，MP
(8) $(\phi \to \psi) \to \forall x(\phi \to \psi)$	C_1
(9) $\forall x(\phi \to \psi)$	(7)，(8)，MP

这就完成了证明。 □

示例 3.4.19. 设 $x \notin \mathrm{Fr}(\phi)$。不难证明 $\forall x\phi \dashv\vdash \phi$。 □

习题 3.4.20. 设 ϕ, ψ 是公式。证明如下命题：

(1) $\forall x\phi \vdash \psi \to \phi$；

(2) 如果 $x \notin \mathrm{Fr}(\phi)$，那么 $\phi \to \psi \vDash \phi \to \forall x\psi$。 □

  如下概念在后面的章节会用到，我们先在这里给出。

定义 3.4.21. 设 Γ, Δ 是公式集，ϕ 是公式。称 Γ 以 Δ 为前提证明 ϕ，记为 $\Gamma \vdash_\Delta \phi$，如果存在从 $\Gamma \cup \Delta$ 到 ϕ 的演绎；特殊地，记 $\varnothing \vdash_\Delta \phi$ 为 $\vdash_\Delta \phi$，记 $\{\phi\} \vdash_\Delta \psi$ 为 $\phi \vdash_\Delta \psi$。 □

3.4.3 重要元定理

  可以看到，从示例 3.4.7 到示例 3.4.9，定理的（原始）证明序列越来越长；从示例 3.4.17 到示例 3.4.18，Γ-定理的（原始）演绎序列也是越来越长。此时急需简化证明序列和演绎序列的手段，截至目前有一个方法可以用，那就是：已经证明的定理或 Γ-定理可以在证明新的定理或 Γ-定理时使用，具体说来就是，将其列为证明或演绎序列中的一行，并标上其命题编号或名称。

  然而，即便如此，许多定理证明序列和演绎序列依然很长，我们需要更多手段进行简化。接下来我们将给出两种有效手段，一种是关于演绎的某些元定理，另一种是关于演绎的某些规则。本子节我们聚焦前者，下一子节我们聚焦后者。

  第一个便是演绎定理，它是所有关于演绎的元定理中唯一以"演绎"命名的定理，可见其重要性。

定理 3.4.22（演绎）. 设 Γ 是公式集且 ϕ, ψ 是公式。则 $\Gamma \cup \{\phi\} \vdash \psi$ 当且仅当 $\Gamma \vdash \phi \to \psi$。

证明： ($\Leftarrow$) 假设 $\Gamma \vdash \phi \to \psi$，则运用一次分离规则即可得到 $\Gamma \cup \{\phi\} \vdash \psi$。

  ($\Rightarrow$) 假设 $\Gamma \cup \{\phi\} \vdash \psi$，则存在从 $\Gamma \cup \{\phi\}$ 到 ψ 的演绎序列 $\langle \psi_0, \cdots, \psi_{n-1} \rangle$，其中 $\psi_{n-1} = \psi$。我们用自然数归纳法证明，任给 $i < n$ 都有 $\Gamma \vdash \phi \to \psi_i$。

- $\psi_i \in \Gamma \cup \{\phi\}$。如果 $\psi_i = \phi$，则由示例 3.4.7 可得 $\Gamma \vdash \phi \to \psi_i$；如果 $\psi_i \in \Gamma$，则 $\Gamma \vdash \psi_i$，又因为根据命题公理 1 可知 $\Gamma \vdash \psi_i \to \phi \to \psi_i$，所以用一次分离规则就可得到 $\Gamma \vdash \phi \to \psi_i$。

- $\psi_i \in \mathbf{A}_1$。则 $\Gamma \vdash \psi_i$，又因为根据命题公理 1 可知 $\Gamma \vdash \psi_i \to \phi \to \psi_i$，所以用一次分离规则就可得到 $\Gamma \vdash \phi \to \psi_i$。

- 存在 $k, l < i$ 使得 $\psi_k = \psi_l \to \psi_i$。由归纳假设可知

$$\Gamma \vdash \phi \to \psi_l \text{ 且 } \Gamma \vdash \phi \to (\psi_l \to \psi_i),$$

再根据命题公理 2 可知

$$\Gamma \vdash (\phi \to \psi_l \to \psi_i) \to (\phi \to \psi_l) \to (\phi \to \psi_i),$$

最后用两次分离规则可得 $\Gamma \vdash \phi \to \psi_i$。

因此，任给 $i < n$ 都有 $\Gamma \vdash \phi \to \psi_i$。而当 $i = n-1$ 时，它就是 $\Gamma \vdash \phi \to \psi$。 □

评注 3.4.23. 严格讲，演绎定理只指 ($\Rightarrow$) 一个方向。但由于 ($\Leftarrow$) 较为简单，我们将二者写在一起统称为演绎定理。 □

习题 3.4.24. 借助演绎定理，重做习题 3.4.12 和习题 3.4.20 (1)。 □

推论 3.4.25（反证法）. 设 ϕ, ψ 是公式，Γ 是公式集。如果 $\Gamma \cup \{\neg\phi\} \vdash \psi$ 且 $\Gamma \cup \{\neg\phi\} \vdash \neg\psi$，那么 $\Gamma \vdash \phi$。 □

推论 3.4.26（假言易位）. 设 ϕ, ψ 是公式。则

(1) $\vdash (\phi \to \psi) \to (\neg\psi \to \neg\phi)$；
(2) $\vdash (\neg\phi \to \neg\psi) \to (\psi \to \phi)$；
(3) $\vdash (\phi \to \neg\psi) \to (\psi \to \neg\phi)$；
(4) $\vdash (\neg\phi \to \psi) \to (\neg\psi \to \phi)$。 □

推论 3.4.27（归谬法）. 设 ϕ, ψ 是公式，Γ 是公式集。如果 $\Gamma \cup \{\phi\} \vdash \psi$ 且 $\Gamma \cup \{\phi\} \vdash \neg\psi$，那么 $\Gamma \vdash \neg\phi$。 □

接下来，我们证明一些关于演绎的其他重要元定理。

定理 3.4.28（概括）. 设 Γ 是公式集，ϕ 是公式，$x \notin \bigcup_{\psi \in \Gamma} \mathrm{Fr}(\psi)$。如果 $\Gamma \vdash \phi$，那么 $\Gamma \vdash \forall x \phi$。

证明： 类似于演绎定理 ($\Rightarrow$) 的证明。假设 $\Gamma \vdash \phi$，则存在从 Γ 到 ϕ 的演绎序列 $\langle \phi_0, \cdots, \phi_{n-1} \rangle$，其中 $\phi_{n-1} = \forall x \phi$。我们用自然数归纳法证明，任给 $i < n$ 都有 $\Gamma \vdash \forall x \phi_i$。

- $\phi_i \in \Gamma$。则 $\Gamma \vdash \phi_i$，又由于 $x \notin \mathrm{Fr}(\phi_i)$，因而根据概括公理 1 可知 $\Gamma \vdash \phi_i \to \forall x \phi_i$，所以用一次分离规则就可得到 $\Gamma \vdash \forall x \phi_i$。
- $\phi_i \in \mathbf{A}_1$。则根据概括公理 2 可知 $\Gamma \vdash \forall x \phi_i$。
- 存在 $k, l < i$ 使得 $\phi_k = \phi_l \to \phi_i$。由归纳假设可知

$$\Gamma \vdash \forall x \phi_l \text{ 且 } \Gamma \vdash \forall x (\phi_l \to \phi_i),$$

再根据分配公理可知

$$\Gamma \vdash \forall x(\phi_l \to \phi_i) \to \forall x \phi_l \to \forall x \phi_i,$$

最后用两次分离规则可得 $\Gamma \vdash \forall x \phi_i$。

因此，任给 $i < n$ 都有 $\Gamma \vdash \forall x \phi_i$。而当 $i = n - 1$ 时，它就是 $\Gamma \vdash \forall x \phi$。 □

评注 3.4.29. 如果 $x \notin \mathrm{Fr}(\phi)$，则 $\phi \to \forall x \phi$ 是概括公理 1，因此 $\vdash \phi \to \forall x \phi$，再根据演绎定理可得 $\phi \vdash \forall x \phi$。因此，从这个角度看，概括定理是概括公理 1 的推广。 □

习题 3.4.30. 设 ϕ 是公式。证明如下命题：

(1) $\forall x \forall y \phi \vdash \phi$；

(2) $\forall x \forall y \phi \vdash \forall y \forall x \phi$。 □

定义 3.4.31. 设 x 是变元符号，c 是常量符号，ϕ 是公式且 $x \notin \mathrm{Vr}(\phi)$。$\phi(c;x)$ 是用 x 替换 ϕ 中的所有 c 而得到的公式。 □

定理 3.4.32（常量符号）**.** 设 c 是常量符号，Γ 是公式集，ϕ 是公式。如果 $\Gamma \vdash \phi$ 且 c 不在 Γ 的任一公式中出现，那么存在不在 ϕ 中出现的变元符号 y 使得 $\Gamma \vdash \phi(c;y)$。实际上，$\Gamma \vdash \forall y \phi(c;y)$。

证明： 假设 $\Gamma \vdash \phi$，则存在从 Γ 到 ϕ 的演绎序列 $\langle \phi_0, \cdots, \phi_{n-1} \rangle$，其中 $\phi_{n-1} = \forall y \phi$。令 y 为不在所有 ϕ_i 中出现的变元符号，下面用自然数归纳法证明，任给 $i < n$ 都有 $\Gamma \vdash \phi_i(c;y)$。

- $\phi_i \in \Gamma$。由于 c 不在 Γ 中出现，所以 $\phi_i(c;y) = \phi_i$，从而 $\phi_i(c;y) \in \Gamma$，因此 $\Gamma \vdash \phi_i(c;y)$。
- $\phi_i \in \mathbf{A}_1$。也容易证明 $\phi_i(c;y) \in \mathbf{A}_1$，且 ϕ_i 与 $\phi_i(c;y)$ 的公理类型一样，因此 $\Gamma \vdash \phi_i(c;y)$。
- 存在 $k, l < i$ 使得 $\phi_k = \phi_l \to \phi_i$。由归纳假设可知

$$\Gamma \vdash \phi_l(c;y) \text{ 且 } \Gamma \vdash \phi_l(c;y) \to \phi_i(c;y),$$

再用一次分离规则可得 $\Gamma \vdash \phi_i(c;y)$。

因此，任给 $i < n$ 都有 $\Gamma \vdash \phi_i(c;y)$。而当 $i = n - 1$ 时，它就是 $\Gamma \vdash \phi(c;y)$。

令 $\Gamma_0 = \{\phi_i \mid \phi_i \in \Gamma\}$，则 $\Gamma_0 \subseteq \Gamma$ 且 $\Gamma_0 \vdash \phi(c;y)$，又因为 y 不在 Γ_0 的任一公式中出现，所以 $\Gamma_0 \vdash \forall y \phi(c;y)$，因此 $\Gamma \vdash \forall y \phi(c;y)$。 □

习题 3.4.33（语法等价替换定理）**.** 设 ϕ, ξ, ζ 是 $\mathscr{L}_1$-公式。如果 $\xi \dashv\vdash \zeta$，那么 $\phi \dashv\vdash \phi(\xi;\zeta)$。
提示：证明思路同逻辑等价替换定理 3.3.87。 □

习题 3.4.34. 设 x, y 是 $\mathscr{L}_1$ 的变元符号，ψ 是 $\mathscr{L}_1$-公式。如果 $y \notin \mathrm{Fr}(\psi)$ 且 $\psi(x;y)$ 是自由代入，那么 $\forall x \psi \dashv\vdash \forall y \psi(x;y)$。 □

定理 3.4.35（语法等价易字）. 设 x, y 是 $\mathscr{L}_1$ 的变元符号，ψ 是 $\mathscr{L}_1$-公式。如果 $y \notin \mathrm{Fr}(\psi)$ 且 $\psi(x; y)$ 是自由代入，那么 $\forall x \psi \vdash \forall y \psi(x; y)$。

证明： 习题 3.4.34 和语法等价替换定理 3.4.33 的推论。　　　　　　　　　　$\Box$

3.4.4 演绎规则

本子节我们聚焦证明和演绎的第二种简化手段：演绎规则。

定义 3.4.36. 设 Γ 是公式集，ϕ 是公式。称 $\Gamma \vdash \phi$ 为演绎规则，如果 $\Gamma \vdash \phi$ 成立且 Γ 是有穷的。　　　　　　　　　　$\Box$

评注 3.4.37. (1) 如第 117 页所言，推理规则是从有穷个命题推出某个命题的简单直接的规则；如定义 3.4.36 所言，演绎规则也是从有穷个命题推出某个命题的（可能简单直接的）规则。因此，演绎规则实际上就是推理规则的推广。实际上，我们定义演绎规则时就是以作为唯一推理规则的分离规则 MP 为参照的。并且，接下来本子节所给出的一些演绎规则，也在一定程度上保留了推理规则（分离规则）简单直接的特点，从而可以为我们简化证明或演绎提供一定的便捷。

(2) 但演绎规则不一定是推理规则，这是因为推理规则简单直接，而除去推理规则外的演绎规则却没那么简单直接。　　　　　　　　　　$\Box$

命题公理系统的演绎规则也是一阶公理系统的演绎规则。由于证明类似，对于这些演绎规则，我们只述不证。

定理 3.4.38. 设 ϕ, ψ, θ, ξ 是公式。则如下语法蕴涵关系为演绎规则：

(1)（双重否定引入）　　　　$\phi \vdash \neg\neg\phi$，

　　（双重否定消去）　　　　$\neg\neg\phi \vdash \phi$；

(2)（蕴涵引入或后件引入）$\phi \vdash \psi \to \phi$，

　　（蕴涵消去或分离规则）$\{\phi, \phi \to \psi\} \vdash \psi$；

(3)（合取引入）　　　　　　$\{\phi, \psi\} \vdash \phi \wedge \psi$，

　　（合取消去）　　　　　　$\phi \wedge \psi \vdash \phi$；

(4)（析取引入）　　　　　　$\phi \vdash \phi \vee \psi$，

　　（析取消去）　　　　　　$\{\phi \vee \psi, \phi \to \theta, \psi \to \theta\} \vdash \theta$；

(5)（等值引入）　　　　　　$\{\phi \to \psi, \psi \to \phi\} \vdash \phi \leftrightarrow \psi$，

　　（等值消去）　　　　　　$\phi \leftrightarrow \psi \vdash \phi \to \psi$；

(6)（反证法）$\quad\{\neg\phi\to\psi,\neg\phi\to\neg\psi\}\vdash\phi$,

（归谬法）$\quad\{\phi\to\psi,\phi\to\neg\psi\}\vdash\neg\phi$;

(7)（假言三段论）$\quad\{\phi\to\psi,\psi\to\theta\}\vdash\phi\to\theta$,

（析取三段论）$\quad\{\phi\vee\psi,\neg\phi\}\vdash\psi$;

(8)（前件强化）$\quad\phi\to\theta\vdash\phi\wedge\psi\to\theta$,

（后件强化）$\quad\{\phi\to\psi,\phi\to\theta\}\vdash\phi\to\psi\wedge\theta$;

(9)（前件弱化）$\quad\{\phi\to\theta,\psi\to\theta\}\vdash\phi\vee\psi\to\theta$,

（后件弱化）$\quad\phi\to\theta\vdash\phi\to\psi\vee\theta$;

(10)（建设性二难推理）$\quad\{\phi\to\theta,\psi\to\xi,\phi\vee\psi\}\vdash\theta\vee\xi$,

（破坏性二难推理）$\quad\{\phi\to\theta,\psi\to\xi,\neg\theta\vee\neg\xi\}\vdash\neg\phi\vee\neg\psi$;

(11)（幂等律）$\quad\phi\wedge\phi\dashv\vdash\phi$,

$\quad\phi\vee\phi\dashv\vdash\phi$;

(12)（交换律）$\quad\phi\wedge\phi\dashv\vdash\psi\wedge\phi$,

$\quad\phi\vee\psi\dashv\vdash\psi\vee\phi$;

(13)（德·摩根律）$\quad\neg(\phi\wedge\psi)\dashv\vdash\neg\phi\vee\neg\psi$,

$\quad\neg(\phi\vee\psi)\dashv\vdash\neg\phi\wedge\neg\psi$;

(14)（结合律）$\quad\phi\wedge(\psi\wedge\theta)\dashv\vdash(\phi\wedge\psi)\wedge\theta$,

$\quad\phi\vee(\psi\vee\theta)\dashv\vdash(\phi\vee\psi)\vee\theta$;

(15)（分配律）$\quad\phi\wedge(\psi\vee\theta)\dashv\vdash(\phi\wedge\psi)\vee(\phi\wedge\theta)$,

$\quad\phi\vee(\psi\wedge\theta)\dashv\vdash(\phi\vee\psi)\wedge(\phi\vee\theta)$;

(16)（吸收律）$\quad\phi\to\psi\dashv\vdash\phi\to\phi\wedge\psi$,

（输出律）$\quad\phi\to\psi\to\theta\dashv\vdash\phi\wedge\psi\to\theta$;

(17)（假言易位）$\quad\phi\to\psi\dashv\vdash\neg\psi\to\neg\phi$,

$\quad\neg\phi\to\psi\dashv\vdash\neg\psi\to\phi$,

$\quad\phi\to\neg\psi\dashv\vdash\psi\to\neg\phi$,

$\quad\neg\phi\to\neg\psi\dashv\vdash\psi\to\phi$;

(18)（等值否定交换）$\quad\phi\leftrightarrow\psi\dashv\vdash\neg\phi\leftrightarrow\neg\psi$,

$\quad\neg\phi\leftrightarrow\psi\dashv\vdash\phi\leftrightarrow\neg\psi$,

$\quad\phi\leftrightarrow\neg\psi\dashv\vdash\neg\phi\leftrightarrow\psi$,

$\quad\neg\phi\leftrightarrow\neg\psi\dashv\vdash\phi\leftrightarrow\psi$。$\quad\Box$

评注 3.4.39. 定理 2.4.21 和定理 3.4.38 例证了，命题公理系统中的定理都是一阶公理系统的定理。$\quad\Box$

接下来，我们给出一些相较于命题公理系统只有一阶公理系统才有的演绎规则。

定理 3.4.40（全称量词引入规则）. 设 x 是变元符号，σ 是项，ϕ, ψ 是公式。则

(1) 如果 $\vdash \phi$，那么 $\vdash \forall x \phi$；

(2) $\phi \vdash \forall x \phi$，其中 $x \notin \mathrm{Fr}(\phi)$；

(3) $\phi(x; \sigma) \to \psi \vdash \forall x \phi \to \psi$，其中 $\phi(x; \sigma)$ 是自由代入。

证明： (1)、(2)、(3) 分别由概括定理 3.4.28、概括公理 1、代入公理易得。　　□

定理 3.4.41（存在量词引入规则）. 设 x 是变元符号，ϕ, ψ 是公式。则

(1) 设 x 不在 ψ 中出现，如果 $\phi \vdash \psi$，那么 $\exists x \phi \vdash \psi$；

(2) $\phi(x; \sigma) \vdash \exists x \phi$，其中 $\phi(x; \sigma)$ 是自由代入；

(3) $\phi(x) \vdash \exists x \phi(x)$。　　□

习题 3.4.42. 证明存在量词引入规则。提示：注意使用假言易位等演绎规则。　　□

定理 3.4.43（量词消去规则）. 设 x 是变元符号，ϕ 是公式。证明：

(1) $\forall x \phi \vdash \phi$；

(2) $\exists x \phi \vdash \phi$，其中 $x \notin \mathrm{Fr}(\phi)$。

习题 3.4.44. 证明量词消去规则。　　□

定理 3.4.45（等词规则）. 设 $\sigma, \sigma_0, \cdots, \sigma_{n-1}, \tau, \tau_0, \cdots, \tau_{n-1}, \rho$ 是项，R, F 分别是 n 元关系符号、n 元函数符号。

(1) $\sigma \simeq \tau \vdash \tau \simeq \sigma$；

(2) $\{\sigma \simeq \tau, \tau \simeq \rho\} \vdash \sigma \simeq \rho$；

(3) $\{\sigma_0 \simeq \tau_0, \cdots, \sigma_{n-1} \simeq \tau_{n-1}\} \vdash F(\sigma_0, \cdots, \sigma_{n-1}) \simeq F(\tau_0, \cdots, \tau_{n-1})$；

(4) $\{\sigma_0 \simeq \tau_0, \cdots, \sigma_{n-1} \simeq \tau_{n-1}\} \vdash R(\sigma_0, \cdots, \sigma_{n-1}) \leftrightarrow R(\tau_0, \cdots, \tau_{n-1})$。　　□

习题 3.4.46. 证明等词规则。　　□

定理 3.4.47（代入规则）. 设 x 是变元符号，σ_0, σ_1, τ 是项，ϕ 是公式，且 $\phi(x; \sigma_0)$、$\phi(x; \sigma_1)$ 是自由代入。则

(1) $\sigma_0 \simeq \sigma_1 \vdash \tau(x; \sigma_0) \simeq \tau(x; \sigma_1)$；

(2) $\sigma_0 \simeq \sigma_1 \vdash \phi(x; \sigma_0) \leftrightarrow \phi(x; \sigma_1)$。　　□

习题 3.4.48. 证明代入规则。提示：注意使用结构归纳法和等词规则。　　□

3.4.5 逻辑与理论

作为逻辑概念的推广，本子节我们主要给出理论的概念，并附带给出与其相关的部分概念。

定义 3.4.49. 设 T 是 $\mathscr{L}_1$ 的语句集。

(1) 称 $\mathcal{L}_1 = \{\phi \in \mathscr{L}_1 \mid \phi$ 是语句 且 $\vdash \phi\}$ 为（一阶）逻辑（logic）；

(2) 称 T 是（一阶）理论，或 $\mathscr{L}_1$-理论，如果 T 在 $\mathscr{L}_1$ 上对语法蕴涵封闭，即，任给语句 $\phi \in \mathscr{L}_1$ 如果 $T \vdash \phi$ 那么 $\phi \in T$。 □

评注 3.4.50. (1) 全体语句集是理论。

(2) 显然 $\mathcal{L}_1$ 是（一阶）理论，因此，（一阶）理论是（一阶）逻辑概念的推广。

(3) 任给语句集 Γ，$\mathrm{Th}(\Gamma) = \{\phi \in \mathscr{L}_1 \mid \phi$ 是语句 且 $\Gamma \vdash \phi\}$ 是理论，称其为由 Γ 生成的理论。

(4) 根据可靠性定理 3.5.1 可知，任给 $\mathscr{L}_1$-结构 $\mathcal{M}$，

$$\mathrm{Th}(\mathcal{M}) = \{\phi \in \mathscr{L}_1 \mid \phi \text{ 是语句 且 } \mathcal{M} \vDash \phi\}$$

是理论，称其为由 $\mathcal{M}$ 生成的理论。

(5) 之所以没有把不是语句的有效式加入（一阶）逻辑中，主要是基于如下考虑：由于任给公式 $\phi(\vec{x})$ 都有 $\vdash \phi(\vec{x})$ 当且仅当 $\vdash \forall \vec{x} \phi(\vec{x})$（见习题 3.4.14），所以，如果 $\phi(\vec{x})$ 是有效式那么 $\forall \vec{x} \phi(\vec{x})$ 也是有效式，从而 $\forall \vec{x} \phi(\vec{x}) \in \mathcal{L}_1$；而且有效式 $\forall \vec{x} \phi(\vec{x})$ 实际上已经体现了有效式 $\phi(\vec{x})$ 所体现的内涵。这也解释了我们通常要求理论 T 都是语句集的原因。 □

定义 3.4.51. 设 T 是 $\mathscr{L}_1$-理论，ϕ, ψ 是 $\mathscr{L}_1$-语句。

(1) 称 ϕ 在 T 中是可证的（provable），或是 T 定理，如果 $T \vdash \phi$；否则称 ϕ（在 T 中）不是可证的，或不是 T 定理。

(2) 称 ϕ 在 T 中是独立的（independent），或独立于 T，如果 ϕ（在 T 中）不是可证的 且 $\neg\phi$（在 T 中）不是可证的。

(3) 称 ϕ 和 ψ 在 T 中是等价的，如果 $T \vdash \phi \leftrightarrow \psi$。 □

评注 3.4.52. 要判断两个命题孰强孰弱，选取合适的背景理论是十分重要的。背景理论如果选取过大，那么很可能两个命题都是该理论的定理，它们自然就会等价而无法区分强弱。背景理论如果选取过小，那么很可能因为可使用手段有限而无法判断强弱。"在 T 中等价"的概念就是基于这样一种考虑而引入的。 □

定义 3.4.53. 设 $\Gamma \subseteq \mathscr{L}_1$。称 Γ（相对于 $\mathscr{L}_1$）是一致的（consistent），如果不存在（$\mathscr{L}_1$-公

式）ϕ 使得 $\Gamma \vdash \phi$ 且 $\Gamma \vdash \neg\phi$；否则称 Γ（相对于 $\mathscr{L}_1$）不是一致的。　　　　□

评注 3.4.54. 注意，$\vdash$ 的定义本身也是与一阶语言 $\mathscr{L}_1$ 相关的。　　　　□

引理 3.4.55. 设 $\Gamma \subseteq \mathscr{L}_1$。则如下命题等价：

(1) $\Gamma \vdash \bot$；

(2) $\Gamma = \mathscr{L}_1$；

(3) Γ 不是一致的；

(4) 任给公式 ϕ 都有 $\Gamma \vdash \phi$；

(5) 存在（任给）公式 ϕ 使得（都有）$\Gamma \vdash \phi \wedge \neg\phi$。　　　　□

引理 3.4.56. 设 Γ 是公式集，ϕ 是公式。则

(1) $\Gamma \cup \{\phi\}$ 是一致的当且仅当 $\Gamma \nvdash \neg\phi$；

(2) $\Gamma \cup \{\neg\phi\}$ 是一致的当且仅当 $\Gamma \nvdash \phi$；

(3) 如果 Γ 是一致的，那么或 $\Gamma \cup \{\phi\}$ 是一致的或 $\Gamma \cup \{\neg\phi\}$ 是一致的。　　　　□

习题 3.4.57. 证明引理 3.4.56。提示：证明过程中注意使用反证法原理 3.4.25 和归谬法原理 3.4.27。　　　　□

评注 3.4.58. (1) 设 T 是 $\mathscr{L}_1$-理论。T 是一致的，当且仅当不存在语句 ϕ 使得 $T \vdash \phi \wedge \neg\phi$，当且仅当不存在语句 ϕ 使得 $\phi \in T$ 且 $\neg\phi \in T$。

(2) 一致性是一个理论十分基本的性质。无论是数学，还是其他自然科学，我们一般都要求它们所研究的理论是一致的，不然这个理论就是全体语句集，而这会使相应的研究失去意义。　　　　□

定义 3.4.59. 设 T 是 $\mathscr{L}_1$-理论。

(1) 称 T 是可公理化的（axiomatizable），如果存在语句集 Γ 使得 $T = \mathrm{Th}(\Gamma)$；此时称 Γ 为 T 的公理集，或 Γ 公理化 T。

(2) 称 T 是可有穷公理化的（finitely axiomatizable），如果存在有穷的语句集 Γ 使得 $T = \mathrm{Th}(\Gamma)$；此时也称 Γ 为 T 的公理集，或 Γ 有穷公理化 T。　　　　□

评注 3.4.60. (1) "一阶公理系统"中"公理"的涵义与"理论的公理集"中"公理"的涵义是不一样的。前者的公理都是有效式，一般称其为逻辑公理（logical axiom）；而后者是为便于我们研究某些特定理论具有哪些性质而加的一些不是有效式的公理，一般称其为非逻辑公理（non-logical axiom），它们反映了这些特定理论之所以如此特定的本质。

(2) 所有理论都是可公理化的，这是由于 $T = \mathrm{Th}(T)$。

(3) 设一阶序言的图册为 $\mathrm{sig}\mathscr{L}_1 = \{\leq\}$，其中 $\leq$ 是二元关系符号。令

$$T_p \triangleq \{\phi \in \mathscr{L}_1 \mid \phi \text{ 是语句且 } (P, \leq) \vDash \phi \text{ 且 } (P, \leq) \text{ 是偏序}\}.$$

显然，T_p 是理论，称其为偏序理论。也显然，T_p 由如下 3 个语句公理化：

(a)（自返性） $\forall x \forall y(x \leq y \to y \leq x)$；

(b)（反对称性）$\forall x \forall y(x \leq y \land y \leq x \to x \simeq y)$；

(c)（传递性） $\forall x \forall y \forall z(x \leq y \land y \leq z \to x \leq z)$。

所以偏序理论是可有穷公理化的。   □

如下概念在后面的章节会用到，我们先在这里给出。

定义 3.4.61. 设 S, T 是 $\mathscr{L}_1$-理论。

(1) 称 T 是 S 的扩张，或 S 是 T 的子理论，如果 $S \subseteq T$。

(2) 称 S 和 T 是 $\mathscr{L}_1$-等价的，如果任给 $\mathscr{L}_1$-语句 ϕ 都有 $S \vdash \phi$ 当且仅当 $T \vdash \phi$。   □

3.5 完全性定理

本章所定义的两个"必然地推出"的概念"$\vDash$"与"$\vdash$"是不是一样的呢？细心的读者可能已经发现，有很多证据指向肯定的答案，比如引理 3.3.28 和演绎定理，习题 3.3.36 和习题 3.4.14，习题 3.3.47 和概括定理，引理 3.3.37 和引理 3.4.55，引理 3.3.38 和引理 3.4.56，逻辑等价替换定理 3.3.87 和语法等价替换定理 3.4.33，易字逻辑定价定理 3.3.94 和易字语法定价定理 3.4.35，定理 3.3.64 和引理 3.4.13、引理 3.4.38，等等。

二者的确是等价的，即 $\Gamma \vDash \phi$ 当且仅当 $\Gamma \vdash \phi$，这就是本节所要证明的（可数的）哥德尔完全性（Compleness）定理。严格说来，($\Leftarrow$) 是可靠性（Soundness）定理，而 ($\Rightarrow$) 才是（可数的）哥德尔完全性定理。由于可靠性定理相对简单，我们把二者合在一起统称为（可数的）哥德尔完全性定理，它是一阶逻辑的重要定理之一。另外，可靠性和完全性又都是公理系统的性质。

我们采用亨金 1947 年在其博士学位论文[1]中所用的亨金构造（Henkin's construction）方法来证明（可数的）哥德尔完全性定理。该方法十分经典，在数理逻辑的分支之一模型论中也有重要应用[2]。在证明最终结果之前，我们需要先证明两个关键性定理：可满足定理 3.5.7 和可扩张定理 3.5.19。

---

[1] 详见 [90]。

[2] 详见 [155，Theorem 4.2.3 和 Theorem 4.2.10]。

3.5.1 可靠性定理

定理 3.5.1（可靠性）. 设 Γ 是公式集，ϕ 是公式。如果 $\Gamma \vdash \phi$，那么 $\Gamma \vDash \phi$。

证明： 也类似于演绎定理 ($\Rightarrow$) 的证明。假设 $\Gamma \vdash \phi$，则存在从 Γ 到 ϕ 的演绎序列 $\langle \phi_0, \cdots, \phi_{n-1} \rangle$，其中 $\phi_{n-1} = \phi$。我们用自然数归纳法证明，任给 $i < n$ 都有 $\Gamma \vDash \phi_i$。

- $\phi_i \in \Gamma$。则 $\Gamma \vDash \phi_i$。
- $\phi_i \in \mathbf{A}_1$。则根据评注 3.4.2 (9) 可知 $\Gamma \vDash \phi_i$。
- 存在 $k, l < i$ 使得 $\phi_k = \phi_l \to \phi_i$。由归纳假设可知

$$\Gamma \vDash \phi_l \text{ 且 } \Gamma \vDash \phi_l \to \phi_i。$$

所以 $\Gamma \vDash \phi_i$。

因此，任给 $i < n$ 都有 $\Gamma \vDash \phi_i$。而当 $i = n - 1$ 时，它就是 $\Gamma \vDash \phi$。 □

评注 3.5.2. 当 $\Gamma = \varnothing$ 时可知：如果 $\vdash \phi$，那么 $\vDash \phi$。因此所有定理都是有效式。 □

3.5.2 可满足定理

本子节的主要任务是证明可满足定理 3.5.7，它断言的是所有亨金完全的、极大一致的公式集都是可满足的。不过在此之前，我们需要做些简单的准备工作。

定义 3.5.3. 设 Γ 是公式集。称 Γ 是极大一致的（maximally consistent），如果 Γ 是一致的且所有真包含 Γ 的公式集都不是一致的；否则称 Γ 不是极大一致的。 □

习题 3.5.4. 设 Γ 是 $\mathscr{L}_1$ 极大一致的公式集。证明如下命题：

(1) $\Gamma \vdash \phi$ 当且仅当 $\phi \in \Gamma$；
(2) $\phi \in \Gamma$ 当且仅当 $\neg\phi \notin \Gamma$；
(3) $\phi \to \psi \in \Gamma$ 当且仅当 $\phi \notin \Gamma$ 或 $\psi \in \Gamma$。 □

评注 3.5.5. 习题 3.5.4 (1) 说明，极大一致集是理论。 □

定义 3.5.6. 设 Γ 是 $\mathscr{L}_1$ 的公式集。称 Γ 是亨金完全的（Henkin complete），如果，任给 $\mathscr{L}_1$-公式 ϕ 和变元符号 x，如果 $\exists x \phi \in \Gamma$，那么存在常量符号 $c \in \mathrm{sig}\,\mathscr{L}_1$ 使得 $\phi(c) \in \Gamma$；此时称 c 为 ϕ 的亨金证据（Henkin witness）。 □

定理 3.5.7（可满足）. 设 Γ 是 $\mathscr{L}_1$ 的公式集。如果 Γ 是亨金完全的且极大一致的，那么 Γ 是可满足的。

整体思路：先定义一个基于 Γ 的等价关系 $\sim_\Gamma$，然后借助这个等价关系定义一个模型 $(\mathcal{M}, v)$，最后证明这个模型就是 Γ 的模型。

证明： 先做必要的准备工作。称两个量词符号 c_0, c_1 是等价的，记为 $c_0 \sim_\Gamma c_1$，如果 $c_0 \simeq c_1 \in \Gamma$。不难验证 $\sim_\Gamma$ 是量词符号集 $\mathcal{C}$ 上的等价关系。进一步令 $[c]_\Gamma = \{d \in \mathcal{C} \mid d \sim_\Gamma c\}$。现在逐步定义结构 $\mathcal{M} = (M, I)$ 和 $\mathcal{M}$-赋值 v。

- 定义模型论域 M：令 $M = \{[c]_\Gamma \mid c \in \mathcal{C}\}$。注意：$\mathscr{L}_1$ 的所有常量符号 c 都会出现在 Γ 中，这是因为 Γ 是极大一致集且 $c \simeq c$ 是有效式。

- 定义解释函数 I：任给常量符号 $c \in \mathcal{C}$，令 $I(c) = [c]_\Gamma$；任给 n 元关系符号 $R \in \mathcal{R}$，令 $I(R)([c_0]_\Gamma, \cdots, [c_{n-1}]_\Gamma)$ 当且仅当 $R(c_0, \cdots, c_{n-1}) \in \Gamma$；任给 n 元函数符号 $F \in \mathcal{F}$，令 $I(F)([c_0]_\Gamma, \cdots, [c_{n-1}]_\Gamma) = [c_n]_\Gamma$ 当且仅当 $F(c_0, \cdots, c_{n-1}) \simeq c_n \in \Gamma$。

- 定义赋值函数 $v : \mathcal{V} \to M$：任给变元符号 $x \in \mathcal{V}$，先从 $\mathcal{C}$ 中挑出一个满足 $x \simeq c \in \Gamma$ 的 c，再令 $v(x) = [c]_\Gamma$。

接下来，我们通过证明四个断言逐步证明 $(\mathcal{M}, v)$ 就是 Γ 的模型。

断言 3.5.8. 如上定义的赋值函数 v 和解释函数 I 都是良定义的（well defined）。

断言的证明： 我们只证赋值函数 v 的良定义性，另一个留作习题。需要证明两点：

- 任给变元符号 x，$v(x)$ 都有值。只需证，任给变元符号 x，都存在 $c \in \mathcal{C}$ 使得 $x \simeq c \in \Gamma$。考虑公式 $\exists y(x \simeq y)$，其中 $y \neq x$。如果 $\exists y(x \simeq y) \notin \Gamma$，那么由习题 3.5.4 (2) 可知 $\forall y(x \neq y) \in \Gamma$，又由于 y 对 x 在 $x \neq y$ 中是自由的，继而 $\Gamma \vdash x \neq x$（这是因为 $\Gamma \vdash \forall y(x \neq y)$ 且 $\forall y(x \neq y) \to (x \neq y)(y; x)$ 是公理），但是由于 $x \simeq x$ 是公理使得 $\Gamma \vdash x \simeq x$，与 Γ 的一致性矛盾。所以 $\exists y(x \simeq y) \in \Gamma$。又由于 Γ 是亨金完全的，因此存在 $c \in \mathcal{C}$ 使得 $x \simeq y(y; c) \in \Gamma$，即 $x \simeq c \in \Gamma$。

- 任给变元符号 x，$v(x)$ 都有唯一一值。只需证，任给常量符号 c_0, c_1，如果 $x \simeq c_0 \in \Gamma$ 且 $x \simeq c_1 \in \Gamma$，那么 $c_0 \simeq c_1 \in \Gamma$。令 $\phi = (x \simeq c_1)$，$\sigma_0 = x$ 且 $\sigma_1 = c_0$。则根据代入规则 3.4.47 可知 $x \simeq c_0 \vdash \phi \leftrightarrow (c_0 \simeq c_1)$，从而 $\Gamma \vdash c_0 \simeq c_1$，因此 $c_0 \simeq c_1 \in \Gamma$。 □

断言 3.5.9. 任给 $\mathscr{L}_1$-项 τ，都有 $c \in \mathcal{C}$ 使得 $\overline{v}(\tau) = [c]_\Gamma$。 □

断言 3.5.10. 任给 $\mathscr{L}_1$-项 τ，都有 $\tau \simeq c \in \Gamma$ 当且仅当 $\overline{v}(\tau) = [c]_\Gamma$。

断言的证明： 施归纳于项 τ。

- $\tau = x$。则

$$\tau \simeq c \in \Gamma \Leftrightarrow x \simeq c \in \Gamma \quad \tau = x$$
$$\Leftrightarrow v(x) = [c]_\Gamma \quad v \text{ 定义}$$
$$\Leftrightarrow \bar{v}(x) = [c]_\Gamma \quad \bar{v} \text{ 定义}$$
$$\Leftrightarrow \bar{v}(\tau) = [c]_\Gamma \quad \tau = x。$$

- $\tau = d$。则

$$\tau \simeq c \in \Gamma \Leftrightarrow d \simeq c \in \Gamma \quad \tau = d$$
$$\Leftrightarrow d \sim_\Gamma c \quad \sim_\Gamma \text{ 定义}$$
$$\Leftrightarrow [d]_\Gamma = [c]_\Gamma \quad \text{等价类定义}$$
$$\Leftrightarrow I(d) = [c]_\Gamma \quad I \text{ 定义}$$
$$\Leftrightarrow \bar{v}(d) = [c]_\Gamma \quad \bar{v} \text{ 定义}$$
$$\Leftrightarrow \bar{v}(\tau) = [c]_\Gamma \quad \tau = x。$$

- $\tau = F(\tau_0, \cdots, \tau_{n-1})$。根据断言 3.5.9 存在 c_i 使得 $\bar{v}(\tau_i) = [c_i]_\Gamma$，而根据归纳假设可知 $\tau_i \simeq c_i \in \Gamma$，所以根据等词规则 3.4.45 和 Γ 的极大一致性可知 $F(\tau_0, \cdots, \tau_{n-1}) \simeq F(c_0, \cdots, c_{n-1}) \in \Gamma$。则

$$\tau \simeq c \in \Gamma \Leftrightarrow F(\tau_0, \cdots, \tau_{n-1}) \simeq c \in \Gamma \qquad \tau = F(\tau_0, \cdots, \tau_{n-1})$$
$$\Leftrightarrow F(c_0, \cdots, c_{n-1}) \simeq c \in \Gamma \qquad F(\tau_0, \cdots, \tau_{n-1}) \simeq F(c_0, \cdots, c_{n-1}) \in \Gamma,$$
$$\text{等词规则 3.4.45 和 } \Gamma \text{ 极大一致性}$$
$$\Leftrightarrow I(F)([c_0]_\Gamma, \cdots, [c_{n-1}]_\Gamma) = [c]_\Gamma \quad I \text{ 定义}$$
$$\Leftrightarrow I(F)(\bar{v}(\tau_0), \cdots, \bar{v}(\tau_{n-1})) = [c]_\Gamma \quad \bar{v}(\tau_i) = [c_i]_\Gamma$$
$$\Leftrightarrow \bar{v}(F(\tau_0, \cdots, \tau_{n-1})) = [c]_\Gamma \qquad \bar{v} \text{ 定义}$$
$$\Leftrightarrow \bar{v}(\tau) = [c]_\Gamma \qquad \tau = F(\tau_0, \cdots, \tau_{n-1})。$$

这就完成了本断言的证明。 $\square$

断言 3.5.11. 任给 $\mathscr{L}_1$-公式 ϕ，都有 $\phi \in \Gamma$ 当且仅当 $(\mathcal{M}, v) \vDash \phi$。

断言的证明： 施归纳于公式 ϕ。

- $\phi = (\tau_0 \simeq \tau_1)$。根据断言 3.5.9 存在 c_i 使得 $\bar{v}(\tau_i) = [c_i]_\Gamma$，再根据断言 3.5.10 可知

$\tau_i \simeq c_i \in \Gamma$。现在有

$$
\begin{aligned}
\phi \in \Gamma &\Leftrightarrow \tau_0 \simeq \tau_1 \in \Gamma && \phi = (\tau_0 \simeq \tau_1) \\
&\Leftrightarrow c_0 \simeq c_1 \in \Gamma && \tau_i \simeq c_i \in \Gamma, \\
&&& \text{等词规则 3.4.45 和 } \Gamma \text{ 极大一致性} \\
&\Leftrightarrow [c_0]_\Gamma = [c_1]_\Gamma && \text{等价类定义} \\
&\Leftrightarrow \overline{v}(\tau_0) = \overline{v}(\tau_1) && \overline{v}(\tau_i) = [c_i]_\Gamma \\
&\Leftrightarrow (\mathcal{M}, v) \vDash \tau_0 \simeq \tau_1 && \vDash \text{ 定义} \\
&\Leftrightarrow (\mathcal{M}, v) \vDash \phi && \phi = (\tau_0 \simeq \tau_1)。
\end{aligned}
$$

- $\phi = R(\tau_0, \cdots, \tau_{n-1})$。根据断言 3.5.9 存在 c_i 使得 $\overline{v}(\tau_i) = [c_i]_\Gamma$，再根据断言 3.5.10 可知 $\tau_i \simeq c_i \in \Gamma$。现在有

$$
\begin{aligned}
\phi \in \Gamma &\Leftrightarrow R(\tau_0, \cdots, \tau_{n-1}) \in \Gamma && \phi = R(\tau_0, \cdots, \tau_{n-1}) \\
&\Leftrightarrow R(c_0, \cdots, c_{n-1}) \in \Gamma && \tau_i \simeq c_i \in \Gamma, \\
&&& \text{等词规则 3.4.45 和 } \Gamma \text{ 极大一致性} \\
&\Leftrightarrow I(R)([c_0]_\Gamma, \cdots, [c_{n-1}]_\Gamma) && I \text{ 定义} \\
&\Leftrightarrow I(R)(\overline{v}(\tau_0), \cdots, \overline{v}(\tau_{n-1})) && \overline{v}(\tau_i) = [c_i]_\Gamma \\
&\Leftrightarrow (\mathcal{M}, v) \vDash R(\tau_0, \cdots, \tau_{n-1}) && \vDash \text{ 定义} \\
&\Leftrightarrow (\mathcal{M}, v) \vDash \phi && \phi = R(\tau_0, \cdots, \tau_{n-1})。
\end{aligned}
$$

- $\phi = \neg\psi$。则

$$
\begin{aligned}
\phi \in \Gamma &\Leftrightarrow \neg\psi \in \Gamma && \phi = \neg\psi \\
&\Leftrightarrow \psi \notin \Gamma && \text{习题 3.5.4} \\
&\Leftrightarrow (\mathcal{M}, v) \nvDash \psi && \text{归纳假设} \\
&\Leftrightarrow (\mathcal{M}, v) \vDash \neg\psi && \vDash \text{ 定义} \\
&\Leftrightarrow (\mathcal{M}, v) \vDash \phi && \phi = \neg\psi。
\end{aligned}
$$

- $\phi = \psi \to \theta$。则

$$
\begin{aligned}
\phi \in \Gamma &\Leftrightarrow \psi \to \theta \in \Gamma && \phi = \neg\psi \\
&\Leftrightarrow \psi \notin \Gamma \text{ 或 } \theta \in \Gamma && \text{习题 3.5.4} \\
&\Leftrightarrow (\mathcal{M}, v) \nvDash \psi \text{ 或 } (\mathcal{M}, v) \vDash \theta && \text{归纳假设} \\
&\Leftrightarrow (\mathcal{M}, v) \vDash \psi \to \theta && \vDash \text{ 定义} \\
&\Leftrightarrow (\mathcal{M}, v) \vDash \phi && \phi = \psi \to \theta。
\end{aligned}
$$

- $\phi = \exists x\psi$。则

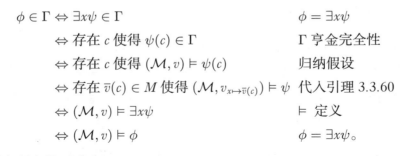

$$
\begin{aligned}
\phi \in \Gamma &\Leftrightarrow \exists x\psi \in \Gamma && \phi = \exists x\psi \\
&\Leftrightarrow \text{存在 } c \text{ 使得 } \psi(c) \in \Gamma && \Gamma \text{ 亨金完全性} \\
&\Leftrightarrow \text{存在 } c \text{ 使得 } (\mathcal{M}, v) \vDash \psi(c) && \text{归纳假设} \\
&\Leftrightarrow \text{存在 } \bar{v}(c) \in M \text{ 使得 } (\mathcal{M}, v_{x \mapsto \bar{v}(c)}) \vDash \psi && \text{代入引理 } 3.3.60 \\
&\Leftrightarrow (\mathcal{M}, v) \vDash \exists x\psi && \vDash \text{ 定义} \\
&\Leftrightarrow (\mathcal{M}, v) \vDash \phi && \phi = \exists x\psi。
\end{aligned}
$$

这就完成了本断言的证明。　　　　　　　　　　　　　　　　　　　　　　□

　　根据断言 3.5.11 可知，$(\mathcal{M}, v)$ 就是 Γ 的模型，因而 Γ 是可满足的。　　□

评注 3.5.12. 一般称可满足定理 3.5.7 中定义的 $(\mathcal{M}, v)$ 为 Γ 的亨金模型（Henkin model）或典范模型（canonical model），也称其为 $\mathcal{C}$ 的商结构，记为 $\mathcal{C}/\!\sim_\Gamma$。　　□

习题 3.5.13. 证明：

(1) 可满足定理 3.5.7 的证明中定义的 $\sim_\Gamma$ 是 $\mathcal{C}$ 上的等价关系。

(2) 可满足定理 3.5.7 的证明中定义的 I 是良定义的解释函数。提示：注意利用代入规则 3.4.47。

(3) 断言 3.5.9。提示：注意使用结构归纳法并利用 Γ 的极大一致性和等词规则 3.4.45。　　□

习题 3.5.14. 在证明可满足定理 3.5.7 时，我们定义了 $\mathcal{C}$ 上的等价关系，从而定义出了所需模型。请类似地定义全体项集上的等价关系，构造出所需模型，并证明它是 Γ 的模型。　　　　　　　　　　　　　　　　　　　　　　　　　　□

3.5.3 可扩张定理

　　本子节的任务是证明可扩张定理 3.5.19，它断言的是所有一致的公式集都可以扩张成亨金完全的、极大一致的公式集。先证明必要的引理 3.5.16 和引理 3.5.17。

引理 3.5.15. 设 Γ 是 $\mathscr{L}_1$ 的公式集，ϕ 是公式，c 不在 Γ 的任一公式中出现且 $\phi(c)$ 是自由代入。如果 $\Gamma \vdash \phi$，那么 $\Gamma \vdash \forall x\phi(c; x)$。

证明： 根据常量符号定理 3.4.32，存在不在 ϕ 中出现的变元符号 y 使得 $\Gamma \vdash \forall y\phi(c; y)$。又由于 $\phi(c)$ 是自由代入，加之 y 不在 ϕ 中出现，所以 $\phi(c; y)(y; x)$ 是自由代入且 $x \notin \mathrm{Fr}(\forall y\phi(c; y))$。进而根据语法等价易字定理 3.4.35 可得 $\vdash \forall y\phi(c; y) \to \forall x\phi(c; y)(y; x)$，即 $\vdash \forall y\phi(c; y) \to \forall x\phi(c; x)$。因此 $\Gamma \vdash \forall x\phi(c; x)$。　　□

引理 3.5.16. 设 Γ 是 $\mathscr{L}_1$ 的公式集，$\exists x\phi \in \Gamma$ 是公式，c 不在 Γ 的任一公式中出现且 $\phi(c)$ 是自由代入。如果 Γ 是一致的，那么 $\Gamma \cup \{\phi(c)\}$ 也是一致的。

证明： 反证法。假设 $\Gamma \cup \{\phi(c)\}$ 不是一致的，则根据引理 3.4.56 有 $\Gamma \vdash \neg\phi(c)$，再根据引理 3.5.15 可得 $\Gamma \vdash \forall x \neg\phi(c)(c;x)$，即 $\Gamma \vdash \neg\exists x\phi$。但是 $\Gamma \vdash \exists x\phi$，与 Γ 一致性矛盾。 □

引理 3.5.17. 设 $\mathscr{L}_1$ 是一阶语言，$\mathscr{L}_1^*$ 是通过在 $\mathscr{L}_1$ 中加入新常量符号 c 得到的一阶语言，$\Gamma \subseteq \mathscr{L}_1$。则 Γ 相对于 $\mathscr{L}_1$ 是一致的当且仅当 Γ 相对于 $\mathscr{L}_1^*$ 是一致的。

证明： ($\Leftarrow$) 反证法。假设 Γ 相对于 $\mathscr{L}_1$ 不是一致的。则根据引理 3.4.55 可知相对于 $\mathscr{L}_1$ 有 $\Gamma \vdash \bot$，因而相对于 $\mathscr{L}_1^*$ 有 $\Gamma \vdash \bot$，再根据引理 3.4.55 可知 Γ 相对于 $\mathscr{L}_1^*$ 不是一致的，矛盾！

($\Rightarrow$) 反证法。假设 Γ 相对于 $\mathscr{L}_1^*$ 不是一致的。则根据引理 3.4.55 可知相对于 $\mathscr{L}_1^*$ 有 $\Gamma \vdash \bot$，再类似于引理 3.5.15 可证（留作习题）相对于 $\mathscr{L}_1$ 有 $\Gamma \vdash \bot$，从而根据引理 3.4.55 可知 Γ 相对于 $\mathscr{L}_1$ 不是一致的，矛盾！ □

习题 3.5.18. 补全引理 3.5.17 ($\Rightarrow$) 的证明。 □

定理 3.5.19（可扩张）. 设 Γ 是 $\mathscr{L}_1$ 的公式集。如果 Γ 是一致的，那么存在亨金完全的、极大一致的公式集 Δ 使得 $\Gamma \subseteq \Delta \subseteq \mathscr{L}_1^*$ 且 $\mathscr{L}_1^*$ 是 $\mathscr{L}_1$ 的某种扩张。

证明： 往 $\mathscr{L}_1$ 的图册 $\mathrm{sig}\mathscr{L}_1$ 中加入可数个新常量符号：$\langle c_i \mid i \in \mathbb{N} \rangle$，从而得到新的一阶语言 $\mathscr{L}_1^*$。进一步无重复地枚举全部的 $\mathscr{L}_1^*$-公式为 $\langle \phi_j \mid j \in \mathbb{N} \rangle$。如下递归地构造 Δ：

$$\Delta_0 = \Gamma;$$

$$\Delta_{n+1} = \begin{cases} \Delta_n \cup \{\phi_n\} & \phi_n \notin \Delta_n \text{ 且 } \Delta_n \cup \{\phi_n\} \text{ 是一致的 且 } \phi_n \neq \exists x\psi \text{ 对任意 } \psi, \\ \Delta_n \cup \{\phi_n, \psi(c_{n^*})\} & \phi_n \notin \Delta_n \text{ 且 } \Delta_n \cup \{\phi_n\} \text{ 是一致的 且 } \phi_n = \exists x\psi, \\ \Delta_n \cup \{\psi(c_{n^*})\} & \phi_n \in \Delta_n \text{ 且 } \phi_n = \exists x\psi, \\ \Delta_n & \text{否则;} \end{cases}$$

$$\Delta = \bigcup_{n \in \mathbb{N}} \Delta_n。$$

其中，n^* 是使得 c_{n^*} 既不在 ϕ_n 中出现又不在 Δ_n 中出现的最小自然数。现在只需验证 Δ 具有期望的性质：

- $\Gamma \subseteq \Delta$。显然成立。

- Δ 是亨金完全的。也显然成立。

- Δ 是极大一致的。借助引理 3.5.17 和 3.5.16 用自然数归纳法证明所有 Δ_n 相对于 $\mathscr{L}_1^*$ 是一致的，再根据引理 3.4.56 可得结论。 □

习题 3.5.20. 详细证明定理 3.5.19 的证明中所定义的 Δ 是极大一致的。 □

3.5.4 完全性定理

现在着手证明本节最重要的定理。

定理 3.5.21 (可数的哥德尔完全性, 1929). 设 $\mathscr{L}_1$ 为可数的一阶语言。则如下命题成立且等价:

(1) 任给公式集 Γ, Γ 是一致的当且仅当 Γ 是可满足的;

(2) 任给公式集 Γ 和公式 ϕ, $\Gamma \vDash \phi$ 当且仅当 $\Gamma \vdash \phi$。

证明: 关于 (1) 和 (2) 等价的证明, 留作习题。接下来证明 (1), 分两个方向:

- ($\Rightarrow$) 假设 Γ 是一致的。则根据可扩张定理 3.5.19 可知, 存在一个包含 Γ 的、极大一致的、亨金完全的 $\mathscr{L}_1^*$-公式集 Δ, 进而根据可满足定理 3.5.19 可知存在 $\mathscr{L}_1^*$-结构 $\mathcal{M} = (M, I)$ 和 $\mathcal{M}$-赋值 v 使得 $(\mathcal{M}, v) \vDash \Delta$, 从而存在 $\mathscr{L}_1$-结构 $\mathcal{M}' = (M, I {\upharpoonright} \mathrm{sig}\mathscr{L}_1)$ 和 $\mathcal{M}'$-赋值 v 使得 $(\mathcal{M}', v) \vDash \Gamma$。

- ($\Leftarrow$) 此即可靠性定理 3.5.1。 □

评注 3.5.22. (1) 可数的哥德尔完全性定理 3.5.21 由哥德尔于 1929 年在其博士学位论文[1]中证明; 马尔西夫 (Mal'cev, A.) 于 1936 年使用斯库伦函数方法重新证明了可数的哥德尔完全性定理, 并将其推广到不可数语言上[2]; 亨金于 1947 年在自己的博士学位论文[3]中给出了一种新的证明方法, 即所谓亨金构造, 也将其推广到了不可数语言上。

(2) 可数的哥德尔完全性定理 3.5.21 有 (1) 和 (2) 两种不同形式。并且如本节开篇所言, (1) 和 (2) 的 ($\Rightarrow$) 才是可数的哥德尔完全性定理, 而 (1) 和 (2) 的 ($\Leftarrow$) 是可靠性定理, 但由于可靠性定理相对简单, 我们把二者合在一起统称为可数的哥德尔完全性定理。 □

习题 3.5.23. 证明可数的哥德尔完全性定理 3.5.21 的 (1) 和 (2) 等价。 □

定理 3.5.24 (哥德尔完全性, 1936). 设 $\mathscr{L}_1$ 为一阶语言。则如下命题成立且等价:

(1) 任给公式集 Γ, Γ 是一致的当且仅当 Γ 是可满足的;

(2) 任给公式集 Γ 和公式 ϕ, $\Gamma \vDash \phi$ 当且仅当 $\Gamma \vdash \phi$。 □

---

[1] 详见 [78, 79]。

[2] 详见 [148, 149]。

[3] 详见 [90]。

习题 3.5.25. 请用亨金构造方法详细证明哥德尔完全性定理 3.5.24。 □

习题 3.5.26. 请用斯库伦函数方法详细证明哥德尔完全性定理 3.5.24。 □

3.6 紧致性定理

本节我们聚焦紧致性（Compactness）定理，它是一阶逻辑另外一个重要的定理，在数理逻辑和其他数学分支中有着广泛强大的应用。第 3.6.1 子节我们聚焦紧致性定理的证明和拓扑本质。余下的三个子节我们聚焦紧致性定理的应用：第 3.6.2 子节给出紧致性定理在数理逻辑中几个常见的应用，第 3.6.3 子节主要以拉姆齐定理为示例说明如何借助紧致性定理在某些定理的有穷版本和无穷版本之间跨越，第 3.6.4 子节主要借助紧致性定理讨论结构类的可定义性问题。

3.6.1 紧致性定理

我们先证明可数的紧致性定理。

定义 3.6.1. 设 Γ 是 $\mathscr{L}_1$ 公式集。称 Γ 是有穷可满足的，如果 Γ 的所有有穷子集都是可满足的。 □

定理 3.6.2（可数的紧致性，1929）. 设 $\mathscr{L}_1$ 为可数的一阶语言。则如下命题成立且等价：

(1) 任给公式集 Γ, Γ 是有穷可满足的当且仅当 Γ 是可满足的；

(2) 任给公式集 Γ 和公式 ϕ, $\Gamma \vDash \phi$ 当且仅当存在 Γ 的有穷子集 Γ_0 使得 $\Gamma_0 \vDash \phi$。

证明: 关于 (1) 和 (2) 等价的证明，留作习题。接下来证明 (2)：

$$\Gamma \vDash \phi \Leftrightarrow \Gamma \vdash \phi \qquad \text{可数的哥德尔完全性定理}$$
$$\Leftrightarrow \text{存在 } \Gamma \text{ 的有穷子集 } \Gamma_0 \text{ 使得 } \Gamma_0 \vdash \phi \quad \text{语法蕴涵关系定义}$$
$$\Leftrightarrow \text{存在 } \Gamma \text{ 的有穷子集 } \Gamma_0 \text{ 使得 } \Gamma_0 \vDash \phi \quad \text{可数的哥德尔完全性定理}。$$

这就完成了证明。 □

评注 3.6.3. (1) 可数的紧致性定理最早是由哥德尔在其博士学位论文[①]中作为可数的哥德尔完全性定理的推论而给出的。

(2) 可数的紧致性定理 3.6.2 有 (1) 和 (2) 两种不同形式。准确说来，(1) 和 (2) 的 ($\Rightarrow$) 才是可数的紧致性定理，而 (1) 和 (2) 的 ($\Leftarrow$) 平凡成立，因此我们把二者合在一起统称

[①] 详见 [78]。

为可数的紧致性定理。

(3)（可数的）紧致性定理具有重要的哲学意义。当 Γ 是有穷集时，它似乎没有什么特别的；但当 Γ 是无穷集时，它的哲学意义就突显出来了：如果一个无穷集 Γ 能够"推出" ϕ，那么实际上只需要 Γ 中的有穷个命题（通过有穷步骤）就能"推出" ϕ。紧致性定理实现了"推出"从无穷到有穷的跨越。　　□

习题 3.6.4. 证明可数的紧致性定理 3.6.2 的 (1) 和 (2) 等价。　　□

　　最早明确地将紧致性定理推广到不可数语言的是马尔西夫，他于 1941 年第一次阐述了紧致性定理的不可数情形[1]。实际上由于紧致性定理是哥德尔完全性定理的推论，加之马尔西夫于 1936 年将哥德尔完全性定理推广到了不可数语言上[2]，马尔西夫于 1936 年应该是已经知道了紧致性定理可以推广到不可数语言上。

定理 3.6.5（紧致性，1936）. 设 $\mathscr{L}_1$ 为一阶语言。则如下命题成立且等价：

(1) 任给公式集 Γ，Γ 是有穷可满足的当且仅当 Γ 是可满足的；

(2) 任给公式集 Γ 和公式 ϕ，$\Gamma \vDash \phi$ 当且仅当存在 Γ 的有穷子集 Γ_0 使得 $\Gamma_0 \vDash \phi$。　　□

评注 3.6.6. (1) 对任意大小的一阶语言，显然完全性也可以推出紧致性，反之紧致性也可以推出完全性。所以，（哥德尔）完全性定理和紧致性定理是等价的，详见 [111, 第 21 页 14H 和第 27 页 14CK]。而从紧致性定理推出（哥德尔）完全性定理的具体过程比较复杂，涉及较多其他专业知识，所以我们略去具体证明。

(2) 截至目前，一阶逻辑紧致性定理的证明方法共有七种：一是哥德尔于 1930 年所用的原始证明方法，即将其作为可数的哥德尔完全性定理的推论，该方法只能证明可数的紧致性定理，详见上文可数的紧致性定理 3.6.2 或 [78, 79]。二是马尔西夫于 1936 年所用的斯库伦函数的方法，详见 [148, 149] 或 [130, 第 24–25 页，Theorem 12]。三是亨金于 1947 年所用的亨金构造方法，不过亨金当时也是将其作为哥德尔完全性定理的推论，详见 [90]，而关于如何直接使用亨金构造方法证明紧致性定理，详见 [108, 第 194–200 页]。四是贝斯（Beth, E. W.）于 1951 年所用的拓扑的（topological）方法，详见 [14]。五是瑞秀娃（Rasiowa, H.）于 1952 年所用的布尔代数方法，该方法也是只能证明可数的紧致性定理，详见 [108, 第 228–233 页] 或 [189]。六是弗雷恩（Frayne, T.）、莫雷尔（Morel, A. C.）和斯科特（Scott, D. S.）于 1962 年所用的超积（ultraproducts construction）方法，详见 [64] 或 [108, 第 224–228 页]。超积

---

[1] 详见 [149]。

[2] 详见 [148]。

方法是由斯库伦于 1930 年代所创（起初用于构造非标准模型），自 1955 年沃实[①]定理证明以后被广泛使用，而弗雷恩、莫雷尔和斯科特于 1962 年首次将其用于证明紧致性定理（不过他们的文章指出，塔斯基在此之前就已经意识到可用其证明紧致性定理）。七是凯斯勒（Keisler, H. J.）于 1971 年所提取的一致性概念（consistency notion）的方法，该方法也是只能证明可数的紧致性定理，它实际上是在亨金构造方法可数情形的基础上进一步抽象提取而来，详见 [108，第 216–221 页] 或 [121]。由此可见，有斯库伦函数、亨金构造、拓扑、超积四种方法可以证明任意大小语言的紧致性定理，而最简洁最优雅的莫过于超积方法。 □

习题 3.6.7. 请用超积方法详细证明紧致性定理 3.6.5。 □

定理 3.6.5 与某个拓扑空间（topological space）的紧致性是等价的，也恰恰是这一点让塔斯基发现 "如果 Γ 可以推出 ϕ，那么 Γ 的某个有穷子集就可以推出 ϕ" 可以被视作一阶逻辑（逻辑蕴涵关系）的某种紧致性（紧密精致的特性），从而提议定理 3.6.5 以 "紧致性" 命名。塔斯基最早在 1950 年的国际数学家大会上做出这种提议[②]。略微奇怪的是绝大多数数理逻辑类教科书对此鲜有提及，所以接下来我们对此进行详细说明。另外，对于拓扑方面的引理，由于比较简单，我们只述不证[③]。

定义 3.6.8. 设 X 是一个集合且 $\mathcal{T} \subseteq \wp(X)$。称 $\mathcal{T}$ 是 X 上的拓扑，如果它满足

(1) $\varnothing \in \mathcal{T}$ 且 $X \in \mathcal{T}$；
(2) 任给 $\mathcal{C} \subseteq \mathcal{T}$ 都有 $\bigcup \mathcal{C} \in \mathcal{T}$；
(3) 任给 $\mathcal{C} \subseteq \mathcal{T}$，如果 $\mathcal{C}$ 是有穷的，那么 $\bigcap \mathcal{C} \in \mathcal{T}$。

称 X 为 $\mathcal{T}$ 的拓扑空间，如果 $\mathcal{T}$ 是 X 上的拓扑。称 $O \subseteq X$ 为开的（open）或开集，如果 $O \in \mathcal{T}$。称 C 为闭的（closed）或闭集，如果 $X - C \in \mathcal{T}$。称 $A \subseteq X$ 为开闭的（clopen）或开闭集，如果 A 既是开集又是闭集。 □

定义 3.6.9. 设 $\mathcal{T}$ 是 X 上的拓扑且 $\mathcal{B} \subseteq \wp(X)$。称 $\mathcal{B}$ 是拓扑空间 X 的基，如果它满足

(1) 任给 $x \in X$ 都存在 $B \in \mathcal{B}$ 使得 $x \in \mathcal{B}$；
(2) 任给 $B_1, B_2 \in \mathcal{B}$ 和 $b \in B_1 \cap B_2$ 都存在 $B_3 \in \mathcal{B}$ 使得 $b \in B_3$ 且 $B_3 \subseteq B_1 \cap B_2$。

称 $b \in X$ 为基元，如果 $b \in \mathcal{B}$。 □

[①] Łoś, J., 1920—1998, 波兰数学家、逻辑学家、经济学家、哲学家。
[②] 详见 [192，第 48 页] 和 [222]。
[③] 也可参见 [164]。

引理 3.6.10. 设 $\mathcal{B}$ 是拓扑空间 X 的基。令

$$\mathcal{T} \triangleq \{O \subseteq X \mid \text{任给 } o \in O \text{ 都存在 } B \in \mathcal{B} \text{ 使得 } o \in B \text{ 且 } B \subseteq O\}。$$

则

(1) $\mathcal{T}$ 是 X 上的拓扑，称其为由 $\mathcal{B}$ 生成的拓扑。

(2) $\mathcal{T} = \{\bigcup \mathcal{C} \mid \mathcal{C} \subseteq \mathcal{B}\}$。　　　　　　　　　　　　　　$\square$

定义 3.6.11. 设 $\mathcal{T}$ 是 X 上的拓扑且 $\mathcal{C} \subseteq \wp(X)$。

(1) 称 $\mathcal{C}$ 为 X 的覆盖（covering），如果 $\bigcup \mathcal{C} = X$。

(2) 称 $\mathcal{C}$ 是 X 的开覆盖（open covering），如果 $\bigcup \mathcal{C} = X$ 且 $\mathcal{C} \subseteq \mathcal{T}$。

(3) 称 $\mathcal{C}$ 有有穷交性质（finite intersection property），如果任给 $C_0, \cdots C_{n-1} \in \mathcal{C}$ 都有 $\bigcap_{i<n} C_i \neq \varnothing$。　　　　　　　　　$\square$

定义 3.6.12（亚里山大洛夫和乌瑞森[①]，1929）. 设 $\mathcal{T}$ 是 X 上的拓扑。称 X 是紧致的（compact），如果所有 X 的覆盖都包含一个 X 的有穷的覆盖。　　$\square$

引理 3.6.13. 设 $\mathcal{T}$ 是空间 X 上的拓扑。则如下命题等价：

(1) X 是紧致的；

(2) 任给 $\mathcal{C} \subseteq \{C \mid C \text{ 是 } \mathcal{T} \text{ 的闭集}\}$，如果 $\mathcal{C}$ 有有穷交性质，那么 $\bigcap \mathcal{C} \neq \varnothing$。　$\square$

引理 3.6.14. 设 $\mathscr{L}_1$ 为一阶语言。令

$$X_1 \triangleq \{(\mathcal{M}, v) \mid \mathcal{M} \text{ 是 } \mathscr{L}_1\text{-结构且 } v \text{ 是 } \mathcal{M}\text{-赋值}\},$$

$$\mathcal{T}_1 \triangleq \{O_\Delta \mid \Delta \subseteq \mathscr{L}_1\}, \text{ 其中 } O_\Delta = \{(\mathcal{M}, v) \in X_1 \mid (\mathcal{M}, v) \nvDash \Delta\}。$$

则 $\mathcal{T}_1$ 是 X_1 上的拓扑。　　　　　　　　　　　　　　　　　$\square$

引理 3.6.15. 设 $\mathscr{L}_1$ 为一阶语言，$\Delta \subseteq \mathscr{L}_1$ 且 $X_1, \mathcal{T}_1$ 如引理 3.6.14 定义。则 $\mathcal{T}_1$ 的闭集都形如 $C_\Delta = \{(\mathcal{M}, v) \in X_1 \mid (\mathcal{M}, v) \vDash \Delta\}$。　　　　　$\square$

定理 3.6.16. 设 $\mathscr{L}_1$ 为一阶语言且 $X_1, \mathcal{T}_1$ 如引理 3.6.14 定义。则如下命题等价：

(1) $\mathcal{T}_1$ 的拓扑空间 X_1 是紧致的。

(2) 任给公式集 Γ，如果 Γ 是有穷可满足的，那么 Γ 是可满足的。

证明： $(1) \Rightarrow (2)$ 给定有穷可满足的公式集 Γ，定义

$$\mathcal{C} \triangleq \{C_\Delta \mid \Delta \text{ 是 } \Gamma \text{ 的有穷子集}\}。$$

接下来两步证明 Γ 是可满足的：

---

① Alexandrov, P., 1896—1982, 苏联数学家；Urysohn, P., 1898—1924, 苏联数学家。

- $\mathcal{C}$ 有有穷交性质。这是因为任给 $C_{\Delta_0}, \cdots, C_{\Delta_{n-1}}$ 都有

$$
\begin{aligned}
\bigcap_{i<n} C_{\Delta_i} &= \bigcap_{i<n} \{(\mathcal{M}, v) \in X_1 \mid (\mathcal{M}, v) \vDash \Delta_i\} \quad C_{\Delta_i} \text{ 定义} \\
&= \{(\mathcal{M}, v) \in X_1 \mid (\mathcal{M}, v) \vDash \textstyle\bigcup_{i<n} \Delta_i\} \quad \bigcap, \bigcup \text{ 性质} \\
&\neq \varnothing \qquad\qquad\qquad \textstyle\bigcup_{i<n} \Delta_i \text{ 有穷 且 } \Gamma \text{ 是有穷可满足的。}
\end{aligned}
$$

- Γ 是可满足的。于是根据 (1) 和引理 3.6.13 可知 $\bigcap \mathcal{C} \neq \varnothing$，从而

$$
\begin{aligned}
\bigcap\{C_{\{\phi\}} \mid \phi \in \Gamma\} \neq \varnothing &\Rightarrow \text{存在 } (\mathcal{M}, v) \in \bigcap\{C_{\{\phi\}} \mid \phi \in \Gamma\} \\
&\Rightarrow \text{存在 } (\mathcal{M}, v) \text{ 使得任给 } \phi \in \Gamma \text{ 都有 } (\mathcal{M}, v) \in C_{\{\phi\}} \\
&\Rightarrow \text{存在 } (\mathcal{M}, v) \text{ 使得任给 } \phi \in \Gamma \text{ 都有 } (\mathcal{M}, v) \vDash \phi \\
&\Rightarrow \text{存在 } (\mathcal{M}, v) \text{ 使得 } (\mathcal{M}, v) \vDash \Gamma,
\end{aligned}
$$

因此 Γ 是可满足的。

(2) $\Rightarrow$ (1) 根据引理 3.6.13，只需证：任给 $\mathcal{C} \subseteq \{C \mid C \text{ 是 } \mathcal{T}_1 \text{ 的闭集}\}$，如果 $\mathcal{C}$ 有有穷交性质，那么 $\bigcap \mathcal{C} \neq \varnothing$。不妨给定有有穷交性质的 $\mathcal{C} \subseteq \{C \mid C \text{ 是 } \mathcal{T}_1 \text{ 的闭集}\}$，则根据引理 3.6.15 可知任给 $C \in \mathcal{C}$ 都存在 $\Delta \subseteq \mathscr{L}_1$ 使得 $C = C_\Delta$，所以可定义

$$
\Gamma \triangleq \bigcup\{\Delta \mid C_\Delta \in \mathcal{C}\}.
$$

接下来两步证明 $\bigcap \mathcal{C} \neq \varnothing$。

- Γ 是有穷可满足的。任给 Γ 的有穷子集 $\{\phi_0, \cdots, \phi_{n-1}\}$，则存在 $\Delta_0, \cdots, \Delta_{n-1}$ 使得 $\phi_i \in \Delta_i$。由于

$$
\begin{aligned}
\mathcal{C} \text{ 有有穷交性质} &\Rightarrow \bigcap_{i<n} C_{\Delta_i} \neq \varnothing \\
&\Rightarrow \text{存在 } (\mathcal{M}, v) \in \bigcap_{i<n} C_{\Delta_i} \\
&\Rightarrow \text{存在 } (\mathcal{M}, v) \text{ 使得 } (\mathcal{M}, v) \vDash \textstyle\bigcup_{i<n} \Delta_i \\
&\Rightarrow \text{存在 } (\mathcal{M}, v) \text{ 使得 } (\mathcal{M}, v) \vDash \textstyle\bigcup_{i<n} \{\phi_0, \cdots, \phi_{n-1}\},
\end{aligned}
$$

所以 $\{\phi_0, \cdots, \phi_{n-1}\}$ 是可满足的。因此 Γ 是有穷可满足的。

- $\bigcap \mathcal{C} \neq \varnothing$。于是根据 (2) 可知 Γ 是可满足的，从而存在 $(\mathcal{M}, v) \in X_1$ 使得 $(\mathcal{M}, v) \vDash \Gamma$，即存在 $(\mathcal{M}, v) \in X_1$ 使得 $(\mathcal{M}, v) \vDash \bigcup\{\Delta \mid C_\Delta \in \mathcal{C}\}$。因此

$$
\begin{aligned}
\text{任给 } C_\Delta \in \mathcal{C} \text{ 都有 } (\mathcal{M}, v) \vDash \Delta &\Rightarrow \text{任给 } C_\Delta \in \mathcal{C} \text{ 都有 } (\mathcal{M}, v) \in C_\Delta \\
&\Rightarrow (\mathcal{M}, v) \in \bigcap \mathcal{C} \\
&\Rightarrow \bigcap \mathcal{C} \neq \varnothing. \qquad \square
\end{aligned}
$$

3.6.2 常见的应用

紧致性定理在数理逻辑中的应用可谓十分广泛，尤其在模型论中的应用几乎随处可见，比如线序定理、超滤定理、无穷模型存在定理、非标准模型构造等。

定理 3.6.17（线序）. 所有集合都能被线序化。

证明： 任给集合 S，令 $\mathrm{sig}\,\mathscr{L}_1 = \{<\} \cup \{\bar{s} \mid s \in S\}$。考虑公式集

$$\Gamma = \{< \text{是线序}\} \cup \{\bar{s} \neq \bar{t} \mid s,t \in S \text{ 且 } s \neq t\}。$$

任给 Γ 的有穷子集 Γ_0，取 $n = |\{\bar{s} \mid \bar{s} \text{ 出现在 } \Gamma_0 \text{ 中}\}|$，令在 Γ_0 中出现的 $\bar{s}$ 所对应的 s 分别取 $1, \cdots, n$ 中的某个数且两两不同，不在 Γ_0 中出现的 $\bar{s}$ 所对应的 s 都取 0，则 $(\mathbb{N}, <, s)_{s \in S} \vDash \Gamma_0$。因而 Γ 是有穷可满足的，从而根据紧致性定理可知，存在 $\mathcal{M}$ 使得 $\mathcal{M} \vDash \Gamma$。任给 $s, t \in S$，令

$$s <_S t \text{ 当且仅当 } \mathcal{M} \vDash \bar{s} < \bar{t},$$

则 $<_S$ 就是 S 上的线序。 □

习题 3.6.18. 设 $\mathrm{sig}\,\mathscr{L}_1$。用 $\mathscr{L}_1$-语句表示 "$<$ 是线序"。 □

定义 3.6.19（嘉当[1]，1937）. 设 X 为非空的集合且 $\mathcal{F}, \mathcal{U} \subseteq \wp(X)$。称 $\mathcal{F}$ 是 X 上的滤（filter），如果它满足

(1) $\varnothing \notin \mathcal{F}$ 且 $X \in \mathcal{F}$；
(2) 任给 $A, B \in \mathcal{F}$ 都有 $A \cap B \in \mathcal{F}$；
(3) 任给 $A \in \mathcal{F}$ 和 $A \subseteq B$ 都有 $B \in \mathcal{F}$。

称 $\mathcal{U}$ 是 X 上的超滤（ultrafilter），如果它在满足上面三个条件的同时还满足

(4) 任给 $A \subseteq X$ 都有 $A \in \mathcal{U}$ 当且仅当 $X - A \notin \mathcal{U}$。 □

引理 3.6.20. 设 $X, \mathcal{C}$ 是非空的集合且 $\mathcal{C} \subseteq \wp(X)$。如果 $\mathcal{C}$ 有有穷交性质，那么存在 X 上的滤 $\mathcal{F}$ 使得 $\mathcal{C} \subseteq \mathcal{F}$。

证明： 考虑 $\mathcal{F} = \{A \subseteq X \mid \text{存在 } A_0, \cdots, A_{n-1} \in \mathcal{C} \text{ 使得 } \bigcap_{i<n} A_i \subseteq A\}$。 □

定理 3.6.21（超滤）. 设 X 是非空的集合。如果 $\mathcal{F}$ 是 X 上的滤，那么存在 X 上的超滤 $\mathcal{U}$ 使得 $\mathcal{F} \subseteq \mathcal{U}$。

---

[1] Cartan, H., 1904—2008, 法国数学家。

证明： 令 $\operatorname{sig}\mathscr{L}_1 = \{\bar{A} \mid A \in \wp(X)\} \cup \{\bar{R}\}$，其中 $\bar{A}$ 都是常量符号，$\bar{R}$ 是一元关系符号。考虑如下语句集：

$$\Gamma \triangleq \{\bar{R}(\bar{F}) \mid F \in \mathcal{F}\} \bigcup$$
$$\{\neg\bar{R}(\bar{\varnothing}), \bar{R}(\bar{X})\} \bigcup \{\bar{R}(\bar{A}) \wedge \bar{R}(\bar{B}) \to \bar{R}(\overline{A \cap B}) \mid A, B \in \wp(X)\} \bigcup$$
$$\{\bar{R}(\bar{A}) \to \bar{R}(\bar{B}) \mid A \subseteq B \text{ 且 } A, B \in \wp(X)\} \bigcup \{\neg\bar{R}(\bar{A}) \leftrightarrow \bar{R}(\overline{X-A}) \mid A \in \wp(X)\}.$$

如果存在 $\mathscr{L}_1$-结构 $\mathcal{M}$ 使得 $\mathcal{M} \vDash \Gamma$，则不难验证 $\{A \in \wp(X) \mid \mathcal{M} \vDash \bar{R}(A)\}$ 就是满足条件的超滤 $\mathcal{U}$。所以，根据紧致性定理只需证 Γ 是有穷可满足的，而这通过如下必要的准备工作和必需的两个断言可得。

任给有穷的 $\mathcal{B} \subseteq \wp(X)$，令 $\langle\mathcal{B}\rangle$ 是对补集运算、（有穷）并集运算、（有穷）交集运算封闭的、包含 $\mathcal{B}$ 的、$\wp(X)$ 的最小子集。进一步令

$$\Delta_{\langle\mathcal{B}\rangle} \triangleq \{\bar{R}(\bar{F}) \mid F \in \mathcal{F} \cap \langle\mathcal{B}\rangle\} \bigcup$$
$$\{\neg\bar{R}(\bar{\varnothing}), \bar{R}(\bar{X})\} \bigcup \{\bar{R}(\bar{A}) \wedge \bar{R}(\bar{B}) \to \bar{R}(\overline{A \cap B}) \mid A, B \in \langle\mathcal{B}\rangle\} \bigcup$$
$$\{\bar{R}(\bar{A}) \to \bar{R}(\bar{B}) \mid A \subseteq B \text{ 且 } A, B \in \langle\mathcal{B}\rangle\} \bigcup \{\neg\bar{R}(\bar{A}) \leftrightarrow \bar{R}(\overline{X-A}) \mid A \in \langle\mathcal{B}\rangle\}.$$

断言 3.6.22. 任给 Γ 的有穷子集 Δ 都有有穷的 $\mathcal{B} \subseteq \wp(X)$ 使得 $\Delta \subseteq \Delta_{\langle\mathcal{B}\rangle}$。 $\square$

断言 3.6.23. 任给有穷的 $\mathcal{B} \subseteq \wp(X)$ 都存在 R 使得 $(\wp(X), R, A)_{A \in \wp(X)} \vDash \Delta_{\langle\mathcal{B}\rangle}$。

断言的证明： 施归纳于 $\mathcal{B}$ 的大小。

- $|\mathcal{B}| = 1$。不妨设 $\mathcal{B} = \{B\}$，则 $\langle\mathcal{B}\rangle = \{B, X-B, \varnothing, X\}$。令 $R = \{X\} \cup \{F \mid F \in \mathcal{F} \cap \langle\mathcal{B}\rangle\}$，则不难验证 $(\wp(X), R, A)_{A \in \wp(X)} \vDash \Delta_{\langle\mathcal{B}\rangle}$。

- $|\mathcal{B}| = n + 1$。归纳假设是，当 $|\mathcal{B}| = n$ 时，结论成立。分两种情形：

  - 任给 $F \subseteq X$ 都有 $F \in \mathcal{F}$ 或 $X - F \in \mathcal{F}$。令 $\mathcal{F}^* = \{X - F \mid F \in \mathcal{F}\}$，则 $\langle\mathcal{B}\rangle = (\mathcal{F} \cap \langle\mathcal{B}\rangle) \cup (\mathcal{F}^* \cap \langle\mathcal{B}\rangle)$。再令 $R = \{F \mid F \in \mathcal{F}\}$，则不难验证 $(\wp(X), R, A)_{A \in \wp(X)} \vDash \Delta_{\langle\mathcal{B}\rangle}$。

  - 存在 $F \subseteq X$ 使得 $F \notin \mathcal{F}$ 且 $X - F \notin \mathcal{F}$。令 $\mathcal{B}^* = \mathcal{B} - \{F\}$，则根据归纳假设存在 S 使得 $(\wp(X), S, A)_{A \in \wp(X)} \vDash \Delta_{\langle\mathcal{B}^*\rangle}$。再令

$$\mathcal{D}_{\mathcal{B}^*} = \{D \in \mathcal{B}^* \mid (\wp(X), S, A)_{A \in \wp(X)} \vDash \bar{R}(\bar{D})\}.$$

由于 $\mathcal{B}^*$ 是有穷的，因而 $\mathcal{D}_{\mathcal{B}^*}$ 是有穷的，从而 $\bigcap \mathcal{D}_{\mathcal{B}^*} \neq \varnothing$，这是因为 $\langle\mathcal{B}^*\rangle$ 对交集运算封闭且 $(M, S, A)_{A \in \wp(X)}$ 满足第二、三类公式。显然，F 和 $X - F$ 的其中一个与 $\bigcap \mathcal{D}_{\mathcal{B}^*}$ 交集非空，不妨假设是 F。此时令

$$R \triangleq \{B \in \langle\mathcal{B}^*\rangle \mid (\wp(X), S, A)_{A \in \wp(X)} \vDash \bar{R}(\bar{B})\} \cup \{B \subseteq X \mid B \supseteq F \cap \bigcap \mathcal{D}_{\mathcal{B}^*}\},$$

则不难验证 $(\wp(X), R, A)_{A \in \wp(X)} \vDash \Delta_{\langle\mathcal{B}\rangle}$。 $\square$

这就完成了证明。□

推论 3.6.24. 设 $X, \mathcal{C}$ 是非空的集合且 $\mathcal{C} \subseteq \wp(X)$。如果 $\mathcal{C}$ 有有穷交性质，那么存在 X 上的超滤 $\mathcal{U}$ 使得 $\mathcal{C} \subseteq \mathcal{U}$。□

习题 3.6.25. 证明：

(1) 断言 3.6.22。

(2) 断言 3.6.23 中定义的 3 个 R 都满足 $(\wp(X), R, A)_{A \in \wp(X)} \vDash \Delta_{\langle \mathcal{B} \rangle}$。□

评注 3.6.26. 实际上，用超积方法证明紧致性定理的过程就是从超滤定理推出紧致性定理的过程，因此超滤定理和紧致性定理是等价的。□

定理 3.6.27（无穷模型存在）. 如果一个公式集有任意大小的有穷模型，那么它也有无穷模型。

证明： 不妨设 $\mathscr{L}_1$ 的公式集 Γ 有任意大小的有穷模型。令

$$\phi_n \triangleq \exists x_0, \cdots x_{n-1} \bigwedge_{i \neq j < n} x_i \neq x_j。$$

显然 ϕ_n 表示"至少有 n 个元素"。考虑公式集

$$\Delta = \Gamma \cup \{\phi_n \mid n \in \mathbb{N}\}。$$

根据假设可知，任给 Δ 的有穷子集，它都有模型。所以，根据紧致性定理可知，存在 Δ 的模型 $\mathcal{M}$。显然，$\mathcal{M}$ 就是 Γ 的无穷模型。□

紧致性定理常被用以构造非标准（non-standard）模型。由于其中涉及还未引入的同构[1]概念，读者可在下文引入同构概念之后再来阅读本部分内容。

定义 3.6.28. 设一阶算术语言的图册为 $\mathrm{sig}\mathscr{L}_1 = \{+, \times, <, S, 0\}$ 且 $\mathcal{M}$ 为 $\mathscr{L}_1$-结构。称 $\mathcal{N} = (\mathbb{N}, +, \times, <, S, 0)$ 为标准算术模型。称 $\mathcal{M}$ 为非标准算术模型[2]，如果 $\mathcal{M}, \mathcal{N}$ 不同构。□

定理 3.6.29. 存在 $\mathrm{Th}(\mathcal{N})$ 的非标准算术模型。

证明： 往一阶算术语言的图册中加入一个新的常量符号 c，得到新的一阶语言 $\mathscr{L}_1'$。考虑公式集

$$\Gamma = \mathrm{Th}(\mathcal{N}) \cup \{c \neq S^n 0 \mid n \in \mathbb{N}\}。$$

---

[1] 详见定义 4.2.5。

[2] 更多关于标准算术模型和非标准算术模型的知识，详见 [108，第 160–172 页]。

显然，任给 Γ 的有穷子集 Γ_0 都有 $(\mathbb{N}, +, \times, S, 0, c) \vDash \Gamma_0$，其中

$$c = \max\{n \mid c \not\approx S^n 0 \in \Gamma_0\} + 1.$$

根据紧致性定理可知，存在满足 Γ 的 $\mathscr{L}_1'$-结构 (M, I)。可以验证，$(M, I \upharpoonright \mathrm{sig}\mathscr{L}_1)$ 就是符合条件的非标准算术模型。 □

习题 3.6.30. 设一阶算术语言的图册为 $\mathrm{sig}\mathscr{L}_1 = \{\bar{+}, \bar{\times}, \bar{<}, \bar{S}, \bar{0}\}$。证明：存在 $\mathscr{L}_1$-结构 $\mathcal{M} = (M, +, \times, <, S, 0)$ 使得 $\mathcal{M} \vDash \mathrm{Th}(\mathcal{N})$ 和 $m \in M$ 使得 m 大于所有 "自然数"。 □

习题 3.6.31（溢出[①]定理）. 设一阶算术语言的图册为 $\mathrm{sig}\mathscr{L}_1 = \{\bar{+}, \bar{\times}, \bar{<}, \bar{S}, \bar{0}\}$，$\mathcal{M} = (M, +, \times, <, S, 0)$ 为非标准算术模型且 $\mathbb{N} \subseteq M$。称 $m \in M$ 是有穷的，如果存在 $n \in \mathbb{N}$ 使得 $m < n$；否则称 m 是无穷的。证明：设 $\mathcal{M} = (M, +, \times, <, S, 0)$ 为非标准算术模型且 $\mathbb{N} \subseteq M$，$\phi(x, \vec{y})$ 是公式且 $\vec{a}$ 来自 M。如果任给 $n \in \mathbb{N}$ 都有 $\mathcal{M} \vDash \phi[n, \vec{a}]$，那么存在无穷的 $m \in M$ 使得 $\mathcal{M} \vDash \phi[m, \vec{a}]$。 □

习题 3.6.32. 设一阶分析（analysis）语言的图册为 $\mathrm{sig}\mathscr{L}_1 = \{\bar{+}, \bar{\times}, \bar{<}, \overline{||}\} \cup \{\bar{r} \mid r \in \mathbb{R}\}$，其中 $\overline{||}$ 为绝对值符号。称 $\mathcal{R} = (\mathbb{R}, +, \times, <, ||, r)_{r \in \mathbb{R}}$ 为标准分析模型。称 $\mathcal{S}$ 为非标准分析模型，如果 $\mathcal{R}, \mathcal{S}$ 不同构。对这种非标准分析模型的研究被称为非标准分析（non-standard analysis）。证明：

(1) 存在 $\mathrm{Th}(\mathcal{R})$ 的非标准分析模型。

(2) 设 $\mathcal{S} = (S, +, \times, <, ||, r)_{r \in \mathbb{R}}$ 为非标准分析模型。称 $s \in S$ 是有穷的，如果存在 $r \in \mathbb{R}$ 使得 $|s| < |r|$；否则称 s 是无穷的。称 $s \in S$ 是无穷小的（inifinitesimal），如果 $s \neq 0$ 且任给 $r \in \mathbb{R} - \{0\}$ 都有 $|s| < |r|$。则

    (a) 存在既无穷又无穷小的元素。

    (b) 如果 s, t 是有穷的，那么 $s + t$ 和 $s \times t$ 也是。

    (c) 如果 s, t 是无穷小的，那么 $s + t$ 和 $s \times t$ 也是。 □

紧致性定理在其他数学分支中还有一些经典应用，不过由于涉及较多其他专业知识，这里就不再详述，仅列几例及相关参考文献，感兴趣的读者可做一了解：

(1) 所有的布尔代数都有素理想，证明详见 [115，Theorem 2.2]。

(2) 所有域都有唯一的代数闭包，证明详见 [87]。

(3) 所有复多项式单射都是满射，证明详见 [155，Theorem 2.2.11]。

一阶逻辑中，向上的勒文海–斯库伦定理（详见推论 4.2.34）也是紧致性定理的一个重要应用，但由于本书章节设置问题，这里暂不详陈。

[①] Overspill。

3.6.3 拉姆齐定理

　　紧致性定理经常被用以在某些定理的有穷版本和无穷版本之间跨越。一方面，可以借助紧致性定理从某些定理的无穷版本推出有穷版本，比如从拉姆齐[1]定理的无穷版本推出有穷版本。拉姆齐于 1928 年证明了拉姆齐定理的无穷版本和有穷版本[2]，标志着拉姆齐理论[3]的诞生。自此拉姆齐理论经过不断发展形成了一个独立的研究方向，并促使了组合集合论[4]等研究方向的产生。

　　为便于理解拉姆齐定理，我们从一个既经典又简洁的六人相识问题开始。六人相识问题可以说是拉姆齐理论第一个不平凡的示例。

示例 3.6.33（六人相识问题）．随便抽取宴会上的 6 个人，或者其中 3 人互相认识，或者其中 3 人互相不认识。注意：这里我们约定"认识"是一个对称关系，即如果 a 认识 b 那么 b 也认识 a。

证明：　不妨分别设六人为 a, b, c, d, e, f。同时画图说明六人关系，实线表示"认识"，虚线表示"不认识"。先固定一个人，不妨假设 a，那么 a 与其余五人的关系有两种情况：或者 a 至少认识 3 人，或者 a 至少不认识 3 人，这是因为 $2 + 2 < 5$。

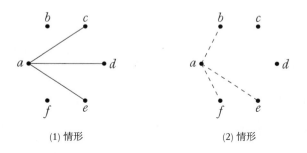

(1) 情形　　　　　　　　　(2) 情形

图 3.4　六人相识问题的两种情形

(1) a 至少认识 3 人，如图 3.4 (1)。不妨设这 3 人为 c, d, e，他们之间的关系又分两种子情形：c, d, e 这 3 人，或者有 2 人互相认识，或者互相都不认识。

---

①Ramsey, F. P., 1903—1930，英国数学家、逻辑学家、哲学家、经济学家。

②详见 [187]。

③更多拉姆齐理论的知识，详见 [84]。

④Combinatorial Set Theory；实际上，组合集合论研究的是关于高阶无穷的拉姆齐理论，是集合论的一个研究方向，更多组合集合论的知识，详见 [50, 86] 和 [116，第 107–123 页]。

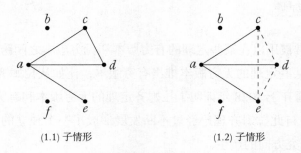

(1.1) 子情形　　　　　　　　　(1.2) 子情形

图 3.5 六人相识问题情形 (1) 的两种子情形

(1.1) c, d, e 这 3 人有 2 人互相认识，如图 3.5 (1.1)。不妨设这 2 人为 c, d，则 a, c, d 这 3 人互相认识，结论得证。

(1.2) c, d, e 这 3 人互相都不认识，如图 3.5 (1.2)，此时结论得证。

(2) a 至少不认识 3 人，如图 3.4 (2)。与情形 (1) 类似。　　　　　　　　□

为便于将陈述六人相识问题推广到更一般的情形，需要引入一些基本概念。按照集合论[①]的方式，我们约定：每个自然数就是所有比它小的自然数的集合，并且用 ω 表示自然数集 $\mathbb{N}$ 及其大小。

定义 3.6.34. 设 n, k 为自然数，X 是集合。

(1) $[X]^n$ 是由 X 的所有 n 元子集组成的集合，即 $[X]^n = \{ Y \subseteq X \mid |Y| = n \}$；

(2) 称 f 是 X 的 k-着色（k-coloring）函数，如果 f 是从 X 到 k 的函数，即 $f : X \to k$。

(3) 设 f 是 $[X]^n$ 的 k-着色函数。称子集 $Y \subseteq X$ 是（相对于 f 的）单色（monochromatic）集，如果 f 在 $[Y]^n$ 上的值是唯一的，即存在 $i < k$ 使得 $f[[Y]^n] = \{i\}$。　　□

为进一步简化表述，引入箭形记号，它最早由厄多斯[②]引入，所以也称厄多斯记号。

定义 3.6.35. 设 n, k, a, b 为非零自然数（或基数）。用 $a \to (b)_k^n$ 表示：任给大小为 a 的集合 X 和 $[X]^n$ 的 k-着色函数，都有大小为 b 的单色集 $Y \subseteq X$。　　□

将六人相识问题用引入的概念表述就是：任给大小为 6 的集合 X 和 X^2 的 2-着色函数 f，都有大小为 3 的单色集 $Y \subseteq X$；用厄多斯符号表示就是：$6 \to (3)_2^2$。

[①] Set Theory；集合论，顾名思义就是指研究集合相关性质的理论，是数理逻辑的一个独立分支，更多集合论的知识，详见 [86, 112, 116, 133, 135]。

[②] Erdös, P.，1913—1996，匈牙利著名数学家，是一位非常高产的数学家，目前保持着 1525 篇的数学发文记录，他在拉姆齐理论中有很多漂亮的结果。

习题 3.6.36（鸽笼原理，Pigeon-Hole Principle）. 设 k 是非零自然数。证明：

(1)（有穷的）将 $k+1$ 只鸽子放到 k 个笼子中，必然有一个笼子装了 2 只鸽子，即 $(k+1) \to (2)_k^1$。

(2)（无穷的）将无穷多只鸽子放到 k 个笼子中，必然有一个笼子里装了无穷多只鸽子，即 $\omega \to (\omega)_k^1$。 □

习题 3.6.37. 设 $a \to (b)_k^n$。证明：

(1) 如果 $a' \geq a$，那么 $a' \to (b)_k^n$；
(2) 如果 $b' \leq b$，那么 $a \to (b')_k^n$；
(3) 如果 $k' \leq k$，那么 $a \to (b)_{k'}^n$；
(4) 如果 $n' \leq n$，那么不一定有 $a \to (b)_k^{n'}$。

提示：对 (4) 只需举出反例。 □

现在我们证明无穷的拉姆齐定理。

定理 3.6.38（无穷的拉姆齐，1928）. 任给非零自然数 n, k 都有 $\omega \to (\omega)_k^n$。

无穷的拉姆齐定理的具体涵义是：对于所有非零自然数 n, k，任给大小为 ω 的无穷集 X 和 $[X]^n$ 的 k-着色函数 f，都有大小为 ω 的无穷单色集 $Y \subseteq X$。

证明思路简化说明　整体上，使用自然数归纳法证明无穷的拉姆齐定理，准确说是固定住 k 的同时施归纳于 n。为便于理解归纳步骤的情形，不妨先令 $k = 2$ 且 $n = 2$，即从 $\omega \to (\omega)_2^1$ 推出 $\omega \to (\omega)_2^2$。$\omega \to (\omega)_2^2$ 的意思是说：任给 $[\omega]^2$ 的 2-着色函数 f 都有无穷的单色集 Y 使得 $[Y]^2$ 只着一种颜色。

为建立直观，不妨将 $[\omega]^2$ 看成 $\omega \times \omega$ 这个平面的下半部分（而非整个平面，因为 $\{a, b\}$ 中的元素无序；也不含 $y = x$ 上的点，因为 $\{a, a\} \notin [\omega]^2$），如图 3.6。

进一步，不妨将这些点着成黑白两种颜色。我们的最终目的是构造一个无穷的单色集 $Y \subseteq \omega$ 使得 $[Y]^2$ 中的点都被着成黑色或白色。为突出重点，我们只对关注行的关注点标注颜色，实心表示黑色，空心表示白色，如图 3.7。其他的点也有着色，只是在构造单色集 Y 的过程中我们不关注它们的着色。

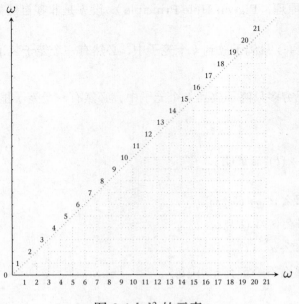

图 3.6 $[\omega]^2$ 的元素

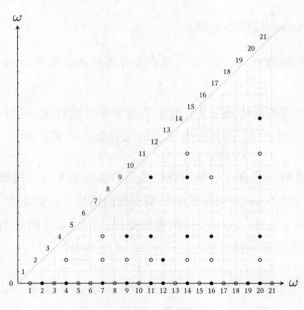

图 3.7 构造单色集过程

现在我们结合图 3.7 说明构造单色集 Y 的过程，我们递归地进行构造：

(1) 先关注第 0 行的点，它们都被染成了黑白两种颜色；根据归纳假设 $\omega \to (\omega)^1_2$，亦即鸽笼原理，肯定有无穷多个点被着成某种颜色；不妨假设黑色点有无穷多个（当然，白色点也可能有无穷多个），全部找到它们，如图 3.7 的第 0 行；并找到横坐标最小的黑色点，发现是 (2,0)；查看它的横坐标，发现是 2，把目光移向第 2 行。

(2) 我们并不关注第 2 行全部的点，只关注刚才找到的第 0 行的黑色点所在的垂直线与第 2 行水平线相交的那些点；由于刚才找到的第 0 行的黑色点有无穷多个，所以这些点也有无穷多个；它们已经被着成了黑白两种颜色，同样根据归纳假设 $\omega \to (\omega)^1_2$，这些点中也有无穷多个点被着成了某种颜色；不妨假设这些点中白色点有无穷多个，全部找到它们，如图 3.7 的第 2 行；并找到这些点中横坐标最小的白色点，发现是 (4,2)；查看它的横坐标，发现是 4，把目光移向第 4 行。

(3) 同样，我们并不关注第 4 行全部的点，只关注刚才找到的第 2 行的白色点所在的垂直线与第 4 行水平线相交的那些点；由于刚才找到的第 2 行的白色点有无穷多个，所以这些点也有无穷多个；它们已经被着成了黑白两种颜色，同样根据归纳假设 $\omega \to (\omega)^1_2$，这些点中也有无穷多个点被着成了某种颜色；不妨假设这些点中黑色点有无穷多个，全部找到它们，如图 3.7 的第 4 行；并找到这些点中横坐标最小的黑色点，发现是 (9,4)；查看它的横坐标，发现是 9，把目光移向第 9 行。

(4) 如此递归地操作下去。由于每一步的关注点都有无穷多个，所以这个过程可以不断地持续下去。

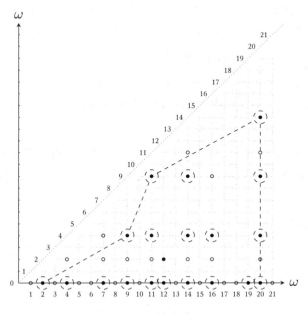

图 3.8 单色集

(5) 现在统计下，关注行第 $0,2,4,9,11,14,\cdots$ 行的关注点被着无穷多次的，那些颜色；发现是黑、白、黑、黑、白、黑、……；根据鸽笼原理，在这个颜色序列中，肯定有某种颜色出现无穷多次,不妨假设是黑色;挑出黑色所对应的行: $0, 4, 9, \cdots$;我们把目光再次回到这些行,再次回到刚才在这些行所找到的那些黑色点,把它们一一圈出来,并把边缘的黑色点连起来,(从整个 $[\omega]^2$ 平面看)它们组成了一个三角链状的平面(顶点不一定是尖角,边也不一定是直线),如图 3.8 所示;把这个三角链状的平面上所有被圈黑色点的横纵坐标收集起来组成集合 Y ,它就是我们所要构造的单色集。

回顾刚才构造单色集的过程发现,所有操作都有统一规律且十分确定,所以这个从 $\omega \to (\omega)^1_2$ 推出 $\omega \to (\omega)^2_2$ 的过程可以推广到从 $\omega \to (\omega)^n_k$ 推出 $\omega \to (\omega)^{n+1}_k$ 的一般情形,而这就是无穷的拉姆齐定理证明的最核心思路。

无穷的拉姆齐定理的证明: 施归纳于 n 。

- $n = 1$ 。即无穷的鸽笼原理。
- $n = m + 1$ 。给定 k-着色函数 $f: [\omega]^n \to k$ 。首先递归地定义如下序列: $\langle Y_i \mid i \in \omega \rangle$, $\langle u_i \mid i \in \omega \rangle$, $\langle f_{u_i} \mid i \in \omega \rangle$, $\langle Y_{u_i} \mid i \in \omega \rangle$, $\langle g(u_i) \mid i \in \omega \rangle$ 。
  - $i = 0$ 的情形。取 $Y_0 = \omega$, $u_0 = 0$,定义 $f_{u_0}: [Y_0 - \{u_0\}]^m \to k$ 为 $f_{u_0}(S) = f(\{u_0\} \cup S)$ 。根据归纳假设 $\omega \to (\omega)^m_k$ 可知存在相对于 f_{u_0} 的 $Y_0 - \{u_0\}$ 的单色集 Y_{u_1} ,此时令 $g(u_0)$ 为这个单色值,并取 $Y_1 = Y_{u_0}$, $u_1 = \min Y_1 = \min Y_{u_0}$ 。注意 $u_0 < u_1$ 。
  - $i + 1$ 的情形。假设 $Y_i, u_i, f_{u_i}: [Y_i - \{u_i\}]^m \to k$ 已经定义好,根据归纳假设 $\omega \to (\omega)^m_k$ 可知存在相对于 f_{u_i} 的 $Y_{u_i} - \{u_i\}$ 的单色集 Y_{u_i} , $g(u_i)$ 为这个单色值。此时取 $Y_{i+1} = Y_{u_i}$, $u_{i+1} = \min Y_{i+1} = \min Y_{u_i}$ 。注意: $u_i < u_{i+1}$ 。定义 $f_{u_{i+1}}: [Y_{i+1} - \{u_{i+1}\}]^m \to k$ 为 $f_{u_{i+1}}(S) = f(\{u_{i+1}\} \cup S)$,根据归纳假设可知存在相对于 $f_{u_{i+1}}$ 的 $Y_{u_{i+1}} - \{u_{i+1}\}$ 的单色集 $Y_{u_{i+1}}$,令 $g(u_{i+1})$ 为这个单色值。

此时令 $U = \{u_i \mid i \in \omega\}$,则 $g: U \to k$ 是 U 上的 k-着色函数,根据归纳假设 $\omega \to (\omega)^1_k$,存在相对于 g 的 U 的单色集 X ,记这个单色值为 c $(c < k)$ 。下面验证 X 也是相对 f 的 ω 的单色集:

- $X \subseteq \omega$ 。显然 $X \subseteq U \subseteq \omega$ 。
- 任给 $B \in [X]^n$, $f(B)$ 的值都是 c 。任给 $B \in [X]^n = [X]^{m+1}$,都存在 $i_0, \cdots, i_m \in \omega$ 使得 $u_{i_0}, \cdots, u_{i_m} \in X \subseteq U$ 且 $u_{i_0} < \cdots < u_{i_m}$ 。则

$$
\begin{aligned}
f(B) &= f(\{u_{i_0}, \cdots, u_{i_m}\}) \\
&= f(\{u_{i_0}\} \cup \{u_{i_1}, \cdots, u_{i_m}\}) \\
&= f_{u_{i_0}}(\{u_{i_1}, \cdots, u_{i_m}\}) 。
\end{aligned}
$$

由于 $u_{i_1}, \cdots, u_{i_m} \in Y_{u_{i_0}}$ 且 $f_{u_{i_0}}$ 在 $Y_{u_{i_0}}$ 的值唯一且这个值为 $g(u_{i_0})$,所以 $f(B) = g(u_{i_0})$ 。

又由于 $u_{i_0} \in X$ 且 g 在 X 上的单色值为 c，因此 $f(B) = g(u_{i_0}) = c$。

这就完成了证明。 □

拉姆齐定理的有穷情形也是成立的，其准确表述如下。

定理 3.6.39（有穷的拉姆齐，1928）. *任给非零自然数 n, k, b 都存在自然数 a 使得 $a \to$* $(b)_k^n$。

不使用无穷的拉姆齐定理而直接证明有穷的拉姆齐定理是可行的，详见 [112，第 218–219 页]，但是比较复杂。而借助紧致性定理从无穷的拉姆齐定理直接推出有穷的拉姆齐定理则相对简洁些，所以我们采取这种方法。

有穷的拉姆齐定理的证明： 有穷的拉姆齐定理的具体涵义是

> 任给非零自然数 n, k, b 都存在大小为 a 的集合 X，使得任给 $[X]^n$ 的 k-着色函数 f 都存在大小为 b 的单色集 $Y \subseteq X$。

证明思路整体说明 总体的证明思路是反证法。假设有穷的拉姆齐定理不成立，即

> 存在非零自然数 n, k, b，使得任给自然数 a 都存在大小为 a 的集合 X，使得对某个 $[X]^n$ 的 k-着色函数 f 不存在大小为 b 的单色集 $Y \subseteq X$。

由此出发，我们会构造一个有穷可满足的语句集 Γ，根据紧致性定理可知 Γ 也可满足；但是无穷的拉姆齐定理会告诉我们 Γ 不可满足：于是矛盾产生，从而证明有穷的拉姆齐定理成立。我们逐步完成整个证明。

选定所需一阶语言 设 $\mathrm{sig}\,\mathscr{L}_1 = \{R_0, \cdots, R_{k-1}\}$，其中所有 R_i 都是 n 元关系符号。我们拟用 $R_i(x_0, \cdots, x_{n-1})$ 表示 X 的 n 元子集 $\{x_0, \cdots, x_{k-1}\}$ 被着上颜色 i。

构造有穷可满足集 首先，令 ϕ 表示 $R_0, \cdots, R_{k-1}$ 定义了一个 k-着色函数 f，即 R_i 将 X 的某些 n 元子集着成颜色 i，而 $R_0, \cdots, R_{k-1}$ 则把 X 的全部 n 元子集着成 k 个颜色。ϕ 的具体定义留在后面，现在只简单说下其涵义：$R_i(x_0, \cdots, x_{n-1})$ 只在 x_j 们各自不同时才可能成立；$R_i(x_0, \cdots, x_{n-1})$ 是否成立与 x_j 们的顺序无关；

$$R_0(x_0, \cdots, x_{n-1}), \cdots, R_{k-1}(x_0, \cdots, x_{n-1})$$

最多只有一个成立，即每一组 x_j 们最多会被着一个颜色；x_j 们各自不同时，

$$R_0(x_0, \cdots, x_{n-1}), \cdots, R_{k-1}(x_0, \cdots, x_{n-1})$$

至少有一个成立，即每组 x_j 们各自不同时一定会被着色。

其次，令 ψ_b 表示没有大小为 b 的单色子集 $Y \subseteq X$，具体定义也留在后面。

再次，令 θ_a 表示至少有 a 个元素，具体定义依然留在后面。

复次，令

$$\Gamma_a = \{\phi, \psi_b, \theta_1, \cdots, \theta_a\}。$$

Γ_a 的模型就是：一个大小为 a 的论域 X 和定义了 $[X]^n$ 的 k-着色函数的 k 个 n 元关系 $R_0, \cdots, R_{k-1}$。并且，X 还没有大小为 b 的单色子集。我们的假设"存在非零自然数 n, k, b，使得任给自然数 a 都存在大小为 a 的集合 X，使得对某个 $[X]^n$ 的 k-着色函数 f 不存在大小为 b 的单色集 $Y \subseteq X$"保证了，任给自然数 a 公式集 Γ_a 都有模型，从而 Γ_a 都是可满足的。

最后，令

$$\Gamma = \bigcup_{0 < a \in \omega} \Gamma_a = \{\phi, \psi_b, \theta_1, \cdots, \theta_a, \cdots\}。$$

Γ 的模型就是：一个无穷的论域 X 和定义了 $[X]^n$ 的 k-着色函数的 k 个 n 元关系 $R_0, \cdots, R_{k-1}$。并且，X 没有大小为 b 的单色子集。

用紧致性导出矛盾　由于 Γ 的所有有穷子集都可以扩充成某个 Γ_a，所以 Γ 是有穷可满足的，从而根据紧致性定理可知 Γ 是可满足的。

但是，无穷的拉姆齐定理告诉我们，对于所有非零自然数 n, k，任给无穷集 X 和 $[X]^n$ 的 k-着色函数 f，都有无穷单色集 $Y \subseteq X$。而从这个无穷单色集中拿出 b 个元素便可组成一个大小为 b 的单色集。这说明，Γ 是不可满足的，矛盾。因此，有穷的拉姆齐定理成立。

补全所有证明细节　最后，给出 ϕ, ψ_b, θ_a 的具体定义从而完成有穷的拉姆齐定理的整个证明。

ϕ 的定义：任给 $i < k$，令 α_i 表示，任给 X 的子集 $\{x_0, \cdots, x_{n-1}\}$，$R_i(x_0, \cdots, x_{n-1})$ 只在 x_j 们各自不同时才可能成立，即

$$\alpha_i \triangleq \forall x_0, \cdots, x_{n-1} \left(R_i(x_0, \cdots, x_{n-1}) \to \bigwedge_{i \neq j < n} x_i \neq x_j \right);$$

任给 $i < k$，令 π_i 表示，任给 X 的子集 $\{x_0, \cdots, x_{n-1}\}$，$R_i(x_0, \cdots, x_{n-1})$ 是否成立与 x_j 们的顺序无关，即

$$\pi_i \triangleq \forall x_0, \cdots, x_{n-1} \bigwedge_{g \neq h \in B(n)} \left(R_i(x_{g(0)}, \cdots, x_{g(n-1)}) \leftrightarrow R_i(x_{h(0)}, \cdots, x_{h(n-1)}) \right),$$

其中，$B(n)$ 为所有从 n 到 n 的双射组成的集合；任给 $i \neq j < k$，令 $\sigma_{i,j}$ 表示所有 X 的 n

元子集 $\{x_0, \cdots, x_{n-1}\}$ 都不会被着成两种颜色 i, j，即

$$\sigma_{i,j} \triangleq \forall x_0 \cdots x_{n-1} \left(R_i(x_0, \cdots, x_{n-1}) \to \neg R_i(x_0, \cdots, x_{n-1}) \right);$$

再令 τ 表示所有 X 的 n 元子集 $\{x_0, \cdots, x_{n-1}\}$ 都会被着色，即

$$\tau \triangleq \forall x_0 \cdots x_{n-1} \left(\bigwedge_{i \neq j < n} x_i \not\simeq x_j \to \bigvee_{i < k} R_i(x_0, \cdots, x_{n-1}) \right);$$

进而令

$$\phi \triangleq \bigwedge_{i < k} \alpha_i \wedge \bigwedge_{i < k} \pi_i \wedge \bigwedge_{i \neq j < k} \sigma_{i,j} \wedge \tau。$$

则 ϕ 表示 $R_0, \cdots, R_{k-1}$ 定义了一个 k-着色函数 f。

ψ_b 的定义：任给 $i < k$，先令 $\rho_i(x_0, \cdots, x_{b-1})$ 表示 $\{x_0, \cdots, x_{b-1}\}$ 的某个 n 元子集被着色 i，即

$$\rho_i(x_0, \cdots, x_{b-1}) \triangleq \bigvee_{s_0, \cdots, s_{n-1} < b} R_i(x_{s_0}, \cdots, x_{s_{n-1}});$$

再令

$$\psi_b \triangleq \forall x_0, \cdots, x_{b-1} \left(\bigwedge_{s \neq t < b} x_s \not\simeq x_t \to \bigvee_{i \neq j < k} (\rho_i(x_0, \cdots, x_{b-1}) \wedge \rho_j(x_0, \cdots, x_{b-1})) \right)。$$

则 ψ_b 表示所有大小为 b 的集合 Y 的 n 元子集至少有两种颜色，即所有大小为 b 的集合 Y 都不是单色集。

θ_a 的定义：当 $a = 1$ 时，令 $\theta_1 \triangleq \exists x(x = x)$；当 $a \geq 2$ 时，令

$$\theta_a \triangleq \exists x_0, \cdots, \exists x_{a-1} \bigwedge_{i \neq j < a} x_i \simeq x_j。$$

则 θ_a 表示 X 至少有 a 个元素。　□

评注 3.6.40. 撇除个别公式定义的烦琐不说，利用紧致性定理从无穷的拉姆齐定理推出有穷的拉姆齐定理的证明过程还是非常简洁清晰的。　□

也可以使用紧致性定理从范·德·瓦登[①]定理的无穷版本推出有穷版本，我们将其留作习题。

习题 3.6.41. 设 X 是集合，a, b, k 是非零自然数（或基数），f 是 X 上的 k-着色函数。称 $Y \subseteq X$ 是（相对于 f 的）b-良（good）集，如果 f 在 Y 的值是唯一的且存在 $m_0, \cdots, m_{b-1} \in Y$ 使得 $m_{i+1} - m_i$ 都为某个固定的自然数。用 $a \to /b/_k$ 表示：任给大小为 a 的集合 X 和 X 的 k-着色函数，都存在 b-良集 $Y \subseteq X$。

[①] Van der Waerden, B. L.，1903—1996，荷兰数学家、数学史家。

定理 3.6.42（有穷的范·德·瓦登，1927）．任给非零自然数 k, b 都有自然数 a 使得 $a \rightarrow /b/_k$。

定理 3.6.43（无穷的范·德·瓦登，1927）．任给非零自然数 k 都有 $\omega \rightarrow /\omega/_k$。

请使用紧致性定理从范·德·瓦登定理[①]的无穷版本推出有穷版本。　　　□

　　另一方面，可以借助紧致性定理从某些定理的有穷版本推出无穷版本，如下四色（Four Coloring）定理、非良着色（Unfriendly Coloring）定理、沃实–马尔切夫斯基（Marczewski, E.）定理等都是示例。由于思路与从拉姆齐定理的无穷版本推出有穷版本类似，我们也将其留作习题。

习题 3.6.44. 设 M 是一个平面地图（如图 3.9），x, y 是 M 的两个交集为空的区域。称 M 是有穷的，如果它有有穷个彼此交集为空的区域；称 M 是无穷的，如果它有无穷个彼此交集为空的区域；称 x, y 是毗邻的，如果 x, y 有某段共同的边界线。

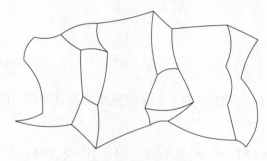

图 3.9 平面地图

定理 3.6.45（有穷的四色，1977）．任给有穷的平面地图和四种颜色，都存在一种着色方法使得该地图的每个区域都被着色且互相毗邻的区域着色不同。

定理 3.6.46（无穷的四色，1977）．任给无穷的平面地图和四种颜色，都存在一种着色方法使得该地图的每个区域都被着色且互相毗邻的区域着色不同。

请使用紧致性定理从四色定理[②]的有穷版本推出无穷版本。提示：注意同时使用勒文海–斯库伦定理 4.2.36。　　　□

习题 3.6.47. 设 $\mathcal{V} = (V, E)$ 是一个图[③]，$u, v \in V$ 且 f 是 V 的 2-着色函数。称 V 中的元素为顶点（vertice）。称 u 是 v 的邻点，如果 $(u, v) \in E$。称 f 是 $\mathcal{V}$ 的非良着色函数，如

---

① 具体证明详见 [232] 或 [122，第 11–17 页]。

② 具体证明详见 [6]。

③ 参见评注 3.6.54 (4)。

果任给顶点 $v \in V$ 函数 f 在 v 的至少半数邻点的取值都为 $1 - f(v)$。称 $\mathcal{V}$ 是局部有穷的（locally finite），如果 V 中所有顶点的邻点个数都是有穷的。

定理 3.6.48（有穷的非良着色，1977）. 所有有穷的图[1]都有非良着色函数。

定理 3.6.49（无穷的非良着色，1977）. 所有局部有穷的图都有非良着色函数。

请使用紧致性定理从非良着色定理[2]的有穷版本推出无穷版本。　　　　□

习题 3.6.50. 设 X 是集合且 $\varnothing \neq \mathcal{A} \subseteq \wp(X)$。称 $\mathcal{A}$ 是 X 上的代数，如果任给 $A \in \mathcal{A}$ 都有 $X - A \in \mathcal{A}$ 且任给 $A, B \in \mathcal{A}$ 都有 $A \cup B \in \mathcal{A}$。称函数 $\mu : \mathcal{A} \to [0, +\infty]$ 是代数 $\mathcal{A}$ 上的可加测度（additive measure），如果 $\mu(\varnothing) = 0$ 且任给交集为空的 $A, B \in \mathcal{A}$ 都有 $\mu(A \cup B) = \mu(A) + \mu(B)$。

定理 3.6.51（有穷的沃实–马尔切夫斯基，1949）. 设 $\mathcal{A}, \mathcal{B}$ 都是有穷代数使得 $\mathcal{A} \subseteq \mathcal{B}$。则所有 $\mathcal{A}$ 上的可加测度都可以扩张成为 $\mathcal{B}$ 上的可加测度。

定理 3.6.52（无穷的沃实–马尔切夫斯基，1949）. 设 $\mathcal{A}, \mathcal{B}$ 都是代数使得 $\mathcal{A} \subseteq \mathcal{B}$。则所有 $\mathcal{A}$ 上的可加测度都可以扩张成为 $\mathcal{B}$ 上的可加测度。

请使用紧致性定理从沃实–马尔切夫斯基定理[3]的有穷版本推出无穷版本。　　　　□

3.6.4　广义初等类

本子节主要借助紧致性定理讨论结构类的可以定义性问题，从而深入分析一阶语言表达力的局限性。为方便讨论，我们引入初等类和广义初等类的概念。

定义 3.6.53. 设 ϕ 是 $\mathscr{L}_1$-语句，Γ 是 $\mathscr{L}_1$ 的语句集，$\mathfrak{S}$ 是 $\mathscr{L}_1$-结构组成的类。

(1) 用 $\mathfrak{M}(\Gamma)$ 表示 Γ 的模型组成的类，记为 $\mathfrak{M}(\Gamma) = \{\mathcal{M} \mid \mathcal{M} \vDash \Gamma\}$；特殊地，记 $\mathfrak{M}(\{\phi\})$ 为 $\mathfrak{M}(\phi)$。常用德文哥特体字母 $\mathfrak{M}, \mathfrak{N}, \cdots$ 表示某一类结构或模型。

(2) 称 $\mathfrak{S}$ 是初等类（elementary class，记为 EC），如果存在 $\mathscr{L}_1$-语句 ϕ 使得 $\mathfrak{S} = \mathfrak{M}(\phi)$；否则称 $\mathfrak{S}$ 不是初等类。

(3) 称 $\mathfrak{S}$ 是广义初等类（elementary class in wider sense，记为 EC_Δ），如果存在 $\mathscr{L}_1$ 的语句集 Γ 使得 $\mathfrak{S} = \mathfrak{M}(\Gamma)$；否则称 $\mathfrak{S}$ 不是广义初等类。　　□

评注 3.6.54. (1) 任给结构类 $\mathfrak{S}$，如果它是初等类，那么它也是广义初等类。

---

[1] 参见定义 3.3.6。

[2] 具体证明详见 [2, 19] 或 [45, 第 217 页]。

[3] 具体证明详见 [144]。

(2) 任给语句 ϕ 和语句集 Γ，$\mathfrak{M}(\phi)$ 是初等类，$\mathfrak{M}(\Gamma)$ 是广义初等类。

(3) 线序（linear order）类 $\mathfrak{L}$ 由如下形式的结构组成：$\mathcal{M} = (M, R)$，它满足如下线序公理：

- （禁对称性）$\phi_0 : \forall x \forall y (Rxy \rightarrow \neg Ryx)$；
- （传递性）　$\phi_1 : \forall x \forall y \forall z (Rxy \wedge Ryz \rightarrow Rxz)$；
- （三歧性）　$\phi_2 : \forall x \forall y (Rxy \vee x \simeq y \vee Ryx)$。

显然，$\mathfrak{L} = \mathfrak{M}(\bigwedge_{i<3} \phi_i)$，因此它是初等类。

(4) - 图（graph）类 $\mathfrak{G}_0$ 由如下形式的结构组成：$\mathcal{V} = (V, E)$，它满足如下图公理：
  - （禁自返性）$\phi_0 : \forall x (\neg Exx)$；
  - （对称性）　$\phi_1 : \forall x \forall y (Exy \leftrightarrow Eyx)$。

  显然，$\mathfrak{G}_0 = \mathfrak{M}(\bigwedge_{i<2} \phi_i)$，因此它是初等类。

- 有穷图类 $\mathfrak{G}_0^F = \{\mathcal{V} = (V, E) \mid \mathcal{V}$ 是图且 V 是有穷的$\}$ 不是初等类，甚至不是广义初等类。

  证明： 反证法。假设存在语句集 Γ 有 $\mathfrak{G}_0^F = \mathfrak{M}(\Gamma)$。根据定理 3.6.27 可知 Γ 有无穷模型 $\mathcal{M}$，因而 $\mathcal{M} \in \mathfrak{G}_0^F$ 且 $\mathcal{M} \notin \mathfrak{G}_0^F$，矛盾。　□

(5) - 群（group）类 $\mathfrak{G}_1$ 是由如下形式的结构组成：$\mathcal{G} = (G, \circ, e)$，它满足如下群公理：
  - （存在幺元）$\phi_0 : \forall x (x \circ e \simeq e \wedge e \circ x \simeq e)$；
  - （存在逆元）$\phi_1 : \forall x \forall y \exists z (x \circ z \simeq y \wedge z \circ x \simeq y)$；
  - （结合律）　$\phi_2 : \forall x \forall y \forall z ((x \circ y) \circ z \simeq x \circ (y \circ z))$。

  显然，$\mathfrak{G}_1 = \mathfrak{M}(\bigwedge_{i<3} \phi_i)$，因此它是初等类。

- 无穷群类 $\mathfrak{G}_1^I = \{\mathcal{G} = (G, \circ) \mid \mathcal{G}$ 是群且 G 是无穷的$\}$ 是广义初等类，但不是初等类。

  证明： 令 $\Gamma = \{\bigwedge_{i<3} \phi_i\} \cup \{\exists x_0 \cdots \exists x_{n-1} (\bigwedge_{i \neq j < n} x_i \neq x_j) \mid n \in \mathbb{N}\}$，则 $\mathfrak{G}_1^I = \mathfrak{M}(\Gamma)$，所以它是广义初等类。为说明 $\mathfrak{G}_1^I$ 不是初等类，我们用反证法处理。假设 $\mathfrak{G}_1^I = \mathfrak{M}(\Gamma) = \mathfrak{M}(\phi)$，则

  $$\{\bigwedge_{i<3} \phi_i\} \cup \{\exists x_0 \cdots \exists x_{n-1} (\bigwedge_{i \neq j < n} x_i \neq x_j) \mid n \in \mathbb{N}\} \vDash \phi。$$

  根据紧致性定理，存在 $m \in \mathbb{N}$ 使得

  $$\{\bigwedge_{i<3} \phi_i\} \cup \{\exists x_0 \cdots \exists x_{n-1} (\bigwedge_{i \neq j < n} x_i \neq x_j) \mid n < m\} \vDash \phi。$$

  这意味着，任给大小大于 m 的图 $\mathcal{G}_k$ 都有 $\mathcal{G}_k \vDash \phi$。由于我们有任意大小大于 m 的图 $\mathcal{G}_k$，选一个大小大于 m 的图 $\mathcal{G}_k$，因为 $\mathcal{G}_k \vDash \phi$，所以 $\mathcal{G}_k \in \mathfrak{G}_1^I$。但我们还有 $\mathcal{G}_k \notin \mathfrak{G}_1^I$，

矛盾。 □

(6) ● 域（field）类 $\mathfrak{F}$ 由如下形式的结构组成：$\mathcal{F} = (F, +, \times, 0, 1)$，它满足如下域公理：

　● （零元加法）　$\phi_0 : \forall x(x + 0 \simeq x)$；

　● （加法交换律）　$\phi_1 : \forall x \forall y(x + y \simeq y + x)$；

　● （加法结合律）　$\phi_2 : \forall x \forall y \forall z((x + y) + z \simeq x + (y + z))$；

　● （零元乘法）　$\phi_3 : \forall x(x \times 0 \simeq 0)$；

　● （幺元乘法）　$\phi_4 : \forall x(x \times 1 \simeq x)$；

　● （乘法结合律）　$\phi_5 : \forall x \forall y \forall z((x \times y) \times z \simeq x \times (y \times z))$；

　● （乘法交换律）　$\phi_6 : \forall x \forall y(x \times y \simeq y \times x)$；

　● （分配律）　$\phi_7 : \forall x \forall y \forall z((x + y) \times z \simeq (x \times z) + (y \times z))$；

　● （存在逆元）　$\phi_8 : \forall x(x \neq 0 \rightarrow \exists y(x \times y \simeq 1))$。

显然，$\mathfrak{F} = \mathfrak{M}(\bigwedge_{i<9} \phi_i)$，因此它是初等类。

● 设 p 是素数。称域 $\mathcal{F}$ 有特征值 p，如果它满足公理：

　● （特征值为 p）　$\phi_9^p : \underbrace{1 + \cdots + 1}_{p\,次} \simeq 0$。

称 $\mathcal{F}$ 有特征值 0，如果任给素数 p，它都没有特征值 p，即它满足 $\neg \phi_9^p$。令 $\mathfrak{F}_m = \{\mathcal{F} \mid \mathcal{F}$ 是有特征值 m 的域$\}$。显然，任给素数 p，$\mathfrak{F}_p = \mathfrak{M}(\bigwedge_{i<9} \phi_i \wedge \phi_9^p)$，因而它们都是初等类。

● 然而 $\mathfrak{F}_0$ 虽然是广义初等类，却不是初等类。

证明： 令 P 为全体素数的集合。显然，$\mathfrak{F}_0 = \mathfrak{M}(\{\bigwedge_{i<10} \phi_i\} \cup \{\neg \phi_9^p \mid p \in P\})$，因此 $\mathfrak{F}_0$ 是广义初等类。为说明 $\mathfrak{F}_0$ 不是初等类，我们用反证法处理。假如 $\mathfrak{F}_0 = \mathfrak{M}(\{\bigwedge_{i<9} \phi_i\} \cup \{\neg \phi_9^p \mid p \in P\}) = \mathfrak{M}(\phi)$，则

$$\{\bigwedge_{i<9} \phi_i\} \cup \{\neg \phi_9^p \mid p \in P\} \vDash \phi.$$

根据紧致性定理，可知存在素数 $m \in \mathbb{N}$ 使得

$$\{\bigwedge_{i<9} \phi_i\} \cup \{\neg \phi_9^p \mid p < m \wedge p \in P\} \vDash \phi.$$

这意味着，任给特征值大小大于 m 的域 $\mathcal{F}_k$ 都有 $\mathcal{F}_k \vDash \phi$（注意：任给素数 $p < k$ 域 $\mathcal{F}_k$ 都没有特征值 p）。由于我们有任意特征值大于 m 的域 $\mathcal{F}_k$（域 $\mathbb{Z}/(p)$ 的特征值就是 p），选一个特征值大于 m 的域 $\mathcal{F}_k$，因为 $\mathcal{F}_k \vDash \phi$，所以 $\mathcal{F}_k \in \mathfrak{F}_0$。但我们还有 $\mathcal{F}_k \notin \mathfrak{F}_0$，矛盾。 □

(7) 紧致性定理使我们看到，某些结构类不是广义初等类，而正是它们见证了一阶语言

表达力的局限。   □

作为定理 3.6.27 的推论，我们有

推论 3.6.55. 有穷结构类既不是初等类也不是广义初等类。   □

这说明一阶语言不能表达有穷。但一阶语言却能以公式集表达无穷，这是因为

习题 3.6.56. 证明：无穷结构类虽然不是初等类，却是广义初等类。   □

如下定理反映了互补的结构类之间的可定义性关系。

定理 3.6.57. 设 $\mathfrak{S}, \mathfrak{S}_0, \mathfrak{S}_1$ 是 $\mathscr{L}_1$-结构组成的类，其中 $\mathfrak{S}_0 \subseteq \mathfrak{S}$ 且 $\mathfrak{S}_1 = \mathfrak{S} - \mathfrak{S}_0$。如果 $\mathfrak{S}$ 是初等类，那么

(1) $\mathfrak{S}_0$ 是初等类当且仅当 $\mathfrak{S}_1$ 是初等类；
(2) $\mathfrak{S}_0, \mathfrak{S}_1$ 是广义初等类当且仅当 $\mathfrak{S}_0, \mathfrak{S}_1$ 是初等类。

证明： 只证 (2)，又由于 ($\Leftarrow$) 比较简单，所以只证 ($\Rightarrow$)。假设 $\mathfrak{S} = \mathfrak{M}(\theta)$, $\mathfrak{S}_0 = \mathfrak{M}(\Gamma_0)$ 且 $\mathfrak{S}_1 = \mathfrak{M}(\Gamma_1)$。由于 $\mathfrak{S}_1 = \mathfrak{S} - \mathfrak{S}_0$，因而 $\Gamma_0 \cup \Gamma_1$ 不是可满足的，进而 $\Gamma_0 \cup \Gamma_1 \vDash \bot$，从而根据紧致性定理可知存在 $\phi_0, \cdots, \phi_{m-1} \in \Gamma_0$ 和 $\psi_0, \cdots, \psi_{n-1} \in \Gamma_1$ 使得

$$\bigwedge_{i<m} \phi_i \wedge \bigwedge_{i<n} \psi_i \vDash \bot。$$

接下来只需证 $\mathfrak{S}_0 = \mathfrak{M}(\theta \wedge \bigwedge_{i<m} \phi_i)$ 且 $\mathfrak{S}_1 = \mathfrak{M}(\theta \wedge \bigwedge_{i<n} \psi_i)$。由于二者类似，只证前者：

- ($\subseteq$) 假设 $\mathcal{M} \in \mathfrak{S}_0$，则 $\mathcal{M} \in \mathfrak{S}$，因而 $\mathcal{M} \vDash \theta$。又由于 $\mathcal{M} \vDash \bigwedge_{i<m} \phi_i$，所以 $\mathcal{M} \vDash \theta \wedge \bigwedge_{i<m} \phi_i$。因此 $\mathcal{M} \in \mathfrak{M}(\theta \wedge \bigwedge_{i<m} \phi_i)$。
- ($\supseteq$) 假设 $\mathcal{M} \in \mathfrak{M}(\theta \wedge \bigwedge_{i<m} \phi_i)$，则 $\mathcal{M} \vDash \theta$ 且 $\mathcal{M} \vDash \bigwedge_{i<m} \phi_i$，因而 $\mathcal{M} \in \mathfrak{S}$ 且 $\mathcal{M} \nvDash \bigwedge_{i<m} \psi_i$，所以 $\mathcal{M} \in \mathfrak{S} - \mathfrak{S}_1$。因此 $\mathcal{M} \in \mathfrak{S}_0$。   □

习题 3.6.58. 证明：所有由特征值非零的域组成的类不是广义初等类。   □

习题 3.6.59. 设 T 是 $\mathscr{L}_1$-理论。证明：T 是可有穷公理化的当且仅当 $\mathfrak{M}(T)$ 是初等类。   □

习题 3.6.60. 证明：良序类不是广义初等类。   □

习题 3.6.61. 称一个图[①]$\mathcal{V} = (V, E)$ 是连通的（connected），如果论域中任意两个不同的元素之间都有一条路径将其连接起来，即任给 $a \neq b \in V$ 都存在 $x_0, \cdots, x_{n+2}$ 使得 $x_0 = a, x_{n+2} = b$ 且任给 $i < n+2$ 都有 $E x_i x_{i+1}$。证明：连通图类不是广义初等类。   □

---

① 参见评注 3.6.54 (4)。

3.7 哲学的应用

在哲学上，我们主要用一阶逻辑分析部分论证的有效性。在此之前，先对语言的分类和形式化方法进行简单说明。

3.7.1 语言的分类

从语言形成看，人类语言一般分为自然（natural）语言和人工（constructed）语言。自然语言通常指自然地随文化演化的语言，比如汉语、英语等；而人工语言则指为了某些特定目的由人创造的语言，比如世界语①等。自然语言具有社会性，由全体社会成员日常使用，而人工语言则具有个人性，限于特定范围使用；自然语言具有自然性，可以作为母语自然学会，而人工语言则具有人工性，不可能作为母语自然学会；自然语言具有民族性，特定的民族有特定的语言，而人工语言则具有国际性，因其较为确定可为国际通用。除了上述区别外，自然语言和人工语言还有一个十分重要的区别：前者充满模糊，有歧义；后者则比较明确，无歧义。

形式（formal）语言是人工语言的一种，是从特定的初始符号出发经过特定的形成规则所形成的语言，比如电报代码、计算机语言、数学语言、逻辑语言等。逻辑语言，顾名思义就是指逻辑学研究所采用的形式语言，比如上一章定义的命题语言、本章定义的一阶语言等。

从研究角度看，人类语言一般分为对象（object）语言和元（meta）语言。对象语言指作为研究对象的语言，而元语言则指研究对象语言所使用的语言。比如，如果用汉语研究英语，那么英语就是对象语言，汉语就是元语言。再比如，在本章我们用汉语研究一阶语言，相应地一阶语言就是对象语言，汉语就是元语言。

3.7.2 形式化方法

在学过命题逻辑和一阶逻辑后，我们似乎发现了这两章在写作框架上的某些共性，它们都有如下过程：建立形式语言，给定初始符号；建立语法，准确定义什么是公式；建立语义，准确定义什么是真的；建立公理系统，给定公理和推理规则；在公理系统下，准确定义什么是证明。

---

① Esperanto；它是波兰人扎门霍夫（Zamenhof, L. L.）博士于 1887 年创立的一种语言，旨在消除国际交往中的语言障碍，从而使得全世界各个种族、各个肤色的人都能顺畅地交流。

实际上，我们用逻辑学讨论某些问题和理论，也离不开这个过程，在其前后各加一步就构成了现代逻辑意义下的形式化方法（formalized method）：给定公理化的具体理论[1]；建立相应的形式语言，给定初始符号；建立语法，准确定义什么是公式；建立语义，准确定义什么是真的；建立公理系统，给定公理和推理规则；在公理系统下，准确定义什么是证明；把理论的公理与公理系统的公理合成一个公理集，形成该理论的公理系统。具体到一阶逻辑，即一阶逻辑的形式化方法，还要求其中的理论、语言、语法、语义、公理系统都是一阶的。

3.7.3 宇宙论论证

接下来，我们在形式化方法的基础上用一阶逻辑分析某些使用自然语言的哲学论证的有效性。一般说来，论证（argument）是指使用自然语言从有穷个自然语言命题推出某个自然语言命题的推理。由于一阶逻辑的相关语法、语义、公理系统等已经建立，根据形式化方法可知，这个过程一般有四步：一是针对哲学论证选择合适的一阶语言；二是将哲学论证所涉及的自然语言命题形式化为一阶公式；三是区分清楚哲学论证的前提和结论；四是判断前提所对应的一阶公式组成的公式集 Γ 能否推出结论所对应的一阶公式 ϕ，即 $\Gamma \vDash \phi$ 是否成立。如果成立那么论证有效，反之不然。而判断 $\Gamma \vDash \phi$ 是否成立，一般采用语义赋值的办法；当然，根据完全性定理可知，也可以采取语法证明的办法，即判断 $\Gamma \vdash \phi$ 是否成立。从这个过程看，（使用自然语言的）论证的有效性，是与逻辑语言的选择有关的，具体到本章内容它是与一阶语言的选择有关的。

我们以哲学史上经典的宇宙论（Cosmological）论证为例对此进行示范。宇宙论论证，又称第一因（First Cause）论证，由柏拉图[2]和亚里士多德在公元前 4 世纪至前 3 世纪提出。它主张，任何存在的事物都有起因，并且如果回溯得足够远的话必然存在第一因，而这个第一因就是宇宙的创造者。公元 11 世纪，阿尔-嘎咂哩[3]改进了这个论证，并将其严格地形式化，从而形成了著名的卡拉姆宇宙论论证[4]：

(1) 所有形成的事物都有成因。（Whatever begins to exist, has a cause of its existence.）

(2) 宇宙是形成的。（The universe began to exist.）

(3) 因此，宇宙有成因。（Therefore, the universe has a cause of its existence.）

---

[1] 这里并不要求公理集是可计算的；关于可计算的定义，详见定义 5.2.65。

[2] Plato, 公元前 428/427 或前 424/423—前 348/347, 古希腊哲学家。

[3] Al-Ghazali, 1058—1111, 波斯哲学家、法学家、神学家、伊斯兰逊尼派神秘主义者。

[4] 卡拉姆（kalam）在阿拉伯语中的意思是"雄辩的"（speaking），一般将这个词理解为"宗教哲学"（theological philosophy）；关于该论证，详见 [36]。

现在我们用一阶逻辑来分析卡拉姆宇宙论论证的有效性。首先，确定一阶语言。选择 u, B, C 作为非逻辑符号，它们分别为常量符号、一元关系符号、二元关系符号，而 u, $B(x)$, $C(y, x)$ 将来会被解释为 universe，x begins to exist，y is the cause of x's existence。其次，将卡拉姆宇宙论论证所涉及的自然语句形式化为相应的一阶公式：

(1) $\forall x(B(x) \to \exists y C(y, x))$。

(2) $B(u)$。

(3) $\exists y C(y, u)$。

再次，确认 $\forall x(B(x) \to \exists y C(y, x))$ 和 $B(u)$ 是前提，$\exists y C(y, u)$ 是结论。最后，判断 $\{\forall x(B(x) \to \exists y C(y, x)), B(u)\} \vDash \exists y C(y, u)$ 是否成立。不难判断它是成立的，因此卡拉姆宇宙论论证有效。

习题 3.7.1. 选择合适的一阶语言，并判断苏格拉底三段论的有效性：所有人都是要死的，苏格拉底是人，所以苏格拉底是要死的。 □

习题 3.7.2. 选择合适的一阶语言，并判断如下论证的有效性：所有有意义的非分析命题原则上都是可以证伪的。宗教命题既不是分析的，也不是原则上能证伪的。因此，宗教命题是没有意义的。 □

习题 3.7.3. 选择合适的一阶语言，并判断如下论证的有效性：所有中国学生和所有日本学生都会使用筷子。刘易斯大学的外国留学生只有中国学生和日本学生。因此，刘易斯大学中的外国留学生都会使用筷子。 □

习题 3.7.4. 选择合适的一阶语言，并判断如下论证的有效性：如果所有的思想都清楚，那么没有思想需要解释；如果所有的思想都不清楚，那么没有思想能够解释清楚。因此，如果有的思想既需要解释又能够解释清楚，那么说明有的思想清楚、有的思想不清楚。 □

习题 3.7.5. 选择合适的一阶语言，并判断如下论证的有效性：一个公理系统是完全的当且仅当它能表达的所有有效的公式在该系统中都可证。一个公理系统是一致的当且仅当，存在一个有效的公式，它在该系统中虽然能表达但不可证。因此，所有不一致的公理系统都是完全的。 □

习题 3.7.6. 找出哲学史上能够使用一阶逻辑判断有效性的一个经典哲学论证，说明其简要历史，给出其参考文献，判断其是否有效。 □

康托（Cantor, G.），1845—1918，德国数学家、逻辑学家，集合论的创始人。

第4章

一阶理论

4.1 导　言

在前面几章中，我们已经看到用形式化方法（公理化的、外延的）可以相对完美地整理出通常使用的逻辑规律；在本章中，我们将进一步看到这种方法能够把握相当一部分数学真理；在下一章中，我们会揭示形式化方法更加深刻的特性。

本章题目中的"一阶"这一定语表明，我们会基于一阶语言进行相应的讨论。但这并不意味着，其他的形式语言，如命题语言、高阶语言或者模态语言不能用于这种形式化的工作。之所以如此，是因为在具体的数学分支中，这种形式化的工作主要是基于一阶语言进行的，并且此间已有一些自然而深刻的结果，以之为典范，或许可以使我们更加深入有效地了解形式化方法。

4.2　结构与理论

一个理论总是基于一个给定的语言试图对一定范围里的 (数学) 真理①进行梳理和总结。当然，就目前而言，这一点至少对一部分读者还是相对模糊的，不过在接下来的主体部分我们会进行相对深入的探讨，随之而来，这些也会越来越清晰。就如在建造一个建筑物之前需要做打地基等这样的准备工作那样，我们也需要对所基于的基本概念框架以及相应的基本结果进行一个适当的梳理，本节的主要任务就是完成这一工作。

4.2.1　归约与膨胀

在这一小节里，我们将主要学习语言和结构的归约与膨胀、结构的（原子）图与初等

---

① 显然，理论的范围要广得多，除了各种数学理论外，我们还可能碰到物理理论、经济学理论、哲学理论等等。不过，到目前为止，对数学理论的这种讨论是最为成熟的，因此我们在后面的介绍也主要限于此。

图这些基本概念。

我们知道，在自然数上单单给定加法运算的概念就可以进行一些探讨了，从而使我们了解到关于自然数及加法的部分性质，比如，加法具有交换律、结合律等这样的性质。我们还可以进一步添上乘法运算，进而讨论乘法对加法的分配律。总而言之，对一个给定的论域，我们可以考虑让其携带不同的常量、关系、函数。这种添加或减少不同的常量、关系、函数的操作自然地就导出了结构间的归约与膨胀的概念，与之相对应，还有语言间的归约与膨胀的概念。

定义 4.2.1. 设 $\mathscr{L}_1, \mathscr{L}_1^*$ 为一阶语言。称语言 $\mathscr{L}_1^*$ 是 $\mathscr{L}_1$ 的膨胀，相应地，称 $\mathscr{L}_1$ 是 $\mathscr{L}_1^*$ 的归约，如果 $\mathrm{sig}\mathscr{L}_1^* \supseteq \mathrm{sig}\mathscr{L}_1$。 □

定义 4.2.2. 设 $\mathcal{M} = (M, I)$ 为 $\mathscr{L}_1$-结构，$\mathcal{N} = (N, J)$ 为 $\mathscr{L}_1^*$-结构。称 $\mathcal{N}$ 是 $\mathcal{M}$ 的膨胀，相应地，称 $\mathcal{M}$ 是 $\mathcal{N}$（在 $\mathscr{L}_1$ 上）的归约，记为 $\mathcal{M} = \mathcal{N} \!\restriction\! \mathscr{L}_1$，如果

(1) $\mathscr{L}_1^*$ 是 $\mathscr{L}_1$ 的膨胀；
(2) $M = N$；
(3) 任给 $\mathscr{L}_1$ 的非逻辑符号，其在 $\mathcal{M}$ 和在 $\mathcal{N}$ 上的解释都是相同的。 □

有些时候，我们会通过给一个结构的论域里的一些元素"起名字"而膨胀该结构，为了讨论上的便利，我们做如下的约定：

设 $\mathcal{M}$ 为 $\mathscr{L}_1$-结构，A 是 $\mathcal{M}$ 的论域 M 的一个非空子集，那么语言 $\mathscr{L}_1^A$ 是 $\mathscr{L}_1$ 这样的膨胀：$\mathrm{sig}\mathscr{L}_1^A = \mathrm{sig}\mathscr{L}_1 \cup \{\underline{a} \mid a \in A\}$，即相对于 A 中的每个元素，增加一个新常量符号，其余保持不变；对应地，$\mathcal{M}$ 的 A 膨胀是一个 $\mathscr{L}_1^A$ 结构，记为 $\mathcal{M}^A$，其中各 $\underline{a}$ 为新的常量符号，它们在 $\mathcal{M}^A$ 中的解释即相应的元素 a，即 $\underline{a}^{\mathcal{M}^A} = a$。

借助上述的"膨胀"概念，我们可以用语言"描画"给定结构的"形态"，因此有下面的（原子）图以及初等图的概念，它们在本质上是一种更加复杂的"乘法表"，但是会给我们讨论结构间的关系带来便利，这在后面的讨论中可以看到。

定义 4.2.3. 设 $\mathcal{M}$ 为 $\mathscr{L}_1$-结构。

(1) 令 $\mathrm{d}(\mathcal{M}) \triangleq \{\phi$ 为 $\mathscr{L}_1^A$ 原子语句 $\mid \mathcal{M}^A \vDash \phi\}$，称之为 $\mathcal{M}$ 的（原子）图；
(2) 令 $\mathrm{ed}(\mathcal{M}) \triangleq \{\phi$ 为 $\mathscr{L}_1^A$ 语句 $\mid \mathcal{M}^A \vDash \phi\}$，称之为 $\mathcal{M}$ 的初等图。 □

4.2.2 结构间关系

在前面我们已经提到，一个一阶理论是对一定范围内的数学真理的某种梳理和总结。这里的"一定范围"主要是指，这种整理是关于某一个或者某一类数学对象或者数学结构的。当我们手里有一类数学结构时，它们之间自然会有同态、同构等等这样的关系；与此同时，我们手里现在又有了可以用来描述这些数学结构的形式语言。在这一小节里，我们将会了解，由于形式语言的介入，数学结构间的关系会呈现得更加丰富。同时，我们也可以从语言的角度了解那些已有的数学结构间的关系。

定义 4.2.4. 设 $\mathscr{L}_1$ 为给定的语言，$\mathcal{M} = (M, I)$、$\mathcal{N} = (N, J)$ 为 $\mathscr{L}_1$-结构，h 为从 M 到 N 的映射。

(1) 称 h 为同态映射[①]，如果它满足：

    (a) 对任意的常量符号 c，

$$h(c^{\mathcal{M}}) = c^{\mathcal{N}};$$

    (b) 对任意的 n 元关系符号 R，对任意的 $a_1, \cdots, a_n \in M$，

$$I(R)(a_1, \cdots, a_n) \Leftrightarrow J(R)(h(a_1), \cdots, h(a_n));$$

    (c) 对任意的 n 元函数符号 F，对任意的 $a_1, \cdots, a_n \in M$，

$$h(I(F)(a_1, \cdots, a_m)) = J(F)(h(a_1), \cdots, h(a_m)).$$

(2) 称 h 为嵌入映射，如果 h 是同态映射且是单射。

(3) 称 h 为同构映射，记为 $h: \mathcal{M} \cong \mathcal{N}$，如果 h 是同态映射且是双射。　　□

定义 4.2.5. 设 $\mathscr{L}_1$ 为给定的语言，$\mathcal{M}, \mathcal{N}$ 为 $\mathscr{L}_1$-结构。称 $\mathcal{M}$ 与 $\mathcal{N}$ 同构，记为 $\mathcal{M} \cong \mathcal{N}$，如果存在 h 为从 $\mathcal{M}$ 到 $\mathcal{N}$ 的同构映射。　　□

在数学上，同构的结构在某种意义上是"同一"的。在引入形式语言后，自然又增加了语言上不可分辨的概念，即不存在语句，在两个结构上一真一假，我们称这样的两个结构是初等等价的。

定义 4.2.6. 设 $\mathscr{L}_1$ 为给定的语言，$\mathcal{M}, \mathcal{N}$ 为 $\mathscr{L}_1$-结构。称 $\mathcal{M}$ 与 $\mathcal{N}$ 初等等价，记为 $\mathcal{M} \equiv \mathcal{N}$，如果 $\mathrm{Th}(\mathcal{M}) = \mathrm{Th}(\mathcal{N})$。　　□

---

① 有一部分教科书（比如 [274, 第 179 页]、[25, 第 70–71 页]、[110, 第 5 页] 等）对同态映射的定义会略有不同，关于条件 (b) 它们只要求一个方向，即对任意的 n 元关系符号 R，对任意的 $a_1, \cdots, a_n \in M$，$I(R)(a_1, \cdots, a_n) \Rightarrow J(R)(h(a_1), \cdots, h(a_n))$。本书之所以采用现在这种形式，除了因为它可能更流行之外（比如 [255, 第 99 页]、[49, 第 94 页]、[108, 第 115 和 124 页] 等），还因为在其基础上定义嵌入、同构等其他映射时会比较简洁。各种教科书对嵌入、同构等其他映射的定义都是一样的。

同构的结构在语言上是不可分辨的。

定理 4.2.7. 设 $\mathscr{L}_1$ 为给定的语言，$\mathcal{M}, \mathcal{N}$ 为 $\mathscr{L}_1$-结构。如果 $\mathcal{M} \cong \mathcal{N}$，那么 $\mathcal{M} \equiv \mathcal{N}$。 □

习题 4.2.8. 证明定理 4.2.7。 □

一个自然的问题是：定理 4.2.7 的逆命题是否成立，即语言上不可分辨的结构是否也会是同构的？情况有点儿复杂。对这一问题本身，其答案是否定的，我们稍后讨论这一点。但是，一旦我们加上相应的限制——如果我们限制在有穷领域里，那么我们就能得到肯定的答案[①]。

定理 4.2.9. 设 $\mathscr{L}_1$ 为给定的语言，$\mathcal{M}, \mathcal{N}$ 为 $\mathscr{L}_1$-结构，$\mathcal{M}$ 是有穷的。如果 $\mathcal{M} \equiv \mathcal{N}$，那么 $\mathcal{M} \cong \mathcal{N}$。

证明： 用反证法证明。假设有 $\mathscr{L}_1$-结构 $\mathcal{N}$ 使得 $\mathcal{M} \equiv \mathcal{N}$ 但 $\mathcal{M} \ncong \mathcal{N}$。

不妨设 $|M| = n$，其中 $n \geq 1$。令 χ 表示句子"恰好有 n 个元素"，那么 $\mathcal{M} \vDash \chi$，进而根据 $\mathcal{M} \equiv \mathcal{N}$ 得 $\mathcal{N} \vDash \chi$，从而 $|N| = n$。那么，从 M 到 N 总共有 $m = n!$ 个双射，枚举它们为 $\langle h_i \mid 1 \leq i \leq m \rangle$。

由于 $\mathcal{M} \ncong \mathcal{N}$，因此这些双射都不是同构映射，因此对每个 h_i，可取公式 $\phi_i(x_1, \cdots, x_n)$，使得

$$\mathcal{M} \vDash \phi_i[a_1, \cdots, a_n] \text{ 并且 } \mathcal{N} \vDash \neg\phi_i[h_i(a_1), \cdots, h_i(a_n)]。 \tag{4.2.1}$$

这些 $\phi_i(x_1, \cdots, x_n)$ 可以这样选取：由于 h_i 不是 $\mathcal{M}$ 与 $\mathcal{N}$ 之间的同构映射，因此定义 4.2.4 中的某些条件将不被满足，比如，假如其中的条件 (a) 不被满足，即有常量符号 c 使得 $h(c^{\mathcal{M}}) \neq c^{\mathcal{N}}$。不妨设 $c^{\mathcal{M}} = a_j$，那么可取

$$\phi_i(x_1, \cdots, x_n) = \bigwedge_{1 \leq l \leq j-1} x_l \simeq x_l \wedge x_j \simeq c \bigwedge_{j+1 \leq l \leq n} x_l \simeq x_l。$$

不满足其他的条件时，也可确定相应的公式 $\phi_i(x_1, \cdots, x_n)$。

进而令

$$\psi = \bigwedge_{1 \leq i \neq j \leq n} x_i \not\simeq x_j,$$

$$\phi = \exists x_1 \cdots \exists x_n (\phi_1 \wedge \cdots \wedge \phi_m \wedge \psi)。$$

那么 $\mathcal{M} \vDash \phi$，从而 $\mathcal{N} \vDash \phi$，进而有 $1 \leq k \leq m$ 使得

$$\mathcal{N} \vDash \phi_1 \wedge \cdots \wedge \phi_m \wedge \psi[h_k(a_1), \cdots, h_k(a_n)],$$

[①]这种有穷与无穷间的分叉并不少见，有兴趣的读者可以参阅相关的集合论著作，比如 [116, 257]。

这样就会有

$$\mathcal{N} \vDash \phi_k[h_k(a_1), \cdots, h_k(a_n)]|。$$

但是这与 (4.2.1) 矛盾。 □

定义 4.2.10. 设 i 是从 A 到 B 的函数。

(1) 称 i 为包含映射[①]，如果任给 $a \in A$ 都有 $i(a) = a$。

(2) 特别地，当 $A = B$ 时，称 i 为恒等映射，记为 id_A。 □

定义 4.2.11. 设 $\mathscr{L}_1$ 为给定的语言，$\mathcal{M} = (M, I)$ 和 $\mathcal{N} = (N, J)$ 为 $\mathscr{L}_1$-结构，并且 $M \subseteq N$。称 $\mathcal{M}$ 为 $\mathcal{N}$ 的子结构，相应地，称 $\mathcal{N}$ 为 $\mathcal{M}$ 的扩充结构，记为 $\mathcal{M} \subseteq \mathcal{N}$，如果包含映射 $i : M \to N$ 为嵌入映射。 □

借助相应的语言，也可以给出这种"子结构"关系的一种等价的定义。

定理 4.2.12. 设 $\mathscr{L}_1$ 为给定的语言，$\mathcal{M}, \mathcal{N}$ 为 $\mathscr{L}_1$-结构。那么下面二者等价：

(1) $\mathcal{M} \subseteq \mathcal{N}$；

(2) 对任意原子公式 $\phi(x_1, \cdots, x_n)$ 和任意 $a_1, \cdots, a_n \in M$ 都有 $\mathcal{M} \vDash \phi[a_1, \cdots, a_n]$ 当且仅当 $\mathcal{N} \vDash \phi[a_1, \cdots, a_n]$。 □

习题 4.2.13. 证明定理 4.2.12。 □

进一步地，借助相应的语言，可以引入更加特别的嵌入映射与子结构的子类，它们颇为重要。

定义 4.2.14. 设 $\mathscr{L}_1$ 为给定的语言，$\mathcal{M}, \mathcal{N}$ 为 $\mathscr{L}_1$-结构。

(1) 设 $h : M \to N$。称 h 是初等嵌入映射[②]，记为 $h : \mathcal{M} \hookrightarrow \mathcal{N}$。如果对任意的公式 $\phi(x_1, \cdots, x_n)$ 和任意的 $a_1, \cdots, a_n \in M$ 都有

$$\mathcal{M} \vDash \phi[a_1, \cdots, a_n] \text{ 当且仅当 } \mathcal{N} \vDash \phi[h(a_1), \cdots, h(a_n)];$$

(2) 称 $\mathcal{M}$ 是 $\mathcal{N}$ 的初等子结构，记为 $\mathcal{M} \prec \mathcal{N}$，如果包含映射 $i : M \to N$ 是初等嵌入映射。 □

定理 4.2.15. 设 $\mathscr{L}_1$ 为给定的语言，$\mathcal{M}, \mathcal{N}$ 为 $\mathscr{L}_1$-结构，如果有从 $\mathcal{M}$ 到 $\mathcal{N}$ 的初等嵌入映射 $h : \mathcal{M} \hookrightarrow \mathcal{N}$，那么 $\mathcal{M} \equiv \mathcal{N}$。 □

[①] 在本章中还会使用到一些类似于包含映射这样的初等集合论概念和结果，我们会在相应的地方给出适当的定义、说明。关于集合论方面的更多的内容，详见 [116, 257]。

[②] 初等嵌入映射都是单射，请读者自行思考这一结论。

习题 4.2.16. 证明定理 4.2.15。 □

推论 4.2.17. 设 $\mathscr{L}_1$ 为给定的语言，$\mathcal{M}, \mathcal{N}$ 为 $\mathscr{L}_1$-结构，如果 $\mathcal{M} \prec \mathcal{N}$，那么 $\mathcal{M} \equiv \mathcal{N}$。 □

一个自然的问题是：如果 $\mathcal{M}$ 是 $\mathcal{N}$ 的子结构，那么是否只要它们是初等等价的，就一定能保证 $\mathcal{M}$ 是 $\mathcal{N}$ 的初等子结构？答案是否定的。

示例 4.2.18. 设 $\mathcal{M} = (\mathbb{N} - \{0\}, <)$，$\mathcal{N} = (\mathbb{N}, <)$，那么 $\mathcal{M} \subseteq \mathcal{N}$ 且 $\mathcal{M} \equiv \mathcal{N}$，但是 $\mathcal{M} \not\prec \mathcal{N}$。 □

证明： 首先，取映射 $f: a \mapsto a+1$，那么 f 为 $\mathcal{M}$ 与 $\mathcal{N}$ 间的同构映射，因此据定理 4.2.7 有 $\mathcal{M} \equiv \mathcal{N}$。其次，取公式 $\phi(x) = \exists y(y < x)$，那么 $\mathcal{N} \vDash \phi[1]$，但是 $\mathcal{M} \not\vDash \phi[1]$，因此 $\mathcal{M} \not\prec \mathcal{N}$。 □

借助前一节里引入的（原子）图与初等图的概念，可以从语言描述的角度来刻画结构间的关系。

定理 4.2.19. 设 $\mathscr{L}_1$ 为给定的语言，$\mathcal{M}, \mathcal{N}$ 为 $\mathscr{L}_1$-结构，那么下面二者等价：

(1) $\mathcal{M}$ 可嵌入 $\mathcal{N}$；
(2) $\mathcal{N}$ 可膨胀成为 $\mathcal{M}$ 的（原子）图的一个模型。 □

定理 4.2.20. 设 $\mathscr{L}_1$ 为给定的语言，$\mathcal{M}, \mathcal{N}$ 为 $\mathscr{L}_1$-结构，那么下面二者等价：

(1) $\mathcal{M}$ 可初等嵌入 $\mathcal{N}$；
(2) $\mathcal{N}$ 可膨胀成为 $\mathcal{M}$ 的初等图的一个模型。 □

习题 4.2.21. 证明定理 4.2.19 和定理 4.2.20。 □

由定理 4.2.9 我们可知，非平凡的初等子结构只可能出现在无穷情形中，而一旦牵涉到无穷，情况就会变得相对复杂。下面的定理则为我们展现了初等子结构的实质，同时它使用起来也相对便利。

定理 4.2.22（沃特[①]-塔斯基判据）. 设 $\mathscr{L}_1$ 为给定的语言，$\mathcal{M}, \mathcal{N}$ 为 $\mathscr{L}_1$-结构且 $\mathcal{M}$ 是 $\mathcal{N}$ 的子结构。则下面二者等价：

(1) $\mathcal{M} \prec \mathcal{N}$；
(2) 对任意形如 $\exists x \phi(x, x_1, \cdots, x_n)$ 的公式和任意的 $a_1, \cdots, a_n \in M$，如果

$$\mathcal{N} \vDash \exists x \phi[x, a_1, \cdots, a_n],$$

那么有 $a \in M$ 使得 $\mathcal{N} \vDash \phi[a, a_1, \cdots, a_n]$。

[①] Vaught, R. L.，1926—2001，美国数学家。

证明： (1) ⇒ (2) 任取公式 $\exists x\phi(x, x_1, \cdots, x_n)$ 和 $a_1, \cdots, a_n \in M$。设 $\mathcal{N} \vDash \exists x\phi[x, a_1, \cdots, a_n]$，则由 $\mathcal{M} \prec \mathcal{N}$ 得 $\mathcal{M} \vDash \exists x\phi[x, a_1, \cdots, a_n]$。因此有 $a \in M$ 使得 $\mathcal{M} \vDash \phi[a, a_1, \cdots, a_n]$，再据初等性得 $\mathcal{N} \vDash \phi[a, a_1, \cdots, a_n]$。

(2) ⇒ (1) 施归纳于公式复杂度，归纳证明：任给公式 $\phi(x_1, \cdots, x_n)$ 和 $a_1, \cdots, a_n \in M$ 都有 $\mathcal{M} \vDash \phi[a_1, \cdots, a_n]$ 当且仅当 $\mathcal{N} \vDash \phi[a_1, \cdots, a_n]$。只需说明 $\phi_i = \exists x\psi(x, x_1, \cdots, x_n)$ 步骤可行，任取 $a_1, \cdots, a_n \in M$。

- 设 $\mathcal{N} \vDash \exists x\psi[x, a_1, \cdots, a_n]$，据题设有 $a \in M$ 使得 $\mathcal{N} \vDash \psi[a, a_1, \cdots, a_n]$，进而据归纳假设得 $\mathcal{M} \vDash \psi[a, a_1, \cdots, a_n]$。因此 $\mathcal{M} \vDash \exists x\psi[x, a_1, \cdots, a_n]$。

- 设 $\mathcal{M} \vDash \exists x\psi[x, a_1, \cdots, a_n]$，则有 $a \in M$ 使得 $\mathcal{M} \vDash \psi[a, a_1, \cdots, a_n]$，进而据归纳假设得 $\mathcal{N} \vDash \psi[a, a_1, \cdots, a_n]$。因此，$\mathcal{N} \vDash \exists x\psi[x, a_1, \cdots, a_n]$。 $\square$

利用上述定理，我们可以了解到这样一个有点出人意料的事实：在只带有通常的小于关系的语言上，有理数结构是实数结构的初等子结构，进而，这一语言无法区分它们。

示例 4.2.23. $(\mathbb{Q}, <) \prec (\mathbb{R}, <)$。

证明： 只需说明，对任意的公式 $\exists x\phi(x, x_1, \cdots, x_n)$ 和任意 $a_1, \cdots, a_n \in \mathbb{Q}$，如果 $(\mathbb{R}, <) \vDash \exists x\phi[a_1, \cdots, a_n]$，那么有 $a \in \mathbb{Q}$ 使得 $(\mathbb{R}, <) \vDash \phi[a, a_1, \cdots, a_n]$。

任意取定公式 $\exists x\phi(x, x_1, \cdots, x_n)$ 和 $a_1, \cdots, a_n \in \mathbb{Q}$。设 $a_1 < a_2 \cdots, a_{n-1} < a_n$，进一步假设 $(\mathbb{R}, <) \vDash \exists x\phi[x, a_1, \cdots, a_n]$。则有 $b \in \mathbb{R}$ 使得

$$(\mathbb{R}, <) \vDash \phi[b, a_1, \cdots, a_n]。$$

对 b 所处的相对位置分情况讨论：

- $b < a_1$。取 $a \in \mathbb{Q}$ 使得 $a < a_1$，如下做映射 $f: \mathbb{R} \to \mathbb{R}$：

$$f(r) = \begin{cases} (r - b) + a & r \le b, \\ \frac{a_1 - a}{a_1 - b}(r - b) + a & b < r < a_1, \\ r & a_1 \le r。 \end{cases}$$

- $a_n < b$。取 $a \in \mathbb{Q}$ 使得 $a_1 < a$，如下做映射 $f: \mathbb{R} \to \mathbb{R}$：

$$f(r) = \begin{cases} (r - b) + a & b \le r, \\ \frac{a - a_n}{b - a_n}(r - a_n) + a_n & a_n < r < b, \\ r & r \le a_n。 \end{cases}$$

- $a_i < b < a_{i+1}$，其中 $1 \le i < n$。取 $a = \frac{a_{i+1}-a_i}{2}$，如下做映射 $f \colon \mathbb{R} \to \mathbb{R}$：

$$f(r) = \begin{cases} r & a_{i+1} \le r, \\ \frac{a-a_i}{a_{i+1}-b}(r-b)+a & b < r < a_{i+1}, \\ \frac{b-a_i}{a_{i+1}-b}(r-a_i)+a_i & a_i < r \le b, \\ r & r \le a_i。 \end{cases}$$

上面三种情况里定义的 f 都是 $(\mathbb{R}, <)$ 到其自身的同构映射，因此由

$$(\mathbb{R}, <) \vDash \phi[b, a_1, \cdots, a_n]$$

得

$$(\mathbb{R}, <) \vDash \phi[f(b), f(a_1), \cdots, f(a_n)],$$

此即

$$(\mathbb{R}, <) \vDash \phi[a, a_1, \cdots, a_n]。$$

这样，据定理 4.2.22 得 $(\mathbb{Q}, <) \prec (\mathbb{R}, <)$。 □

推论 4.2.24. $(\mathbb{Q}, <) \equiv (\mathbb{R}, <)$。 □

这一推论也使我们得到了对定理 4.2.7 的逆命题的否定：$(\mathbb{Q}, <)$ 是 $(\mathbb{R}, <)$ 的子结构，并且它们是初等等价的，但是它们的"大小"不同[①]，因此不是同构的。不过，如果允许使用更加复杂的非逻辑符号，我们在形式语言的层面上是能够区分 $\mathbb{Q}$ 与 $\mathbb{R}$ 的。

习题 4.2.25. 证明 $(\mathbb{Q}, <, +, \times) \not\equiv (\mathbb{R}, <, +, \times)$。 □

4.2.3 理论的性质

有了前面两个小节的基础之后，我们可以正式开始谈论理论了。在本节里，我们会回顾"理论""公理"等基本概念的定义，同时也会引入"一致性""范畴性""完全性"这三个在讨论理论时最常涉及的概念。在本小节里我们会初步了解关于理论的一些基本情况与基本性质。在本章的后半部分将介绍一些有意思的理论。

首先回顾下关于理论的定义 3.4.49：T 是一个 $\mathscr{L}_1$ 语句集，称它为一个 $\mathscr{L}_1$-（一阶）理论，如果它是演绎封闭的，即对任给的语句 $\phi \in \mathscr{L}_1$，若 $T \vdash \phi$ 则 $\phi \in T$。

我们注意到，此定义给出的是关于理论抽象后的描述。而在通常的数学实践中，一

[①] $\mathbb{Q}$ 是可数无穷的，但是 $\mathbb{R}$ 则是不可数的，详见 [257，第 52 和 56 页]。

般不能一揽子给出或者明确一个理论，我们通常会通过一些具体的相对直观的命题逼近进而把握一个相应的理论，这样自然引申出公理化这一概念。

现在回顾下定义 3.4.59：称 T 是可公理化的，如果存在语句集 A 使得 $T = \text{Th}(A)$。在通常的数学实践中，即对于大多数实际的数学理论而言，我们至少还要求它的公理集 A 是可计算的（参见定义 5.3.73）。在不引起歧义的情况下，我们也会把一个理论的公理集 A 称为一个理论，这在通常的数学实践中也是常见的。

我们提出一个理论，出发点总是希望能够借之把握相应的现象，那么在进行这样的研究工作时，一个最基本的要求就是，理论不能提供给我们错误的命题。我们知道，矛盾的命题一般来说总是包含着错误，因此，对一个合格的理论而言，首要条件就是其不能包含相互矛盾的命题，此即理论的一致性（详见定义 3.4.53）要求。

当然，如果以公理集 A 指代一个相应的理论时，我们称 A 是一致的，则是指它推不出两个相互矛盾的命题。

理论的一致性是关于理论的一个最基本、最直接的性质，但是这方面的相应的研究表明，如果我们对证明一致性的方法有可靠性的要求（一般来说,越可靠则越局限），那么在许多情况下我们只能获得所谓的相对一致性（我们会在第 4.7 节了解这方面的内容），而无法直接证明一个理论的一致性，下一章的哥德尔不完全性定理在一定程度上就为我们揭示了这一点。

在数学中，有两方面的意图导致我们尝试建立一个理论：一方面是用一个理论把握一类数学结构，这是相对现代的，比如在当代的抽象代数的研究中，像群、环、域等理论都是这一方面的工作的成果；另一方面则有着相对久远的历史，早自古希腊时代的欧氏几何，到近代的对自然数、实数的公理化探索，再到公理集合论的建立，都可视为这方面的工作，它们可能有着更加浓厚的哲学意味——用一个理论把握一个单独的数学实在。后一方面的诉求引发出关于理论的两个重要的性质：范畴性以及完全性。

定义 4.2.26. 设 $\mathscr{L}_1$ 为一个一阶语言，T 是一个 $\mathscr{L}_1$-理论。称它是范畴的，如果对任意的 $\mathscr{L}_1$-结构 $\mathcal{M}$ 与 $\mathcal{N}$，如果 $\mathcal{M} \models T$ 且 $\mathcal{N} \models T$ 那么 $\mathcal{M} \cong \mathcal{N}$。 □

定义 4.2.27. 设 T 是 $\mathscr{L}_1$-理论。称 T 是（语法）完全的（syntactically complete），如果对任给 $\mathscr{L}_1$-语句 ϕ 都有或 $T \vdash \phi$ 或 $T \vdash \neg\phi$。 □

借助模型的概念也能得到完全性的等价的定义。

定理 4.2.28. $\mathscr{L}_1$ 为一个一阶语言，T 是一个 $\mathscr{L}_1$-理论，则下面二者等价：

(1) T 是完全的；

数理逻辑

(2) 对任意的 $\mathscr{L}_1$ 结构 $\mathcal{M}$ 与 $\mathcal{N}$，如果 $\mathcal{M} \vDash T$ 并且 $\mathcal{N} \vDash T$，那么 $\mathcal{M} \equiv \mathcal{N}$。 □

习题 4.2.29. 证明定理 4.2.28。 □

评注 4.2.30. (1) 全体语句集是一个完全的理论；

(2) 任给 $\mathscr{L}_1$-结构 $\mathcal{M}$，$\mathrm{Th}(\mathcal{M})$ 都是完全的理论。 □

范畴性是比完全性更加严格的概念。

定理 4.2.31. 设 $\mathscr{L}_1$ 为一个一阶语言，T 是一个 $\mathscr{L}_1$-理论。如果 T 是范畴的，那么它一定是完全的。

证明： 使用反证法证明。假设有 $\mathscr{L}_1$-理论 T 是范畴的，但是它不是完全的。那么有 $\mathscr{L}_1$ 语句 ϕ，使得 $\phi \notin T$ 并且 $\neg\phi \notin T$，因此 $T \cup \{\phi\}$ 与 $T \cup \{\neg\phi\}$ 都是一致的，进而据完全性定理，有 $\mathscr{L}_1$-结构 $\mathcal{M}$ 与 $\mathcal{N}$ 分别为 $T \cup \{\phi\}$ 与 $T \cup \{\neg\phi\}$ 的模型；即，$\mathcal{M} \vDash T \cup \{\phi\}$ 并且 $\mathcal{N} \vDash T \cup \{\neg\phi\}$，那么 $\mathcal{M} \not\equiv \mathcal{N}$。

最终据定理 4.2.7 得 $\mathcal{M} \not\cong \mathcal{N}$，矛盾。 □

上述定理表明，如果我们能说明一个理论是范畴的，那么我们同时也获得了它的完全性。进一步，据定理 4.2.9 以及定理 4.2.28 可知，在有穷的范围内，范畴性与完全性是等价的。

定理 4.2.32. $\mathscr{L}_1$ 为一个一阶语言，T 是一个 $\mathscr{L}_1$-理论，如果 T 有有穷模型，那么下面二者等价：

(1) T 是完全的；

(2) T 是范畴的。

证明： 据定理 4.2.31，只需证 (1) $\Rightarrow$ (2)。

设 $\mathscr{L}_1$-理论 T 完全并且有有穷模型 $\mathcal{M}$。任取 $\mathcal{N}$ 为 T 的模型；那么据定理 4.2.28，$\mathcal{M} \equiv \mathcal{N}$，进而据定理 4.2.9 $\mathcal{M} \cong \mathcal{N}$。 □

尽管在有穷领域中一切仿佛都非常规整，然而，一旦将无穷对象纳入我们的探讨视域中，情况就变得异常复杂了，特别地，在涉及无穷的数学结构时，上文所说的数学探索的第二方面的意图或者目标就不能实现了。

定理 4.2.33. 设 $\mathscr{L}_1$ 是一个一阶语言，$\mathcal{M}$ 是 $\mathscr{L}_1$-结构。如果 $\mathcal{M}$ 是无穷的，那么存在 $\mathscr{L}_1$-结构 $\mathcal{N}$ 使得 $\mathcal{M} \equiv \mathcal{N}$ 并且 $\mathcal{M} \not\cong \mathcal{N}$。

证明：　任取 $\mathcal{M}$ 为一个无穷的 $\mathcal{L}_1$-结构。取无穷基数[①]$\kappa > \max\{|M|, |\mathcal{L}_1|\}$，膨胀 $\mathcal{L}_1$ 为 $\mathcal{L}_1^* = \mathcal{L}_1 \cup \{c_\alpha \mid \alpha < \kappa\}$，其中各 c_α 为新常量。取 $T = \mathsf{ed}(\mathcal{M}) \cup \{c_\alpha \neq c_\beta \mid \alpha \neq \beta < \kappa\}$，其中 $\mathsf{ed}(\mathcal{M})$ 是 $\mathcal{M}$ 的初等图。

任取 Γ 为 T 的有穷子集，那么 Γ 里只会有有穷多个新常量，设其中出现的新常量为 $c_{\alpha_1}, \cdots, c_{\alpha_n}$。膨胀 $\mathcal{M}$ 为 $\mathcal{M}'$，使得各 c_{α_i}（$1 \leq i \leq n$）分别"命名" M 中不同的对象，那么 $\mathcal{M}' \vDash \Gamma$，因此 Γ 是一致的。

由于 Γ 是任取的，因此据紧致性定理可知 T 有模型。设 $\mathcal{N}$ 为 T 的模型（即，$\mathcal{N} \vDash T$），那么据定理 4.2.20，$\mathcal{M}$ 可初等嵌入 $\mathcal{N}$ 中，因此 $\mathcal{M} \equiv \mathcal{N}$。

但是 $\mathcal{N}$ 的基数 $|N| \geq \kappa$ 且 $\kappa > |M|$，因此 $|N| > |M|$，这意味着 $\mathcal{N} \not\cong \mathcal{M}$。　□

在上面的证明中也提到了，根据定理 4.2.20，其中的 $\mathcal{M}$ 实际上可以初等嵌入 $\mathcal{N}$ 中。这就与被称为勒文海–斯库伦定理的早期成果联系到了一起，因此下面稍做"绕道"，对这些定理进行一个初步的了解，然后我们再回到对理论的讨论。

推论 4.2.34（向上的勒文海–斯库伦定理）. 设 $\mathcal{L}_1$ 是一个一阶语言，$\mathcal{M}$ 是一个无穷的 $\mathcal{L}_1$ 模型。则对任意的基数 $\kappa \geq |\mathcal{L}_1|$，有基数为 κ 的模型 $\mathcal{N}$，使得 $\mathcal{M}$ 初等嵌入 $\mathcal{N}$ 中。　□

与之对应，有一个向下的勒文海–斯库伦定理。

定理 4.2.35（向下的勒文海–斯库伦）. 设 $\mathcal{L}_1$ 是一个一阶语言，$\mathcal{M}$ 是一个无穷的 $\mathcal{L}_1$ 模型，$|M| = \kappa \geq |\mathcal{L}_1|$。则对任意的介于 κ 与 $|\mathcal{L}_1|$ 之间的基数 λ，对任意的基数小于等于 λ 的集合 $X \subseteq M$，$\mathcal{M}$ 有基数为 λ 的初等子模型 $\mathcal{N}$，使得 $X \subseteq N$。　□

证明：　我们只证 $\mathcal{L}_1$ 为可数的情形，而不可数的情形则是可数情形证明方法的平凡推广。不妨设 $\mathcal{M} = (M, I)$。

首先，如下递归地构造集合序列 $\langle X_n \mid n < \omega \rangle$，使得它们满足：对任意的 $n < \omega$，$X_n \subseteq X_{n+1}$ 并且 $|X_n| = \lambda$。

- 第 0 步，任取 $X_0 \subseteq M$ 使得 $X \subseteq X_0$ 并且 $|X_0| = \lambda$。
- 第 n 步，设 X_n 已经构造得到。对任意的公式 $\exists x \phi(x, x_1, \cdots, x_m)$，对任意的 $a_1, \cdots, a_m \in X_n$，如果 $\mathcal{M} \vDash \exists x \phi[x, a_1, \cdots, a_m]$，则取 $a_{\phi, a_1, \cdots, a_m} \in M$ 使得 $\mathcal{M} \vDash \phi[a_{\phi, a_1, \cdots, a_m}, a_1, \cdots, a_m]$。把这些 $a_{\phi, a_1, \cdots, a_m}$ 放入 X_n 中，得到 X_{n+1}。

其次，令 $N = \bigcup_{n<\omega} X_n$，根据集合论中的基数算术[②]有 $|N| = \lambda$。进而据构造可得，

[①]直观上，基数用来表示集合的"大小"，通常用小写的希腊字母 κ、λ 等表示。

[②]主要有两条：(1) 当 κ 与 λ 中至少有一个为无穷基数时，$\kappa \oplus \lambda = \kappa \otimes \lambda = \max\{\kappa, \lambda\}$；(2) 当每个 κ_α 都等于 κ 时，

对任意的常量符号 c，$I(c) \in N$；对任意的 n 元函数符号 F，对任意的 $a_1, \cdots, a_n \in N$，$I(F)(a_1, \cdots, a_n) \in N$，即，$N$ 对常量符号和函数符号的解释是封闭的。因此，N 是 $\mathcal{M}$ 的一个子结构的论域，记该子结构为 $\mathcal{N}$。

最后，只需说明 $\mathcal{N} \prec \mathcal{M}$。任取公式 $\exists x \phi(x, x_1, \cdots, x_n)$，任取 $a_1, \cdots, a_n \in N$，设 $\mathcal{M} \vDash \exists x \phi[x, a_1, \cdots, a_n]$。根据 N 的构造，可取最小的 m 使得 $a_1, \cdots, a_n \in X_m$，那么据前述构造，有 $a_{\phi, a_1, \cdots, a_n} \in X_{m+1}$ 使得 $\mathcal{M} \vDash \phi[a_{\phi, a_1, \cdots, a_n}, a_1, \cdots, a_n]$。而 $a_{\phi, a_1, \cdots, a_n}$ 自然仍在 N 中，因此据定理 4.2.22 可知 $\mathcal{N} \prec \mathcal{M}$。 □

上述两个定理合到一起就是：

推论 4.2.36（勒文海–斯库伦定理）．设 $\mathscr{L}_1$ 是一个一阶语言，T 是一个 $\mathscr{L}_1$-理论。如果 T 有无穷模型，则对任意的基数 $\kappa \geq |\mathscr{L}_1|$，$T$ 有基数为 κ 的模型。 □

勒文海–斯库伦定理意味着，如果我们所面对的是一个无穷的数学结构，那么就不可能找到一个理论能够使我们"范畴"地把握这一数学结构。

推论 4.2.37. 设 $\mathscr{L}_1$ 为一个一阶语言，T 是一个 $\mathscr{L}_1$-理论。如果 T 有无穷模型，那么它不是范畴的。 □

习题 4.2.38. 证明推论 4.2.37。 □

在了解到上述否定性结果后，我们自然会担心这是否会对理论的完全性造成影响。这个顾虑可以消去：一个理论不是范畴的，并不意味着它就一定不是完全的。

示例 4.2.39. 令 $\mathcal{M} = (\mathbb{N}, <, 0, 1, +, \times)$，$T = \text{Th}(\mathcal{M})$。则 T 是完全的但不是范畴的理论。 □

习题 4.2.40. 证明示例 4.2.39 中的结论。 □

由于在描述无穷对象上，范畴性成为不可能实现的目标，因此一个自然的想法是稍微收窄这一概念，由此引入也较为自然的 κ 范畴的概念。

定义 4.2.41. 设 κ 是一个无穷基数，$\mathscr{L}_1$ 为一个一阶语言，T 是一个 $\mathscr{L}_1$-理论。称 T 是 κ 范畴的，如果对任意的基数为 κ 的 $\mathscr{L}_1$-结构 $\mathcal{M}$ 与 $\mathcal{N}$，如果 $\mathcal{M} \vDash T$ 且 $\mathcal{N} \vDash T$，那么 $\mathcal{M} \cong \mathcal{N}$。 □

κ 范畴性仍然能够推出完全性。

$\bigoplus_{\alpha < \lambda} \kappa_\alpha = \kappa \otimes \lambda = \max\{\kappa, \lambda\}$。

定理 4.2.42. 设 κ 是一个无穷基数，$\mathscr{L}_1$ 为一个可数的一阶语言，T 是一个 $\mathscr{L}_1$-理论，如果 T 是 κ 范畴的，那么它也是完全的。 $\qquad\square$

但是反方向仍然不成立，也就是说，理论的完全性不保证它在任何基数上的范畴性。

示例 4.2.43. 取集合 $A = \mathbb{N} \times \{0\} \cup \mathbb{N} \times \{1\}$，在 A 上定义如下的二元关系 $\leq$：

$$(m, i) \leq (n, j) \text{ 当且仅当 } i = j = 0 \text{ 并且 } m \leq n。$$

令 $\mathcal{M} = (A, \leq)$，令 $T = \mathrm{Th}(\mathcal{M})$，则 T 是完全的理论，但是对任意的无穷基数 κ，T 不是 κ 范畴的。 $\qquad\square$

证明： 易见 T 是完全的。不难发现，在关系 $\leq$ 下，结构 $\mathcal{M}$ 由两部分组成，第一部分可以看作自然数序的一个复制，因此这一部分里的每个元素都有有穷多个"前驱"，而第二部分则是由可数无穷多个"孤立"的点组成的，请记住这个信息，这会帮助我们在直观上理解接下来的证明。

首先说明 T 不是 $\aleph_0$ 范畴的。引入新常量 c，膨胀 $\mathscr{L}_1$ 为 $\mathscr{L}_1^* = \mathscr{L}_1 \cup \{c\}$。令

$$\phi(x) \triangleq \exists y (y \leq x),$$
$$\psi_n \triangleq \phi(c) \wedge \exists x_1 \cdots \exists x_n \left(\bigwedge_{1 \leq i \neq j \leq n} (x_i \neq x_j) \wedge \bigwedge_{i=1}^{n} (x_i \leq c) \right),$$
$$T_1 \triangleq T \cup \{\psi_n \mid n < \omega\}.$$

$\phi(x)$ 实际上"定义"了前述的"自然数序"部分。不难看出 T_1 是可满足的。取 $\mathcal{N}_1$ 为 T_1 的模型，取 $\mathcal{N}$ 为 $\mathcal{N}_1$ 在 $\mathscr{L}_1$ 上的归约（即，$\mathcal{N} = \mathcal{N}_1 \upharpoonright \mathscr{L}_1$），那么 $\mathcal{N} \models T$，因此 $\mathcal{M}$ 与 $\mathcal{N}$ 都是 T 的可数无穷的模型。但是由于 $\mathcal{N}$ 中有元素，其有可数无穷多个"前驱"，而在 $\mathcal{M}$ 中并无如此这般的元素，这说明 $\mathcal{N} \not\cong \mathcal{M}$。因此，$T$ 不是 $\aleph_0$ 范畴的。

现在说明 T 不是 κ 范畴的，其中 κ 为不可数基数。取两组新常量：$\langle c_\alpha \mid \alpha < \kappa \rangle$ 和 $\langle d_\alpha \mid \alpha < \kappa \rangle$。膨胀 $\mathscr{L}_1$ 为 $\mathscr{L}_1^* = \mathscr{L}_1 \cup \{c_\alpha \mid \alpha < \kappa\} \cup \{d_\alpha \mid \alpha < \kappa\}$。

令 $T_2 = T \cup \{\phi(c_\alpha) \wedge \neg\phi(d_\alpha) \mid \alpha < \kappa\} \cup \{(c_\alpha \neq c_\beta) \wedge (d_\alpha \neq d_\beta) \mid \alpha \neq \beta < \kappa\}$，则 T_2 是可满足的，因此有无穷模型。进而据勒文海–斯库伦定理（推论 4.2.36），T_2 有基数为 κ 的模型 $\mathcal{N}_2$。同样地，我们可取 $\mathcal{N}_2$ 在 $\mathscr{L}_1$ 上的归约 $\mathcal{A}$，则 $\mathcal{A}$ 的基数仍然是 κ，同时它也是 T 的模型。

更进一步，我们也可以将 $\mathcal{A}$ 分为两部分，其中一部分是由有有穷多个"前驱"的元素所组成的，而另一部分则是由"孤立"的元素组成的，这两部分的基数都为 κ；记前一部分为 $\phi[\mathcal{A}]$，后一部分为 $A - \phi[\mathcal{A}]$，这里 A 表示 $\mathcal{A}$ 的论域。

取 $\mathcal{B}$ 为 $\mathcal{A}$ 的子结构，其论域 B 也由两部分组成，其一为 $\phi[\mathcal{A}]$，其二则恰好包含 $A - \phi[\mathcal{A}]$ 中可数无穷多个元素。

据沃特–塔斯基判据（定理 4.2.22）可得 $\mathcal{B} \prec \mathcal{A}$，因此 $\mathcal{B} \equiv \mathcal{A}$，进而 $\mathcal{B} \vDash T$。但是 $\mathcal{B}$ 中有可数无穷多个"孤立"元，而 $\mathcal{A}$ 中有 κ 个这样的元素，因此 $\mathcal{A} \ncong \mathcal{B}$。而 $\mathcal{A}$ 与 $\mathcal{B}$ 都为 T 的基数为 κ 的模型，因此 T 不是 κ 范畴的。 □

习题 4.2.44. 证明

(1) 示例 4.2.43 证明中的 T_1 是可满足的；

(2) 示例 4.2.43 证明中的 $\mathcal{N}$ 中，有一个有可数无穷多个"前驱"的元素；

(3) 示例 4.2.43 证明中的 $\mathcal{B}$ 为 $\mathcal{A}$ 的初等子结构。 □

上面的示例提供给我们一个非常不"范畴"的理论的例子。事实上，一方面，根据定理 4.2.42 我们可知，所有不完全的理论（其中包括皮亚诺算术 PA 以及 ZFC 公理系统，如果它们是一致的话）都是如此这般的；另一方面，据定理 4.2.32，有有穷模型的完全理论都是范畴的，但是，据推论 4.2.37，只要有无穷模型，任意的完全的理论都不可能是范畴的，那么一个自然的问题是：有"稍微范畴的"并且有无穷模型的完全理论吗？

下面的例子将给出一个极其简单的理论，尽管由于它有无穷模型，从而不可能是范畴的，但是它已经是"尽可能范畴的"了，即对任意的无穷基数 κ，它都是 κ 范畴的。

示例 4.2.45. 取一阶语言 $\mathscr{L}_1$，其中无任何非逻辑符号，对每个正整数 n，令

$$\phi_n = \exists x_1 \cdots \exists x_n \bigwedge_{1 \le i \ne j \le n} x_i \ne x_j,$$

直观上，ϕ_n 的意思为"至少有 n 个不同的元素"。令 $T = \mathrm{Th}(\{\phi_n \mid n \text{为正整数}\})$，那么 T 是完全的理论，并且对任意的无穷基数 κ，T 都是 κ 范畴的。 □

习题 4.2.46. 证明示例 4.2.45 中的结论。 □

在接下来的第 4.3 节到第 4.6 节，我们会讨论几个具体的理论。我们会了解到其中的两个理论——稠密线性序理论与随机图理论——都是可数无穷范畴的，但是它们同时也都不是不可数无穷范畴的，也就是说，如果 κ 是不可数的无穷基数，那么稠密线性序理论与随机图理论都不是 κ 范畴的。另外，也有这样的理论，它们具有这种不可数无穷范畴性，但是它们不是可数无穷范畴的。这样看起来，对于不可数无穷范畴性，一个理论似乎总是要么全有，要么全无。这一点最早被沃特以猜想的形式总结出来，然后在 1960 年代被莫雷证明，这个结果是现代模型论的"入口"。

定理 4.2.47（莫雷）. 设 $\mathscr{L}_1$ 是一个可数语言，T 是一个 $\mathscr{L}_1$-理论，那么，如果 T 范畴于某个不可数基数，那么 T 范畴于任何一个不可数基数。 □

4.3 无端点稠密线序理论

无端点稠密线序是非常自然的数学结构，比如前面遇到过的 $(\mathbb{Q}, <)$ 与 $(\mathbb{R}, <)$ 都是无端点稠密线序，因此用形式语言把这类结构共有的性质"抓取"出来是非常有意义的。对它们的形式化总结就获得了无端点稠密线序理论 DLO。在本节中，我们将对这一理论进行初步的讨论，我们将了解到，DLO 是 $\aleph_0$ 范畴的因而也是完全的；但是也将发现，对任意的不可数的基数 κ，DLO 都不是 κ 范畴的；我们还将学习到康托的"过去过来方法"，这是一种强有力的方法，从中我们也能体会到无端点稠密线序结构的"意趣"。

首先，需要确定相应的形式语言。由于我们只关心序结构，因此只需要一个非逻辑符号，即二元的关系符号 $<$，我们称相应的一阶语言为一阶序语言。其次，就如我们在前面已经谈到的，在通常的数学实践中，我们往往是通过找出相应的公理而确定一个理论的，在这里，我们会以 $(\mathbb{Q}, <)$ 为范例找寻无端点稠密线序理论的公理。

依照我们对 $(\mathbb{Q}, <)$ 的直观，容易提取出以下几点：(1) $<$ 是 $\mathbb{Q}$ 上的一个线序；(2) 这个线序无最大元，也无最小元；(3) 这个线序上任意两个不同的点之间都有第三个点。将这几个要点形式化就得到了无端点稠密线序理论的一个公理集，后面我们会看到，这个看起来非常简单的概括是足够的。

定义 4.3.1. 无端点稠密线序理论 DLO 有如下的公理：

$$O_1 : \forall x \neg (x < x);$$
$$O_2 : \forall x \forall y \forall z (x < y \wedge y < z \rightarrow x < z);$$
$$O_3 : \forall x \forall y (x < y \vee y < x \vee x \simeq y);$$
$$O_4 : \forall x \forall y (x < y \rightarrow \exists z (x < z \wedge z < y));$$
$$O_5 : \forall x \exists y \exists z (y < x \wedge x < z)。$$

令 DLO $= \mathrm{Th}(\{O_1, \cdots, O_5\})$，而 $(\mathbb{Q}, <)$ 与 $(\mathbb{R}, <)$ 都是无端点稠密线序，因此都是 DLO 的模型。下面首先可以确定的是，DLO 是 $\aleph_0$ 范畴的因而也是完全的，这就表明了定义中给出的公理的充足性。

定理 4.3.2. 设 $\mathcal{M} = (M, I), \mathcal{N} = (N, J)$ 为可数无穷的 $\mathscr{L}_1$-结构，如果它们都是 DLO 的模型，那么它们是同构的。

证明： 我们只需要构造一个从 $\mathcal{M}$ 到 $\mathcal{N}$ 的同构映射 f。这个构造有两个要点：(1) f 是对它的有穷片段进行可数无穷次保序扩张而得，因此整个构造需要进行可数无穷多步；(2) 对每个 $i < \omega$，m_i（n_i）都会在有穷步内被放入 f 的定义域（对应地，值域）中。这

自然使我们考虑到可以这样进行处理：在偶数步把 M 中的元素放入 f 的定义域中，在奇数步把 N 中的元素放入 f 的值域中，这也说明了"过去过来方法"这一名称的由来。

分别枚举 M 与 N 中的元素为 $\langle m_i \mid i < \omega \rangle$ 和 $\langle n_i \mid i < \omega \rangle$。现在递归地构造映射 f。

- 第 0 步，取 m_0 与 n_0，令 $f(m_0) = n_0$，这样就把 m_0 放入 f 的定义域中了（这同时也把 n_0 放入 f 的值域中了）。

- 第 k 步，假设到目前为止，得到的 f 的有穷片段是"同构"的。根据 k 为奇数、偶数分情况处理，由于对称性，我们只要讨论其中一类的处理即可。不妨假设 $k = 2i$，为偶数，这时需要考虑把 n_i 放入 f 的值域中去。如果 n_i 已经在 f 的值域中了，那么不需要进行任何操作，可以直接进入下一步，因此不妨设 n_i 不在 f 的值域中。设这时，f 的值域中已有元素 $n_{s_0} < \cdots < n_{s_t}$（与之对应，设 f 的定义域中的元素排列为 $m_{s_0} < \cdots < m_{s_t}$），需要根据 n_i 与这些元素的相对位置分情况讨论。

  - $n_i < n_{s_0}$。取序列 $\langle m_i \mid i < \omega \rangle$ 中第一个使得 $m_j < m_{s_0}$ 成立的 m_j，这是由 $\mathcal{M}$ 无最小元以及前述枚举保证可以取到的；令 $f(m_j) = n_i$。

  - $n_{s_t} < n_i$。取序列 $\langle m_i \mid i < \omega \rangle$ 中第一个使得 $m_{s_t} < m_j$ 成立的 m_j，这是由 $\mathcal{M}$ 无最大元以及前述枚举保证可以取到的；令 $f(m_j) = n_i$。

  - $n_{s_l} < n_i < n_{s_{l+1}}$，$0 \le l < t$。最后一种情况，同样地，取序列 $\langle m_i \mid i < \omega \rangle$ 中第一个使得 $m_{s_l} < m_j < m_{s_{l+1}}$ 成立的 m_j，这是由 $\mathcal{M}$ 的稠密性以及前述枚举保证可以取到的；同样令 $f(m_j) = n_i$。

在上面的三种情况里，一方面把 n_i 放入了 f 的值域中，另一方面相应的处理都没有破坏已有的"同构"，因此这里的处理都是保序的。 $\qquad\square$

习题 4.3.3. 证明定理 4.3.2 证明中构造的 f 确实是同构映射。 $\qquad\square$

推论 4.3.4. DLO 是完全的理论。 $\qquad\square$

习题 4.3.5. $(\mathbb{Q}, <)$ 是"万有"的至多可数的 $\mathscr{L}_1$-结构，即，对任意的至多可数的 $\mathscr{L}_1$-结构 $\mathcal{M}$，$\mathcal{M}$ 都可嵌入 $(\mathbb{Q}, <)$ 中。 $\qquad\square$

接下来，我们需要讨论 DLO 的不可数范畴方面的情况。下面的定理告诉我们，在不可数基数上，它实际上是"极其不范畴的"，也即，对于任意的不可数基数 κ，DLO 不仅仅不是 κ 范畴的，而且有尽可能多的基数为 κ 的不同构的模型。

定理 4.3.6. 对任意的不可数基数 κ，DLO 有 2^κ 个基数为 κ 的不同构的模型。

证明： 我们分两大步完成整个证明。第一大步是构造两个无端点稠密线序 $\mathcal{M}_0$ 与 $\mathcal{M}_1$。取 $\mathcal{Q} = (\mathbb{Q}, <)$，取 X 为实数上的 0、1 开区间的基数为 $\aleph_1$ 的一个子集，即 $X \subseteq \{x \in$

$\mathbb{R} \mid 0 < x < 1\}$，并且 $|X| = \aleph_1$。利用向下的勒文海–斯库伦定理取 $P \subseteq \mathbb{R}$ 使得 $X \subseteq P$，$|P| = \aleph_1$ 且 $(P, 0, 1, +, \times, <) \prec (\mathbb{R}, 0, 1, +, \times, <)$。令 $\mathcal{P} = (P, <)$。

断言 4.3.7. 对任意的 $p < q \in P$，集 $\{r \in P \mid p < r < q\}$ 的基数为 $\aleph_1$。

断言的证明： 由于 $(P, 0, 1, +, \times, <) \prec (\mathbb{R}, 0, 1, +, \times, <)$，因此 $\mathbb{R}$ 中以自然数为系数利用加、减、乘、除可定义的数都在 P 中，因此 $\mathbb{Q} \subseteq P$，自然 $\mathbb{Q}$ 也在 P 中稠密。

任取 $p < q \in P$，可取线性变换 $f: (0,1) \cap P \cap \mathbb{Q} \to (p, q) \cap P \cap \mathbb{Q}$，$f$ 是单射。据 $\mathbb{Q}$ 的稠密性，可延拓 f 为 $f^*: (0,1) \cap P \to (p, q) \cap P$，$f^*$ 仍然是单射。这样由 $f^*[X] \subseteq (p,q) \cap P$ 及 $|X| = \aleph_1$ 得 $|\{r \in P \mid p < r < q\}| = \aleph_1$。 $\square$

根据断言 4.3.7 可知 $\mathcal{Q}$ 不仅不与 $\mathcal{P}$ 同构，而且也不与 $\mathcal{P}$ 的任何一个非空子区间同构。令

$$\mathcal{M}_0 = \mathcal{QP},$$
$$\mathcal{M}_1 = \mathcal{Q} \underbrace{\mathcal{P} \cdots \mathcal{P} \cdots}_{\aleph_1 \text{ 个}}。$$

则 $\mathcal{M}_0$ 与 $\mathcal{M}_1$ 都是无端点稠密线序，并且它们的基数都是 $\aleph_1$。又由于 $\mathcal{P}$ 是 $\mathbb{R}$ 的子集，因此也无法把 $\mathcal{P}$ 划分为 $\aleph_1$ 个两两不交的非空开区间，因此 $\mathcal{M}_0 \not\cong \mathcal{M}_1$。

第二大步是构造 2^κ 个不同构的 $\mathcal{N}_f$。对每个映射 $f: \kappa \to \{0,1\}$ 定义线序 $\mathcal{N}_f$：$\mathcal{N}_f$ 由 κ 个无端点稠密线序毗连而成，其中每个线序要么是 $\mathcal{M}_0$，要么是 $\mathcal{M}_1$，更具体地，对每个 $\alpha < \kappa$，第 α 个为 $\mathcal{M}_{f(\alpha)}$。根据构造，每个 $\mathcal{N}_f$ 都是无端点稠密线序，并且它们的基数都为 κ。接下来，证明一个断言从而得出定理结论。

断言 4.3.8. 对任意不同的 $f, g \in \{0,1\}^\kappa$，$\mathcal{N}_f \not\cong \mathcal{N}_g$。

断言的证明： 用反证法。假设有不同的 $f, g \in \{0,1\}^\kappa$ 使得 $\mathcal{N}_f \cong \mathcal{N}_g$。设 H 为同构映射。取 $\lambda = \min\{\alpha < \kappa \mid f(\alpha) \neq g(\alpha)\}$；不妨设 $\mathcal{N}_{f(\lambda)} = \mathcal{M}_0$，$\mathcal{N}_{g(\lambda)} = \mathcal{M}_1$。

对 $\mathcal{N}_f$ 与 $\mathcal{N}_g$，它们的组成部分中，每个 $\mathbb{Q}$ 部分都是一个极大的可数开区间。据归纳可证，H 将 $\mathcal{N}_f$ 中第 α 个 $\mathbb{Q}$ 部分映为 $\mathcal{N}_g$ 中第 α 个 $\mathbb{Q}$ 部分。因此，H 将 $\mathcal{N}_f$ 的第 λ 部分 $\mathcal{N}_{f(\lambda)} = \mathcal{M}_0$ 映为 $\mathcal{N}_g$ 的第 λ 部分 $\mathcal{N}_{g(\lambda)} = \mathcal{M}_1$，但是这是不可能的，从而矛盾。 $\square$

由于 $\{0,1\}^\kappa$ 的基数为 2^κ，所以 DLO 至少有 2^κ 个基数为 κ 的不同构的模型，但是它也至多可以有这么多的基数为 κ 的不同构的模型，因此定理得证。 $\square$

推论 4.3.9. 对任意的不可数基数 κ，DLO 都不是 κ 范畴的。 $\square$

4.4 随机图理论

本节将介绍一个非常有趣的理论，与上一节里讨论的无端点稠密线序颇为不同。在这里，尽管我们也能理解其公理，但是并不容易从这些公理直接看出这一理论所欲"把握"的是怎样的数学真理，当然它的名字已经有点"泄露天机"了。不过，当最后一个命题将其整体性完整呈现时，或许仍然能够带给我们足够的心理上的震撼以及对数学美的体验。

首先，从它的名称中可以看出，这一理论是关于图的。图是一个相对直观并且广有用途的数学概念。当然，跟许多从实践中抽象出来的数学概念一样，我们对之也已经做了一定的规约处理。

定义 4.4.1. 一个图 $\mathcal{G}$ 是一个数学结构，它有一个非空的论域 V，以及基于 V 的一个二元关系 E，其中 E 满足：

(1) 对任意的 $u \in V$ 都有 $\neg(uEu)$；

(2) 对任意的 $u, v \in V$，如果 uEv，那么 vEu。 □

在上述定义中，V 表示顶点或者节点的集合，而 E 则表示点间的连接关系。定义里的第一个条件认为一个顶点不能连接到它自身，这是符合我们的直观的。而第二个条件则表明，目前我们讨论的是无向图，即顶点间的连接是对称的，没有方向性。

有了上面的初步规定后，我们就可以明确所要用到的语言了，它也只需要一个非逻辑符号——二元的关系符号 R，我们称其为一阶图语言。在此基础上，则可以给出随机图理论 RG 的公理化表述。

定义 4.4.2. 随机图理论 RG 有如下的公理：

$G_1 : \forall x \neg(xRx)$；

$G_2 : \forall x \forall y (xRy \to yRx)$；

$G_3 : \exists x \exists y (x \neq y)$；

$$G_n^m : \begin{array}{l} \forall x_0 \cdots \forall x_{m-1} \\ \forall y_0 \cdots \forall y_{n-1} \end{array} \left(\begin{array}{l} \bigwedge\limits_{i \neq j}^{m} (x_i \neq x_j) \wedge \bigwedge\limits_{i \neq j}^{n} (y_i \neq y_j) \wedge \bigwedge\limits_{i < m}^{j < n} (x_i \neq y_j) \to \\ \exists z \left(\bigwedge\limits_{i < m} (z \neq x_i \wedge x_i R z) \wedge \bigwedge\limits_{j < n} (z \neq y_j \wedge \neg(y_j R z)) \right) \end{array} \right) 。 \quad □$$

上面定义中的最后一组实际上有可数无穷多条，即每对正整数 m 与 n 都对应一条公理 G_n^m，同时由于有公理 G_1，G_n^m 中的 $\bigwedge_{1 \leq i \leq m}(x_i R z)$ 可以推出 $\bigwedge_{1 \leq i \leq m}(z \neq x_i)$，因此后者

是冗余的。不过为了表述上的对称性，姑且保留之。

我们先来了解 RG 在不可数基数上的范畴性，同 DLO 一样，它也不是不可数范畴的。根据定理 4.2.47，只需要在一个不可数基数上证明它不是范畴的即可，我们选取第一个不可数基数 $\aleph_1$。

定理 4.4.3. RG 不是 $\aleph_1$ 范畴的。　　　　　　　　　　　　　　　　　　　　　□

证明： 首先，递归构造两个 ω_1 长[①]的严格上升的图的序列：$\mathcal{G}_\alpha = (V_\alpha, E_\alpha)$ 与 $\mathcal{H}_\alpha = (W_\alpha, F_\alpha)$，其中 $\alpha < \omega_1$。

- 第 0 步。取 $\mathcal{G}_0 = (\omega, \varnothing)$，取 $\mathcal{H}_0 = (\omega, \omega \times \omega - \{(n, n) \mid n \in \omega\})$。这时 $|V_0| = |W_0| = \aleph_0$。
- 第 α 步。需要分情况讨论。如果 α 为非零的可数的极限序数，那么这时构造相对简单，只需要把先前的构造所得进行"广义"并即可：

$$\mathcal{G}_\alpha = (\bigcup_{\beta < \alpha} V_\beta, \bigcup_{\beta < \alpha} E_\beta),$$

$$\mathcal{H}_\alpha = (\bigcup_{\beta < \alpha} W_\beta, \bigcup_{\beta < \alpha} F_\beta)。$$

不妨设 α 为后继序数，进一步令 $\alpha = \beta + 1$。假设已经构造得到 $\mathcal{G}_\beta$ 与 $\mathcal{H}_\beta$，并且 $|V_\beta| = |W_\beta| = \aleph_0$。由于 V_β 与 W_β 都是可数无穷集，因此它们恰好有 $\aleph_0$ 个有穷子集，将其分别枚举为 $A_{\beta n}, B_{\beta n} (n < \omega)$。取两组皆可数无穷的元素：$a_{\beta n}, b_{\beta n}, n < \omega$，将它们分别放入 V_β 与 W_β 中：

$$V_\alpha = V_\beta \cup \{a_{\beta n} \mid n < \omega\},$$

$$W_\alpha = W_\beta \cup \{b_{\beta n} \mid n < \omega\}。$$

- 如下构造 E_α：第一，保留所有 $\mathcal{G}_\beta$ 中已经建立的连接，即 $E_\alpha \upharpoonright V_\beta = E_\beta$；第二，对每个 $n < \omega$，让 $a_{\beta n}$ 连接 $A_{\beta n}$ 中的每个元素，但是不跟 $V_\beta - A_{\beta n}$ 中的任何元素建立连接。
- 如下构造 F_α：第一，同样也保留所有 $\mathcal{H}_\beta$ 中已经建立的连接，即 $F_\alpha \upharpoonright W_\beta = F_\beta$；第二，与上面的处理正好相反，对每个 $n < \omega$，让 $b_{\beta n}$ 连接 $W_\beta - B_{\beta n}$ 中的每个元素，但是不跟 $B_{\beta n}$ 中的任何元素建立连接。

构造完毕，这时 $|V_\alpha| = |W_\alpha| = \aleph_0$。

其次，分别把这两组图"广义"并，即令

$$\mathcal{G} = (V, E) = (\bigcup_{\alpha < \omega_1} V_\alpha, \bigcup_{\alpha < \omega_1} E_\alpha),$$

[①] ω_1 是第一个不可数序数。关于序数、极限序数以及后继序数的概念，详见 [257，第四章]。

$$\mathcal{H} = (W, F) = (\bigcup_{\alpha < \omega_1} W_\alpha, \bigcup_{\alpha < \omega_1} F_\alpha)。$$

显然这时，$|V| = |W| = \aleph_1$。

最后，证明如下两个断言即可完成定理的证明。

断言 4.4.4. $\mathcal{G}$ 与 $\mathcal{H}$ 也都是 RG 的模型。

断言的证明： 我们只验证 $\mathcal{G} \vDash$ RG，而 $\mathcal{H} \vDash$ RG 的验证与之类似。首先易见 $\mathcal{G}$ 是一个图，因此只需要验证，对任意的 $m, n < \omega$，

$$\mathcal{G} \vDash \mathrm{G}_n^m。$$

任取 V 的两个不交的有穷子集 A, B。设 $|A| = m > 0$，$|B| = n > 0$。

根据 $\mathcal{G}$ 的构造，有 $\alpha < \omega_1$ 使得 $A \cup B \subseteq V_\alpha$，所以有 $k < \omega$ 使得 $A = A_{\alpha k}$。再根据 $\mathcal{G}_{\alpha+1}$ 的构造，有 $a_{\alpha k} \in V_{\alpha+1} - V_\alpha$，$a_{\alpha k}$ 连接 $A_{\alpha k} = A$ 中的每个元素，同时 $a_{\alpha k}$ 不连接 $V_\alpha - A$ 中的任何元素。

由于 $B \cap A = \varnothing$，因而 $B \subseteq V_\alpha - A$，从而 $a_{\alpha k}$ 不连接 B 中的任何元素，因此 $\mathcal{G} \vDash \mathrm{G}_n^m$。 □

断言 4.4.5. $\mathcal{G} \not\cong \mathcal{H}$。

断言的证明： 只需说明，所有的双射 $f: V \to W$ 都不会是 $\mathcal{G}$ 与 $\mathcal{H}$ 间的同构映射。用反证法。假设双射 f 是同构映射。下面递归地选取一个可数无穷长的严格递增的序数序列 $\langle \alpha_n \mid n < \omega \rangle$。

- 第 0 步，取 $\alpha_0 = 0$。
- 第 $n+1$ 步，设已经取得严格递增的 $\alpha_0 < \cdots < \alpha_n$；对 $n+1$ 之奇偶性分情况处理。
  - 如果 $n+1$ 为奇数，那么取 $\alpha_{n+1} > \alpha_n$ 使得 $f[V_{\alpha_n}] \subseteq W_{\alpha_{n+1}}$。由于 f 为双射，又根据前述构造，V_{α_n} 是可数无穷集，而 W 的基数为 $\aleph_1$，因此上述选取可行[①]。
  - 如果 $n+1$ 为偶数，同样的道理，可取 $\alpha_{n+1} > \alpha_n$ 使得 $f^{-1}[W_{\alpha_n}] \subseteq V_{\alpha_{n+1}}$。
  最后，取 $\alpha = \sup\{\alpha_n \mid n < \omega\}$，则 α 仍然是一个可数序数。

由前述选取方法可得，$f \restriction V_\alpha$ 恰好为从 V_α 到 W_α 的双射，因此同时也是 $\mathcal{G}$ 与 $\mathcal{H}$ 的相应部分间的同构映射。

任取 $a_{\alpha k} \in V - V_\alpha$，$k < \omega$。根据构造，$a_{\alpha k}$ 只与 V_α 中的有穷多个元素相连接。但是对任意的 $b \in W - W_\alpha$，b 与 W 中的可数无穷多个元素相连接。因此，对此 $a_{\alpha k}$ 不存在 $b \in W$ 使得 $f(a) = b$ 同时又不破坏同构，从而矛盾。 □

[①]这里利用到了 $\aleph_1$ 为正则基数，从而任何可数集映到其上必是有界的这一事实，详见 [257，第五章]。

这就完成了整个定理的证明。 □

习题 4.4.6. 证明在定理 4.4.3 中 $\mathcal{H} \models$ RG。 □

推论 4.4.7. 对任意的不可数基数 κ，RG 不是 κ 范畴的。 □

接下来，这一节里我们还有两个任务：其一是说明，尽管 RG 不是不可数范畴的，但它是 $\aleph_0$ 范畴的，因此进而它也有完全性；其二是说明，RG 到底抓住了什么样的数学真理。我们先讨论 RG 的可数范畴性问题。

定理 4.4.8. RG 的可数无穷的模型都是同构的。

证明： 在这里我们使用的实质上仍然是"过去过来方法"。

设 $\mathcal{M} = (M, I)$ 与 $\mathcal{N} = (N, J)$ 都是 RG 的可数无穷的模型。分别枚举两个模型的论域中的元素为 $\langle a_n \mid n < \omega \rangle$ 和 $\langle b_n \mid n < \omega \rangle$。如下递归构造从 M 到 N 的部分映射序列 $\langle f_n \mid n < \omega \rangle$ 使得对任给 $n < \omega$ 都有 $f_n \subseteq f_{n+1}$。

- 第 0 步，取 $f_0 = \varnothing$。
- 第 $s+1$ 步，根据 $s+1$ 之奇偶性分情况处理，总体上的思路是，在奇数步里把 M 中的元素放入定义域中，而在偶数步里把 N 中的元素放入值域中。
  - 如果 $s+1 = 2i+1$，那么需要把 a_i 放入定义域中。如果已有 $a_i \in \mathrm{dom}(f_s)$，那么不需要进行任何处理，令 $f_{s+1} = f_s$ 即可。因此不妨设有 $a_i \notin \mathrm{dom}(f_s)$。枚举 $\mathrm{dom}(f_s)$ 中的元素为 $c_1, c_2, \cdots, c_m$。如下选取两个集合 X 与 Y：
  $$X = \left\{ c_j \mid c_j R^{\mathcal{M}} a_i, j \in \{1, 2, \cdots, m\} \right\},$$
  $$Y = \left\{ c_j \mid \neg(c_j R^{\mathcal{M}} a_i), j \in \{1, 2, \cdots, m\} \right\}。$$
  由于 $\mathcal{N}$ 是 RG 的模型，因此可取 $b \in N$ 使得
  $$\forall c_j \in X(f(c_j) R^{\mathcal{N}} b) \text{ 并且 } \forall c_j \in Y \neg(f(c_j) R^{\mathcal{N}} b)。$$
  这时令
  $$f_{s+1} = f_s \cup \{(a_i, b)\}。$$
  - 如果 $s+1 = 2i+2$，那么同理可以把 b_i 放入值域中，得到新的映射 f_{s+1}。

  最后令 $f = \bigcup_{i<\omega} f_i$，则 f 为从 $\mathcal{M}$ 到 $\mathcal{N}$ 的同构映射。 □

习题 4.4.9. 证明定理 4.4.8 证明中的 f 为从 $\mathcal{M}$ 到 $\mathcal{N}$ 的同构映射。 □

推论 4.4.10. RG 是 $\aleph_0$ 范畴的，因而也是完全的。 □

习题 4.4.11. 证明：每个至多可数的图都可扩张成为 RG 的一个可数无穷模型。 □

最后，我们讨论，RG 究竟抓住了怎样的数学真理这一问题。它将与概率联系在一起。在前面的探索中，我们的分析往往是基于"一个给定的语句是否在一个相应的结构上为真"这样的问题之上的。在这一视角下，似乎很难容纳进来像"概率""随机"这样的概念。不过下面的问题或许也是自然的：对任意给定的一个语句，它有多大可能为真？借用概率论中的思想，我们很自然能想到用使得这一语句为真的结构组成的集合的大小与所有可能的结构组成的集合的大小的比值来表征这个"为真的可能性"。

随机图理论 RG 正是这方面考量的一个典范示例：在将问题"对任意给定的一个语句，它有多大可能为真？"限制到对图的讨论时，我们将会得到一个所谓的 0-1 律，即对任意的 $\mathscr{L}_1$ 语句，它们的"为真的可能性"总是要么趋向于 0，要么趋向于 1。而 RG 则恰好是所有的"为真的可能性"趋向于 1 的语句组成的集合，因此 RG 恰恰就是其为真的概率趋向于 1 的（图）语句的理论。

为了将上面的想法清晰地表述出来，我们需要引入相应的概念。

定义 4.4.12. 令 $\mathfrak{G}_N$ 表示由所有论域为 $\{1, \cdots, N\}$ 的图组成的集合，对 $\mathscr{L}_1$ 语句 ϕ，它的 N 可能性，记为 $P_N(\phi)$，如下定义：

$$P_N(\phi) = \frac{|\{\mathcal{G} \in \mathfrak{G}_N | \mathcal{G} \vDash \phi\}|}{|\mathfrak{G}_N|}。 \qquad \square$$

显然，逻辑等值的语句总是有相同的 N 可能性，更进一步，我们有如下的定理。

定理 4.4.13. 设 ϕ、ψ 为 $\mathscr{L}_1$ 语句。则下面成立：

(1) 如果 $\phi \to \psi$ 是有效式，那么对任意的 $1 < N < \omega$ 都有 $P_N(\phi) \leq P_N(\psi)$；

(2) $\lim_{N \to \infty} P_N(\neg\phi) = 0$ 当且仅当 $\lim_{N \to \infty} P_N(\phi) = 1$。 $\qquad \square$

习题 4.4.14. 证明定理 4.4.13。 $\qquad \square$

定理 4.4.15. 对每个 $\phi \in$ RG，$\lim_{N \to \infty} P_N(\phi) = 1$。

证明： 据定理 4.4.13，只需要说明定理对 RG 的公理成立，而 G_1 与 G_2 在所有的图上都是真的，因此只需要说明定理对 G_n^m 成立。

任意取定 $0 < m, n < \omega$，不妨设 $m = n$。再取定 $N > 2^n$，随机取 $\mathcal{G} \in \mathfrak{G}_N$。进一步取定两两不同的 $1 \leq x_1, x_2, \cdots, x_n, y_1, y_2, \cdots, y_n, z \leq N$。为方便表述，令

$$\chi = \neg(\bigwedge_{i=1}^{n} x_i R z \wedge \bigwedge_{j=1}^{n} \neg y_j R z)。$$

由于总共有 2^{2n} 种可能的连接方式，而只有一种是如 χ 所描述的，因此 χ 的 N 可能

性为

$$P_N(\chi) = 1 - \frac{1}{2^{2n}}。$$

进而，对任意取定的 $1 \le x_1, x_2, \cdots, x_n, y_1, y_2, \cdots, y_n, z \le N$，

$$\mathcal{G} \vDash \neg \exists z (\bigwedge_{i=1}^{n} x_i R z \wedge \bigwedge_{j=1}^{n} \neg y_j R z)$$

的概率为

$$(P_N(\chi))^{N-2n} = \left(1 - \frac{1}{2^{2n}}\right)^{N-2n}。$$

令 M 为 $\mathcal{G}$ 中大小分别为 n 的不交集的对的个数，那么

$$P_N(\neg \phi_{n,n}) \le M \times (1 - \frac{1}{2^{2n}})^{N-2n} < N^{2n} \times (1 - \frac{1}{2^{2n}})^{N-2n}。$$

因此，

$$\lim_{N \to \infty} P_N(\neg \phi_{n,n}) \le \lim_{N \to \infty} (N^{2n} \times (1 - \frac{1}{2^{2n}})^{N-2n}) = 0,$$

进而据定理 4.4.13 得，

$$\lim_{N \to \infty} P_N(\phi_{n,n}) = 1。 \qquad \square$$

利用 RG 的完全性、定理 4.4.13 和定理 4.4.15，我们就可以得到 0-1 律了。

定理 4.4.16. 对任意的 $\mathscr{L}_1$ 语句 ϕ，下面成立：

$$\lim_{N \to \infty} P_N(\phi) = 0 \text{ 或者 } \lim_{N \to \infty} P_N(\phi) = 1。$$

证明： 任取 $\mathscr{L}_1$ 语句 ϕ，由于 RG 是完全的，因此 $\phi \in$ RG 或者 $\neg\phi \in$ RG。分情况讨论。

- 首先讨论 $\phi \in$ RG 的情形。这时根据紧致性定理可知，存在由有穷多条 RG 的公理组成的集合 Γ 使得 $\Gamma \vDash \phi$。令 $\psi = \bigwedge \Gamma$，则 $\vDash \psi \to \phi$，即 $\psi \to \phi$ 是有效式。再由定理 4.4.15 得

$$\lim_{N \to \infty} P_N(\psi) = 1。$$

进而，由定理 4.4.13 得，

$$\lim_{N \to \infty} P_N(\phi) = 1。$$

- 现在讨论 $\neg\phi \in$ RG 的情形。同理可得

$$\lim_{N \to \infty} P_N(\neg\phi) = 1。$$

进而，再由定理 4.4.13 得

$$\lim_{N \to \infty} P_N(\phi) = 0。 \qquad \square$$

推论 4.4.17. RG $= \{\phi$ 为 $\mathscr{L}_1$ 语句 $\mid \lim_{N \to \infty} P_N(\phi) = 1\}$。

证明: (⊆) 据定理 4.4.15 易得。

(⊇) 假设有 $\mathscr{L}_1$-语句 ϕ 使得 $\lim_{N\to\infty} P_N(\phi) = 1$，但是 $\phi \notin \mathrm{RG}$，那么由于 RG 是完全的，将得 $\neg\phi \in \mathrm{RG}$，进而再据定理 4.4.15 得 $\lim_{N\to\infty} P_N(\neg\phi) = 1$，矛盾。 □

4.5 算术真理论

算术可能是我们最为熟悉的数学领域了，我们的生活与实践也几乎离不开对算术中诸如加、减、乘、除这样的运算以及相应知识的运用。因此，算术是数学中一个古老而核心的研究领域。这也就使得用形式化、公理化的方法来整理算术真命题自然地成为逻辑与数学基础探讨的一个重要科目，本节就是对相关问题与结果的一个初步介绍。

依照形式化方法的标准处理程序，我们首先需要确定什么是算术命题以及何为算术真，换言之，即明确所要分析的数学结构与相应的形式语言。

遵循惯例，我们用 $\mathbb{N}$ 表示由所有自然数组成的集合，$<$ 是其上通常的小于关系，0 是小于关系下的最小元，此外，分别用 $+$、$\times$ 表示运算加与乘，最后，还会再增加一个后继运算，用 S 表示[1]，这是在以往的研究中常用的。这样就获得了我们所要分析的数学结构 $\mathcal{N} = (\mathbb{N}, 0, S, +, \times, <)$。在明确了数学结构之后，水到渠成地，也可以明确相应的形式语言了。我们的一阶算术语言有如下的非逻辑符号：常量符号 $\bar{0}$，函数符号 $\bar{S}$、$\bar{+}$ 与 $\bar{\times}$，以及关系符号 $\bar{<}$[2]。自然 $\mathcal{N}$ 就是一个 $\mathscr{L}_1$-结构，更进一步，我们引入如下的约定。

定义 4.5.1. (1) 称 $\mathscr{L}_1$-结构 $\mathcal{N}$ 是标准的算术模型；
(2) 称一个 $\mathscr{L}_1$ 语句 ϕ 是算术真的，如果它在标准的算术模型 $\mathcal{N}$ 上真，即 $\mathcal{N} \vDash \phi$；
(3) 令

$$\mathrm{AR} \triangleq \mathrm{Th}(\mathcal{N}) = \{\phi \text{ 是 } \mathscr{L}_1 \text{ 语句} \mid \phi \text{ 是算术真的}\}.$$

它是由所有算术真的语句组成的集合，我们称之为算术真理论。 □

易见 AR 是一个完全的理论。不过到目前为止，它只是由所有的算术真命题"无序"地组合而成。那么，一个自然的问题是：是否有合适的可计算公理化（参见定义 5.3.73）系统"整理"它？

从学术史的角度来看，在引入形式的理论（比如在有算术真理论）之前，我们通常

---

[1] S 是一个一元运算，即它是从 $\mathbb{N}$ 到 $\mathbb{N}$ 的一元映射：对任意的 $n \in \mathbb{N}$，$S(n) = n+1$。

[2] 这些非逻辑符号的语义指向是非常清楚的，比如，$\bar{0}$ 意欲指向的就是 0，这里使用 ˉ 将语言中的"名字"与它所指称的"对象"区分开来。

已经有一些公理化系统了。对于算术也是如此，我们已先有一广为接受的公理系统，即皮亚诺（Peano）算术系统，通常记为 PA。由于在下一章会相对细致地讨论 PA（包括它的子系统），这里不再赘述。

根据下一章将会介绍的哥德尔第一不完全性定理，包括 PA 在内的一系列可计算公理化系统，如果它们是一致的，那么它们必然会是不完全的。这一事实本身反映的是一类可计算公理化系统所特有的性质，而这里我们可以借之来回答上面提出的问题，即，是否有合适的可计算公理化系统"整理" AR？答案是否定的。

这个答案也可以根据 AR 自身以及可计算公理化系统的"可计算"性质获取：对任意的可计算化公理化系统 A（这表示 A 是一个可计算的公理集），$\mathrm{Th}(A)$ 一定是可计算枚举的（参见定义 5.3.73）。但是 AR 不是可计算枚举的，因此不可能有任何公理系统能"整理"它。

我们把上述的结论简单地罗列在下面。

定理 4.5.2. AR 不是可计算枚举集。　　　　　　　　　　　　　　　　　　　□

定理 4.5.3. 设 A 是一个可计算的公理集。则 $\mathrm{Th}(A)$ 一定是可计算枚举的。　□

推论 4.5.4. AR 不是可计算公理化的。　　　　　　　　　　　　　　　　　　□

下面我们转而了解理论 AR 在范畴性方面的情况。首先借助紧致性定理，我们立即可知 AR 不是可数范畴的。

定理 4.5.5. AR 不是 $\aleph_0$ 范畴的。

证明：　膨胀 $\mathscr{L}_1$ 为 $\mathscr{L}_1{}^* = \mathscr{L}_1 \cup \{c\}$，其中 c 为新常量。取

$$\Sigma = \mathrm{AR} \cup \{\bar{0} \prec c, \bar{S}(\bar{0}) \prec c, \cdots, \underbrace{\bar{S} \cdots \bar{S}}_{n \text{个}}(\bar{0}) \prec c, \cdots \mid n < \omega\}.$$

则 Σ 有穷可满足。因此据紧致性定理以及勒文海–斯库伦定理可知，有基数为 $\aleph_0$ 的 $\mathscr{L}_1{}^*$ 结构 $\mathcal{M}^*$ 使得 $\mathcal{M}^* \vDash \Sigma$。

取 $\mathcal{M}$ 为 $\mathcal{M}^*$ 在 $\mathscr{L}_1$ 上的限制，那么它也是 AR 的一个基数为 $\aleph_0$ 的模型，但是它不与 $\mathcal{N}$ 同构。　　　　　　　　　　　　　　　　　　　　　　　　　　　　□

习题 4.5.6. (1) 证明，定理 4.5.5 证明中的 Σ 是有穷可满足的。

(2) 证明，定理 4.5.5 证明中的 $\mathcal{M}$ 不与 $\mathcal{N}$ 同构。　　　　　　　　　　　□

定理 4.5.5 意味着，作为完全理论的 AR 并没有在同构意义上"把握"标准算术模型 $\mathcal{N}$，这也从一个角度反映了形式化方法的局限性。它也意味着 AR 有着与 $\mathcal{N}$ 不同的可数

无穷模型，习惯上称这些模型为算术真理论的非标准模型。于是很自然会有下面的问题：AR 有多少个"不同"的非标准模型，以及它们"长"得会是怎样的？另外，AR 在不可数范畴性上的情况又如何？本节剩下来的部分将对这些问题进行一个初步的梳理。我们需要先引入一些概念。

定义 4.5.7. 设 τ 是 $\mathscr{L}_1$ 项，它的第 n 个后继记为 $\bar{S}^n(\tau)$，递归定义如下：

(1) $\bar{S}^0(\tau) = \tau$；

(2) $\bar{S}^{n+1}(\tau) = \bar{S}(\bar{S}^n(\tau))$。 □

特别地，$\bar{0}$ 的第 n 个后继简记为 $\bar{n}$。

定义 4.5.8. 设 $\mathscr{L}_1$-结构 $\mathcal{M}$ 是 AR 的一个模型。

(1) 对 $a \in M$，称 a 为有穷元，如果有 $n < \omega$ 使得 $a = \bar{n}^{\mathcal{M}}$；否则称 a 为非标准元。

(2) 记 $M_{\text{fin}} = \{a \in M \mid a\text{为有穷元}\}$。称 $\mathcal{M}$ 为 AR 的标准模型，如果 $M = M_{\text{fin}}$；否则称 $\mathcal{M}$ 为 AR 的非标准模型。 □

显然，$\mathcal{N}$ 是 AR 的标准模型，下面的定理给出更强的结论，它也是我们在前面的约定里称 $\mathcal{N}$ 是标准的算术模型的缘由。

定理 4.5.9. 在同构的意义上，AR 就只有唯一的一个标准模型，即 $\mathcal{N}$。 □

习题 4.5.10. 证明定理 4.5.9。 □

定理 4.5.5 告诉我们，确实存在着 AR 的可数无穷的非标准的模型，那么一个自然的问题是，有多少个这样的模型？下面的定理给出了这一问题的答案。

定理 4.5.11. AR 有连续统多个，即 $2^{\aleph_0}$ 个互不同构的可数无穷的非标准模型。

证明： 取 P 为由所有素数组成的集合，它是可数无穷的；记 $\wp_{\text{inf}}(\text{P}) = \{A \subseteq \text{P} \mid |A| = \aleph_0\}$，则它恰好有 $2^{\aleph_0}$ 个元素。

对每个 $A \in \wp_{\text{inf}}(\text{P})$，如下选取一个相应的算术模型。首先引入新常量 c，膨胀 $\mathscr{L}_1$ 为 $\mathscr{L}_1^* = \mathscr{L}_1 \cup \{c\}$。对每个素数 p，用 $\bar{p}|c$ 表示 $\mathscr{L}_1^*$ 语句 $\exists x(x \times \bar{p} \simeq c)$。进而，令

$$\Gamma_A = \text{AR} \cup \{\bar{p}|c \mid p \in A\} \cup \{\neg \bar{p}|c \mid p \notin A\}$$

那么 Γ_A 有穷可满足，进而据紧致性定理及勒文海－斯库伦定理可知 Γ_A 有可数无穷的模型，记其在 $\mathscr{L}_1$ 上的限制为 $\mathcal{M}^A$。

易见 $\mathcal{M}^A$ 为 AR 的非标准模型，并且 $\mathcal{M}^A$ 中有非标准元素"编码"了无穷集 A。由于 A 是任意选取的，因此 P 的每个无穷子集都能被 AR 的某个可数无穷的非标准模型的

某个非标准元素所编码。

假设 AR 只有 κ 个互不同构的可数无穷的非标准模型，并且 $\kappa < 2^{\aleph_0}$。但是每个非标准模型中都有可数无穷多个非标准元，因此总共只有 κ 个非标准元，那么它们只能"编码" κ 个 P 的可数无穷子集，但是 P 总共有 $2^{\aleph_0}$ 个这样的子集，从而矛盾。 □

习题 4.5.12. 证明：定理 4.5.11 证明中的 $\mathcal{M}^A$ 是 AR 的非标准模型。 □

接下来，我们来讨论 AR 的可数无穷的非标准模型的"形状"。我们任意取定 AR 的一个可数无穷的非标准模型 $\mathcal{M}$，这时 $\mathcal{M}$ 中有非标准元，即 $M - M_{\text{fin}} \neq \varnothing$。下面的定理是符合我们的直观的。

定理 4.5.13. $\mathcal{M}$ 不与标准算术模型 $\mathcal{N}$ 同构。

证明： 用反证法。假设 $\mathcal{M} \cong \mathcal{N}$，并设 f 是二者之间的同构映射。取 $a \in M - M_{\text{fin}}$，那么对任意的 $n < \omega$ 都有

$$\mathcal{M} \vDash x \not\simeq \bar{n}[a]. \tag{4.5.1}$$

另外，由于 f 为 $\mathcal{M}$ 与 $\mathcal{N}$ 之间的同构映射，因此有 $k \in \mathbb{N}$ 使得 $f(a) = k$。

那么，对任意的 $n < \omega$ 也都有 $\mathcal{N} \vDash x \not\simeq \bar{n}[f(a)]$，即

$$\mathcal{N} \vDash x \not\simeq \bar{n}[n]. \tag{4.5.2}$$

特别地，$\mathcal{N} \vDash x \not\simeq \bar{k}[k]$，矛盾。 □

不过，$\mathcal{M}$ 并未完全偏离于 $\mathcal{N}$，下面的定理告诉我们，$\mathcal{N}$ 是非标准模型 $\mathcal{M}$ 的真前段。

定理 4.5.14. (1) M_{fin} 可以作为 $\mathcal{M}$ 的一个子结构的论域，记该子结构为 $\mathcal{M}_{\text{fin}}$；
(2) $\mathcal{M}_{\text{fin}} \cong \mathcal{N}$。 □

习题 4.5.15. 证明定理 4.5.14。 □

在更细致地分析 $\mathcal{M}$ 之前，我们先要了解一些关于 AR 的简单事实。

定理 4.5.16. (1) 对任意的 $\mathscr{L}_1$ 闭项 τ，存在自然数 $n \in \mathbb{N}$，使得语句 $\tau \simeq \bar{n} \in$ AR；
(2) 对任意的 $n \in \mathbb{N}$，语句 $\forall x((x \not\simeq \bar{0} \wedge \cdots \wedge x \not\simeq \bar{n}) \leftrightarrow (\bar{n} \lesssim x)) \in$ AR；
(3) 对任意的 $n \in \mathbb{N}$，语句 $\forall x \forall y \forall z((x \lesssim y \wedge y \lesssim z \wedge \bar{S}^n(x) \simeq z) \to (y \simeq \bar{S}(x) \vee y \simeq \bar{S}^2(x) \vee \cdots \vee y \simeq \bar{S}^{n-1}(x))) \in$ AR；
(4) 语句 $\forall x \forall y \exists z(z \mp z \simeq x \mp y \vee z \mp z \simeq x \mp \bar{S}(y)) \in$ AR；
(5) 对任意的 $n \in \mathbb{N}$，语句 $\forall x \forall y \forall z(z \mp z \simeq x \mp y \wedge \bar{S}^n(x) \simeq z \to \bar{S}^{2n}(x) \simeq y) \in$ AR。

证明： 用归纳法可证。 □

定理 4.5.17. 对任意的 $a \in M_{\text{fin}}$ 和任意的 $b \in M - M_{\text{fin}}$ 都有 $a \precsim^{\mathcal{M}} b$。

证明： 由于 a 为有穷元，于是有 $n \in \mathbb{N}$ 使得 $\mathcal{M} \vDash x \simeq \bar{n}[a]$。而 b 为非标准元，所以有 $\mathcal{M} \vDash x \not\simeq \bar{0} \wedge \cdots \wedge x \not\simeq \bar{n}[b]$。又由 $\mathcal{M}$ 为 AR 的模型及定理 4.5.16 (2) 得 $\mathcal{M} \vDash \bar{n} \precsim x[b]$，因此 $a \precsim^{\mathcal{M}} b$。 □

定理 4.5.18. 设 $\phi(x)$ 是一个带一个自由变元的 $\mathscr{L}_1$ 公式。则下面成立：

(1) 对所有的 $a \in M_{\text{fin}}$ 都有 $\mathcal{M} \vDash \phi[a]$ 当且仅当 对所有的 $b \in M$ 都有 $\mathcal{M} \vDash \phi[b]$；

(2) 对所有的 $a \in M - M_{\text{fin}}$ 都有 $\mathcal{M} \vDash \phi[a]$ 当且仅当 除有穷个外，对所有的 $b \in M_{\text{fin}}$ 都有 $\mathcal{M} \vDash \phi[b]$；

(3) 如果有 $a \in M - M_{\text{fin}}$ 使得 $\mathcal{M} \vDash \phi[a]$，那么有无穷多个 $b \in M_{\text{fin}}$ 使得 $\mathcal{M} \vDash \phi[b]$。

证明： 只证明 (1)，余下的留作习题。也只需证明当且仅当的一个方向，另一个方向依据同样的理由成立。

假设对每个 $a \in M_{\text{fin}}$，都有 $\mathcal{M} \vDash \phi[a]$；那么对所有的 $n \in \mathbb{N}$，都有 $\mathcal{M} \vDash \phi[n]$。由于 $\mathcal{M}_{fin} \cong \mathcal{N}$，因此，对所有的 $n \in \mathbb{N}$，都有 $\mathcal{N} \vDash \phi[n]$）；这样就有，$\mathcal{N} \vDash \forall x \phi(x)$。

最后，由 $\mathcal{M} \equiv \mathcal{N}$ 得，$\mathcal{M} \vDash \forall x \phi(x)$，此即，对所有的 $b \in M$ $\mathcal{M} \vDash \phi[b]$。 □

习题 4.5.19. 证明定理 4.5.18 的 (2) 与 (3)。 □

再引入几个后面会用到的概念。

定义 4.5.20. (1) $\mathcal{M}$ 上的前驱函数为映射 $P : M \to M$ 其定义如下：

$$P(a) = \begin{cases} \bar{0}^{\mathcal{M}} & \text{如果 } a = \bar{0}^{\mathcal{M}}, \\ b & \text{如果 } \bar{0}^{\mathcal{M}} \precsim a \text{ 且 } \bar{S}(b) = a。 \end{cases}$$

(2) 如下定义 M 上的二元关系 $\sim$：对任意的 $x, y \in M$，

$$x \sim y \text{ 当且仅当 有自然数 } n \text{ 使得 } S^n(x) = y \text{ 或 } s^n(y) = x。$$ □

根据定理 4.5.16 (3) 可知，对任意的自然数 $n \in \mathbb{N}$，语句 $\forall x \forall y \forall z((x \precsim y \wedge y \precsim z \wedge \bar{S}^n(x) \simeq z) \to (y \simeq \bar{S}(x) \vee y \simeq \bar{S}^2(x) \vee \cdots \vee y \simeq \bar{S}^{n-1}(x)))$ 都在理论 AR 中，因此立即可以得到下面的定理。

定理 4.5.21. 对二元关系 $\sim$，下面成立：

(1) $\sim$ 是等价关系；

(2) 对任意的 $a \in M$，$a \sim \bar{0}^{\mathcal{M}}$ 当且仅当 $a \in M_{\text{fin}}$；

(3) 对任意的 $a,b,c \in M$，$a<b \wedge b<c \wedge a \sim c \to a \sim b$。 □

习题 4.5.22. 证明定理 4.5.16。 □

上面的定理说明，$\sim$ 的等价类都是一个个"区间"。记 $M/\!\sim = \{[a] \mid a \in M\}$，它是 M 模掉 $\sim$ 的商集[①]。

定义 4.5.23. 在 $M/\!\sim$ 上如下定义关系 $\lhd$：对任意不同的 $[a],[b] \in M/\!\sim$

$$[a] \lhd [b] \text{ 当且仅当 } a<b。$$ □

注意：上面的定义是良定义的。

定理 4.5.24. 设 $[a] \neq [b] \in M/\!\sim$ 并且 $a<b$。则任给 $c \in [a]$ 与 $d \in [b]$ 都有 $c<d$。

证明： 用反证法。假设有 $c \in [a]$ 与 $d \in [b]$，使得 $c \not< d$。由于 $[a]$ 与 $[b]$ 是不相等的等价类，因此它们不相交，因此 $c \neq d$，但是 $<$ 是线序，因此有 $d<c$。同理可得，$d \neq a$。因此有 $d<a$ 或者 $a<d$。

- 假如 $d<a$，那么有 $d<a$ 并且 $a<b$ 并且 $d \sim b$，因此据定理 4.5.21 (3) 得到 $d \sim a$，但是这样就会得 $[a]=[b]$。
- 假如 $a<d$，那么有 $a<d$ 并且 $d<c$ 并且 $a \sim c$，同样据定理 4.5.21 (3) 得到 $d \sim a$ 以及 $[a]=[b]$。 □

有了上面的铺垫后，就能得到对 $\mathcal{M}$ 的结构的刻画了。

定理 4.5.25. 在 $M/\!\sim$ 上，$\lhd$ 是有左端点而无右端点的稠密线序。

证明： 易见 M_{fin} 是左端点，并且由 $<$ 是线序，保证 $\lhd$ 也如此，因此只需要证明 $\lhd$ 有稠密性。任取 $[a],[b] \in M/\!\sim$，设 $[a] \lhd [b]$。

据定理 4.5.16 (4)，语句 $\forall x \forall y \exists z(z \mp z \simeq x \mp y \vee z \mp z \simeq x \mp \bar{S}(y))$ 在理论 AR 中，因此 $\mathcal{M} \vDash \forall x \forall y \exists z(z \mp z \simeq x \mp y \vee z \mp z \simeq x \mp \bar{S}(y))$。由于 $[a] \lhd [b]$，所以根据 $\lhd$ 的定义，在 $\mathcal{M}$ 中有 $a<b$。因此有 $c \in M$ 使得 $c+c=a+b$。

- 再据定理 4.5.16 (5)，对任意的 $n \in \mathbb{N}$，语句 $\forall x \forall y \forall z(z \mp z \simeq x \mp y \wedge \bar{S}^n(x) \simeq z \to \bar{S}^{2n}(x) \simeq y)$ 在理论 AR 中，以及 $b \not\approx a$ 可得，$a<c$ 并且 $a \not\approx c$，因此 $[a] \lhd [c]$。
- 同理可得 $[c] \lhd [b]$。

至此稠密性得证。 □

[①] 等价类与商集都是集合论中的基本概念，直观上可以把等价类理解为把所有从某个角度看起来一样的，即等价的对象都收集在一起组成的集合，而商集则是再把这些等价类收集起来组成的集合。

最后回到 AR 在不可数范畴上情况如何这一问题。实际上，前面对 AR 的可数无穷的非标准模型的讨论以及相应的结果已经提供给我们足够多的资源来处理该问题了。

我们注意到上述一系列定理不仅仅对 AR 的可数无穷模型成立。实际上，AR 的所有不可数模型也都是非标准的，但是就如这些定理所表明的那样，它们都会以标准模型 $\mathcal{N}$ 为前段，并且"标准片段"里的对象，即有穷元，在语言 $\mathscr{L}_1$ 里都是有名字的，即有形如 $\bar{n}$ 的闭项指称着它们。再利用定理 4.5.11 的证明中使用到的技术，我们就可以证明 AR 也不是不可数范畴的。

定理 4.5.26. 对任意的无穷基数 κ，AR 都不是 κ 范畴的。

证明： 任取 κ 是一个无穷基数，只需说明 κ 是不可数无穷时情况如此。首先，据勒文海–斯库伦定理（推论 4.2.36），可以取定 AR 的一个基数为 κ 的模型 $\mathcal{M}$；自然它是非标准模型，同时，根据前面的讨论可知，$\mathcal{M}$ 以 $\mathcal{N}$ 为前段，其后跟着 κ 个 $\mathbb{Z}$。

其次，可取 $\mathscr{L}_1$ 公式 $\chi(x)$ 表示"x 是一个素数"，那么由素数在 $\mathbb{N}$ 中的无界性可得

$$\mathcal{M} \vDash \forall y \exists x (y < x \wedge \chi(x))。$$

因此，$\mathcal{M}$ 中有 κ 个"素数"，将它们组成的集合记为 $\mathrm{P}_{\mathcal{M}}$。

最后，注意到 $\mathrm{P}_{\mathcal{M}}$ 有 2^{κ} 个无穷子集合，它们都可被某个非标准数所编码。但是 $\mathcal{M}$ 中只有 κ 个非标准元素，因此，可取得 AR 的基数为 κ 的模型，其中有非标准元编码了未被 $\mathcal{M}$ 中的非标准元编码的无穷"素数集"，那么新模型将不同构于 $\mathcal{M}$。 □

4.6 公理集合论

在本节里我们将初步学习公理集合论系统 ZFC[1]。前面几节里我们已经接触到了一些数学理论，它们都在试图抓住某种或者某一范围内的数学真理。这里所谓的"某一范围内"，指的是这些数学真理要么是针对某个具体的数学结构，要么是针对某类数学结构，因而都是局部的。

在一种意义上，ZFC 也在试图概括某种数学真理，它们是关于集合、元素以及属于关系的。在这种视角下，一方面，ZFC 或者其他的公理集合论系统[2]与别的一阶理论一样，都在试图反映局部的数学真理；但是另一方面，当代数学界的主流认为，公理集合

---

[1] 更加详细的介绍详见 [116, 257]。

[2] 比如，NBG 系统，至少在表述上，它要比 ZFC 丰富。

论是数学的基础①，其原因主要在于，尽管 ZFC 的初始语言是简单的，但是现代数学研究的各种数学对象，如自然数、实数、函数、代数结构、拓扑空间等等，都可以在 ZFC 的框架下被相对自然地定义为各种集合，这样，表达这些数学结构的命题原则上都可改述为关于集合的命题，因此公理集合论系统就具有了全局性的地位。

本节的目的是，在后一视角下，即在将 ZFC 视为数学基础这一角度下，以构建整数集为最终目标，初步介绍 ZFC 这一理论的一些基本情况，在向最终目标的"行进"中，我们也会借助使用的需要为相应的公理提供一定的辩护。

首先明确讨论所基于的语言。一阶集合论语言是非常简单的，它的非逻辑符号里只有一个二元的关系符号 $\in$。

从集合论的角度来看，所有的对象都是集合，而首先，我们自然会接受，世界中是有对象的，由此就得到存在公理（Axiom of Existence）：

存在公理（A_0）　$\exists x(x \simeq x)$。　　　　　　　　　　　　　　　　　　　□

存在公理的直观涵义就是（至少）存在一个集合。由于后面还会引入其他的集合存在性公理，因此 A_0 实际上是多余的。不过，就前述我们的目的而言，引进它会带来表述上的便利。

美国哲学家蒯因曾称，"没有同一性就没有实体"，强调同一性标准在本体论中的重要性；而在集合世界里，我们有相对素朴的同一性标准，即任一集合由它所包含的元素唯一确定，此即外延公理（Axiom of Extensionality）：

外延公理（A_1）　$\forall x \forall y(x \simeq y \leftrightarrow \forall z(z \in x \leftrightarrow z \in y))$。　　　　　　　　□

上述两条公理并没有向我们保证会有什么样的集合存在；一个自然的想法是，对给定的一个集合，我们通常会用相应的性质来描述它，那么，反过来，每一条性质似乎也都应该有一个集合与之对应。在集合论的早期历史中，这一想法被整理为所谓的概括原则（Principle of Comprehension），它最早被康托隐含地使用，而弗雷格则将它作为自己的逻辑主义的基础之一清晰地表述出来：

概括原则　对任意的性质 ϕ，存在集合 $X = \{x \mid \phi(x)\}$ 使得 X 恰好包含所有具有性质 ϕ 的对象。　　　　　　　　　　　　　　　　　　　　　　　　　　□

概括原则看起来非常自然，但是它却带来了非常严重的问题，试图对之进行解决是促使公理集合论产生的一个重要动力。

---

① 当然也存在着其他的试图成为数学基础的理论，比如范畴论（Category Theory）以及最近兴起的同伦类型论（Homotopy Type Theory）。

习题 4.6.1（罗素悖论）. 证明：$R = \{x \mid \neg(x \in x)\}$ 不是集合，即如果把所有满足性质 $\neg(x \in x)$ 的对象收集起来，则它不是集合。 □

尽管我们不得不放弃概括原则，但是其中似乎仍然包含某种合理性，特别地，在习题 4.6.1 中，作为具有"不属于自身"的对象的"聚合" R 不能成为集合的原因可能在于它过于"庞大"了，因此如果我们手里已经有了一个集合 A，它作为集合自然不会是过于"大"的，那么，对任意的"性质" $\phi(x)$，由 $\phi(x)$ 从 A 分离出来一部分对象的"聚合"应该也不会是太庞大的，由此得到下面不带参数的分离公理模式（Axiom Schema of Separation with No Parameters）：

不带参数的分离公理模式（A_2'） 设 $\phi(x)$ 为带一个自由变元的公式，对任意给定的集合 X，存在集合 $Y = \{x \in X \mid \phi(x)\}$。 □

需要说明一下的是，上面表述的不带参数的分离公理模式是最简形式的，这种表述形式可以使我们更加清楚地看出该公理的实质所在，更加常见的是如下带参数的分离公理模式（Axiom Schema of Separation）：

分离公理模式（A_2） 设 $\phi(x,y)$ 为带两个自由变元的公式，对任意给定的集合 X 以及参数 p，存在集合 $Y = \{x \in X \mid \phi(x,p)\}$。 □

注意，A_2 对应的实际上是无穷多条公理。

即使只是 ZFC 的这样一个极小的片段，就已经可以推演出一些基本但是比较重要的结果了。

首先，在这一片段里我们可以定义通常的集合交运算：取公式 $\phi(x,y) = x \in y$，那么对任意的集合 a、b，$a \cap b = \{x \in a \mid \phi(x,b)\}$；这里使用的是带参数的分离公理。其次，在这一片段里我们也可以确定有不包含任何元素的集合——空集的存在：

定理 4.6.2. 设 $\phi(x) = \neg \exists y(y \in x)$，直观上它说的是"$x$ 是空集"。则 $\{A_0, A_1, A_2\} \vdash \exists! x \phi(x)$。通常用 $\varnothing$ 表示空集。

证明： 首先，据 A_0，可取定一个集合 a，取公式 $\psi(x) = \neg(x \simeq x)$，那么据 A_2，有集合 $b = \{x \in a \mid \psi(x)\}$，易见 b 中无任何元素，因此 $\phi(b)$。

其次，假设有集合 c，使得 $\phi(c)$，那么据 A_1 可知 $b = c$。 □

最后，这一片段也能排除一些过大的聚合作为集合存在，特别地，由所有集合组成的聚合不会是集合。

习题 4.6.3. 记 $V = \{x \mid x$ 是集合$\}$，则 $\{A_0, A_1, A_2\} \vdash \neg \exists x(x \simeq V)$。 □

接下来我们将引入三条公理，它们与前述公理一起提供了可以讨论有穷数学的框架。

对集公理（A_3）　对于任意的集合 x 与 y，存在着恰好以它们为元素的集合，即

$$\forall x \forall y \exists z (x \in z \wedge y \in z \wedge \forall u(u \in z \rightarrow u \simeq x \vee u \simeq y))。$$　　□

外延公理保证，对于任意给定的集合 x 与 y，对集公理（Axiom of Paring）提供的相应的集合是唯一的，通常记之为 $\{x, y\}$。

并集公理（A_4）　对每个集合 x，存在着集合，它恰好由 x 的元素的元素组成：

$$\forall x \exists y \forall z (z \in y \leftrightarrow \exists u(u \in x \wedge z \in u))。$$　　□

外延公理仍然保证，对于任意给定的集合 x，并集公理（Axiom of Union）给出的 y 是唯一的，通常称之为 x 的（广义）并，记为 $y = \bigcup x$。

我们已经接触过子集概念或者集合之间的包含关系：集合 x 是 y 的子集，通常记为 $x \subseteq y$，如果 x 中的元素也都是 y 的元素；对于任意给定的一个集合，它都是不那么大的聚合，那么由它的所有子集组成的聚合应该也不至于过大，这样就得到了幂集公理。

幂集公理（A_5）　对任意的集合 x，存在着集合，它恰好由 x 的所有子集所组成：

$$\forall x \exists y \forall z (z \in y \leftrightarrow \forall u(u \in z \rightarrow u \in x))。$$　　□

对给定的集合 x，由幂集公理（Axiom of Power Set）得到的集合也是唯一的，通常记为 $\wp(x)$，并称其为 x 的幂集。

如前所述，在这些公理下可以发展有穷数学；实际上，基于它们也可以定义一些基本的数学概念。

首先是两个集合的并，对任意给定的集合 x 与 y，上述公理保证唯一存在着它们的并（集）：由对集公理得到集合 $\{x, y\}$ 存在，进而由并集公理保证集合 $\bigcup\{x, y\}$ 存在，此即 $x \cup y$。

其次，前面的对集公理使我们从任意两个给定的集合 x 与 y 出发，可以得到恰好包含它们的集合 $\{x, y\}$，这样的集合被称为无序对。但是，在一些情况下，我们希望元素间能有某种顺序，比如，在实平面上，我们用 (x, y) 表示 x 与 y 有不同的地位；在集合论中这种有序对自然也需要定义为某种集合。

定义 4.6.4.　对任意的集合 x 与 y，由它们组成的有序对定义为：

$$(x, y) = \{\{x\}, \{x, y\}\}。$$　　□

这个定义在当前的公理下是可行的：对任意给定的集合 x 与 y，由对集公理得到集

合 $\{x\}$ 与 $\{x,y\}$ 存在，再一次由对集公理保证集合 $\{\{x\},\{x,y\}\}$ 存在，而外延公理则确保它作为集合是唯一的。

当然，上面给出的只是有序对的一种常见的定义，还可以将有序对定义为其他样式的集合，它们共同的要点在于有序对中前后两个元素间地位的不对称性。

定理 4.6.5. 任给有序对 (x,y) 和 (s,t) 都有 $(x,y)=(s,t)$ 当且仅当 $x=s$ 且 $y=t$。 □

习题 4.6.6. 证明定理 4.6.5。 □

再次，在 $\{A_0,\cdots,A_5\}$ 下我们也可以定义两集合 X 与 Y 的卡氏积。

定义 4.6.7. 对任意的集合 X 与 Y，它们的卡氏积定义[①]为：

$$X \times Y = \{z \in \wp(\wp(X \cup Y)) \mid \exists x \in X \exists y \in Y(z = (x,y))\}。$$ □

最后，我们对自然数早已非常熟悉了，但是自然数到底为何物却是很不清楚的，而在集合论的框架里它们至少得到了公认的表述，甚至已经被习惯地看成某种具体的集合。

所谓用一个具体的集合来表示一个自然数，无非是这个集合的某个性质可以对应于相应的自然数。一个自然的想法是使用集合具有多少个元素这一性质[②]。在这一思路下就可以确定用来表示自然数的集合了，而它们都是公理 $\{A_0,\cdots,A_5\}$ 可以保证存在的：

(0) 空集 $\varnothing$ 中有零个元素，因此可以用它来表示自然数 0；

(1) 表示 1 的集合应该恰好有一个元素，而到目前为止，我们相对清楚的集合是 $\varnothing$（或者说是 0），那么由对集公理，我们可以得到集合 $\{\varnothing\}$（或者 $\{0\}$），其中正好有一个元素，自然可以用它来表示 1；

($n+1$) 假设已经得到了用来表示 n 的集合 $n=\{0,\cdots,n-1\}$，那么由对集公理可得集合 $\{n\}$，进而得到集合 $\{0,\cdots,n-1\}\cup\{n\}=\{0,\cdots,n-1,n\}$，其中恰好有 $n+1$ 个，这个集合正好可以用来表示自然数 $n+1$。

由上面的讨论可见，在这一有限的公理片段所提供的框架里，我们已经可以获得一些最基本的数学概念的集合论表达，我们也可以给出所有自然数的集合表示，一个自然的问题是，那么，作为整体的自然数集呢，它在这个框架里可以获得吗？

---

① 严格说来，这里要使用带参数的分离公理：要使用公式 $\phi(z,s,t) = \exists x \exists y(x \in s \wedge y \in t \wedge \exists u \exists v(u \in z \wedge v \in z \wedge \forall w(w \in z \rightarrow w \simeq u \vee w \simeq v) \wedge (x \in u \wedge \forall w(w \in u \rightarrow w \simeq x) \wedge (x \in v \wedge y \in v \wedge \forall w(w \in v \rightarrow w \simeq x \vee w \simeq y)))))$，用 $\phi(z,s,t)$ 以 X 与 Y 为参数，从 $\wp(\wp(X \cup Y))$ 中分离出 $X \times Y$，即 $X \times Y = \{z \in \wp(\wp(X \cup Y)) \mid \phi(z,X,Y)\}$，但是这样表述太烦复了，因此使用这种缩写表达，后面相似的情况都会以同样的方法处理。

② 注意这里不会发生循环定义的问题，因为我们只是用具体的集合来表示具体的自然数，而在可如此操作之前我们已经具有相对清晰的自然数概念了。

对这个问题有明确的回答：不可以。因此为了得到作为整体的自然数集，我们需要引入一个新公理，即无穷公理；为了表述上的方便，我们先引入两个辅助性的概念。

定义 4.6.8. (1) 对给定的集合 a，记 $S(a) = a \cup \{a\}$，称 $S(a)$ 为 a 的后继；

(2) 令 $\phi_{\text{ind}}(x) = \varnothing \in x \land \forall y(y \in x \to S(y) \in x)$；

(3) 设 a 是集合。称 a 为归纳集，如果它有性质 ϕ_{ind}，即 $\phi_{\text{ind}}(a)$ 成立。 □

借助上面的定义，我们可以相对简洁地表述无穷公理（Axiom of Infinity）：

无穷公理（A_6） 存在着归纳集：$\exists x \phi_{\text{ind}}(x)$。 □

易见，每个归纳集中都包含了所有的自然数，因此它们都是无穷集，同时，如果存在着自然数集，那么它们必然是归纳集。但是无穷公理并未直接向我们提供自然数集，然而，一旦我们注意到这样的事实：自然数集是最小的归纳集，即每个自然数都包含在所有的归纳集中，我们就能由无穷公理加上前面给出的公理构造出自然数集了。

定理 4.6.9. 存在着一个集合，它恰好包含所有的自然数。

证明： 据无穷公理，我们可以取定一个归纳集 a，即 $\phi_{\text{ind}}(a)$。据幂集公理，取 $b = \wp(x)$，进而据分离公理得集 $c = \{x \in b \mid \phi_{\text{ind}}(x)\}$。又由于 a 为归纳集，且在 b 中，因此 c 非空。最后令 $\mathbb{N} = \bigcap c$，$\mathbb{N}$ 即为自然数集。 □

基于这些给定的公理，在自然数集 $\mathbb{N}$ 上，我们可以用集合的形式定义出其上常见的关系与函数。

首先，将通常的小于关系表示成一个集合。我们用 $<$ 表示代表 $\mathbb{N}$ 上的小于关系的集合，小于关系是二元关系，因此 $< \subseteq \mathbb{N} \times \mathbb{N}$，即 $m < n$ 当且仅当 $(m, n) \in <$；根据前面对自然数的表示易见，$m < n$ 当且仅当 $m \in n$，因此我们可以这样从 $\mathbb{N} \times \mathbb{N}$ 中抽取出二元关系 $<$：

$$< = \{a \in \mathbb{N} \times \mathbb{N} \mid \exists m, n \in \mathbb{N}(a = (m, n) \land m \in n)\}.$$

$\mathbb{N}$ 中恰好包含了所有的自然数，对每个非零自然数 m，恰好有唯一的自然数 n 使得 m 是 n 的后继，即 $m = S(n)$，并且 $\mathbb{N}$ 的每个非空子集都有 $<$ 最小元，这保证了 $\mathbb{N}$ 具有所谓的数学归纳法。

定理 4.6.10. 设 $\phi(x)$ 为带一个自由变元的公式。如果

(1) $\phi(0)$ 成立，并且

(2) 对每个自然数 n，如果 $\phi(n)$ 成立那么 $\phi(S(n))$ 成立；

那么对每个自然数 n，都有 $\phi(n)$ 成立。

证明： 假设对某个 $\psi(x)$，它满足 (1) 与 (2)，但是并非所有的 n 都有 $\psi(x)$ 所表达的性质，那么有 $a \in \mathbb{N}$ 使得 $\neg\psi(a)$。

令 $A = \{n \in \mathbb{N} \mid \neg\psi(n)\}$，则 A 为非空集。取 m 为 A 的 $<$ 最小元，因此 $\neg\psi(m)$。由于 $\psi(0)$，因而 m 为非零自然数，从而有唯一的自然数 n 使得 $m = S(n)$。又由于 $n < m$，因此 $n \notin A$，因此 $\psi(n)$，但是这样将由 (2) 得 $\psi(S(n))$，即 $\psi(m)$，此与前述 $\neg\psi(m)$ 矛盾。 $\square$

其次，我们想获得一个非常简单的一元函数——后继函数的集合表示形式。一个一元函数是以某种统一的方式将一个对象域中的每个元素与另外一个对象域中的一个元素联系起来的，因此也可以表示为一个二元关系，特别的后继函数 s 可以如下定义：

$$s = \{a \in \mathbb{N} \times \mathbb{N} \mid \exists m, n \in \mathbb{N}(a = (m, n) \wedge n = S(m))\}。$$

最后，我们还希望能获得二元的加法函数的集合表示。然而这本身需要相对复杂的中间结果，我们转而寻求得到相近的但是相对简单的成果，借之引介替换公理（模式）与超穷递归构造方法[1]。

替换公理模式分弱替换公理模式（Axiom Schema of Replacement, weak version）和强替换公理模式（Axiom Schema of Replacement, strong version），在已有的公理的基础上它们是等价的。

弱替换公理模式（A_7） 对给定的公式 $\psi(x, y)$，对任意的集合 A，如果对任意的 $a \in A$，存在唯一的 b 使得 $\psi(a, b)$，那么有集合 B 包含这些与 A 中元素对应的所有对象：

$$\forall A \begin{pmatrix} \forall x \in A \exists y(\psi(x, y) \wedge \forall z(\psi(x, z) \to z \simeq y)) \\ \to \exists B \forall x \in A \exists y \in B \psi(x, y) \end{pmatrix}。 \qquad \square$$

强替换公理模式（A_7'） 对给定的公式 $\psi(x, y)$，对任意的集合 A，如果对任意的 $a \in A$，存在唯一的 b 使得 $\psi(a, b)$，那么有集合 B 恰好把这些与 A 中元素对应的所有对象收集起来：

$$\forall A \begin{pmatrix} \forall x \in A \exists y(\psi(x, y) \wedge \forall z(\psi(x, z) \to z \simeq y)) \\ \to \exists B(\forall x \in A \exists y \in B \psi(x, y) \wedge \forall y \in B \exists x \in A \psi(x, y)) \end{pmatrix}。 \qquad \square$$

由强替换公理模式可立得弱替换公理模式。实际上，基于其他的公理，强替换公理模式等价于带参数的分离公理模式与弱替换公理模式的"合取"[2]。

---

[1] 要得到加法函数的集合表示，也需要替换公理，但是需要用到更加复杂的带参数的递归定理，详见 [257, 定理 3.2.3 和定理 3.2.4]。

[2] 注意，它们是公式模式，因此并无严格意义上的"合取"，而是模式的实例与实例间的合取，我们也将之表示为 $A_7 \wedge A_2$。

定理 4.6.11. $\{A_0, A_1, A_3, A_4, A_5\} \vdash A_7{}' \leftrightarrow A_7 \wedge A_2$。

证明：　只需说明由 $A_7{}'$ 可得到 $A_2{}'$。任取集合 A 以及带一个自由变元的公式 $\phi(x)$，假设有 $a \in A$ 使得 $\phi(a)$，取定这样一个元素 a。令 $\psi(x, y, a) = (\phi(x) \wedge y \simeq x) \vee (\neg\phi(x) \wedge y \simeq a)$，那么对每个 $x \in A$，唯一存在一个元素 y，使得 $\psi(x, y)$。再根据 $A_7{}'$，有集合 B 恰好把这些与 A 中元素对应的所有对象收集起来，即，$B = \{a \in A \mid \phi(a)\}$。因此 $A_2{}'$ 成立。　□

这部分公理合在一起，就可以得到更加复杂的集合（函数）了。

定理 4.6.12. 对任意的 $m \in \mathbb{N}$，存在唯一的函数 $+_m : \mathbb{N} \to \mathbb{N}$，它满足：

(1) $+_m(0) = m$；

(2) 对每个 $n \in \mathbb{N}$，$+_m(n+1) = +_m(n) + 1$。

证明：　显然，$+_m$ 是对后续函数的推广，即，对每个 $n \in \mathbb{N}$，$+_m(n) = m + n$。

首先证明唯一性，假设有 $\mathbb{N}$ 到 $\mathbb{N}$ 的一元函数 f，它也满足 (1) 与 (2)，则 $f = +_m$。只需对 n 归纳，证 $f(n) = +_m(n)$。

- 基础步骤：如果 $n = 0$，那么有 $f(0) = m = +_m(0)$。
- 归纳步骤：假设对 n，已有 $f(n) = +_m(n)$。那么 $f(n+1) = f(n) + 1 = s(+_m(n)) = +_m(n) + 1 = +_m(n+1)$。

其次证明存在性，需要将 $+_m$ 对应的集合构造出来。大致的思路是这样的：先构造出 $+_m$ 的 n 长的片段，这里 n 是自然数；然后借助替换公理将这些片段收集到一个集合中；最后利用并集公理得到 $+_m$。因此，先要引入 $+_m$ 的 n 长的片段，所谓的 "n 近似" 这一概念：$+_m$ 的 n 近似是一个函数，记为 $+_{m,n} : n+1 \to \mathbb{N}$，它满足

(1) $+_{m,n}(0) = m$；

(2) 对每个 $x < n$，$+_{m,n}(x+1) = +_{m,n}(x) + 1$。

断言 4.6.13. 对于 n 近似，如下命题成立。

(1) 对每个自然数 n，存在唯一的 $+_m$ 的 n 近似；

(2) 对任意的 $s < t \in \mathbb{N}$，对任意的 $x \leq s$，$+_{m,s}(x) = +_{m,t}(x)$。　□

根据断言 4.6.13 (1)，对每个自然数，都有唯一的 n 近似，因此可以利用替换公理，把 $\mathbb{N}$ 中的每个自然数 n，用对应的 n 近似 "替换"，把替换后得到的集合记为 $\mathcal{F}$。

根据断言 4.6.13 (2)，$\mathcal{F}$ 中的元素相互间是一致的：对同一个输入，它们总能得到相同的结果；实质上，$\mathcal{F}$ 里收集的正好是 $+_m$ 的所有的有穷长的片段。令 $f = \bigcup \mathcal{F}$，那么它将满足 (1) 与 (2)，进而据唯一性证得 $f = +_m$。　□

习题 4.6.14. 证明断言 4.6.13。 □

定理 4.6.12 的证明里使用了超穷递归构造法，这是一种强有力的证明存在某复杂的集合（通常是某个函数）的方法，在集合论中将它提炼为所谓的递归定理，其中的一个版本表述如下：

定理 4.6.15. 对任意的集合 A，任意的 $a \in A$，任意的函数 $g : A \times \mathcal{N} \to A$，存在唯一的函数 $f : \mathcal{N} \to A$ 使得

(1) $f(0) = a$；

(2) 对每个 $n \in \mathbb{N}$，$f(n+1) = g(f(n), n)$。 □

习题 4.6.16. 证明定理 4.6.15。 □

前面我们借着讨论自然数、自然数集以及其上的一些基本的性质、关系和函数介绍了 ZFC 的几条公理，还剩下良基公理[①]和选择公理（Axiom of Choice）。前者着眼于对集合宇宙的限定，它的目的是排除一些在常规数学的发展中并不起作用的怪异集合。接下来，我们简单列出它以及它的直接推论，然后进入对整数的构造，并且一并介绍选择公理。

良基公理（A_8） 每个非空集中都有"属于"极小元：

$$\forall x(\neg(x \simeq \varnothing) \to \exists y(y \in x \land x \cap y \simeq \varnothing)).$$ □

良基公理帮我们排除了一些怪异的属于关系以及奇异的集合。

习题 4.6.17. 证明：对任意的正整数 n，不存在集合 $x_0, \cdots, x_n$，使得 $x_0 \in x_1 \in \cdots \in x_n \in x_0$。 □

整数概念是对自然数概念的这样的推广：对每个正整数 n，有唯一对应的负整数 $-n$。一个自然的想法是用一个前小后大的自然数对 (m, n) 来代表一个负数 $m - n$，但是，这时我们将面临一个困难，就是，不仅仅 (m, n)，而且对任意的 $k \in \mathbb{N}$，$((m+k), (n+k))$ 也都可以表示负数 $m - n$。一种解决的办法是把这些应该"等价"的自然数对都"压缩"在一起，这将涉及等价关系以及等价类的概念；另一种解决的办法是在由这些自然数对

[①] Axiom of Foundation，也有教科书将其译为"基础公理"。虽然"foundation"一词有"基础"的涵义并且也不等同于"well-foundedness"，但考虑到以下原因本书将其译为"良基公理"：一是"基础"一词在中文中的涵义比较多，并不是英文"foundation"的等同对应，它还有"基本的""重要的"等涵义；二是"基础公理"的译法可能会产生一定的歧义，可能会让人觉得这个公理是集合论的所有公理中十分基础的公理；三是该公理最直接的效果就是表明集合上的属于关系是良基关系，从而排除那些怪异集合。

组成的"压缩包"或者等价类中挑出代表元,这时需要用到选择公理(的一个版本)。

选择公理（A_9）　对每个其元素非空且两两不交的集合的非空集族 X,都存在着代表元集 S 使得 S 恰好从 X 中的每个集合里抽取一个元素:

$$\forall X \left(\begin{array}{l} X \neq \varnothing \wedge \varnothing \notin X \wedge \forall x, y \in X (\neg(x \simeq y) \rightarrow x \cap y \simeq \varnothing) \\ \rightarrow \exists S \subseteq \bigcup X \forall x \in X \exists! y (S \cap x \simeq \{y\}) \end{array} \right) 。 \qquad \square$$

万事俱备,下面可具体"构造"整数以及整数集了。首先,在自然数对间定义一个表示它们彼此"等价"的关系 $\sim$:

定义 4.6.18. 设 $m_1, n_1, m_2, n_2 \in \mathbb{N}$,如下定义 $\mathbb{N} \times \mathbb{N}$ 上的二元关系 $\sim$:

$$(m_1, n_1) \sim (m_2, n_2) \text{ 当且仅当 } m_1 + n_2 = m_2 + n_1。 \qquad \square$$

这样定义的 $\sim$ 确实是某种"等价"关系。

习题 4.6.19. 证明 $\sim$ 具有如下性质:

(1) 自返性,即任给 $m, n \in \mathbb{N}$ 都有 $(m, n) \sim (m, n)$;

(2) 对称性,即任给 $m_1, n_1, m_2, n_2 \in \mathbb{N}$,如果 $(m_1, n_1) \sim (m_2, n_2)$,那么 $(m_2, n_2) \sim (m_1, n_1)$;

(3) 传递性,即任给 $m_1, n_1, m_2, n_2, m_3, n_3 \in \mathbb{N}$,如果 $(m_1, n_1) \sim (m_2, n_2)$ 且 $(m_2, n_2) \sim (m_3, n_3)$,那么 $(m_1, n_1) \sim (m_3, n_3)$。 $\qquad \square$

其次,我们把所有彼此"等价"的自然数对"压缩"在一起:

定义 4.6.20. 设 $a \in \mathbb{N} \times \mathbb{N}$。$[a] \triangleq \{b \in \mathbb{N} \times \mathbb{N} \mid a \sim b\}$。 $\qquad \square$

易见,对每个 $a \in \mathbb{N} \times \mathbb{N}$,存在唯一的 $A \subseteq \mathbb{N} \times \mathbb{N}$ 使得 $A = [a]$,因此据替换公理,由 $\mathbb{N} \times \mathbb{N}$ 可得集合 $\mathbb{N}^2/_\sim = \{[a] \mid a \in \mathbb{N} \times \mathbb{N}\}$。

定理 4.6.21. 任给不同的 $x, y \in \mathbb{N}^2/_\sim$ 都有 $x \cap y = \varnothing$。

证明:　假设有不等的 $[a]$ 与 $[b]$ 使得 $[a] \cap [b] \neq \varnothing$,那么有 $c \in \mathbb{N} \times \mathbb{N}$ 使得 $c \in [a] \cap [b]$,所以 $c \in [a]$ 且 $c \in [b]$。

由 $c \in [b]$ 可得 $b \sim c$,再据对称性可知 $c \sim b$。而对每个 $x \in [b]$ 有 $b \sim x$,因此据传递性对每个 $x \in [b]$ 都有 $c \sim x$。又由 $c \in [a]$ 可得 $a \sim c$,进而也据传递性可知对每个 $x \in [b]$ 都有 $a \sim x$,因此 $[b] \subseteq [a]$。

同理可得 $[a] \subseteq [b]$。因此 $[a] = [b]$,矛盾。 $\qquad \square$

注意:$\mathbb{N}^2/_\sim$ 中没有空集,因此根据选择公理,它有代表元集,这一代表元集即整数集 $\mathbb{Z}$。

4.7 相对一致性

在前面我们已经初步了解到，通常情况下，要证明一个理论的一致性并非易事，这也是下一章的主题。一种部分解决这一困难的思路是引入所谓的"相对一致性"概念，直观上，这一概念使得我们可以在相信一个理论的一致性的基础上相信另一个理论也是一致的。可以说，当代逻辑学研究的很大一部分工作就在于获得各种理论间的相对一致性，在此过程中，引入了许多深刻的概念与方法，同时也产生了丰富的成果。

在本节中我们将初步了解相对一致性方面研究的基本概念与基本结果，并基于此概要介绍集合论系统间的相对一致性问题。

关于集合论，我们在上一节已经了解到，它的初始语言是非常简洁的，只带有一个表示属于关系的二元的非逻辑符号 $\in$，许多概念以及对应的符号都是后来引进的，那么一个自然的问题是，引进新符号以及使用新符号表述公理会不会破坏原来系统的一致性？

下面关于相对一致性的基本结果告诉我们，如果小心地引入新符号，即下文会介绍的定义扩张，那么能够保持一致性；原因在于，定义扩张是一种保守扩张（见下面定义），而保守扩张则一定会保持一致性。

定义 4.7.1. 设 $\mathscr{L}_1 \subseteq \mathscr{L}_1^*$ 是一阶语言，T 是 $\mathscr{L}_1$-理论，T^* 是 $\mathscr{L}_1^*$ 理论。如果 $T \subseteq T^*$，那么称 T^* 是 T 在 $\mathscr{L}_1^*$ 上的扩张；特别地，如果这时还有 $T = T^* \cap \mathscr{L}_1$，那么称 T^* 是 T 在 $\mathscr{L}_1^*$ 上的保守扩张。 □

定理 4.7.2. 设 $\mathscr{L}_1 \subseteq \mathscr{L}_1^*$ 是一阶语言，T 是一致的 $\mathscr{L}_1$-理论，T^* 是 $\mathscr{L}_1^*$ 理论。如果 T^* 是 T 在 $\mathscr{L}_1^*$ 上的保守扩张，那么 T^* 也是一致的。

证明： 反证，假设 T^* 是不一致的，那么它能推出任意的 $\mathscr{L}_1^*$ 公式，特别地，我们可以取到 $\mathscr{L}_1$ 公式 ϕ，使得 $T^* \vdash \phi$ 并且 $T^* \vdash \neg\phi$。

据题设，T^* 是 T 在 $\mathscr{L}_1^*$ 上的保守扩张，因此有 $T \vdash \phi$ 并且 $T \vdash \neg\phi$，这与 T 是一致的理论相矛盾。 □

有保守扩张的判据吗？如下的定理就给出了这样一个判据。

定理 4.7.3. 设 $\mathscr{L}_1 \subseteq \mathscr{L}_1^*$ 是一阶语言，$T \subseteq T^*$。如果 T 的每个（$\mathscr{L}_1$）模型 $\mathcal{M}$ 都可膨胀成一个 $\mathscr{L}_1^*$ 结构 $\mathcal{M}^*$ 使得 $\mathcal{M}^* \vDash T^*$，那么 T^* 是 T 在 $\mathscr{L}_1^*$ 上的保守扩张。

证明： 只要证明：对任意的 $\mathscr{L}_1$ 公式 ϕ，如果 $T^* \vdash \phi$，那么 $T \vdash \phi$。

用反证法。假设有 $\mathscr{L}_1$ 公式 ϕ，使得 $T^* \vdash \phi$，但是 $T \nvdash \phi$；那么有 $\mathscr{L}_1$-结构 $\mathcal{M}$，使

得 $\mathcal{M} \vDash T$，并且 $\mathcal{M} \nvDash \phi$。据假设，$\mathcal{M}$ 可以膨胀成一个 $\mathcal{L}_1^*$ 结构 $\mathcal{M}^*$，使得 $\mathcal{M}^* \vDash T^*$；那么，由 $T^* \vdash \phi$ 得，$\mathcal{M}^* \vDash \phi$。但是，$\mathcal{M} = \mathcal{M}^* \upharpoonright \mathcal{L}_1$，并且 ϕ 为 $\mathcal{L}_1$ 公式，因此据合同引理将得，$\mathcal{M} \vDash \phi$，从而矛盾。 $\square$

一种自然的扩展是引入新符号，以表示在一个理论"看来"特别的对象、关系、函数等。例如，取这样的公式 $\phi(x) = \neg \exists y (y \in x)$，直观上它说的是 x 是空集。由于 $\text{ZFC} \vdash \exists! x \phi(x)$，因此我们可以引入新符号 $\varnothing$ 以表示空集。更一般地，我们有"定义扩张"这个概念。

定义 4.7.4. 设 $\mathcal{L}_1$ 是一阶语言，T 是 $\mathcal{L}_1$ 理论。

(1) 对带一个自由变元的 $\mathcal{L}_1$ 公式 $\phi(x)$，如果 $T \vdash \exists! x \phi(x)$，那么可引入新常元符号 c_ϕ，并称

$$\forall x (x \simeq c_\phi \leftrightarrow \phi(x))$$

为 c_ϕ 在 T 中的定义公理；

(2) 对 $\mathcal{L}_1$ 公式 $\phi(x_1, \cdots, x_n, y)$，如果 $T \vdash \forall x_1, \cdots \forall x_n \exists! y \phi(x_1, \cdots, x_n, y)$，那么可引入新的 n 元函数符号 F_ϕ，并称

$$\forall x_1 \cdots \forall x_n (f_\phi(x_1, \cdots, x_n) \simeq y \leftrightarrow \phi(x_1, \cdots, x_n, y))$$

为 F_ϕ 在 T 中的定义公理；

(3) 对带 n 个自由变元的 $\mathcal{L}_1$ 公式 $\phi(x_1, \cdots, x_n)$，可引入新的 n 元关系符号 R_ϕ，并称

$$\forall x_1 \cdots \forall x_n (R_\phi(x_1, \cdots, x_n) \leftrightarrow \phi(x_1, \cdots, x_n))$$

为 R_ϕ 在 T 中的定义公理。 $\square$

定义 4.7.5. 设 $\mathcal{L}_1$ 是一阶语言，$T = \text{Th}(\Phi)$ 是 $\mathcal{L}_1$ 理论。一阶语言 $\mathcal{L}_1^*$ 是在 $\mathcal{L}_1$ 的基础上增加一些新的非逻辑符号而得的，设对每个新的非逻辑符号 u，ψ_u 为其在 T 中的定义公理，记 $\Phi_d = \{\psi_u \mid u \in \mathcal{L}_1^* - \mathcal{L}_1\}$，则称 $T^* = \text{Th}(\Phi \cup \Phi_d)$ 为 T 在 $\mathcal{L}_1^*$ 上的定义扩张。 $\square$

定理 4.7.6. 设 T^* 是 T 的定义扩张，则 T^* 是 T 的保守扩张。

证明： 据定理 4.5.21，只需说明 T 的每个模型都可膨胀成一个 T^* 模型，而这是显然的。 $\square$

推论 4.7.7. 设 T^* 是 T 的定义扩张并且 T 是一致的，则 T^* 也是一致的。 $\square$

上面关于保守扩张和定义扩张的讨论，使我们清楚，适当地引入新符号并不会破坏系统的一致性；下面我们也结合着集合论系统，讨论另一个方向上的系统扩张：我们可以把一个公理系统看作从一个较小的系统出发，逐步加入新公理而得；直观上似乎自然

的是，小系统一致性的可能性相对来说会更高，那么，假如我们倾向于相信一个小系统是一致的，并且能证明增加某一（些）公理后的系统相对于原来的小系统是一致的，那么我们也应该相信这一更大系统的一致性。

再进一步，比如，我们相信一个小的集合论系统是一致的，那么它应该有模型，或者说，它正确地"描述"了集合论宇宙；那么在这一小系统基础上增加新公理，在某种意义上就是增加对集合论宇宙的"新信息"，或者说，限制小系统原来有的模型；下面我们会看到，这种限制的信息可以用来保持一致性。

定义 4.7.8. 设 $\mathscr{L}_1$ 是一个一阶语言，T 是一个 $\mathscr{L}_1$-理论，$\phi(x)$ 是一个 $\mathscr{L}_1$ 公式，称 ϕ 可定义一个到 T 的相对化，如果它满足：

(1) $T \vdash \exists x \phi(x)$；

(2) 对每个 $\mathscr{L}_1$ 常元符号 c，$T \vdash \phi[c/x]$；

(3) 对每个 n 元的 $\mathscr{L}_1$ 函数符号 F，

$$T \vdash \forall x_0 \cdots \forall x_{n-1}(\phi(x_0) \wedge \cdots \wedge \phi(x_{n-1}) \to \phi(F(x_0, \cdots, x_{n-1})))。 \qquad \Box$$

直观上，定义 4.7.8 中的公式 $\phi(x)$ 在 T 的任意一个模型里，会确定出一个子模型的论域。这个定义里的第一个条件保证该论域非空，而后面两个条件则明确相应的封闭性。当然，这种封闭性对任意的项也起作用。

定理 4.7.9. 设 ϕ 可定义一个到 T 的相对化，那么对任意的项 $\tau(x_0, \cdots, x_{n-1})$，

$$T \vdash \forall x_0 \cdots \forall x_{n-1}(\phi(x_0) \wedge \cdots \wedge \phi(x_{n-1}) \to \phi(\tau(x_0, \cdots, x_{n-1})))。 \qquad \Box$$

习题 4.7.10. 证明定理 4.7.9。 $\qquad \Box$

定义 4.7.11. 设 $\mathscr{L}_1$ 是一个一阶语言，$\phi(x)$ 是 $\mathscr{L}_1$ 公式且 $\phi(x; y)$ 是自由代入。如下递归地定义任意的 $\mathscr{L}_1$ 公式 ψ 的 ϕ 相对化 ψ^ϕ：

(1) ψ 为原子公式时，$\psi^\phi = \psi$；

(2) $\psi = \neg\theta$ 时，$\psi^\phi = (\neg\theta)^\phi = \neg(\theta^\phi)$；

(3) $\psi = \theta_1 \to \theta_2$ 时，$\psi^\phi = (\theta_1 \to \theta_2)^\phi = (\theta_1^\phi \to \theta_2^\phi)$；

(4) $\psi = \forall y\theta$ 时，$\psi^\phi = (\forall x\theta)^\phi = \forall y(\phi(x; y) \to \theta^\phi)$。 $\qquad \Box$

下面的命题可以看作一种"可靠性"定理。

定理 4.7.12. 设 $\mathscr{L}_1$ 是一个一阶语言，T 是一个 $\mathscr{L}_1$-理论，公式 $\phi(x)$ 可定义一个到 T 的相对化，Γ 是一个 $\mathscr{L}_1$ 语句集。如果对每个 $\psi \in \Gamma$，$T \vdash \psi^\phi$，那么对每个语句 χ，如果 $\Gamma \vdash \chi$ 那么 $T \vdash \chi^\phi$。

证明：　设 $\chi_1,\cdots,\chi_n=\chi$ 是从 Γ 到 χ 的一个推演，对 n 归纳可证，对任意的 $1\le m\le n$ 都有，$T\vdash\chi_m{}^\phi$。　□

推论 4.7.13. 设 $\mathscr{L}_1$ 是一个一阶语言，T 是一个一致的 $\mathscr{L}_1$-理论，公式 $\phi(x)$ 可定义一个到 T 的相对化，Γ 是一个 $\mathscr{L}_1$ 语句集。如果对每个 $\psi\in\Gamma$，$T\vdash\psi^\phi$，那么 $\mathrm{Th}(\Gamma)$ 也是一致的。　□

习题 4.7.14. 证明推论 4.7.13。　□

　　我们把 ZFC 中去掉良基公理（A_8）后得到的系统记为 ZFC$^-$，那么利用上面介绍的相对化方法就可以证明 ZFC 相对于 ZFC$^-$ 的一致性，略去技术上的细节，其大致的框架是这样的：首先，引入一个带一个自由变元的公式 $\phi(x)$，它对应于所谓的良基类；其次，可以证明，对 ZFC 的每条公理 ψ，都有 ZFC$^-\vdash\psi^\phi$；最后，根据推论 4.7.13 可得所求的相对一致性。

　　哥德尔（Gödel, K.），1906—1978，美籍奥地利裔数学家、逻辑学家和哲学家，维也纳学派成员，其最杰出的贡献是哥德尔完全性定理、哥德尔不完全性定理和连续统假设一致性的证明。

第 5 章
不完全性

本章的主要任务是证明哥德尔关于一阶逻辑的两个不完全性定理。具体来说，第 5.1 节讲述哥德尔证明两个不完全性定理的数学哲学动机，第 5.2 节讲述证明哥德尔两个不完全性定理所必需的可计算性理论知识，第 5.3 节证明哥德尔第一不完全性定理和与之相关的重要推论，第 5.4 节证明哥德尔第二不完全性定理和与之相关的重要推论，第 5.5 节讲述哥德尔两个不完全性定理产生的主要数学哲学影响。

5.1 希尔伯特纲领

本节从数学基础危机谈起，先谈及集合论的公理化，再澄清希尔伯特纲领的具体内涵，从而说明哥德尔证明两个不完全性定理的数学哲学动机。

5.1.1 数学基础危机

1874 年，康托发表题为《论实代数数集合的一个性质》的文章[1]，宣告了集合论的诞生。在此后相当长的一段时间内，康托及其所创集合论受到了来自克罗内克[2]、庞加莱[3]等一些著名数学家的批评[4]，处于比较尴尬的境地。1897 年，在瑞士苏黎世召开的第一届国际数学大会上，康托受到了不少与会数学家的热烈称赞[5]。直到此时，对康托的批评才基本消失，而集合论作为数学基础的地位也得到了承认。

然而也正是在 1897 年，尤拉里–佛蒂[6]发文指出了康托集合论中的一个悖论[7]：

---

[1] 详见 [21]。

[2] Kronecker, L., 1823—1891, 德国数学家。

[3] Poincaré, J. H., 1854—1912, 法国数学家、天体力学家、数学物理学家、科学哲学家。

[4] 详见 [253, 第 iv 页]。

[5] 详见 [167]。

[6] Burali-Fòrti, C., 1861—1931, 意大利数学家。

[7] 详见 [20]。实际上，康托自己也于 1885 年发现了这个悖论，并于 1886 年写信告知了希尔伯特。但是令人奇怪的是，

尤拉里–佛蒂悖论 所有的序数组成一个集合。

这是第一个公开发表的集合论悖论：设 $\Omega = \{\alpha \mid \alpha$ 是序数$\}$；可以证明 Ω 也是序数，所以 $\Omega \in \Omega$；而根据序数大小关系的定义有 $\Omega < \Omega$，矛盾！

1899 年，康托自己又发现一个悖论：

康托悖论 所有的基数组成一个集合。

康托悖论的确是悖论：设 $\Gamma = \{\kappa \mid \kappa$ 是基数$\}$，$\bigcup \Gamma = \bigcup \{\kappa \mid \kappa \in \Gamma\}$；任给基数 κ，都有 $\kappa \subseteq \bigcup \Gamma$；根据康托定理[①]可得，$\kappa \leq |\bigcup \Gamma| < 2^{|\bigcup \Gamma|}$；又因为 $2^{|\bigcup \Gamma|}$ 也是基数，所以可取 $\kappa = 2^{|\bigcup \Gamma|}$，于是 $2^{|\bigcup \Gamma|} < 2^{|\bigcup \Gamma|}$，矛盾！

1901 年 5 月，罗素又发现一个悖论[②]：

罗素悖论 所有不属于自身的集合组成一个集合。

现在说明罗素悖论为什么是悖论：设 $R = \{x \mid x \notin x\}$，则 R 是集合；那么 R 是否属于 R？如果 $R \in R$，那么根据 R 中元素需要满足的性质可知 $R \notin R$，矛盾；所以 $R \notin R$，但是这样一来 R 又满足 R 中元素需要满足的性质，于是 $R \in R$，还是矛盾！

随着更多类似悖论的发现，数学基础的严谨性再次受到质疑，整个数学大厦也开始动摇了。无怪乎弗雷格在收到罗素的信之后，在其即将出版的《算术的基本法则》第 2 卷末尾写道：

> 在工作刚完成时，它的基础却垮掉了，一位科学家不会碰到比这更难堪的事情了。当本书正欲刊印的时候，罗素先生的一封信把我掷入这种境地。[③]

这便是数学史上著名的第三次数学危机，又因为它涉及的是数学基础的问题，所以又称数学基础危机（foundational crisis）。

5.1.2 集合论公理化

尤拉里–佛蒂悖论、康托悖论与罗素悖论的本质是一样的，都是错误地使用了集合概念所致。准确地说，问题出在（素朴）集合论中的概括公理（Comprehension Axiom）：

康托对尤拉里–佛蒂于 1897 年发表的这篇文章持强烈的批评态度，详见 [167]。

　　① 即，任给集合 S 都有 $|S| < 2^{|S|}$。更多集合论的知识，详见 [86, 112, 116, 133, 135]。

　　② 关于罗素发现罗素悖论的时间，详见 [197, 第 221 页]。实际上，策梅洛也于 1899 年独立地发现了罗素悖论，详见 [188]。所以也把罗素悖论称为罗素–策梅洛悖论。

　　③ 关于英文译文，详见 [73, 第 253 页]。

概括公理 任给性质 $\phi(x)$，$\{x \mid \phi(x)\}$ 都是集合。

为了消除类似罗素悖论的悖论，策梅洛对概括公理做出了修正：

修正的概括公理 任给性质 $\phi(x)$ 和集合 A，$\{x \in A \mid \phi(x)\}$ 都是集合。

这样一来上述悖论中的 Ω, Γ, R 都不再是集合，相应的悖论也消失了。然而一个问题又产生了：是否还会产生其他形式的悖论？

避免悖论的一个可行的办法便是公理化。实际上，公理化运动那时在其他数学分支中其实已经展开，比如狄德金[1]在 1888 年[2]、皮亚诺在 1889 年[3]对算术（arithmetic）进行了公理化，希尔伯特在 1899 年对初等几何（elementary geometry）进行了公理化[4]，等等。

为进一步消除这些可能潜在的集合论悖论，1908 年，策梅洛开始尝试将集合论公理化。集合论的公理化与集合论的形式化紧密相连：给出集合论语言；建立语法，明确什么是项和公式；建立其语义，准确定义什么是真；建立合适的一阶公理系统，包括公理集和推理规则；定义什么是证明[5]；找到公认的可以判断一个对象是不是集合的公理，并将其加入公理集；任何一个对象，如果它是集合，那么它是集合这一点必须在该公理系统中得到证明[6]。由于集合论语言的严谨、公理的明确、证明概念的澄清，那些可能产生悖论的集合就通过公理化被排除在外了。在这种思想的指导下，策梅洛、弗伦克尔等人经过几十年的努力，将集合论发展成了公理集合论。同时，人们已经普遍认为，公理集合论 ZFC 给绝大部分现代数学提供了一个严谨的基础。

5.1.3 希尔伯特纲领

为了避免悖论出现从而应对数学基础危机，希尔伯特当时认为，必须想方设法地证明数学的一致性，使数学建立在严格的公理化上，而这需要一种形式主义（formalism）。形式主义是在 1910 年左右被提出的，它的主要目标是：首先把各门数学形式化，其次建

---

[1] Dedekind, J.，1831—1916，德国数学家、理论家和教育家。

[2] 详见 [44]。

[3] 详见 [172]。

[4] 详见 [92]。

[5] 需要注意区分的是，第 5.1 节中的"证明"有两种涵义：一种是公理系统中的证明，是一种语法性质的，此处即是该涵义；二是公理系统之外、数学实践中的证明，更多是一种语义性质的。

[6] 当然，这是从现代逻辑的角度看，毕竟当时的数理逻辑发展得还没有现在这样成熟。

立相应的形式系统，最后证明各形式系统的一致性，从而推出数学的一致性。在希尔伯特看来，有三种数学理论：一是直观的、非形式化的数学理论，如算术理论和几何理论；二是形式化的理论，亦即形式系统，它由直观的、非形式化的数学理论形式化而来，其中基本概念转化为初始符号，命题转化为公式，推理方式转化为符号公式之间的演绎规则①，证明转化为公式的有穷序列；三是研究第二种形式理论的数学理论，称为"元数学"或"证明论"，它主要研究一致性证明②。

形式主义的形式化与集合论的公理化十分相似，也与上文第 164 页提到的关于一阶逻辑的形式化方法十分相似③：给定一个公理化的理论 T，如皮亚诺算术；建立一个包括逻辑符号和非逻辑符号的一阶语言，非逻辑符号应当与理论 T 中的某些基本概念对应起来，如应备有符号以分别表示加法函数、减法函数、小于关系、0、1、2……；建立语法，明确什么是项和公式；建立语义，准确定义什么是真；建立一阶公理系统，包括公理集和推理规则；在一阶公理系统中定义什么是证明；把所有的数学命题都形式化为一阶公式④，并把 T 的公理加入一阶公理系统的公理集中。

为实现上述形式主义的主要目标，在希尔伯特的学生伯内斯等人的帮助下，希尔伯特于 1920 年代提出了著名的希尔伯特纲领⑤。关于希尔伯特纲领，由于希尔伯特等人没有形成十分确定的文字表述，后人从其论述和著作中总结出了如下主张⑥。

F：形式化（formalisation） 所有的数学都可以被形式化。换句话说，所有的数学命题都能被严谨的数学语言重述，并按照定义好的规则进行演算。

C_1：完全性（completeness） 所有真的数学命题都可以被形式地（in the formalism）证明。

C_2：一致性（consistency） 一致性可以被形式地证明。该证明必须是关于有穷对象

---

① 也有教科书称其为推演规则，详见定义 3.4.36。

② 实际上元数学也是一种直观的、非形式化的理论，只不过因为一致性证明的重要性，才把它单独列为一种理论；更多证明论的知识，详见 [178, 217]。

③ 实际上，确定一阶逻辑可以刻画公理、推理规则、证明等相关概念是在 1931 年哥德尔不完全性定理发表之后了，于此详见 [62，第 3.2 节第 5 段]。

④ 在这个过程中，势必要求那些在已建立的一阶语言中未表达的数学概念，比如素数等，能够被一阶语言定义。

⑤ 希尔伯特第一次正式陈述希尔伯特纲领是在 1922 年 9 月于莱比锡（Leipzig）所做的一个演讲上，于此详见 [205，第 30 页] 和 [97]。实际上，形式主义和希尔伯特纲领的部分思想最早可追溯至 1900 年左右，比如提出建立分析的一致性证明，于此详见 [94]；二者也都有一个不断丰富、不断明晰的过程，它们都是在 1920 年代成型的。

⑥ 虽然这些文字并非希尔伯特本人的表述，但是其表达的主张与希尔伯特等人的观点都是一致的。关于这些主张，详见维基百科相关词条 [241]。

（finitary object）的有穷证明。

C₃: 保守性（conservation） 与真实对象（real object）相关的命题的证明可以借助理念对象（ideal object），但是这些理念对象必须能够消解掉，即可以不依赖理念对象而证明该命题。

D: 可判定性（decidability） 存在一种算法[①]使得任给数学命题该算法都能判定它是不是可证的。

现在对这些主张逐一进行必要的解释。

关于主张 **F**，有两点需要明确。

(1) 所有的数学命题都能被严谨的数学语言重述。要注意的是，有些概念，比如素数、实数等，在原始的一阶语言中可能没有定义，但是要求能够定义，这样才可以把所有数学命题形式化。

(2) 按照定义好的规则进行演算。其涵义应该是指，严格按照一阶公理系统的演绎规则进行演绎（推演）。

关于主张 **C₃**，其中有三个关键的概念需要详细解释。

(1) 对象：对希尔伯特而言，此处的对象指符号（sign）。从希尔伯特和与其同为形式主义者的伯内斯的些许论述中来看，作为对象的符号有如下内涵：它不是物理对象；它的外形可以被普遍、确定地识别——独立于时空，独立于符号的生成条件，独立于符号自身无关紧要的差异，等等；它不是心灵的构造，因为它的性质是客观的，并且它的存在取决于直观的构造；它是逻辑初等的，既不是概念，也不是集合，没有任何指称；它是重复过程递归生成的形式对象[②]。

(2) 真实对象和理念对象：这里结合希尔伯特关于"无穷"的讨论进行说明。在希尔伯特看来，无穷分潜无穷（potential infinity）和实无穷（actual infinity）。

> 在分析中会处理作为无穷大和无穷小的极限概念，它们是一种变化的、即将实现的、正被产生的东西，称这种无穷为潜无穷，它不是真实的无穷；倘若我们把 1, 2, 3, … 看成一个已经完成的整体，或把一条线前段的所有点看成一个由某些对象组成的、实际给定的、已经完成的整体，那就有了

---

①详见本书第 5.2.1 子节。

②详见 [244，第 2.1 节]。从这些论述来看，形式主义并未把对象以及下文真实对象和理念对象的内涵界定得十分确切，所以只能从这些零星的表述中去把握这些概念的部分信息。

一种真实的无穷，称为实无穷。[①]

注意，上述关于实无穷的论述运用的是一种虚拟语气。希尔伯特不假定实无穷，但是接受潜无穷，在他看来康托创造的无穷序数就是潜无穷。希尔伯特还认为，现实世界没有无穷，无穷是一种超乎经验之外的理念概念。作为无穷的一种，潜无穷虽然被接受，但是必须能够归约到有穷上来[②]。因此可以认为，真实对象是那些诸如 1, 2, 3, 4, 5 等等这样实际给定的、已经完成的、真实的对象；而理念对象则是那些诸如潜无穷等等这样变化的、即将实现的、正被产生的对象。

主张 C_2 是希尔伯特纲领的核心主张，也是希尔伯特纲领的最终目标。它的涵义是，公理集的一致性必须在形式系统中得到证明，并且要求该证明和在该证明中出现的对象都是有穷的。其中有两个概念需要进一步分析。

(1) 有穷对象：这里的对象对希尔伯特而言还是符号。由于希尔伯特所接受的符号就是有穷的符号，所以这里有穷对象的涵义与上文对象的涵义是相同的。

(2) 有穷证明：证明的涵义非常清楚，就是指形式系统中从公理集出发按照演绎规则进行演算后的公式序列。有穷证明中"有穷"的涵义有三个[③]：一是公式序列的长度必须是有穷的，二是公式序列中的公式必须是有穷命题（proposition），三是其中涉及的方法必须是有穷方法（principle）。第一点是清晰的，现在简单解释下第二点中的有穷命题和第三点中的有穷方法。简要说来，有穷命题是指那些涉及的对象、运算和逻辑运算都是有穷的一种命题：有穷对象即有穷符号，已经说明；有穷运算是指由递归或原始递归定义的运算，比如加法、乘法、幂运算等；有穷逻辑运算是指合取、析取、否定以及有界量词。而关于有穷方法，希尔伯特等人并没有一个确切的界定，只是言及（皮亚诺）算术中的归纳法是有穷方法[④]。

希尔伯特关于有穷的观点，可以说在一定程度上受布劳威尔[⑤]、外尔[⑥]等人直觉主义（intuitionism）观点的影响。

关于主张 C_1，这里所说的完全性是一种语义完全性。其涵义是，任给真的数学命题，

---

① 详见 [100, 第 373 页页底]，为便于理解，语序略有调整。另外，最早把无穷分为潜无穷和实无穷的是亚里士多德。

② 在希尔伯特看来，康托创造的集合论正是因为抬高了无穷的地位才导致了康托悖论，而解决悖论的一个办法便是建立起像初等数论那样的可靠性。没有人怀疑初等数论，在那里只有不注意才会发生悖论。不过从公理集合论看，康托悖论产生的原因在于错误地使用了集合概念，所以希尔伯特关于康托悖论产生原因的理解是有一定问题的。

③ 这三个涵义是本书作者从 [244, 第 2.2、2.3 节] 中总结而来的。

④ 补充说明一点，这里的有穷运算和有穷方法是针对形式理论——形式系统——的公理而言的，比如 PA 公理中所定义的加法、乘法以及归纳法都是有穷意义下的。

⑤ Brouwer, L., 1881—1966，荷兰数学家。另外关于直觉主义，详见 [212]。

⑥ Weyl, H., 1885—1955，德国数学家、理论物理学家、哲学家，是希尔伯特的学生。

都有一个关于该命题的严格的、形式的证明，同样这里也要求该证明和在该证明中出现的对象都是有穷的。

关于主张 **D**，虽然 1920 年代关于算法、可计算性等概念还不明晰，但其应该是现代递归论意义下的一种设想，即要求有一个能行的算法使得任给数学命题该算法都能判定它是不是可证的。

在希尔伯特看来，复杂系统的一致性，比如分析（Analysis），可以用更简单的系统证明，最终把所有数学的一致性归约到（皮亚诺）算术。希尔伯特纲领提出以后，1924 年，阿克曼在其博士学位论文中给出了没有归纳法的算术——将皮亚诺算术 PA 去掉归纳法得到的算术——的一致性证明[①]。这一结果对希尔伯特纲领的重要意义是不言自明的，因为该一致性证明不仅是希尔伯特纲领意义下的有穷证明，而且是切切实实在希尔伯特纲领的指导下取得的结果。

当时哥德尔曾想按希尔伯特的指引，给出带归纳法的算术——皮亚诺算术 PA——的一致性证明，并进一步给出分析的一致性证明[②]。但是经过研究，哥德尔在 1930 年却得出了与此相悖的结果，也就是他在 1931 年发表的哥德尔第一不完全性定理和未给出证明但已经指出的哥德尔第二不完全性定理，从而对希尔伯特纲领造成了冲击。

接下来本章的主要任务就是逐步给出哥德尔关于一阶逻辑的两个不完全性定理的详细证明过程。不过在此之前，我们还需要给出两个不完全性定理所涉及的可计算性概念。

5.2　图灵可计算性

可计算性理论（Computability Theory），又称递归论（Recursion Theory）或算法理论（Algorithm Theory）或能行性理论（Effectiveness Theory）[③]，顾名思义就是指研究可计算性相关性质的理论。它大约形成于 1930 年代，起初研究领域主要为可计算函数（computable function）和图灵度（Turing degree），现在已经扩展至一般可计算性（generalized computability）和可定义性（definability），既是数理逻辑的一个独立

---

①详见 [1, 165]。

②详见 [54, 第 6 页]。

③关于这门学科，目前最主要的叫法有两种：递归论和可计算性理论。1996 年，索阿（Soare, R. I.）发文 [214] 指出：可计算性理论或递归论研究的是"什么是可计算的""什么是不可计算的"以及与可计算相关的问题，但"递归"一词本身并没有"计算"的涵义，即便是刻画了可计算性的"部分递归"一词本身也没有"计算"的涵义，而可计算性本身显然就是这种涵义，因此应该采用"可计算性理论"以替代"递归论"指代这门学科。不管是基于索阿的建议，还是出于自身的考虑，目前有相当一部分学者和教科书开始沿袭这种做法，本书也遵从这种做法。

分支，也是计算机科学的一个独立分支。

本节我们只介绍在证明哥德尔不完全性定理过程中所用到的相关基本概念。至于可计算性理论的更多内容，会有专门的可计算性理论课程进行详细介绍[1]。

5.2.1 三个基本概念

本子节主要分析可计算性、算法概念、能行过程的历史由来和直观涵义，至于具体到可计算理论上更严格的表述，还需要读者结合第 5.2.2 子节的内容深刻理解。

可计算性

人类的计算（compute）行为是随着文明的起源而产生的，最初计算的表现形式是"计数"（enumerate）。人类在经过长期的进化后，在实际的生产活动中，逐渐具备了"计数"的能力。人类最早进行计数的证据，是 1937 年在捷克斯洛伐克（Czechoslovakia）出土的 2 万年前的狼的颚骨，颚骨上"逢五一组"，共有 55 条刻痕。这样的计数方式被人类延用至今，"正"字计数法便是例证。随着计数的频繁进行，人类逐渐产生了"数"（number）的抽象概念，从而对应于现实生活中的物品，实现了"数"和"象"之间的对应。

生产活动继续进行，人类不断总结并逐渐积累了一定的数学知识，而再经过一段时间的发展就产生了数学。在数学领域，与计算密切相关的概念之一是"算法"[2]，任何计算都是在一定算法支持下进行的。公元前 3 世纪，古希腊和中国的数学家就有了"算法"的概念，欧几里德算法[3]便是最好的证据。大约在公元 9 世纪初期，阿尔–花剌子密[4]给出了现在人们所熟悉的自然数运算规则。

在相当长的一段时间内，人们把"确定关于数学对象（如自然数、整数等）的各种命题是否正确"作为数学的基本任务，不过后来另一数学任务的重要性开始为人所知，"它在数学发展早期就被认为是十分重要的，而且至今还在产生着具有重大数学意义的问题。它就是我们所应关心的'解决各种问题的算法或能行过程的存在性问题'"[5]。

然而，要想真正解决这些问题，就必须对可计算性有一个清晰的认识。对可计算性（Computability）的彻底澄清最早是在 1936 年，当时有四种等价的精确描述被提出：

---

[1] 感兴趣的读者也可以自行阅读与可计算性理论相关的教科书，如 [38, 213, 215, 254, 256]。
[2] 下文会对"算法"概念进行更为具体的介绍，这里可以暂时粗略地理解。
[3] 也称辗转相除法；详见示例 5.2.1。
[4] Al-Khwarizmi, M.，约 780—约 850，波斯数学家、天文学家、地理学家。
[5] 详见 [39，第 xv 页]。

(1) 1936 年，哥德尔、埃尔布朗和克林尼[1]根据方程演算（equation calculus）定义的一般递归函数（general recursive function）[2]；(2) 1936 年，丘奇通过 λ-演算（λ-calculus）定义的 λ-可定义函数（λ-definable function）[3]；(3) 1936 年，哥德尔和克林尼定义的部分递归函数（partial recursive function）[4]；(4) 1936 年，图灵[5]基于图灵机（Turing machine）定义的图灵可计算函数（Turing computable function）[6]。多年后，陆续又有三种等价的精确描述被提出：(5) 1943 年，波斯特基于典范演绎系统（canonical deduction system）定义的函数[7]；(6) 1951 年，马尔科夫（Markov, A. A.）基于基本字符集算法（algorithm over a finite alphabet）定义的可计算函数[8]；(7) 1963 年，谢佛德森（Shepherdson, J. C.）和斯特吉斯（Sturgis, H. E.）基于无界存贮机（unlimited register machine，又称 URM 理想计算机）定义的可计算函数[9]。下文会着重介绍哥德尔和克林尼定义的部分递归函数以及图灵基于图灵机定义的图灵可计算函数。

　　这些理论成果对后来出现的各种计算机的设计思想都产生了重要的影响，促进了计算工具的发展，电子计算机、DNA 计算机和量子计算机相继出现和应用。而计算工具的发展又促进了计算方式的不断进化，上述各种计算机的出现标志着人类的计算方式已由早期的手工和机械方式，进化到了现在的电子计算方式，并在朝分子计算和量子计算迈进。电子计算机实际上就是可计算性概念的直接实践，而 DNA 计算机和量子计算机则是在此基础上的进一步升级。

　　目前，可计算性理论的基本概念、思想和方法已被广泛应用于计算机科学的各个领域，如数据结构、计算机体系结构、算法设计与分析、编译方法与技术、程序设计语言与语义分析等。

---

[1] Kleene, S. C.，1909—1994，美国数学家、逻辑学家。

[2] 详见 [124, 125] 或 [159, 第 355–362 页]；基于埃尔布朗的建议，1934 年，哥德尔在普林斯顿高等研究院（Institute for Advanced Study, Princeton）所做的系列讲座上给出了这种可计算性，而克林尼 1936 年在 [124] 中把它进行了简化。

[3] 详见 [30, 31]。

[4] 详见 [38, 第 49–51 页]。

[5] Turing, A.，1912—1954，英国数学家、逻辑学家。

[6] 详见 [230] 或本书的第 5.2.2 子节。

[7] 详见 [179] 或 [160, 第 219–239 页]。

[8] 详见 [156] 或 [159, 第 362–372 页]。

[9] 详见 [204] 或 [38, 第 7–47 页]。

算法概念

"算法"在中国古代被称为"术"。它最早体现在《九章算术》[①]《周髀算经》[②]等古代数学文献中，如《九章算术》中给出的四则运算、求最大公约数的方法、求最小公倍数的方法、开平方根的方法、开立方根的方法、求素数的埃拉托色尼斯[③]筛法以及求线性方程组解的方法等，都是现在人们所熟悉的算法。

现在人们普遍使用的"算法"的英文"algorithm"一词与阿尔–花剌子密紧密相关。在公元 825 年所著的《阿尔–花剌子密算术》[④]一书中，他系统地叙述了十进位值制记数法和小数的运算法，对世界普及十进位值制起了很大作用。《阿尔–花剌子密算术》的拉丁语翻译是"Algoritmi de numero Indorum"，而"algorithm"实际上是"阿尔–花剌子密"的拉丁语"algoritmi"的英文音译。用"algorithm"表示算法之意，既是对阿尔–花剌子密本人的褒奖，也是对其算术成就的宣扬。

迄今为止，还没有关于算法的确切定义，这是因为几乎所有问题的解决方法都需要回归到具体的方法上，然而没有人知道所有问题的解决方法。即便如此，我们还是能根据以往的经验大致总结出算法所应具备的几个特点：

(1) 有输入：一个算法有 0 个或多个输入，是算法执行的初始状态，一般由人设定。0 输入只针对算法本身不需要输入的特殊情形。

(2) 有输出：一个算法必须有一个或多个输出，以反映算法对输入项处理的结果。

(3) 明确性：关于算法的具体描述，每一步都必须清楚明白且没有歧义，从而保证算法能正确执行。

(4) 能行性：也称有效性或可行性。算法的每一步都必须能够通过有穷次的基本运算执行。直观地说，每一步至少在原理上能由人用纸和笔在有穷时间内完成。

(5) 有穷性：算法的执行过程必须在有穷步内终止。

为保证算法的第 3 个特征，通常选择伪代码、流程图、控制表、程序设计语言等来描述算法，它们不仅简洁，而且不会引起歧义。其中，用程序设计语言描述的算法还可以进行编程，从而在计算机上实现。另外，满足前 4 个特征而不具备第 5 个特征的一组指令序列在实际应用中也不能称为算法，只能称为计算过程。比如，计算机的操作系统就是一

[①] 一般认为它是经历代各家的增补修订才逐渐成为现今定本的。西汉的张苍、耿寿昌曾经做过增补和整理，其时大体已成定本，最后成书最迟在东汉前期，具体内容详见 [276]。

[②] 东汉末至三国时代吴国人赵爽所著，具体内容详见 [248]。

[③] Eratosthenes，公元前 276—前 194，古希腊数学家、地理学家、历史学家、诗人、天文学家。

[④] 详见 [3]。

个典型的计算过程，它用来管理计算机资源，控制作业的运行，在没有作业运行时，计算过程不是停止，而是处于"等待"状态。

在计算机应用技术领域，算法通常是针对实际问题设计并通过编程手段实现的，其目的是运用计算机解决实际问题。这也就是说，一个不停运行而没有结果的算法基本是没有意义的。因此，在计算机应用领域，掌握算法分析与设计的理论和方法是十分重要的。一方面，它可以使我们针对实际问题设计出正确的算法：如果一个算法有缺陷，或不适合于某个问题，执行这个算法将不会解决这个问题。另一方面，它又可以使我们学会选择和改进已有的算法：同样的问题可以有不同的算法，不同的算法当然具有优劣，而算法的优劣可以用空间复杂度与时间复杂度来衡量。随着存储技术的发展，最能反映算法效率的时间复杂度已成为人们在算法设计与分析过程中的主要关注点。

能行过程

在数理逻辑和计算机科学中，算法也是一个能行过程（effective procedure）或能行方法（effective method）。能行过程，顾名思义就是指解决某问题能够行得通的一个过程或方法，是针对"实际问题"的，通常的说法是"解决某问题的能行过程"。能行过程的特点与算法基本是一样的，区别在于：前者稍显粗略，因为它允许用自然语言描述，不过可读性却比较强；后者十分严格，是用选择伪代码、流程图、控制表、程序设计语言等进行描述的，不允许使用自然语言描述，不过可读性不是很强。因此，算法一定是能行过程，而能行过程不一定是算法，但能行过程却一定可以通过语言的转换变成算法。

解决问题的过程是一个问题状态发生变化的过程。如果用参数来描述问题的状态，那么解决问题的过程就可以看作一个参数发生变化的过程。称解决问题开始时的状态为初始状态（initial state），称初始状态的参数为输入参数；称解决问题结束时的状态为结束状态（halting state），称结束状态的参数为输出参数。

对一个具体的问题而言，其输出结果与输入参数之间的关系应该是明确的。但允许有下述情形：有这样的问题，它们对输入范围内的部分输入参数（可称之为有效输入）有明确的输出结果，而对输入范围内的另一部分输入参数（可称之为无效输入）则没有明确的输出结果，甚至结果不存在。对这类问题，我们在考虑其能行解决方法时，只要针对有效的输入便可。

如果存在解决某问题的能行过程，那么称该问题是可解的（solvable）或可计算的（computable）；否则称该问题是不可解的或不可计算的。

下面结合具体的示例对能行过程进行简单体会。

示例 5.2.1（欧几里德算法）. 设 m, n 为自然数且 $m \leq n$, 求 m, n 的最大公约数 $\gcd(m, n)$。

解： 我们按照如下过程进行求解。

- 第 1 步, 用 m 去除 n, 如果可以整除, 则最大公约数 $\gcd(m, n) = m$。否则存在 $0 < d_0 < n$ 和 $0 < r_0 < m$ 使得

$$n = md_0 + r_0。$$

  由于 $r_0 = n - md_0$, 所以任何 r_0, m 的公约数也都是 m, n 的公约数。

- 第 2 步, 用 r_0 去除 m, 如果可以整除, 则最大公约数 $\gcd(m, n) = r_0$。否则存在 $0 < d_1 < m$ 和 $0 < r_1 < r_0$ 使得

$$m = r_0d_1 + r_1。$$

  由于 $r_1 = m - r_0d_1$, 所以任何 r_1, r_0 的公约数也都是 r_0, m 的公约数。

- 重复上述过程, 会得到一个递减的自然数序列：$n, m, r_0, r_1, \cdots$。因为是递减的自然数序列, 所以这一过程会在有穷步内停止, 不妨假设在第 k 步停止, 即得到如下递减的有穷自然数序列：

$$n, m, r_0, r_1, \cdots, r_{k-1}。$$

- 第 k 步, 存在 $0 < d_{k-1} < r_{k-3}$ 和 $0 < r_{k-1} < r_{k-2}$ 使得

$$r_{k-3} = r_{k-2}d_{k-1} + r_{k-1}。$$

  由于 $r_{k-1} = r_{k-3} - r_{k-2}d_{k-1}$, 所以任何 r_{k-1}, r_{k-2} 的公约数也都是 r_{k-2}, r_{k-3} 的公约数。

- 第 $k + 1$ 步, 亦即最后一步, 存在 $0 < d_k < r_{k-2}$ 使得

$$r_{k-2} = r_{k-1}d_k。$$

  所以 r_{k-1} 是 r_{k-1}, r_{k-2} 的最大公约数。

- 综上所述, $\gcd(m, n) = \gcd(r_0, m) = \gcd(r_1, r_0) = \cdots = \gcd(r_{k-1}, r_{k-2}) = r_{k-1}$。

  鉴于上述求解过程, 我们可以给出一个求最大公约数 $\gcd(m, n)$ 的能行过程。

- 第 1 步, 以 m 去除 n 得余数 r。（求余数）
- 第 2 步, 如果 $r = 0$, 则输出结果 m；否则转到第 3 步。（判断余数是否为 0）
- 第 3 步, 把 m 的值变为 r, 把 n 的值变为 m, 重复上述步骤。（变换参数值） □

评注 5.2.2. 结合算法特点, 不难验证示例 5.2.1 中的能行过程的确是一个能行过程。 □

示例 5.2.3. 考虑函数

$$g(n) = \begin{cases} 1 & \text{如果 } \pi \text{ 小数部分有 } n \text{ 个连续的 } 7, \\ 0 & \text{否则}。 \end{cases} \tag{5.2.1}$$

绝大多数数学家会接受 $g(n)$ 是一个合理定义的函数，同时也存在能行的过程逐位生成 π 小数部分的数字[1]。用 $\pi(k)$ 表示 π 小数点后第 k 位数字，C 作为计数器以统计某个数字连续出现的次数，则可以采用下面的过程来计算。

给定 n，令 $g(n) = 0$、计数器 $C = 0$、参数 $k = 1$。

- 第 1 步，计算 $\pi(k)$。（求 π 小数点后第 k 位数字）
- 第 2 步，如果 $\pi(k) = 7$，则 C 加上 1；否则 C 变为 0。（计数器逢 "7" 加 1，否则清 0）
- 第 3 步，如果 $C = n$，则输出 $g(n) = 1$，过程终止；如果 $C < n$，则将 k 变为 $k + 1$ 后再重复上述过程。　□

评注 5.2.4. 示例 5.2.1 中的计算过程同样由 3 步组成，虽然满足能行过程有输入、明确性、有穷性的特点，却不满足能行过程有输出和能行性的特点：对给定的输入 n，如果 π 小数点后有 n 个连续的 7，那么上述过程一定会在有穷步终止并输出 $g(n) = 1$；可是，如果 π 小数点后没有 n 个连续的 7，那么上述过程将无休止地运行下去，而且在任何时候都不会输出 $g(n) = 0$。因此，示例 5.2.1 中的计算过程不是能行过程。　□

习题 5.2.5. 考虑函数

$$g(n) = \begin{cases} 1 & \text{如果 } \pi \text{ 小数部分有 } n \text{ 个连续的 } 7, \\ \text{无定义} & \text{否则。} \end{cases} \tag{5.2.2}$$

判断示例 5.2.1 中的计算过程此时是不是能行过程。　□

5.2.2 图灵可计算性

图灵在全面分析人在计算过程中行为特点的基础上，把计算归结在了一些简单、明确的基本操作之上，并于 1936 年给出了一种自动机计算模型[2]，亦即现在所谓的图灵机。图灵的工作第一次把计算和自动机联系起来，对以后计算科学和人工智能的发展产生了巨大的影响。

图灵的基本思想是用机器来模拟人们用纸和笔进行数学计算的过程，他把这样的过程看作下列两种简单的动作：(1) 在纸上写上或擦除某个符号；(2) 把注意力从纸上的一个位置移到另一个位置。在计算的每个阶段，人要决定下一步的动作依赖于两个方面：(3) 此人当前思维的状态；(4) 此人当前所关注的纸上某个位置的符号。图灵机就是对应于这两种动作和两个方面而设计的。

[1]详见 [38，第 69–70 页]。
[2]详见 [230]。

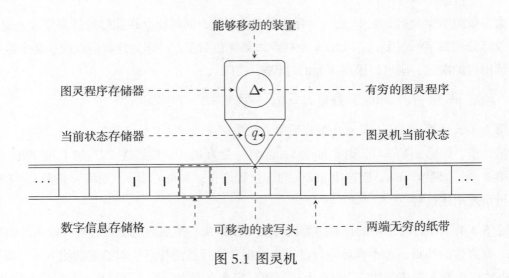

图 5.1 图灵机

定义 5.2.6（图灵机）．一台图灵机（如图 5.1）主要由两个部件（component）组成：

(1) 两端无穷的纸带（two-way infinite tape）。它上面带有无穷多个数字信息存储格（cell of digital information），可以清空或改写存储格上的符号（见定义 5.2.7 和定义 5.2.8）。

(2) 能够移动的装置（movable device）。它有三个子部件：

    (*a*) 可移动的读写头（movable reading and writing head），它可以读取纸带存储格的信息，并进行相应的操作（见定义 5.2.8）；

    (*b*) 当前状态存储器（memory of current state），它用来存储图灵机当前状态（current state of Turing machine，见定义 5.2.9）；

    (*c*) 图灵程序存储器（memory of Turing programme），它用来存储用于计算的某个有穷的图灵程序（finite Turing programme，见定义 5.2.14）。   □

接下来先给出图灵机涉及的一些基本概念，再结合示例说明图灵机的具体运作过程。

定义 5.2.7（符号）．符号只有一个：I。纸带每个存储格上只有两种情况：要么是空白，要么只有 I。记为 $2 = \{0, 1\}$。   □

定义 5.2.8（操作）．读写头有四种操作：向左移动一格（没有其他动作），向右移动一格（没有其他动作），清空存储格使其空白，将存储格改写为 I。分别用 L, R, D, W 表示这四种操作，记为 $O = \{L, R, D, W\}$。   □

定义 5.2.9（状态）．(1) 一台图灵机有有穷个状态（state）：$q_0, q_1, \cdots, q_{n-1}$，其中 $n \geq 1$，记为 $Q = \{q_i \mid i < n\}$。状态是图灵机在某个时刻的物理情况的反映，比如电压、齿

228

轮的转动情况等等（如果有的话）。

(2) 称向图灵机输入数据后的下一刻为初始时刻，称图灵机初始时刻的状态为初始状态
（initial state），称图灵机当前时刻的状态为当前状态（current state），称图灵机停
机时刻的状态为停机状态（halting state）。□

评注 5.2.10. (1) 一台图灵机的初始状态一般是 q_0，而停机状态需要根据所给的程序（见
定义 5.2.14）进行判定。

(2) 图灵机模仿的是现实人们实际计算的过程，而由于实际的计算过程也只有有穷步，所
以与之对应的在每一步产生的状态加起来也只有有穷个。这就是我们要求一台图灵
机的状态也必须是有穷的原因。□

定义 5.2.11（指令）．一个指令（instruction）是一个四元组，属于集合 $Q \times 2 \times O \times Q$；
通常用 δ 表示某个指令。□

评注 5.2.12. (1) 移动装置接受指令 δ 后，会先查看移动装置的当前状态和读写头当前
所对存储格所含信息，再让读写头按照指令进行相应的操作，并命令自身进入下一
个状态（也可以与当前状态相同）。

(2) 令 $\delta = (q_0, 1, L, q_1)$。移动装置接受指令 δ 后，查看移动装置当前的状态为 q_0，查看
读写头当前所对纸带存储格有符号 l，再让读写头向左移动一格，并命令自己进入状
态 q_1。

(3) 令 $\delta = (q_2, 1, W, q_7)$。移动装置接受指令 δ 后，查看移动装置当前的状态为 q_0，查看读
写头当前所对纸带存储格为符号 l，再让读写头将其改写为 l（也可以理解为不变），
并命令自己进入状态 q_7。□

习题 5.2.13. 说明如下指令的直观涵义：

(1) $(q_3, 1, R, q_1)$；

(2) $(q_6, 0, D, q_9)$；

(3) $(q_7, 0, W, q_8)$；

(4) $(q_9, 1, L, q_9)$。□

定义 5.2.14（程序）．一台图灵机的程序（program），简称为图灵程序或程序，一般由
有穷个指令组成：$\delta_0, \delta_1, \cdots, \delta_{m-1}$，其中 $m \geq 1$；通常用 Δ 表示某个图灵程序，记为
$\Delta = \{\delta_i \mid i < m\}$。□

评注 5.2.15. (1) 显然 $\Delta \subseteq Q \times 2 \times O \times Q$。

(2) 图灵机模仿的是现实人们实际计算的过程，而实际的计算过程也只有有穷步，对应
地这里我们要求图灵机携带的图灵程序也必须是有穷的。

(3) 图灵程序必须是一致的，即，任给一个图灵程序的两个指令，如果前两元相同，那么后两元也必须相同。不然，图灵机会无所适从。比如，如果一个图灵程序有两个指令：$(q_1, 0, L, q_2)$ 和 $(q_1, 0, R, q_3)$，那么当移动装置查看当前的状态为 q_1 和查看读写头当前所对纸带存储格空白后，它会不知道该命令读写头向左移动还是向右移动。 □

定义 5.2.16（输入）. (1) 设 $d \in 2$，令 $d^{x+1} \triangleq \underbrace{d \cdots d}_{(x+1)\text{个}}$。

(2) 向图灵机输入之前，纸带存储格全部是空白格；向图灵机输入 $(x_0, \cdots, x_{n-1})$ 之后，纸带上存储格的信息体现为

$$\cdots 0 \underbrace{1^{x_0+1} 0 1^{x_1+1} 0 \cdots 1^{x_{n-1}+1}}_{\text{输入} (x_0, \cdots, x_{n-1})} 0 \cdots 。$$

(3) 称 $1^{x_0+1} 0 1^{x_1+1} 0 \cdots 1^{x_{n-1}+1}$ 中所含有的空白格为输入 $(x_0, \cdots, x_{n-1})$ 时产生的空白格。

□

评注 5.2.17. 之所以用 1^{x+1} 而不用 1^x 表示输入 x，是因为如果用 1^x 表示输入是 x，那么当 $x = 0$ 时我们无法判断在输入某个 n 元组时输入了几个数字 0，毕竟没有输入任何信息的存储格是空白而输入的数字 0 在纸带存储格上体现出来也是空白。 □

定义 5.2.18（格局）. (1) 称一个存储格是有益的，如果该存储格带有符号 1，或该存储格是输入时产生的空白格，或该存储格是图灵机执行一次某个指令时产生的空白格；否则称其是无益的。

(2) 一个格局（configuration），直观地说，就是指在某一时刻用照相机对着图灵机拍出的照片所含有的信息。精确地说，图灵机在某时刻的格局主要包括三部分内容：(1) 纸带全部有益存储格的信息；(2) 图灵机的当前状态；(3) 读写头在纸带上的位置。

(3) 图灵机在某时刻的格局一般表示如下：

$$s_{k-1} \cdots s_0 \, q \, d \, t_0 \cdots t_{l-1},$$

其中 $k, l \in \mathbb{N}$，q 是图灵机的当前状态，d 是读写头所对存储格含有的信息，$s_i, d, t_j \in 2$。通常用 c 表示图灵机某个时刻的格局。

(4) 称图灵机初始时刻的格局为初始格局，一般规定初始格局为

$$q_0 1^{x_0+1} 0 1^{x_1+1} 0 \cdots 1^{x_{n-1}+1},$$

即初始时刻读写头正对着输入 $(x_0, \cdots, x_{n-1})$ 后最左侧带有符号 1 的存储格；称图灵机当前时刻的格局为当前格局；称图灵机停机时刻的格局为停机格局。 □

评注 5.2.19. (1) 由于我们输入图灵机的信息是有穷的且图灵程序是有穷的，因此纸带在某时刻有益存储格的总数是有穷的。

(2) 在格局 $s_{k-1}\cdots s_0\, qd\, t_0\cdots t_{l-1}$ 中，qd 左侧 s 序列和右侧 t 序列的长度都可能为 0。 ☐

定义 5.2.20（计算）. (1) 称图灵机在执行一次某个指令时从一个格局进入另一个格局的过程为图灵机的单次计算（single computation）。如果执行指令之前的格局为 c 且该格局不是停机格局，同时执行命令之后的格局为 c^+，那么记这个单次计算为 cc^+。

(2) 称图灵机自输入后执行完自己携带的图灵程序的过程为图灵机的计算。一般用格局的序列表示图灵机的计算，记为 $c_0\cdots c_{m-1}$，其中 c_0 是初始格局，c_{m-1} 是停机格局。 ☐

评注 5.2.21. 注意，图灵机在执行自己携带的图灵程序的过程中，可能连续多次执行同一个指令。 ☐

定义 5.2.22（输出）. (1) 我们规定，给定一个图灵程序，图灵机在没有指令可以执行的时候就停机。

(2) 图灵机停机格局中含有 1 的个数就是图灵机运行完某个图灵程序的输出，通常用 y 表示输出。 ☐

评注 5.2.23. 注意：给定一个图灵程序，图灵机可能一次指令都没执行就停机，比如 $\Delta=\{(q_8,0,D,q_9)\}$，因为该图灵程序连包含初始状态的指令都没有，也就谈不上进入 q_8 的状态去执行指令 $(q_8,0,D,q_9)$。 ☐

现在以一个简单示例说明一台携带图灵程序的图灵机是如何运作的。

示例 5.2.24. 说明携带图灵程序 $\Delta=\{(q_0,1,D,q_1),(q_1,0,R,q_0)\}$ 的图灵机是如何计算的。注意：只考虑输入单个的 x。

解： 我们用一个格局序列说明这个计算过程。

输入 x	c_0	$q_0 1^{x+1}$
执行一次指令 $(q_0,1,D,q_1)$	c_1	$q_1 0 1^x$
执行一次指令 $(q_1,0,R,q_0)$	c_2	$0 q_1 1^x$
执行一次指令 $(q_0,1,D,q_1)$	c_3	$0 q_1 0 1^{x-1}$
$\vdots$	$\vdots$	$\vdots$
执行一次指令 $(q_1,0,R,q_0)$	c_{2x+3}	$0^{x+1} q_0 0$。

图灵机运行到最后一步，图灵机的状态为 q_0，读写头正对存储信息为 0 的空白格，Δ 中不含有以 $q_0,0$ 开头的指令，图灵机此时只能停机。我们看到，Δ 的作用就是把所有输入的 1 符号抹掉，因而最后的输出总是 0。 ☐

习题 5.2.25. 说明携带图灵程序 $\Delta=\{(q_0,1,L,q_0)\}$ 的图灵机是如何计算的。注意：只考虑输入单个的 x。 ☐

我们前面啰唆了那么多，无非是想彻底地说明图灵机是如何计算的[①]。即便如此，不难看出，图灵机本身是很简单的：装置构造简洁、操作数量稀少、计算过程机械。也不难看出，一台图灵机最为关键的是它所携带的图灵程序，也就是说一台图灵机随着它所携带的图灵程序的确定而确定。因此，为了简化表述，以后我们用"图灵程序"代指"图灵机及其携带的图灵程序"，比如在我们说"存在一个图灵程序"时，我们想要表达的可能是"存在一个图灵程序"，也可能是"存在一台图灵机及其携带的一个图灵程序"。

有了图灵机，接下来我们就可以精确地描述可计算性了。

定义 5.2.26（部分函数）. (1) 称 f 是从 A 到 B 的全（total）函数，记为 $f: A \to B$，如果 f 是从 A 到 B 的函数。

(2) 称 f 是从 A 到 B 的部分（partial）函数，记为 $f: A \to B$，如果存在 $D \subseteq A$ 使得 f 是从 D 到 B 的函数。 □

评注 5.2.27. 显然，所有从 A 到 B 的全函数都是从 A 到 B 的部分函数。 □

定义 5.2.28. 设 $f: \mathbb{N}^n \to \mathbb{N}$。称 f 是图灵可计算的（Turing computable），如果存在某个图灵程序使得

$$f(x_0, \cdots, x_{n-1}) = \begin{cases} y & \text{如果在输入 } (x_0, \cdots, x_{n-1}) \text{ 时图灵机输出 } y, \\ \text{无定义} & \text{如果在输入 } (x_0, \cdots, x_{n-1}) \text{ 时图灵机永不停机。} \end{cases}$$

同时，称该图灵程序计算 f。 □

示例 5.2.29. 证明函数 $f(x) = x + y$ 是图灵可计算的。 □

证明： 只需给出一个计算 f 的图灵程序并说明它是如何计算 f 的。思考：由于输入 (x, y) 之后图灵机的格局为：

$$q_0 1^{x+y+2},$$

因而纸带上有 $x + y + 2$ 个 I 符号，而我们最后想要的输出是 $x + y$ 个 I 符号，因此我们只需要设计一个图灵程序抹掉 2 个 I 符号，更具体地，我们会在前后两部分中各抹掉一个 I 符号。不难看到，可以这样设计图灵程序：

$$\Delta = \{(q_0, 1, D, q_0), (q_0, 0, R, q_1), (q_1, 1, R, q_1), (q_1, 0, R, q_2), (q_2, 1, D, q_2)\}.$$

我们将 Δ 计算 f 具体过程的说明留作习题。 □

习题 5.2.30. 说明示例 5.2.29 中设计的图灵程序 Δ 是如何计算 f 的。 □

[①] 不难想象，如果用口述方式讲解这个运作过程可能会简单不少，而烦琐恐怕就是用文本形式讲解这个运作过程的代价。

评注 5.2.31. (1) 一个图灵程序可以计算无穷多个函数，比如在示例 5.2.24 中，如果输入的是 n 元组，那么它计算的就是 n 元函数。

(2) 任何一个图灵可计算函数都有无穷多个图灵程序可以计算它，比如在示例 5.2.29 中，向程序 Δ 中加入指令 $(q_9, 0, R, q_9)$ 得到的程序 Δ' 仍然计算 f，因为图灵机在计算的过程中根本不会用到这个新添加的指令。　　　　□

记号 5.2.32. 设 Δ 是图灵程序，$n \in \mathbb{N}$。用 $\Phi_\Delta^{(n)}$ 表示图灵程序 Δ 计算的 n 元函数。　□

习题 5.2.33. 证明函数 $f(x, y) = x - y$（$x \geq y$）是图灵可计算的。　　　　□

习题 5.2.34. 证明函数 $f(x) = 2(x + 1)$ 是图灵可计算的。　　　　　　　　□

习题 5.2.35. 设 $n \in \mathbb{N}$ 且 $i < n$。令

$$U_i^n(x_0, \cdots, x_{n-1}) = x_i,$$

称其为投影函数。证明投影函数 U_i^n 是图灵可计算的。　　　　　　　　　□

图灵机虽然很简单很机械，但它的计算功能却是很强大的，后面我们会看到，它竟然可以确定（全部的[①]）直观的可计算函数。

定义 5.2.36. 图灵可计算函数类是所有图灵可计算的函数组成的类。　　　□

关于图灵机，不同的教科书出于不同的描述和设计可能有不同的样式。但就计算能力讲，它们都是等价的，即如果一个函数可以被某种样式计算，那么它也能被另一种样式计算。它们的区别只是计算效率的区别，即计算时间长短的区别。我们列出几种不同的样式，不对其等价性进行证明，读者可以通过阅读我们在第 222 页提到的关于可计算性理论的教科书进行比较。(1) 符号数量：一个还是任意有穷个？(2) 纸带延伸：一端无穷还是两端无穷？(3) 纸带个数：一个纸带还是任意有穷个？(4) 读写头数：一个读写头还是任意有穷个？(5) 指令元数：四元还是五元？(6) 指令元顺序：指令含有的几个元的排列顺序允许变化吗？(7) 程序结构：我们要求图灵程序必须是一致的，即要求其所含指令中只能有一个指令以 qd 开头，这样的指令组合在一起形成的程序显然是线性的。能否允许任意有穷个以 qd 开头的指令？而这样的指令组合在一起形成的程序显然是树状的。

5.2.3 部分递归函数

本子节我们说明可计算性的另一种精确描述——哥德尔–克林尼式的数学描述。它可以从最简单的、直观的可计算函数逐步地生成（全部的）直观的可计算函数，非常有

---

① 详见本书第 5.2.4 子节的讨论。

利于人们把握具体的直观可计算函数。最终，我们还会说明所有的部分递归函数都是图灵可计算的。对于本子节的大多数结果，我们只述不证[①]，因为我们本章的主题是证明不完全性定理。

　　首先给出原始递归函数的概念。一般认为所有的原始递归函数都是比较简单的函数，而且它们在现行数学实践中几乎到处都是。

定义 5.2.37. 初始函数（initial function）有如下三个：

(1) 零值函数 $0(x) = 0$；

(2) 后继函数 $S(x) = x + 1$；

(3) 投影函数 $U_i^n(x_0, \cdots, x_{n-1}) = x_i$。 □

定义 5.2.38（复合）. 设 $g(y_0, \cdots, y_{n-1})$ 和 $h_0(\vec{x}), \cdots, h_{n-1}(\vec{x})$ 是函数。令

$$f(\vec{x}) \triangleq g \circ h = g(h_0(\vec{x}), \cdots, h_{n-1}(\vec{x}))。$$

称 f 是 g 和 h 的复合（compositional）函数或 f 是由 g 和 h 通过复合得到的。 □

定义 5.2.39（原始递归）. 设 $g(\vec{x})$ 和 $h(\vec{x}, y, z)$ 是全函数，如下定义 $f(\vec{x}, y)$：

$$f(\vec{x}, 0) \triangleq g(\vec{x}),$$
$$f(\vec{x}, y + 1) \triangleq h(\vec{x}, y, f(\vec{x}, y))。$$

此时称 f 是由 g 和 h 通过原始递归得到的。 □

定义 5.2.40（原始递归函数）. 原始递归函数类是包含初始函数并对复合和原始递归封闭的最小函数类。称函数 f 是原始递归的，如果它属于原始递归函数类。 □

　　如下在证明哥德尔不完全性定理过程中用到的简单函数都是原始递归的。

引理 5.2.41. 如下函数是原始递归的：

(1) $D(x) = x$ 整除数的个数（特殊地，规定 $D(0) = 1$）。

(2) 函数

$$\mathrm{prime}(x) = \begin{cases} 1 & \text{如果 } x \text{ 是素数,} \\ 0 & \text{否则。} \end{cases}$$

(3) $p_x = $ 第 x 个素数（特殊地，规定 $p_0 = 0$）。

[①] 对具体证明感兴趣的读者可参见 [254，第 39–54 页]。

(4) 函数

$$(x)_y = \begin{cases} \text{在 } x \text{ 的素因子展开式中第 } y \text{ 个素底数 } p_y \text{ 的指数} & x, y > 0, \\ 0 & x = 0 \text{ 或 } y = 0. \end{cases}$$

(5) $\mathrm{len}(x) = \mu z < x((x)_{z+1} = 0)$。　　□

　　原始递归函数类对几种函数的生成方式是封闭的：强递归、分类定义和有界极小化、有界和、有界积等等。

定义 5.2.42. 设 $f(\vec{x})$，$g(\vec{x}, y, z)$ 和 $h(\vec{x}, y)$ 是全函数。

(1) 称 $F(\vec{x}, y)$ 为 $F(\vec{x}, y)$ 的历史函数（history function），如果

$$F(\vec{x}, y) = p_0^{f(\vec{x}, 0)+1} \cdots p_y^{f(\vec{x}, y)+1}。$$

(2) 称 f 是由 g 和 h 通过强递归（strong recursion）得到的，如果如下定义 $f(\vec{x}, y)$：

$$f(\vec{x}, 0) = g(\vec{x}),$$
$$f(\vec{x}, y+1) = h(\vec{x}, y, F(\vec{x}, y))。$$　　□

引理 5.2.43. 如果全函数 $g(\vec{x})$ 和 $h(\vec{x}, y, z)$ 是原始递归的，那么由 g 和 h 通过强递归得到的 $f(\vec{x}, y)$ 也是原始递归的。　　□

定义 5.2.44. 设 $R(\vec{x})$ 是 $\mathbb{N}^n$ 上的 n 元关系，其特征函数 χ_R 和部分特征函数 $\chi_R{}^\circ$ 分别定义如下：

$$\chi_R(\vec{x}) = \begin{cases} 1 & R(\vec{x}) \text{ 成立}, \\ 0 & \text{否则}; \end{cases} \qquad \chi_R{}^\circ(\vec{x}) = \begin{cases} 1 & R(\vec{x}) \text{ 成立}, \\ \text{无定义} & \text{否则}。 \end{cases}$$

称 $R(\vec{x})$ 是原始递归的，如果 χ_R 是原始递归的；否则，称其不是原始递归的。　　□

定义 5.2.45. 设 $g_0(\vec{x}), \cdots, g_{n-1}(\vec{x})$ 是函数，$R_0(\vec{x}), \cdots, R_{n-1}(\vec{x})$ 是关系，如下定义 $f(\vec{x})$：

$$f(\vec{x}) \triangleq \begin{cases} g_0(\vec{x}) & \text{如果 } R_0(\vec{x}) \text{ 成立}, \\ g_1(\vec{x}) & \text{如果 } R_1(\vec{x}) \text{ 成立}, \\ \vdots & \vdots \\ g_{n-1}(\vec{x}) & \text{如果 } R_{n-1}(\vec{x}) \text{ 成立} \end{cases}$$

此时称 f 是由 $g_0(\vec{x}), \cdots, g_{n-1}(\vec{x}), R_0(\vec{x}), \cdots, R_{n-1}(\vec{x})$ 通过分类定义得到的。　　□

引理 5.2.46. 设 $g_0(\vec{x}), \cdots, g_{n-1}(\vec{x})$ 是函数，$R_0(\vec{x}), \cdots, R_{n-1}(\vec{x})$ 是关系，f 是由 $g_0(\vec{x})$，$\cdots, g_{n-1}(\vec{x}), R_0(\vec{x}), \cdots, R_{n-1}(\vec{x})$ 通过分类定义得到的。如果 $g_0(\vec{x}), \cdots, g_{n-1}(\vec{x}), R_0(\vec{x})$，$\cdots, R_{n-1}(\vec{x})$ 是原始递归的，那么 f 也是原始递归的。　　□

定义 5.2.47. 设 $g(\vec{x}, y)$ 是全函数，如下定义 $f(\vec{x}, y)$：

$$f(\vec{x}, y) \triangleq \mu z < y(g(\vec{x}, z) = 0) = \begin{cases} \text{最小的 } z < y \text{ 使得 } g(\vec{x}, z) = 0 & \text{如果有这样的 } z, \\ y & \text{否则,} \end{cases}$$

其中，称 $\mu z < y$ 为有界极小算子（bounded minimalisation operator）或有界极小 μ-算子。此时称 f 是由 g 通过有界极小算子生成的函数。 □

引理 5.2.48. 设 $g(\vec{x}, y)$ 是全函数，$f(\vec{x}, y)$ 是由 g 通过极小算子生成的函数。如果 g 是原始递归函数，那么 f 也是。 □

接下来我们定义递归函数和部分递归函数，而在这之前我们需要引入极小算子（minimalisation operator）和正则（regular）极小算子。

定义 5.2.49. 设 $g(\vec{x}, y)$ 和 $f(\vec{x})$ 是函数。

(1) 称 f 是由 g 通过极小算子生成的函数，如果它如下定义：

$$f(\vec{x}) \triangleq \mu y(g(\vec{x}, y) = 0) = \begin{cases} \text{最小的 } y \text{ 使得 } g(\vec{x}, y) = 0 \\ \text{且任给 } z < y, f(\vec{x}, z) \text{ 都有定义} & \text{如果有这样的 } y, \\ \text{无定义} & \text{否则,} \end{cases}$$

其中，称 μy 为极小算子或 μ-算子。

(2) 特殊地，如果 f 是全函数且任给 $\vec{x}$ 都有 y 使得 $g(\vec{x}, y) = 0$（称为正则性条件），则 $f(\vec{x})$ 也是全函数，此时称 μ 为正则极小算子或正则 μ-算子，称 f 是由 g 通过正则极小算子生成的函数。 □

定义 5.2.50（递归函数和部分递归函数）. (1) 递归函数类是包含初始函数并对复合、原始递归和正则极小算子封闭的最小函数类；称函数 f 是递归的，如果它属于递归函数类。

(2) 部分递归函数类是包含初始函数并对复合、原始递归和极小算子封闭的最小函数类；称函数 f 是部分递归的，如果它属于部分递归函数类。 □

评注 5.2.51. 注意，递归函数类不等于图灵可计算函数类，它只是图灵可计算函数的真类，因为下文会证明图灵可计算函数类就是部分递归函数类（参见定理 5.2.57）。 □

现在我们着手证明所有的部分递归函数都是图灵可计算的，由部分递归函数的定义可知，我们只需证明如下的四个引理。

引理 5.2.52（初始函数）. *所有的初始函数是图灵可计算的。*

证明： 分别由示例 5.2.24、习题 5.2.25 和习题 5.2.35 可得结论。 □

引理 5.2.53（复合）. 如果函数 $g(y_0, \cdots, y_{n-1})$ 和 $h_0(\vec{x}), \cdots, h_{n-1}(\vec{x})$ 是图灵可计算的，那么复合（compositional）函数 $f(\vec{x}) = g(h_0(\vec{x}), \cdots, h_{n-1}(\vec{x}))$ 也是。 □

引理 5.2.54（原始递归）. 设函数 $f(\vec{x}, y)$ 是由全函数 $g(\vec{x})$ 和 $h(\vec{x}, y, z)$ 通过原始递归得到的。如果 g 和 h 是图灵可计算的，那么 f 也是。 □

引理 5.2.55（极小化）. 设函数 $f(\vec{x})$ 是由 $g(\vec{x}, y)$ 通过极小算子生成的函数。如果 g 是图灵可计算的，那么 f 也是。 □

定理 5.2.56. 所有的部分递归函数都是图灵可计算的。特殊地，所有的原始递归函数和递归函数都是图灵可计算的。 □

5.2.4 丘奇–图灵论题

定理 5.2.56 的逆命题也成立，我们依然只述不证[①]。

定理 5.2.57. 所有的图灵可计算函数都是部分递归函数。 □

综合定理 5.2.56 和定理 5.2.57，有如下重要推论：

推论 5.2.58. 图灵可计算函数类就是部分递归函数类。 □

推论 5.2.58 最直接的意义便是，表明了可计算性的图灵式的机械描述与哥德尔–克林尼式的数学描述是等价的。前者的优势在于比较简单机械，一个十分简单的图灵机竟然可以确定（全部的）直观可计算函数；后者的优势在于可以从最简单的可计算函数逐步地生成（全部的）直观可计算函数，非常有利于人们把握具体的直观可计算函数。

如第 223 页所述，上述两种描述也与其他陆续提出的五种描述等价。人们有理由相信这不是偶然的，并且相信这七种等价的可计算性就是人们直观上的可计算性。换言之，正因为这七种等价的可计算性都把握住了直观上的可计算性，才会呈现出如此惊人的不约而同，而正是丘奇最先意识到这一点。

1936 年，丘奇给出 λ-可定义函数这种可计算性描述的同时，还提出了丘奇论题（thesis）：直观上可计算的函数类就是 λ-可定义函数类。图灵 1936 年给出图灵可计算函数这种可计算性描述后，1937 年又证明了图灵可计算性和 λ-可定义性的等价[②]。

虽然除去 λ-可定义函数和图灵可计算函数外，还有五种等价的可计算性描述，但由于图灵可计算函数是可计算性的第一个机械描述且机械描述更符合人们对计算应有机械

[①] 关于其证明，有兴趣的读者可参见 [255，第 141–143 页] 或 [254，第 55–63 页]。

[②] 分别详见 [230, 231]。

特点的预想，所以人们用图灵可计算函数对丘奇论题进行了重新表述，于是产生了如下更著名的论题：

丘奇–图灵论题 直观上可计算的函数类就是图灵可计算函数类。 □

评注 5.2.59. (1) 虽然人们有理由相信这七种等价的可计算性就是人们直观上的可计算性，并且未来可计算性理论的发展也可能不断检验并支撑这一点，但却没有办法证明这一点，因为谁也不知道直观上的可计算性究竟是个什么样子，谁也不能绝对地保证将来不会出现这七种等价的可计算性概念无法把握的直观上可计算的函数。而这也是丘奇–图灵论题只是论题而非定理的原因。

(2) 丘奇–图灵论题在可计算性理论中经常用到。我们会经常用自然语言写一个计算某函数 f 的能行过程，然后根据丘奇–图灵论题断定 f 是直观可计算的。这样做的好处是避免了计算 f 的复杂程序的书写或生成 f 的烦琐过程，而且又有一定的根据。但这种做法往往不适合初学者，因为初学者还没有对具体的直观可计算函数有一个比较准确的把握。对初学者来说，判断一个函数是直观可计算函数的方法，要么是给出具体的图灵程序，要么是写出它的生成过程，而丘奇–图灵论题此时显然没有它们牢靠。所以根据丘奇–图灵论题判断一个函数是不是可计算函数的做法，只建议对直观可计算函数有一定掌握的读者采用，不建议初学者采用。 □

习题 5.2.60. 试分析图灵可计算性与部分可计算性两种可计算性各自的劣势。 □

5.2.5 可计算枚举集

本子节我们给出下文用到的"可计算枚举集"的概念。

定义 5.2.61. 设 $R(\vec{x})$ 是 $\mathbb{N}^n$ 上的 n 元关系。

(1) 称 $R(\vec{x})$ 是可计算的，如果 χ_R 是图灵可计算的；否则，称其不是可计算的；
(2) 称 $R(\vec{x})$ 是可计算枚举的（computably enumerable），如果 $\chi_R°$ 是图灵可计算的；否则，称其不是可计算枚举的。 □

评注 5.2.62. 也有教科书分别称可计算集和可计算枚举集为递归集和递归可枚举集，这里我们采用前者的原因同第 221 页脚注 ③ 一样。 □

引理 5.2.63. 如果 $R(\vec{x})$ 和 $S(\vec{x})$ 是可计算关系，那么如下也是：

(1) 非 $R(\vec{x})$；
(2) $R(\vec{x})$ 且 $S(\vec{x})$；

(3) $R(\vec{x})$ 或 $S(\vec{x})$。 □

引理 5.2.64. 如果 $R(\vec{x}, y)$ 是可计算关系，那么如下也是：

(1) $Q_1(\vec{x}, y) \triangleq \forall z < y R(\vec{x}, z)$；

(2) $Q_2(\vec{x}, y) \triangleq \exists z < y R(\vec{x}, z)$。 □

定义 5.2.65. 设 $A \subseteq \mathbb{N}$，其特征函数 χ_A 和部分特征函数 $\chi_A{}^\circ$ 分别定义如下：

$$\chi_A(x) = \begin{cases} 1 & x \in A, \\ 0 & \text{否则;} \end{cases} \qquad \chi_A{}^\circ(x) = \begin{cases} 1 & x \in A, \\ \text{无定义} & \text{否则。} \end{cases}$$

(1) 称 A 是原始递归的，如果 χ_A 是原始递归的；

(2) 称 A 是可计算的，如果 χ_A 是图灵可计算的；

(3) 称 A 是可计算枚举的，如果 $\chi_A{}^\circ$ 是图灵可计算的。 □

5.3 第一不完全性

1930 年，哥德尔证明了哥德尔第一不完全性定理[1]，本节主要任务是对哥德尔第一不完全性定理及相关推论进行梳理[2]。哥德尔第一不完全性定理的证明是比较庞杂的，为便于理解哥德尔第一不完全性定理的证明梗概，现在给出一个通俗易懂的理解方式：

设 T 是可计算公理化的、一致的 $\mathscr{L}_1$-理论。作为目标，希望 T 是完全的，即 T 等于 $\mathrm{Th}(\mathcal{M})$。不妨进一步假设，能够用语言 $\mathscr{L}_1$ 谈论自身基本语法和自公理到定理的证明。一般说来，只要 $\mathscr{L}_1$ 可以谈论自然数的性质，那么 $\mathscr{L}_1$ 就能通过编码的方式谈论自身语法。

令 ϕ 为"我在 $T = \mathrm{Th}(\mathcal{M})$ 中是不可证的"，其中，"我"指 ϕ。考虑 ϕ 在 $\mathcal{M}$ 中是否为真。

$$\mathcal{M} \vDash \phi \Rightarrow \phi \in T \qquad\qquad T = \mathrm{Th}(\mathcal{M})$$
$$\Rightarrow \phi \text{ 在 } T \text{ 中是可证的}$$
$$\Rightarrow \phi \text{ 在 } \mathcal{M} \text{ 中是假的} \quad \phi \text{ 的定义}$$
$$\Rightarrow \mathcal{M} \nvDash \phi;$$

---

[1] 详见 [80]。

[2] 由于 [80] 成文时间较早，可读性相对不强，所以梳理时并未照其进行，而是主要参考了 [18, 49, 190, 209–211, 255]。关于哥德尔第一不完全性定理，本书比上述材料都要详细，证明步骤更是几无跳跃。

$$\mathcal{M} \nvdash \phi \Rightarrow \phi \notin T \qquad\qquad T = \mathrm{Th}(\mathcal{M})$$

$$\Rightarrow \phi \text{ 在 } T \text{ 中不是可证的}$$

$$\Rightarrow \phi \text{ 在 } \mathcal{M} \text{ 中是真的} \qquad \phi \text{ 的定义}$$

$$\Rightarrow \mathcal{M} \vDash \phi.$$

因而，无论 ϕ 在 $\mathcal{M}$ 中是否为真，都会导致矛盾。不难发现，矛盾是由 $T = \mathrm{Th}(\mathcal{M})$ 导致的，所以 $T \neq \mathrm{Th}(\mathcal{M})$。

这表明想要通过可计算公理化的方法抓住所有 $\mathcal{M}$ 的真语句是不可能的。当然，上述分析只是哥德尔第一不完全性定理的一种简化，而且哥德尔证明的哥德尔第一不完全性定理所谈及的理论是皮亚诺算术而非一般的 T，所谈及的结构也是标准算术模型而非一般的 $\mathcal{M}$。不过，本书哥德尔第一不完全性定理所谈及的理论的实例是罗宾森算术而非皮亚诺算术，主要原因在于：罗宾森算术比皮亚诺算术要弱很多，一来定理表述可以更一般，二来标准算术模型的真语句集与罗宾森算术的差异比其与皮亚诺算术的差异更大。

本节哥德尔第一不完全性定理的证明思路是：首先证明所有的可计算关系都是可表示的，然后证明算术化的语法概念是可计算的，而后在此基础上证明不动点引理，从而基于可表示的证明概念由不动点引理推出哥德尔第一不完全性定理。

5.3.1 罗宾森算术

（一阶）算术语言 $\mathscr{L}_1$ 的图册 $\mathrm{sig}\mathscr{L}_1 = \{\bar{0}, \bar{S}, \bar{+}, \bar{\times}\}$，其中 $\bar{0}$ 是常量符号，$\bar{S}$ 是一元函数符号，$\bar{+}, \bar{\times}$ 是二元函数符号。特殊地，分别称此时的 $\mathscr{L}_1$-项、$\mathscr{L}_1$-公式、$\mathscr{L}_1$-语句、$\mathscr{L}_1$-结构、$\mathscr{L}_1$-模型、$\mathscr{L}_1$-理论为算术项、算术公式、算术语句、算术结构、算术模型、算术理论。如无特殊说明，第 5.3 节和第 5.4 节所谈及的项、公式、语句、结构、模型、理论默认都是算术的。另外，称基于算术语言的一阶公理系统为一阶算术公理系统。

罗宾森算术最早由塔斯基、莫斯托夫斯基[1]、罗宾森[2]在 1953 年提出[3]。

定义 5.3.1. 罗宾森算术，记为 RA，是由 $\mathbf{A} = \{A_1, \cdots, A_7\}$ 生成的理论[4]，其中

$$A_1 : \forall x (\bar{S}x \neq \bar{0});$$

---

[1] Mostowski, A., 1913—1975, 波兰数学家。

[2] Robinson, R. M., 1911—1995, 美国数学家。

[3] 详见 [228, 第 51 页]。

[4] RA 是 Robinson Arithmetic 的缩写。也有部分文献用 Q 表示罗宾森算术，罗宾森本人在 [228, 第 51 页] 中用的也是 Q。但考虑到本书下文用 PA 表示皮亚诺算术（Peano Arithmetic），为了保持符号记法规则的一致性，我们用 RA 表示罗宾森算术。

$$A_2 : \forall x \forall y (\bar{S}x \simeq \bar{S}y \to x \simeq y);$$

$$A_3 : \forall x (x \not\simeq \bar{0} \to \exists y (x \simeq \bar{S}y));$$

$$A_4 : \forall x (x \mathbin{\overline{+}} \bar{0} \simeq x);$$

$$A_5 : \forall x \forall y (x \mathbin{\overline{+}} \bar{S}y \simeq \bar{S}(x \mathbin{\overline{+}} y));$$

$$A_6 : \forall x (x \mathbin{\overline{\times}} \bar{0} \simeq \bar{0});$$

$$A_7 : \forall x \forall y (x \mathbin{\overline{\times}} \bar{S}y \simeq x \mathbin{\overline{\times}} y \mathbin{\overline{+}} x)。 \qquad\qquad \square$$

评注 5.3.2. (1) 显然 $\mathcal{N} = (\mathbb{N}, 0, S, +, \times)$ 是 RA 的标准算术模型[①]。

(2) RA 还有很多其他模型，比如非标准算术模型 $\mathcal{N}^{+\infty} = (\mathbb{N} \cup \{\infty\}, 0, S, +, \times)$，其中 $S, +, \times$ 由 $\mathcal{N}$ 上的 $S, +, \times$ 按如下方式扩展到 ∞ 而来：$(a)\, S(\infty) = \infty$；(b) 任给 $n \in \mathbb{N}$ 都有 $n + \infty = \infty + n = \infty + \infty = \infty$；$(c)\, 0 \times \infty = \infty \times 0 = 0$ 且任给 $n \neq 0$ 都有 $n \times \infty = \infty \times n = \infty \times \infty = \infty$。

(3) 定义 3.4.49 中关于理论的定义是依赖于一阶公理系统的，所以在证明 RA $\vdash \phi$ 形式的命题时可以使用一阶算术公理系统的公理和分离规则。 $\qquad\qquad \square$

为便于讨论自然数的性质，现在对算术语言 $\mathscr{L}_1$ 引入新的非逻辑符号 $\bar{n}$，其合理性由定理 4.7.6 可得。

记号 5.3.3. 任给 $n > 0$，数项 $\bar{n} \triangleq \bar{S}^n \bar{0} = \underbrace{\bar{S} \cdots \bar{S}}_{n\,个} \bar{0}$。 $\qquad\qquad \square$

引理 5.3.4. 如下命题成立。

(1) RA $\nvdash \forall x (\bar{S}x \not\simeq x)$；

(2) 任给 $n \in \mathbb{N}$，都有 RA $\vdash \bar{S}\bar{n} \not\simeq \bar{n}$。

证明： (1) 由评注 5.3.2 (2) 和完全性定理易得。

(2) 施归纳于 n。

- $n = 0$。由 A_1 得 $\bar{S}\bar{0} \not\simeq \bar{0}$。

- $n = m+1$。由[②]归纳假设 RA $\vdash \bar{S}\bar{m} \not\simeq \bar{m}$ 和 A_2 得 RA $\vdash \bar{S}\bar{S}\bar{m} \not\simeq \bar{S}\bar{m}$，即 RA $\vdash \bar{S}\bar{n} \not\simeq \bar{n}$。 $\qquad\qquad \square$

评注 5.3.5. (1) 根据引理 5.3.4 (1) 可知 RA $\vdash \exists x (\bar{S}x \simeq x)$，再根据 (2) 可知使得 RA $\vdash \bar{S}x \simeq x$ 成立的这个 x 不可能是标准自然数，只存在于非标准模型的非标准部分；同

[①] 更多关于标准算术模型和非标准算术模型的知识，详见 [108，第 160–172 页]。

[②] 严格说来，还需要代入公理 S：$\forall x \phi \to \phi(x; \tau)$，其中 $\phi(x; \tau)$ 是自由代入。

时，(2) 中的任意自然数 n 都有一个数项 $\bar{n}$ 这样的 RA-定义，但是类似于这个 x 的非标准自然数却不总有一个 RA-定义。

(2) 引理 5.3.4 (1) 只给出了一个自 RA 得到的否定性形式证明；而 (2) 实际上给出的是无数个自 RA 得到的形式证明，即任给 n 都有一个不同的形式证明。另外，对 (1) 和 (2) 的证明都是数学实践意义下的证明，前者是使用模型论方法的证明，后者是使用归纳法的证明，二者都只有一个数学实践意义下的证明。

(3) 引理 5.3.4 也给出了在 RA 内外进行证明的区别：(1) 中的 "$\nvdash$" 是在 RA 内进行的，它是一种形式证明，因为 RA 不包含归纳法，所以不能在 RA 内使用归纳法；而对 (2) 的证明则是在 RA 外进行的，它是一种数学实践意义下的证明，因为绝大多数人都相信归纳法，所以可以使用归纳法。简而言之，"$\vdash$" 所表示的形式证明与数学实践意义下的证明是有所不同的。 $\square$

为便于讨论自然数的其他性质，现在对算术语言 $\mathscr{L}_1$ 引入新的非逻辑符号：$\lesssim, \prec$。同样，其合理性由定理 4.7.6 可得。

定义 5.3.6. $x \lesssim y$ 当且仅当 $\exists z(z \mp x \simeq y)$，$x \prec y$ 当且仅当 $x \lesssim y \wedge x \not\simeq y$。 $\square$

引理 5.3.7. 任给 $m, n \in \mathbb{N}$，如下命题都成立。

(1) $\text{RA} \vdash \forall x(\bar{S} x \mp \bar{n} \simeq x \mp \bar{S} \bar{n})$；
(2) $\text{RA} \vdash \overline{m} \mp \bar{n} \simeq \overline{m+n}$；
(3) $\text{RA} \vdash \overline{m} \times \bar{n} \simeq \overline{m \times n}$；
(4) $\text{RA} \vdash \overline{m} \simeq \bar{n}$ 当且仅当 $m = n$；
(5) $\text{RA} \vdash \overline{m} \lesssim \bar{n}$ 当且仅当 $m \leq n$；
(6) $\text{RA} \vdash \forall x(x \lesssim \bar{n} \leftrightarrow \bigvee_{q \leq n} x \simeq \bar{q})$；
(7) $\text{RA} \vdash \forall x(x \lesssim \bar{n} \vee \bar{n} \lesssim x)$。

证明： (1) 固定 x。施归纳于 n。

- $n = 0$。

$$
\begin{aligned}
\bar{S} x \mp \bar{n} &\simeq \bar{S} x \mp \bar{0} \\
&\simeq \bar{S} x && \text{A}_4 \text{ 和 S} \\
&\simeq \bar{S}(x \mp \bar{0}) && \text{A}_4 \text{ 和 E}_2 \\
&\simeq x \mp \bar{S} \bar{0} && \text{A}_5 \text{ 和 S} \\
&\simeq x \mp \bar{S} \bar{n}。
\end{aligned}
$$

- $n = m + 1$。

$$\bar{S}x\bar{\mp}\bar{n} \simeq \bar{S}x\bar{\mp}\overline{m+1}$$
$$\simeq \bar{S}x\bar{\mp}\bar{S}^{m+1}\bar{0}$$
$$\simeq \bar{S}x\bar{\mp}\bar{S}^{1+m}\bar{0}$$
$$\simeq \bar{S}x\bar{\mp}\bar{S}\,\bar{S}^{m}\bar{0}$$
$$\simeq \bar{S}x\bar{\mp}\bar{S}\,\bar{m}$$
$$\simeq \bar{S}(\bar{S}x\bar{\mp}\bar{m}) \quad \text{A}_5 \text{ 和 S}$$
$$\simeq \bar{S}(x\bar{\mp}\bar{S}\,\bar{m}) \quad \text{归纳假设和 E}_2$$
$$\simeq x\bar{\mp}\bar{S}\,\bar{S}\,\bar{m} \quad \text{A}_5 \text{ 和 S}$$
$$\simeq x\bar{\mp}\bar{S}\,\overline{m+1}$$
$$\simeq x\bar{\mp}\bar{S}\,\bar{n}。$$

再由概括定理 3.4.28 可得结论。

(2) 施归纳于 n。

- $n = 0$。

$$\bar{m}\bar{\mp}\bar{n} \simeq \bar{m}\bar{\mp}\bar{0}$$
$$\simeq \bar{m} \qquad \text{A}_4 \text{ 和 S}$$
$$\simeq \overline{m+0}$$
$$\simeq \overline{m+n}。$$

- $n = q + 1$。

$$\bar{m}\bar{\mp}\bar{n} \simeq \bar{m}\bar{\mp}\overline{q+1}$$
$$\simeq \bar{m}\bar{\mp}\bar{S}\,\bar{q}$$
$$\simeq \bar{S}(\bar{m}\bar{\mp}\bar{q}) \quad \text{A}_5 \text{ 和 S}$$
$$\simeq \bar{S}\,\overline{m+q} \quad \text{归纳假设和 E}_2$$
$$\simeq \bar{S}\,\bar{S}^{m+q}\bar{0}$$
$$\simeq \bar{S}^{1+(m+q)}\bar{0}$$
$$\simeq \bar{S}^{m+(q+1)}\bar{0}$$
$$\simeq \bar{S}^{m+n}\bar{0}$$
$$\simeq \overline{m+n}。$$

(3) 施归纳于 n。

- $n = 0$。

$$\overline{m} \overline{\times} \bar{n} \simeq \overline{m} \overline{\times} \bar{0}$$
$$\simeq \bar{0} \qquad \text{A}_6 \text{ 和 S}$$
$$\simeq \overline{m \times 0}$$
$$\simeq \overline{m \times n}。$$

- $n = q + 1$。

$$\overline{m} \overline{\times} \bar{n} \simeq \overline{m} \overline{\times} \overline{q+1}$$
$$\simeq \overline{m} \overline{\times} \bar{S} \bar{q}$$
$$\simeq \overline{m} \overline{\times} \bar{q} \overline{+} \overline{m} \quad \text{A}_7 \text{ 和 S}$$
$$\simeq \overline{m \times q} \overline{+} \overline{m} \quad \text{归纳假设和 E}_2$$
$$\simeq \overline{m \times q + m} \quad (2)$$
$$\simeq \bar{S}^{m \times q + m} \bar{0}$$
$$\simeq \bar{S}^{m \times (q+1)} \bar{0}$$
$$\simeq \bar{S}^{m \times n} \bar{0}$$
$$\simeq \overline{m \times n}。$$

(4) $(\Rightarrow)$ 反证法。假设 $m \neq n$，不妨进一步假设 $n < m$。因而存在 $q \neq 0$ 使得 $n + q = m$，再根据 A_3 和 A_1 可得 $\text{RA} \vdash \bar{q} \not\simeq \bar{0}$。现在

$$\overline{m} \simeq \bar{S}^m \bar{0}$$
$$\simeq \bar{S}\,\overline{n+q}\,\bar{0}$$
$$\simeq \bar{S}^n \bar{S}^q \bar{0}$$
$$\simeq \bar{S}^n \bar{q}$$
$$\not\simeq \bar{S}^n \bar{0} \qquad \bar{q} \not\simeq \bar{0}, \text{A}_2 \text{ 和 S}$$
$$\simeq \bar{n},$$

与 $\text{RA} \vdash \overline{m} \simeq \bar{n}$ 矛盾！

$(\Leftarrow)$ 如果 $m = n$，那么根据等词公理 E_1 可得 $\vdash \overline{m} \simeq \bar{n}$，因此 $\text{RA} \vdash \overline{m} \simeq \bar{n}$。

(5) $(\Leftarrow)$ 假设 $m \leq n$。那么对某个 q 有 $q + m = n$，因而根据 (4) 可知 $\text{RA} \vdash \overline{q+m} \simeq \bar{n}$，再根据 (2) 可得 $\text{RA} \vdash \bar{q} \overline{+} \overline{m} \simeq \bar{n}$，从而 $\text{RA} \vdash \exists x (x \overline{+} \overline{m} \simeq \bar{n})$。因此 $\text{RA} \vdash \overline{m} \overline{\leq} \bar{n}$。

$(\Rightarrow)$ 假设 $\text{RA} \vdash \overline{m} \overline{\leq} \bar{n}$。则由可靠性得 $\text{RA} \vDash \overline{m} \overline{\leq} \bar{n}$，又由于

$$\mathcal{N}' = (\mathbb{N}, 0, 1, \cdots, S, +, \times, \leq) \vDash \text{RA},$$

所以 $m \leq n$。

(6) 固定 x。$(\leftarrow)$ 假设 $\bigvee_{q \leq n} x \simeq \bar{q}$。那么对某个 $q \leq n$ 有 $x \simeq \bar{q}$，再根据 (5) 可得 $\bar{q} \overline{\leq} \bar{n}$，所以 $x \overline{\leq} \bar{n}$。

($\rightarrow$) 施归纳于 n。

- $n = 0$。平凡成立。

- $n = m+1$。注意，归纳假设是 $x \lesssim \bar{m} \rightarrow \bigvee_{q \leq m} x \simeq \bar{q}$。只需证 $x \lesssim \overline{m+1} \rightarrow \bigvee_{q \leq m+1} x \simeq \bar{q}$，即 $x \not\simeq \bar{0} \wedge x \lesssim \overline{m+1} \rightarrow \bigvee_{0 < q \leq m+1} x \simeq \bar{q}$：

$$
\begin{aligned}
x \not\simeq \bar{0} \wedge x \lesssim \overline{m+1} &\rightarrow \exists y(x \simeq \bar{S}y \wedge x \lesssim \bar{S}\bar{m}) && A_3 \text{ 和 } S \\
&\rightarrow \exists y(x \simeq \bar{S}y \wedge y \lesssim \bar{m}) && A_5, S \text{ 和 } A_2 \\
&\rightarrow \exists y(x \simeq \bar{S}y \wedge \bigvee_{q \leq m} y \simeq \bar{q}) && \text{归纳假设} \\
&\rightarrow \exists y(x \simeq \bar{S}y \wedge \bigvee_{q \leq m} \bar{S}y \simeq \bar{S}\bar{q}) && A_2 \\
&\rightarrow \exists y(x \simeq \bar{S}y \wedge \bigvee_{0 < q \leq m+1} \bar{S}y \simeq \bar{q}) \\
&\rightarrow \bigvee_{0 < q \leq m+1} x \simeq \bar{q}。
\end{aligned}
$$

(7) 固定 x。施归纳于 n。

- $n = 0$。由 A_4 和 S 可得 $x \mp \bar{0} \simeq x$ and so $\exists z(z \mp \bar{0} \simeq x)$，因而 $\bar{0} \lesssim x$，所以 $x \lesssim \bar{0} \vee \bar{0} \lesssim x$。

- $n = m+1$。注意，归纳假设是 $x \lesssim \bar{m} \vee \bar{m} \lesssim x$。首先，

$$
\begin{aligned}
\bar{m} \lesssim x &\rightarrow \exists y(y \not\simeq \bar{0} \wedge y \mp \bar{m} \simeq x) && (2) \\
&\rightarrow \exists z(\bar{S}z \mp \bar{m} \simeq x) && A_3 \text{ 和 } S \\
&\rightarrow \exists z(z \mp \bar{S}\bar{m} \simeq x) && (1) \\
&\rightarrow \bar{S}\bar{m} \lesssim x \\
&\rightarrow \overline{m+1} \lesssim x \\
&\rightarrow \bar{n} \lesssim x。
\end{aligned}
$$

其次，

$$
\begin{aligned}
x \lesssim \bar{m} &\rightarrow \bigvee_{q \leq m} x \simeq \bar{q} && (5) \\
&\rightarrow x \lesssim \overline{m+1} && (6) \\
&\rightarrow x \lesssim \bar{n}。
\end{aligned}
$$

又由于 $x \lesssim \bar{m} \vee \bar{m} \lesssim x \rightarrow x \lesssim \bar{m} \vee \bar{m} \lesssim x$，所以 $x \lesssim \bar{n} \vee \bar{n} \lesssim x$。 □

评注 5.3.8. 从引理 5.3.7 可以得出关于 RA 模型的一些有用的简单事实。设 $\mathcal{M} = (M, J)$ 是 RA 的模型。如前所述 $\mathcal{N} = (\mathbb{N}, S, +, \times, 0)$。

(1) 根据引理 5.3.7 (2)、(3) 和 (5) 可知 $n \mapsto \bar{n}^{\mathcal{N}}$ 从 $\mathcal{N}$ 到 $\mathcal{M}$ 的嵌入，因此可以不失一般性地假设 $\mathbb{N} \subseteq M$，从而 $\mathcal{N} \subseteq \mathcal{M}$；

(2) 根据引理 5.3.7 (6) 可知，如果 $n \in \mathbb{N}$ 且 $\mathcal{M} \vDash x \lesssim \bar{n}$，那么对某个 $m \leq n$ 有 $x = \bar{m}$。换言之，M 中的所有非标准元素 c 排在所有标准元素之后。又因为 $\mathbb{N} \subseteq M$，因此可以形象地认为 $\mathcal{M}$ 是 $\mathcal{N}$ 的尾节扩张（end extension）。 □

5.3.2 可表示性

本节主要任务是证明所有的可计算关系都是可表示的。在此之前，先做一些必要的准备工作。另外，如无特殊说明，本节默认 T 是包含 RA 的、一致的理论。

公式谱系和 Σ_1-完全性

定义 5.3.9（公式谱系）. 固定算术语言[①]$\mathscr{L}_1$。如下递归地定义公式集 $\Delta_0 = \Sigma_0 = \Pi_0$：

- 如果 τ, σ 是项，那么 $\tau \simeq \sigma \in \Delta_0$；
- 如果 $\phi, \psi \in \Delta_0$，那么 $\neg\phi, \phi \to \psi \in \Delta_0$；
- 如果 $x \in \mathcal{V}$，τ 不含变元 x 的项，$\phi \in \Delta_0$，那么 $\forall x \lesssim \tau \phi \in \Delta_0$。

类似地，可以如下递归地定义公式集 Σ_n, Π_n 和 Δ_n：

- 如果对某个 $\psi \in \Pi_{n-1}$ 有 $\phi = \exists \vec{x} \psi$，那么 $\phi \in \Sigma_n$；
- 如果对某个 $\psi \in \Sigma_{n-1}$ 有 $\phi = \forall \vec{x} \psi$，那么 $\phi \in \Pi_n$；
- 如果 $\phi \in \Sigma_n \cap \Pi_n$，那么 $\phi \in \Delta_n$。 □

关于公式谱系有图如下：

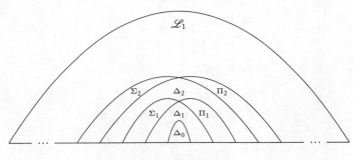

图 5.2 公式谱系

评注 5.3.10. (1) 任给公式 ϕ，如果存在 $\psi \in \Sigma_n$（或 Π_n 或 Δ_n）使得 ϕ 和 ψ 是逻辑等价的，那么一般也认为 $\phi \in \Sigma_n$（相应地或 Π_n 或 Δ_n）。

(2) 如果 $\phi \in \Sigma_n$（Π_n），那么 $\neg\phi \in \Pi_n$（相应地 Σ_n）。

(3) 显然，如果 $\phi, \psi \in \Delta_0$，那么 $\phi \wedge \psi, \phi \vee \psi, \phi \leftrightarrow \psi \in \Delta_0$；同样，如果 τ 是闭项，$x \in \mathcal{V}$ 且 $\phi \in \Delta_0$，那么 $\forall x < \tau \phi, \exists x \lesssim \tau \phi, \exists x < \tau \phi \in \Delta_0$，这是因为它们分别逻辑等价于 $\forall x \lesssim \tau(\neg(x \simeq \tau) \to \phi)$，$\neg\forall x \lesssim \tau \neg\phi$ 和 $\exists x \lesssim \tau(\neg(x \simeq \tau) \wedge \phi)$。

[①]注意，$\bar{n}$（$n > 0$）和 $\lesssim$ 不是 $\mathscr{L}_1$ 的非逻辑符号。

(4) 称 $\forall x \lesssim \tau, \forall x < \tau, \exists x \lesssim \tau, \exists x < \tau$ 为有界量词。

(5) 称算术语言的原子公式为丢番图方程（Diophantine equation）[①]，因此所有丢番图方程都是 Δ_0 的。□

因为 $\mathcal{N}$ 是 RA 的模型，所以有如下推论；反过来，只能保证对所有的 Σ_1 语句成立。

引理 5.3.11（RA 的可靠性）. 任给语句 ϕ，如果 $\text{RA} \vdash \phi$，那么 $\mathcal{N} \vDash \phi$。 □

定理 5.3.12（RA 的 Σ_1-完全性）. 任给 Σ_1-语句 ϕ，如果 $\mathcal{N} \vDash \phi$，那么 $\text{RA} \vdash \phi$。

证明： 先证两个断言，再证最终结论[②]。不妨假设 $(\mathbb{N}, I) = \mathcal{N} \subseteq \mathcal{M} = (M, J)$。

断言 5.3.13. 任给闭项 τ 和 RA 的模型 $\mathcal{M}$，都有 $\tau^{\mathcal{N}} = \tau^{\mathcal{M}}$。

断言的证明： 施归纳于闭项 τ。 □

断言 5.3.14. 任给 Δ_0 的语句 ϕ 和 RA 的模型 $\mathcal{M}$，都有 $\mathcal{N} \vDash \phi$ 当且仅当 $\mathcal{M} \vDash \phi$。

断言的证明： 施归纳于语句 $\phi \in \Delta_0$。

- $\phi = (\tau \simeq \sigma)$，其中 τ, σ 是闭项。显然有

$$
\begin{aligned}
\mathcal{N} \vDash \phi &\Leftrightarrow \mathcal{N} \vDash (\tau \simeq \sigma) \\
&\Leftrightarrow \tau^{\mathcal{N}} = \sigma^{\mathcal{N}} \\
&\Leftrightarrow \tau^{\mathcal{M}} = \sigma^{\mathcal{M}} \quad \text{断言 5.3.13} \\
&\Leftrightarrow \mathcal{M} \vDash (\tau \simeq \sigma) \\
&\Leftrightarrow \mathcal{M} \vDash \phi.
\end{aligned}
$$

- $\phi = \neg \psi$。

$$
\begin{aligned}
\mathcal{N} \vDash \phi &\Leftrightarrow \mathcal{N} \vDash \neg \psi \\
&\Leftrightarrow \mathcal{N} \nvDash \psi \\
&\Leftrightarrow \mathcal{M} \nvDash \psi \quad \text{归纳假设} \\
&\Leftrightarrow \mathcal{M} \vDash \neg \psi \\
&\Leftrightarrow \mathcal{M} \vDash \phi.
\end{aligned}
$$

[①]丢番图（Diophantus），约 246—330，古希腊数学家。该类方程之所以称为丢番图方程是因为丢番图最早研究这一类方程。

[②]这里采用的是模型论的证明方法，而 [190, 第 240 页] 中采用的是证明论的证明方法。

- $\phi = \psi \to \theta$。

$$\mathcal{N} \vDash \phi \Leftrightarrow \mathcal{N} \vDash \psi \to \theta$$
$$\Leftrightarrow \mathcal{N} \nvDash \psi \text{ 或 } \mathcal{N} \vDash \theta$$
$$\Leftrightarrow \mathcal{M} \nvDash \psi \text{ 或 } \mathcal{M} \vDash \theta \text{ 归纳假设}$$
$$\Leftrightarrow \mathcal{M} \vDash \psi \to \theta$$
$$\Leftrightarrow \mathcal{M} \vDash \phi。$$

- $\phi = \forall x \lesssim \tau \psi$，其中 τ 是不含变元 x 的项且 $\psi \in \Delta_0$。显然，由于 ϕ 是语句，因而 τ 是闭项。由于 $(\Rightarrow)$ 和 $(\Leftarrow)$ 类似，只证 $(\Rightarrow)$。假设 $\mathcal{N} \vDash \forall x \lesssim \tau \psi$。则任给 $n \leq \tau^{\mathcal{N}}$ 都有 $\mathcal{N} \vDash \psi(\bar{n})$。再根据引理 5.3.7 (6) 可知，任给 $mJ(\lesssim)\tau^{\mathcal{M}}$ 都存在对某个 $n \leq \tau^{\mathcal{N}}$ 使得 $m = n$，再根据归纳假设可得 $\mathcal{M} \vDash \psi(\bar{m})$。因此 $\mathcal{M} \vDash \forall x \lesssim \tau \psi$。 □

回到定理证明。假设 $\phi \in \Sigma_1$，即存在 $\psi \in \Delta_0$ 使得 $\phi = \exists \vec{x} \psi$。则对某个来自 $\mathbb{N}$ 的 $\vec{n}$ 有 $\mathcal{N} \vDash \psi(\vec{n})$。又根据断言 5.3.14 可得 $\mathrm{RA} \vdash \psi(\vec{n})$。因此 $\mathrm{RA} \vdash \exists \vec{x} \psi$，即 $\mathrm{RA} \vdash \phi$。 □

推论 5.3.15. 任给 Σ_1-语句 ϕ，都有 $\mathcal{N} \vDash \phi$ 当且仅当 $\mathrm{RA} \vdash \phi$。 □

仔细检查定理 5.3.12 的证明不难发现，任何包含 RA 的理论都有 Σ_1-完全性。

定理 5.3.16（Σ_1-完全性）。设 T 是包含 RA 的理论。任给 Σ_1 语句 ϕ，如果 $\mathcal{N} \vDash \phi$，那么 $T \vdash \phi$。 □

可表示的关系与函数

现在引入关系的可表示性概念。

定义 5.3.17. 设 R 是 $\mathbb{N}$ 上的 k 元关系，T 是理论。称 R 在 T 中是可表示的（representable），如果存在公式 $\phi(\vec{x})$ 使得任给 $n_0, \cdots, n_{k-1} \in \mathbb{N}$ 都有

$$(n_0, \cdots, n_{k-1}) \in R \Rightarrow T \vdash \phi(\overline{n_0}, \cdots, \overline{n_{k-1}}),$$
$$(n_0, \cdots, n_{k-1}) \notin R \Rightarrow T \vdash \neg\phi(\overline{n_0}, \cdots, \overline{n_{k-1}})。$$

此时也称 R 在 T 中由 $\phi(\vec{x})$ 表示或 $\phi(\vec{x})$ 在 T 中表示 R。 □

评注 5.3.18. (1) 根据引理 5.3.7 (3) 可知 $\mathbb{N}$ 上的 "=" 关系在 RA 中由 $x \simeq y$ 表示。

(2) 类似地，根据引理 5.3.7 (5) 可知 $\mathbb{N}$ 上的 "$\leq$" 关系在 RA 中由 $x \lesssim y$ 表示。

(3) 设 T 是可计算公理化[①]的理论。如果 R 是可表示的，那么 R 是可计算的。**证明**：假设 R 由 $\phi(\vec{x})$ 表示。那么任给 $\vec{n}$ 都可以可计算地枚举出 T 中所有公式的证明直到关于

---

①详见定义 5.3.73。

$\phi(\vec{n})$ 或 $\neg\phi(\vec{n})$ 的证明出现。如果前者的证明出现，那么 $R(\vec{n})$ 成立；否则，$R(\vec{n})$ 不成立。□

(4) 显然，可表示的关系类对布尔算子封闭。

(5) 如果 R 在 RA 中由 $\phi(\vec{x})$ 表示，那么 R 在 $T \supseteq$ RA 中由 $\phi(\vec{x})$ 表示。

(6) 显然，R 在 $\mathrm{Th}(\mathcal{N})$ 中可表示当且仅当 R 在 $\mathcal{N}$ 中可定义。□

推论 5.3.19. 设 $\phi \in \Delta_0$。如果 ϕ 在 $\mathcal{N}$ 中定义 R，那么 ϕ 在 RA 中表示 R。

证明： 由 RA 的 Σ_1-完全性易得。□

定义 5.3.20. 设 R 是 $\mathbb{N}$ 上的 k 元关系。称 R 是 Δ_0 或 Σ_1 或 Π_1 的，如果它相应地由某个 Δ_0 或 Σ_1 或 Π_1 的公式表示；称 R 是 Δ_1 的，如果它既被某个 Σ_1 的公式表示又被某个 Π_1 的公式表示。□

评注 5.3.21. 的确有 Δ_1 的关系（详见定理 5.3.40）。□

习题 5.3.22. 如下关系都是 Δ_0 的。

(1) $\mathrm{divide}(m,n) = \{(m,n) \in \mathbb{N}^2 \mid m \mid n\}$；

(2) $\mathrm{prime}(p) = \{p \in \mathbb{N} \mid p \text{ 是素数}\}$；

(3) $\mathrm{coprime}(m,n) = \{(m,n) \in \mathbb{N}^2 \mid m, n \text{ 互素}\}$。□

引理 5.3.23. 设 T 是包含 RA 的、一致的理论，$\phi(\vec{x}, y)$ 在 T 中表示 $R \subseteq \mathbb{N}^{(n+1)}$。则 $\exists z {<} y \phi(\vec{x}, y)$ 和 $\forall z {<} y \phi(\vec{x}, y)$ 分别表示 $\exists c < b R(\vec{a}, c)$ 和 $\forall c < b R(\vec{a}, c)$。

证明： 只证 $\exists z {<} y \phi(\vec{x}, y)$ 表示 $Q = \exists c < b R(\vec{a}, c)$。两点需要证明：

- 假设 $Q(\vec{a}, b)$ 成立，即对某个 $c < b$ 有 $R(\vec{a}, c)$。由于 $\phi(\vec{x}, y)$ 表示 R，因而 $T \vdash \phi(\vec{a}, \check{c})$。又根据引理 5.3.7 (5) 有 $T \vdash \check{c} {<} \bar{b}$，所以 $T \vdash \check{c} {<} \bar{b} \wedge \phi(\vec{a}, \check{c})$。因此 $\exists z {<} \bar{b} \phi(\vec{a}, z)$。

- 假设 $\neg Q(\vec{a}, b)$ 成立，即任给 $c < b$ 都有 $\neg R(\vec{a}, c)$。由于 $\phi(\vec{x}, y)$ 表示 R，因而任给 $c < b$ 都有 $T \vdash \neg\phi(\vec{a}, \check{c})$，从而 $T \vdash \bigvee_{m<b} z \simeq \bar{m} \to \neg\phi(\vec{a}, z)$。又根据引理 5.3.7 (5) 有 $T \vdash z {<} \bar{b} \to \bigvee_{m<b} z \simeq \bar{m}$，所以 $T \vdash z {<} \bar{b} \to \neg\phi(\vec{a}, z)$。因此 $T \vdash \forall z {<} \bar{b} \neg\phi(\vec{a}, z)$，即 $T \vdash \neg\exists z {<} \bar{b} \phi(\vec{a}, z)$。□

本节的目标是证明所有的可计算关系是可表示的，然而关系的可计算性是从（其特征）函数的可计算性定义的，因此对函数可表示性的研究很可能有助于目标达成。

定义 5.3.24. 设 T 是包含 RA 的理论，$f: \mathbb{N}^k \to \mathbb{N}$ 是函数。称 f 在 T 中是可表示的，如果存在公式 $\phi(x_0, \cdots, x_{k-1}, y)$ 使得任给 $n_0, \cdots, n_{k-1} \in \mathbb{N}^k$ 都有

$$T \vdash \forall y [\phi(\overline{n_0}, \cdots, \overline{n_{k-1}}, y) \leftrightarrow y \simeq \overline{f(n_0, \cdots, n_{k-1})}]。$$

如果 $\phi(\vec{x})$ 确定, 也称 f 在 T 中由 $\phi(\vec{x})$ 表示或 $\phi(\vec{x})$ 在 T 中表示 f。

称 f 是 Δ_0 或 Σ_1 或 Π_1 的, 如果它相应地由某个 Δ_0 或 Σ_1 或 Π_1 的公式表示; 称 f 是 Δ_1 的, 如果它既被某个 Σ_1 的公式表示又被某个 Π_1 的公式表示。 □

评注 5.3.25. 函数本身也可以看作关系, 因而引入函数可表示性的必要性不免成疑, 下面举例说明这种疑虑是多余的。任给函数 $f(x)$, 令 $G_f = \{(x,y) \mid y = f(x)\}$。假设 $\phi(x,y)$ 在 T 中表示函数 $f(x)$ 和关系 G_f。下面从两个方向考虑二者的区别:

- ($\Rightarrow$) 任给 m, n 使得 $f(n) = m$。根据定义 5.3.17 可知 $T \vdash \phi(\bar{n}, \bar{m})$, 而根据定义 5.3.24 也可得 $T \vdash \phi(\bar{n}, \bar{m})$: 二者没区别。

- ($\Leftarrow$) 定义 5.3.17 等价于 $T \vdash \forall y \in \mathbb{N}(y \not\simeq \overline{f(n)} \rightarrow \neg\phi(\bar{n}, y))$, 而定义 5.3.24 等价于 $T \vdash \forall y(y \not\simeq \overline{f(n)} \rightarrow \neg\phi(\bar{n}, y))$: 显然后者更强。

这就是说, 如果 ϕ 表示函数 f, 那么它也表示关系 G_f; 反之, 如果 ϕ 表示关系 G_f, 那么它不一定表示函数 f。

现在举例对后者进行说明。设 T 是包含 RA 的理论, $0(x) = 0$, $G_0 = \{(x, 0) \mid x \in \mathbb{N}\}$。易知 $y \dotdiv y \simeq y$ 表示关系 G_0, 但是由 RA $\nvdash \forall y(y \not\simeq \bar{0} \rightarrow y \dotdiv y \not\simeq y)$(详见评注 5.3.2 (2))可知 $y \dotdiv y \simeq y$ 不表示函数 $0(x)$。

尽管如此, 推论 5.3.31 会证明 f 是可表示的当且仅当 G_f 是可表示的。 □

下面给出一个下文会用到的技术性引理。

引理 5.3.26. 设 T 是包含 RA 的、一致的理论, $R(n_0, \cdots, n_{r-1}), f_i(\vec{x})\, (i < r), g(y_0, \cdots, y_{k-1}), h(z_0, \cdots, z_{l-1})$ 在 T 中分别由 $\phi(\vec{x}), \psi_i(\vec{x}, y_i), \alpha(\vec{x}, y), \beta(\vec{x}, y)$ 表示。则

(1) 关系 $S = R(f_0, \cdots, f_{r-1})$ 在 T 中是可表示的;

(2) 关系 $P = \{(\vec{m}) \mid f_0(\vec{m}) = f_1(\vec{m})\}$ 在 T 中是可表示的;

(3) 关系 $Q = \{(\vec{u}, \vec{v}) \mid g(\vec{u}) = h(\vec{v})\}$ 在 T 中是可表示的。

证明: (1) 只需证 $\theta(\vec{x}) \triangleq \exists y_0 \cdots \exists y_{r-1}[\phi(y_0, \cdots, y_{r-1}) \wedge \bigwedge_{i<r} \psi_i(\vec{x}, y_i)]$ 表示 S。不妨固定某个来自 $\mathbb{N}$ 的 $\vec{m}$, 并且任给 $i < r$ 都令 $n_i = f_i(\vec{m})$。

- 如果 $S(\vec{m})$ 成立, 那么 $R(n_0, \cdots, n_{r-1})$ 也成立, 因而 $T \vdash \phi(\overline{n_0}, \cdots, \overline{n_{r-1}})$。又由于 $f_i(\vec{x})\, (i < r)$ 由 $\psi_i(\vec{x}, y_i)$ 表示, 所以 $T \vdash \forall y_i[\psi_i(\vec{m}, y_i) \leftrightarrow y_i \simeq \overline{f(\vec{m})}]$。又由于 $n_i = f_i(\vec{m})$, 因而根据引理 5.3.7 (4) 可得 $\overline{n_i} \simeq \overline{f(\vec{m})}$, 所以 $T \vdash \bigwedge_{i<r} \psi_i(\vec{m}, \overline{n_i})$。因此 $T \vdash \phi(\overline{n_0}, \cdots, \overline{n_{r-1}}) \wedge \bigwedge_{i<r} \psi_i(\vec{m}, \overline{n_i})$, 从而 $T \vdash \exists y_0 \cdots \exists y_{r-1}[\phi(y_0, \cdots, y_{r-1}) \wedge \bigwedge_{i<r} \psi_i(\vec{m}, y_i)]$, 即 $T \vdash \theta(\vec{m})$。

- 如果 $\neg S(\vec{m})$ 成立，那么 $\neg R(n_0, \cdots, n_{r-1})$ 也成立，因而 $T \vdash \neg\phi(\overline{n_0}, \cdots, \overline{n_{r-1}})$。又由于 $T \vdash \forall y_i[\psi_i(\vec{m}, y_i) \leftrightarrow y_i \simeq \overline{f(\vec{m})}]$，因而 $\bigwedge_{i<r} \psi_i(\vec{m}, \overline{n_i}) \vdash \bigwedge_{i<r} y_i \simeq \overline{n_i} \vdash \neg\phi(y_0, \cdots, y_{r-1})$ 可得①。因此 $T \vdash \forall y_0 \cdots \forall y_{r-1}[\bigwedge_{i<r} \psi_i(\vec{m}, \overline{n_i}) \to \neg\phi(y_0, \cdots, y_{r-1})]$，即 $T \vdash \neg\theta(\vec{m})$。

(2) 令 $S(n_0, n_1) = \{(n_0, n_1) \mid n_0 = n_1\}$。易知 S 由 $x \simeq y$ 表示且 $P = S(f_0, f_1)$。因此由 (1) 可知 P 在 T 中是可表示的。

(3) 令 $g'(\vec{y}, \vec{z}) = g(\vec{y})$ 且 $h'(\vec{y}, \vec{z}) = h(\vec{z})$。易知 g' 和 h' 分别由 $\alpha(\vec{x}, y), \beta(\vec{x}, y)$ 表示。又由于 $Q = \{(\vec{u}, \vec{v}) \mid g'(\vec{u}, \vec{v}) = h'(\vec{u}, \vec{v})\}$，因此根据 (2) 可知 Q 在 T 中是可表示的。 □

可计算关系的可表示性

现在着手证明所有的递归函数都是可表示的，从而推出所有的可计算关系都是可表示的。根据递归函数类的定义，分四步进行证明。

第一步是证明所有的初始函数都是可表示的。

引理 5.3.27. 设 T 是包含 RA 的、一致的理论，$\tau(x_0, \cdots, x_{k-1})$ 是项。令

$$f_\tau(n_0, \cdots, n_{k-1}) \triangleq \tau(\overline{n_0}, \cdots, \overline{n_{k-1}})^{\mathcal{N}}。$$

则 f_τ 在 T 中由 $y \simeq \tau(x_0, \cdots, x_{k-1})$ 表示。特殊地，零值函数、后继函数、投影函数、常数函数、加法函数和乘法函数在 T 中都是可表示的。

证明： 由于通过施归纳于 τ 可证任给 $n_0, \cdots, n_{k-1} \in \mathbb{N}$ 都有

$$T \vdash \tau(\overline{n_0}, \cdots, \overline{n_{k-1}}) \simeq \overline{f_\tau(n_0, \cdots, n_{k-1})}，$$

所以 $n_0, \cdots, n_{k-1} \in \mathbb{N}$ 都有

$$T \vdash \forall y[y \simeq \tau(\overline{n_0}, \cdots, \overline{n_{k-1}}) \leftrightarrow y \simeq \overline{f_\tau(n_0, \cdots, n_{k-1})}]。$$ □

第二步是证明可表示函数类对函数的复合封闭。

引理 5.3.28. 设 T 是包含 RA 的、一致的理论。如果 r 元函数 $g(y_0, \cdots, y_{r-1})$，k 元函数 $h_0(\vec{x}), \cdots, h_r(\vec{x})$ 在 T 中都是可表示的，那么复合函数 $f = g(h_0, \cdots, h_{r-1})$ 在 T 中也是可表示的。

证明： 不妨假设，任给 $i < r$ 都有 $\theta_i(\vec{x}, y_i)$ 表示函数 $h_i(\vec{x})$，且 $\psi(y_0, \cdots, y_{r-1}, z)$ 表示

函数 $g(y_0, \cdots, y_{r-1})$。那么任给 $i < r$ 和 $\vec{m} \in \mathbb{N}^k$ 都有

$$T \vdash \forall y[\theta_i(\overrightarrow{m}, y_i) \leftrightarrow y_i \simeq \overline{h_i(\overrightarrow{m})}], \tag{5.3.1}$$

且任给 $n_0, \cdots, n_{r-1} \in \mathbb{N}$ 都有

$$T \vdash \forall z[\psi(\overline{n_0}, \cdots, \overline{n_{r-1}}, z) \leftrightarrow z \simeq \overline{g(n_0, \cdots, n_{r-1})}]. \tag{5.3.2}$$

令

$$\phi(\vec{x}, z) \triangleq \forall y_0 \cdots \forall y_{r-1} \left(\bigwedge_{i<r} \theta_i(\vec{x}, y_i) \to \psi(y_0, \cdots, y_{r-1}, z) \right),$$

接下来只需证：任给 $\vec{m} \in \mathbb{N}^k$ 都有 $T \vdash \forall z[\phi(\overrightarrow{m}, z) \leftrightarrow z \simeq \overline{f(\overrightarrow{m})}]$。

- $(\to)$ 只需证 $\phi(\overrightarrow{m}, z) \vdash_T z \simeq \overline{f(\overrightarrow{m})}$，而这由 (5.3.1) 和 (5.3.2) 的 $(\to)$ 易得。
- $(\leftarrow)$ 只需证 $\bigwedge_{i<r} \theta_i(\overrightarrow{m}, y_i) \vdash_T \psi(y_0, \cdots, y_{r-1}, \overline{f(\overrightarrow{m})})$，而这由 (5.3.1) 的 $(\to)$ 和 (5.3.2) 的 $(\leftarrow)$ 易得。 □

第三步是证明可表示函数类对函数的正则极小算子封闭。

引理 5.3.29. 设 T 是包含 RA 的、一致的理论，R 是 $\mathbb{N}$ 上的 $k+1$ 元关系使得任给 $\vec{a}$ 都存在 b 满足 $R(\vec{a}, b)$，$\phi(\vec{x}, y)$ 在 T 中表示 R。则 $\psi(\vec{x}, y) = \phi(\vec{x}, y) \wedge \forall z < y \neg \phi(\vec{x}, z)$ 在 T 中表示 $f: \vec{a} \mapsto \mu b R(\vec{a}, b)$。

证明： 只需证任给 $\vec{a}$ 都有 $T \vdash \forall y[\psi(\vec{a}, y) \leftrightarrow y \simeq \overline{f(\vec{a})}]$，分两个方向证明。

$(\to)$ 只需证 $\psi(\vec{a}, y) \vdash_T y \simeq \overline{f(\vec{a})}$。给定 $\psi(\vec{a}, y)$。

- $\overline{f(\vec{a})} \not< y$。反证法。假设 $\overline{f(\vec{a})} < y$，那么根据 f 定义可得 $R(\vec{a}, f(\vec{a}))$。又由于 $\phi(\vec{x}, y)$ 表示 R，因而 $\phi(\vec{a}, \overline{f(\vec{a})})$，所以 $\exists z < y \phi(\vec{a}, z)$，与 $\psi(\vec{a}, y)$ 矛盾。
- $y \not< \overline{f(\vec{a})}$。反证法。假设 $y < \overline{f(\vec{a})}$，那么根据引理 5.3.7 (6)可知对某个 $n < f(\vec{a})$ 有 $y \simeq \bar{n}$。由于 $n < f(\vec{a})$，根据 f 定义可得 $\neg R(\vec{a}, n)$。又由于 $\phi(\vec{x}, y)$ 表示 R，因而 $\neg \phi(\vec{a}, \bar{n})$，即 $\neg \phi(\vec{a}, y)$，与 $\psi(\vec{a}, y)$ 矛盾。

又根据引理 5.3.7 (7) 可知 $y \leq \overline{f(\vec{a})} \vee \overline{f(\vec{a})} \leq y$，因此 $y \simeq \overline{f(\vec{a})}$。

$(\leftarrow)$ 只需证 $y \simeq \overline{f(\vec{a})} \vdash \psi(\vec{a}, y)$。给定 $y \simeq \overline{f(\vec{a})}$。

- $\phi(\vec{a}, y)$。这是因为 $y \simeq \overline{f(\vec{a})}$ 且 $\phi(\vec{x}, y)$ 表示 R。
- $\forall z < y(\neg \phi(\vec{x}, z))$。给定某个 $z < y \simeq \overline{f(\vec{a})}$。那么根据引理 5.3.7 (6) 可知对某个 $c < f(\vec{a})$ 有 $z \simeq \bar{c}$。由于 $c < f(\vec{a})$，根据 f 定义可得 $\neg R(\vec{a}, c)$。又由于 $\phi(\vec{x}, y)$ 表示 R，因而 $\neg \phi(\vec{a}, \bar{c})$，即 $\neg \phi(\vec{a}, z)$。

因此 $y \simeq \overline{f(\vec{a})} \vdash \psi(\vec{a}, y)$。 □

推论 5.3.30. 设 T 是包含 RA 的、一致的理论，$g(\vec{x}, y)$ 是全函数且任给 $\vec{x}$ 都存在 y 使得 $g(\vec{x}, y) = 0$。如果 $g(\vec{x}, y)$ 在 T 中是可表示的，那么 $f(\vec{x}) \triangleq \mu y(g(\vec{x}, y) = 0)$ 在 T 中也是可表示的。

证明： 设 $\phi(\vec{x}, y, z)$ 表示函数 g。令 $R \triangleq g(\vec{x}, y) = 0$，则 $\phi(\vec{x}, y, \bar{0})$ 表示 R。再根据引理 5.3.29 可知 $\phi(\vec{x}, y, \bar{0}) \wedge \forall z < y \neg \phi(\vec{x}, z, \bar{0})$ 表示 $f : \vec{x} \mapsto \mu y(g(\vec{x}, y) = 0)$。　□

推论 5.3.31. 设 T 是包含 RA 的理论。则函数 f 在 T 中是可表示的当且仅当其对应关系 G_f 在 T 中是可表示的。

证明： $(\Rightarrow)$ 由评注 5.3.25 可得。只需证 $(\Leftarrow)$：假如 $\phi(\vec{x}, y)$ 表示 G_f，则根据引理 5.3.29 可知 $\phi(\vec{x}, y) \wedge \forall z < y \phi(\vec{x}, z)$ 表示 $\vec{a} \mapsto \mu b G_f(\vec{a}, b)$，即函数 f。　□

第四步是证明可表示函数类对原始递归封闭。先对其难点略做分析。

假设 $f(\vec{x}, y)$ 是由 $g(\vec{x})$ 和 $h(\vec{x}, y, z)$ 通过原始递归定义而来的，即 $f(\vec{x}, 0) = g(\vec{x})$ 且 $f(\vec{x}, n+1) = h(\vec{x}, n, f(\vec{x}, n))$。为论证其合理性，通常需要给 $f(\vec{x}, n) = m$ 一个显定义：存在一个长度为 $n+1$ 的有穷序列（的编码）t 使得 $(t)_0 = g(\vec{x})$，任给 $i < n$ 都有 $(t)_{i+1} = h(\vec{x}, i, (t)_i)$ 且 $(t)_n = m$。

在该过程中，通常用函数 x^y 和 p_n 进行编码，但是这两个函数也是通过原始递归定义的，因而借其论证原始递归函数的可表示性无异于循环论证。"与上帝通话后"[①]，哥德尔利用中国剩余定理（Chinese Reminder theorem）精妙地解决了这个难题。诚如下文所示，哥德尔只用了可表示的 $+$ 和 $\times$ 替代 x^y 和 p_n 进行编码。

在完成第四步之前需要证明几个技术性的引理。

引理 5.3.32（欧几里德）. 设 a, b 是互素的非零自然数。则存在自然数 x, y 使得 $xa + 1 = yb$。

证明： 施强归纳于 $s = a + b$。

- $s = 2$，即 $a = b = 1$。此时令 $x = 0, y = 1$ 即可。
- 假设结论在 $a + b < s$ 时都成立，证明结论在 $a + b = s$ 时也成立。设 $a + b = s$ 且 a, b 是互素的非零自然数。显然 $a \neq b$，不妨进一步假设 $a > b$。由于 $(a - b) + b < s$ 且易知 $a - b, b$ 是互素非零的自然数，因而根据归纳假设可知存在自然数 x, y 使得 $x(a - b) + 1 = yb$，从而 $xa + 1 = (x + y)b$，因此结论在 $a + b = s$ 时成立。　□

定理 5.3.33（中国剩余）. 设 $d_0, \cdots, d_n$ 是两两互素的自然数，$a_0, \cdots, a_n$ 是满足任给 $i \leq n$

[①] 莫斯托夫斯基之语，详见 [190，第 243 页]。

都有 $a_i < d_i$ 的自然数。则存在自然数 c 使得任给 $i \leq n$ 都有 $\text{rem}(c, d_i) = a_i$，即 $\frac{c}{d_i}$ 的余数是 a_i。

证明： 施归纳于 n。

- $n = 0$。令 $c = a_0$。

- $n = k + 1$。假设对于 $n = k$ 存在 b 使得任给 $i \leq k$ 都有 $\text{rem}(b, d_i) = a_i$ 成立，只需对于 $n = k + 1$ 找到合适的 c。

  - 令 d 是 $d_0, \cdots, d_k$ 的最小公倍数，易知 d 和 d_{k+1} 互素。不妨假设 $d < d_{k+1}$。

  - 先找到 $r, s \in \mathbb{Z}$ 使得 $(r + a_{k+1})d + b = sd_{k+1} + a_{k+1}$。根据欧几里德引理 5.3.32 可知，存在 $x, y \in \mathbb{N}$ 使得 $xd + 1 = yd_{k+1}$。两边同乘以 $a_{k+1}(d-1) + b$ 可得：

  $$(a_{k+1}(d-1) + b)xd + (a_{k+1}(d-1) + b) = (a_{k+1}(d-1) + b)yd_{k+1},$$

  再令 $r = (a_{k+1}(d-1) + b)x$ 且 $s = (a_{k+1}(d-1) + b)y$，可得 $rd + (a_{k+1}(d-1) + b) = sd_{k+1}$。最后移项即可得 $(r + a_{k+1})d + b = sd_{k+1} + a_{k+1}$。

  - 现在令 $z = (r + a_{k+1})d + b = sd_{k+1} + a_{k+1}$。显然，如果 $i \leq k$，那么 $z = (r + a_{k+1})d + b \equiv_{d_i} b \equiv_{d_i} a_i$；如果 $i = k + 1$，那么 $z = sd_{k+1} + a_{k+1} \equiv_{d_{k+1}} a_{k+1}$。

  - 最后求出 c。设 d' 为 $d_0, \cdots, d_{k+1}$ 的最小公倍数，则 $\text{rem}(c, d_i) = a_i$ 的解具有周期 d'，因而必然存在 u 使得 $z + ud'$ 非负。令 $c = z + ud'$。 $\square$

为编码有穷序列 $\langle a_0, \cdots, a_n \rangle$，需要找到足够大的且两两互素的自然数 $d_0, \cdots, d_n$，而如下引理给出了办法。

引理 5.3.34. 任给 $s \geq 0$，都有 $1 + c \cdot s!, 1 + 2 \cdot s!, \cdots, 1 + (1 + s)s!$ 两两互素。

证明： 反证法。假设存在 $i, j \leq s$ 使得 $1 + (i+1)s!$ 和 $1 + (j+1)s!$ 不互素，则等价地，存在一个素数 p 使得 $p \mid 1 + (i+1)s!$ 和 $p \mid 1 + (j+1)s!$。因而 $p \mid (j-i)s!$，从而 $p \mid (j-i)$ 或 $p \mid s!$。由于 $j - i \leq s$，所以无论哪一种情形都有 $p \mid s!$。又因为 $p \mid 1 + (i+1)s!$，因此有 $p \mid 1$，矛盾！ $\square$

引理 5.3.35. 设 T 是包含 RA 的理论，并定义 $\alpha : \mathbb{N}^3 \to \mathbb{N}$ 为

$$\alpha(c, d, i) \triangleq \text{rem}(c, 1 + (i+1)d)。$$

则 α 在 T 中是可表示的。

证明： 由于 $\alpha(c, d, i) = \text{rem}(c, 1 + (i+1)d) = \mu r[\exists q \leq c(c = q(1 + (1+i)d) + r)]$，所以根据推论 5.3.19、引理 5.3.23 和引理 5.3.29 可得结论。 $\square$

任给 $a_0, \cdots, a_n$，现在证明存在自然数 c, d 使得任给 $i \leq n$ 都有 $\alpha(c, d, i) = a_i$：任给

$a_0, \cdots, a_n$，令 $s = \max\{n, a_0, \cdots, a_n\}$，$d = s!$，$d_i = 1 + (1+i)d$，并令 c 是使得任给 $i \leq n$ 都有 $\mathrm{rem}(c, d_i) = a_i$ 的自然数。进一步，可以将 c 和 d 用二元编码函数 π 压缩成一个数。

引理 5.3.36. 设 T 是包含 RA 的、一致的理论，并定义 π, π_1, π_2 如下：

$$\pi(c, d) \triangleq \frac{1}{2}(c + d)(c + d + 1) + c;$$

$$\pi_1(s) \triangleq \mu c[\exists y \leq s(\pi(c, d) = s)];$$

$$\pi_2(s) \triangleq \mu d[\exists c \leq s(\pi(c, d) = s)].$$

则 π, π_1, π_2 在 T 中是可表示的。

证明： (1) 由推论 5.3.19 可知 G_π 由某个 Δ_0 公式表示，再根据推论 5.3.31 可知 π 在 T 中可表示。

(2) 由推论 5.3.19 可知关系 $\pi(c, d) = s$ 由某个 Δ_0 公式表示，因而根据引理 5.3.23 可知 $\exists d \leq s(\pi(c, d) = s)$ 是可表示的，再根据推论 5.3.31 可知 π_1 也是可表示的。

(3) 类似 (2) 可证 π_2 是可表示的。 □

引理 5.3.37（哥德尔 β 函数）. 设 T 是包含 RA 的、一致的理论，令函数

$$\beta(s, i) \triangleq \alpha(\pi_1(s), \pi_2(s), i)。$$

则 β 在 T 中是可表示的。并且，任给 $a_0, \cdots, a_n$，都存在自然数 t 使得任给 $i \leq n$ 都有 $\beta(t, i) = a_i$。

证明： (1) 根据引理 5.3.28、5.3.35 和 5.3.36 可知 β 是可表示的。

(2) 任给 $a_0, \cdots, a_n$，令 $s = \max\{n, a_0, \cdots, a_n\}$，$d = s!$，$d_i = 1 + (1+i)s!$，并令 c 是使得任给 $i \leq n$ 都有 $\mathrm{rem}(c, d_i) = a_i$ 的自然数。最后令 $t = \pi(c, d)$。容易验证任给 $i \leq n$ 都有 $\beta(t, i) = a_i$。 □

评注 5.3.38. 一个有穷序列最关键的是它的信息，即每个位置的值。不难看出，rem 函数的作用是借助 d_i 将具体信息编码成一个数 c；α 函数的作用是将 d_i 压缩成一个数 d；π 函数的作用是将 c 和 d 进一步压缩成一个数 t，而 β 函数则是 rem 函数通过 α 和 π 优化的结果。另外，容易验证 β 函数的定义只使用了可表示的 + 函数和 × 函数。 □

经过大量的准备工作，现在终于可以完成第四步的证明了。

引理 5.3.39. 设 T 是包含 RA 的、一致的理论。如果全函数 $g(\vec{x})$ 和 $h(\vec{x}, y, z)$ 在 T 中是可表示的，那么由 g 和 h 通过原始递归定义的 f 在 T 中也是可表示的。

证明： 假设 f 定义如下：$f(\vec{x}, 0) = g(\vec{x})$ 且 $f(\vec{x}, n+1) = h(\vec{x}, n, f(\vec{x}, n))$。令

$$R(\vec{m}, n, t) \triangleq \beta(t, 0) = g(\vec{m}) \wedge \forall i < n[\beta(t, i+1) = h(\vec{m}, i, \beta(t, i))]。$$

则根据引理 5.3.23、5.3.26 (3)、5.3.37 和评注 5.3.18 (4) 可知 R 是可表示的。

令 $F(\vec{m}, n) \triangleq \mu t R(\vec{m}, n, t)$。由于根据引理 5.3.37 可知，任给 $\vec{m}, n$ 都存在 t 使得 $R(\vec{m}, n, t)$，再根据引理 5.3.29 可知 $F(\vec{m}, n)$ 是可表示的，最后根据引理 5.3.37 可知 $f(\vec{m}, n) = \beta(F(\vec{m}, n), n)$ 也是可表示的。□

可表示性定理

现在可以着手证明本节最重要的定理了。

定理 5.3.40（可表示性）. 设 T 是包含 RA 的、一致的理论。任给递归函数 f，f 在 T 中都是可表示的且 Δ_1 的。因而所有的可计算关系在 T 中都是可表示的且 Δ_1 的。

证明： (1) 上文中已经证明所有的递归函数都是可表示的，仔细检查整个证明过程不难发现它们都是 Σ_1 的，而如下断言表明它们都是 Δ_1 的。

断言 5.3.41. 如果函数 f 是 Σ_1 的，那么它也是 Π_1 的。

断言的证明： 如果 Σ_1 公式 $\phi(\vec{x}, y)$（z 不是自由变元）表示 f，那么易知 Π_1 公式 $\forall z (\phi(\vec{x}, z) \to z \simeq y)$ 也表示 f。□

(2) 先证一个断言。

断言 5.3.42. R 在 T 中是可表示的当且仅当其特征函数 χ_R 在 T 中是可表示的。

断言的证明： ($\Rightarrow$) 假设 R 由 $\phi(\vec{x})$ 表示，那么任给 $\vec{m}$ 都有 $\vec{m} \in R \Rightarrow T \vdash \phi(\vec{m})$ 和 $\vec{m} \notin R \Rightarrow T \vdash \neg\phi(\vec{m})$。令 $\psi(\vec{x}, y) \triangleq (\phi(\vec{x}) \wedge y \simeq \bar{1}) \vee (\neg\phi(\vec{x}) \wedge y \simeq \bar{0})$，容易验证 $\psi(\vec{x}, y)$ 表示 χ_R。

($\Leftarrow$) 假设 χ_R 由公式 $\phi(\vec{x}, y)$ 表示，容易验证 R 由 $\phi(\vec{x}, \bar{1})$ 或 $\neg\phi(\vec{x}, \bar{0})$ 表示。□

任给可计算关系 R，则 χ_R 是递归的。根据 (1) 可知 χ_R 是可表示的，再根据断言 5.3.42 和 (1) 可知 R 是可表示的且 Δ_1 的。□

评注 5.3.43. 1931 年，哥德尔只证明了所有原始递归函数是可表示的[①]，但是这里证明了所有递归函数都是可表示的。这主要是因为，如本书第 223 页所述，对"可计算性"概念的彻底澄清最早是在 1936 年，当时有 4 种等价的可计算性概念被提出来。□

---

① 详见 [80]。

下面的推论说明，可计算与可表示性是等价的，其复杂度都是 Δ_1 的。

推论 5.3.44. 设 R 是 $\mathbb{N}$ 上的 k 元关系，T 是包含 RA 的、可计算公理化的、一致的理论。则如下命题等价：

(1) R 是 Δ_1 的；

(2) R 是可计算的；

(3) R 是可表示的。

证明： 评注 5.3.18 (3) 和定理 5.3.40 分别已证 (3) $\Rightarrow$ (2) 和 (2) $\Rightarrow$ (1)，而 (1) $\Rightarrow$ (3) 是显然的。 □

5.3.3 算术化

不难看出，选择一阶算术语言 $\mathscr{L}_1$ 作为形式语言的主要目的是形式化地谈论自然数的性质，比如语句 $\forall x(\bar{5} \not\simeq (\bar{2} \bar{\times} x \bar{\mp} \overline{21}))$ 谈论了 5 和 21 的性质。乍看，用算术语言谈论自身的语法或语义或一阶算术公理系统的形式证明，比如 "$\bar{S}$ 不是变元"，似乎超出了算术语言的能力，但是哥德尔借助哥德尔编码表明算术语言完全可以做到这点。

初始符号的算术化

首先用哥德尔编码的方式把算术语言的初始符号进行算术化。

定义 5.3.45（哥德尔编码）. 将算术语言 $\mathscr{L}_1$ 的所有初始符号都赋值成自然数。

符号 ζ	$\forall$	$\bar{0}$	$\bar{S}$	$\bar{\mp}$	$\bar{\times}$	(	)	$\neg$	$\rightarrow$	$\simeq$	x_0	x_1	x_2	$\cdots$
哥德尔编码 $\#\zeta$	1	3	5	7	9	11	13	15	17	19	21	23	25	$\cdots$

然后，令符号串 $\xi = \zeta_0 \cdots \zeta_n$ 的哥德尔编码为

$$\#\xi = \langle \#\zeta_0, \cdots, \#\zeta_n \rangle = p_0^{1+\#\zeta_0} \cdots p_n^{1+\#\zeta_n}。$$

特殊地，将空符号串 $\langle \rangle$ 的哥德尔编码规定为 1，即 $\langle \rangle = 1$。 □

评注 5.3.46. (1) 下文编码算术项时会将其视为有穷序列，从而保证所有算术项的编码都将是偶数。因此，上述编码方式十分便于区分 $\bar{0}$ 是符号还是项：3 意指 $\bar{0}$ 是符号，而 2^4 意指 $\bar{0}$ 是项。

(2) 也可以令 $\#\xi = \langle\#\zeta_0,\cdots,\#\zeta_n\rangle = p_0{}^{\#\zeta_0}\cdots p_n{}^{\#\zeta_n}$，因为没有任何初始符号被赋值为 0。实际上，不论采取何种编码方式，只要其编码和解码方式都是可计算的，就是可行的，这一点遍查哥德尔不完全性定理的证明过程便知。

(3) 由于编码都是在标准算术模型而非算术公理系统中进行的，所以编码时使用 x^y 和 p_n 这样的原始递归函数并不会导致任何问题。 $\quad\square$

基本语法的算术化

本子节所关注的语法概念都有可以借助哥德尔编码转换为自然数的某个原始递归子集（除证明转化为可计算子集、可证性转化为可计算枚举子集外），从而都是可表示的。为便于表述，用 $\#\cdots$ 表示算术化后的 $\cdots$，比如，用"#变元"表示算术化后的"变元"。同时用"x 是 #变元"表示"$x \in$ #变元"，虽然前者不是十分规范，但是更加直观。另外，在证明这些转换后的自然数子集是原始递归集时，常用的办法是给其一个原始递归的定义，这是由定义 5.2.40、引理 5.2.43 和引理 5.2.46 保证的。

首先算术化变元、数项、项、原子公式、公式、否定公式、合取公式、全称公式等最基本的语法概念。

引理 5.3.47. $\{x \in \mathbb{N} \mid x \text{ 是 #变元}\}$ 是原始递归的。

证明： 令 $V = \{x \in \mathbb{N} \mid \text{对某个 } k \in \mathbb{N} \text{ 有 } x = 2k+21\}$。由于关系 $R(x,k) \triangleq x = 2k+21$ 是原始递归的，因而 V 也是原始递归的。 $\quad\square$

评注 5.3.48. 哥德尔编码的实质是在标准算术模型 $\mathcal{N}$ 中创建变元的镜像，比如，21 是 x_0 的镜像。在元数学层面，$\bar{S}$ 不是变元；而在 $\mathcal{N}$ 中，算术语句 $\forall x(\bar{5} \not\simeq (\bar{2} \bar{\times} x \bar{\mp} \overline{21}))$ 表达这种涵义。这意味着，算术语句 $\forall x(\bar{5} \not\simeq (\bar{2} \bar{\times} x \bar{\mp} \overline{21}))$ 不仅在谈论 5 和 21 的相关性质，而且在谈论算术语言 $\mathscr{L}_1$ 的语法性质。 $\quad\square$

引理 5.3.49. $\{m \in \mathbb{N} \mid m \text{ 是 #数项}\}$ 是原始递归的。

证明： 如下原始递归地定义函数 $f(n) = \#\bar{n} = \#\bar{S}^n\bar{0}$。

$$f(0) = \langle\#\bar{0}\rangle;$$
$$f(n+1) = \langle\#\bar{S}\rangle^\frown f(n)。$$

因而 f 是原始递归的，从而关系 $R(m) \triangleq \exists x < m(f(x) = m)$ 是原始递归的。又因为 $R(m)$ 意指 m 是某个数项的编码，所以引理中的集合是原始递归的。 $\quad\square$

引理 5.3.50. $\{\tau \in \mathbb{N} \mid \tau \text{ 是 #项}\}$ 是原始递归的。

证明：　只需给出 τ 的原始递归定义。

- $\exists \sigma \leq \tau (\tau = \sigma)$，其中 σ 是一个 #变元 或 σ 是 $\#\bar{0}$；
- $\exists \sigma < \tau (\tau = \langle \#\bar{S} \rangle^\frown \sigma)$，其中 σ 是 #项；
- $\exists \sigma < \tau (\tau = \sigma^\frown \langle \#\bar{+} \rangle^\frown \tau)$，其中 σ, τ 是 #项；
- $\exists \sigma < \tau (\tau = \sigma^\frown \langle \#\bar{\times} \rangle^\frown \tau)$，其中 σ, τ 是 #项。　　$\square$

评注 5.3.51.　在引理 5.3.50 中，给定项 $\bar{S}\bar{S}\bar{0}$，它的哥德尔编码为 $\langle \#\bar{S}, \#\bar{S}, \#\bar{0} \rangle = 2^6 3^6 5^4$ 而非 $\langle \#\bar{S}, \langle \#\bar{S}, \#\bar{0} \rangle \rangle = 2^6 3^{1 + \langle \#\bar{S}, \#\bar{0} \rangle} = 2^6 3^{1 + 2^6 3^4}$。　　$\square$

　　类似于引理 5.3.50 有引理 5.3.52 和 5.3.53。

引理 5.3.52.　$\{\phi \in \mathbb{N} \mid \phi$ 是 #原子公式$\}$ 是原始递归的。　　$\square$

引理 5.3.53.　$\{\phi \in \mathbb{N} \mid \phi$ 是 #公式$\}$ 是原始递归的。　　$\square$

引理 5.3.54.　$\{\phi \in \mathbb{N} \mid \phi$ 是 #否定公式$\}$ 是原始递归的。

证明：　不难看出，

$$\phi \text{ 是 #否定公式 当且仅当 } \exists \psi < \phi \big(\phi = \langle \#\neg \rangle^\frown \langle \psi \rangle \wedge \psi \text{ 是 #公式} \big)。$$　$\square$

引理 5.3.55.　$\{\phi \in \mathbb{N} \mid \phi$ 是 #合取公式$\}$ 是原始递归的。

证明：　不难看出，

$$\phi \text{ 是 #合取公式 当且仅当 } \exists \psi < \phi \exists \theta < \phi \big(\phi = \langle \psi \rangle^\frown \langle \# \rightarrow \rangle^\frown \langle \theta \rangle \wedge \psi, \theta \text{ 是 #公式} \big)。$$　$\square$

引理 5.3.56.　$\{\phi \in \mathbb{N} \mid \phi$ 是 #全称公式$\}$ 是原始递归的。

证明：　不难看出，

$$\phi \text{ 是 #全称公式 当且仅当 } \exists y < \phi \exists \psi < \phi \left(\begin{array}{l} \phi = \langle \#\forall \rangle^\frown \langle y \rangle^\frown \langle \psi \rangle \wedge \\ y \text{ 是 #变元 } \wedge \psi \text{ 是 #公式} \end{array} \right)。$$　$\square$

　　接下来算术化代入、自由变元、语句、自由代入、全称概括等概念。

引理 5.3.57.　存在一个原始递归的代入函数 sub，使得任给 #项 或 #公式 ϕ、#变元 x、#项 τ 都有 $\mathrm{sub}(\phi, x, \tau) = \phi(x; \tau)$。

证明： 同样只给出一个 $\phi(x;\tau)$ 的原始递归定义。

$$\phi(x;\tau) = \begin{cases} \tau & \phi = x, \\ \langle\#\bar{S}\rangle\hat{\,}\langle\sigma(x;\tau)\rangle & \phi = \langle\#\bar{S}\rangle\hat{\,}\langle\sigma\rangle \text{ 且 } \sigma \text{ 是 \#项}, \\ \langle\sigma_0(x;\tau)\rangle\hat{\,}\langle\#\bar{+}\rangle\hat{\,}\langle\sigma_1(x;\tau)\rangle & \phi = \langle\sigma_0\rangle\hat{\,}\langle\#\bar{+}\rangle\hat{\,}\langle\sigma_1\rangle \text{ 且 } \sigma_0,\sigma_1 \text{ 是 \#项}, \\ \langle\sigma_0(x;\tau)\rangle\hat{\,}\langle\#\bar{\times}\rangle\hat{\,}\langle\sigma_1(x;\tau)\rangle & \phi = \langle\sigma_0\rangle\hat{\,}\langle\#\bar{\times}\rangle\hat{\,}\langle\sigma_1\rangle \text{ 且 } \sigma_0,\sigma_1 \text{ 是 \#项}, \\ \langle\sigma_0(x;\tau)\rangle\hat{\,}\langle\#\simeq\rangle\hat{\,}\langle\sigma_1(x;\tau)\rangle & \phi = \langle\sigma_0\rangle\hat{\,}\langle\#\simeq\rangle\hat{\,}\langle\sigma_1\rangle \text{ 且 } \sigma_0,\sigma_1 \text{ 是 \#项}, \\ \langle\#\neg\rangle\hat{\,}\langle\psi(x;\tau)\rangle & \phi = \langle\#\neg\rangle\hat{\,}\langle\psi\rangle \text{ 且 } \psi \text{ 是 \#公式}, \\ \langle\psi(x;\tau)\rangle\hat{\,}\langle\#\to\rangle\hat{\,}\langle\theta(x;\tau)\rangle & \phi = \langle\#\psi\rangle\hat{\,}\langle\#\to\rangle\hat{\,}\langle\theta\rangle \text{ 且 } \psi,\theta \text{ 是 \#公式}, \\ \langle\#\forall,y\rangle\hat{\,}\langle\psi(x;\tau)\rangle & \phi = \langle\#\forall,y\rangle\hat{\,}\langle\psi\rangle, \\ & y \neq x,\ y \text{ 是 \#变元 且 } \psi \text{ 是 \#公式}, \\ \#\phi & \text{否则}. \end{cases}$$

这就完成了证明。 □

引理 5.3.58. 定义关系 $R \subseteq \mathbb{N}^2$ 为：

$$\{(x,\phi) \in \mathbb{N}^2 \mid x \text{ 是 } \phi \text{ 的一个 \#自由变元}\}。$$

则 R 是原始递归的。

证明： 不难看出，

$$(x,\phi) \in R \text{ 当且仅当 } \begin{pmatrix} x \text{ 是 \#变元 } \wedge\ (\phi \text{ 是 \#项 或 \#公式}) \wedge \\ \mathrm{sub}(\phi,x,\#\bar{0}) \neq \phi \end{pmatrix}。$$ □

引理 5.3.59. $\{\rho \in \mathbb{N} \mid \rho \text{ 是 \#语句}\}$ 是原始递归的。

证明： 不难看出，

$$\rho \text{ 是 \#语句 当且仅当 } \forall x < \rho \left(x \text{ 是 \#变元} \to x \text{ 不是 } \rho \text{ 的 \#自由变元} \right)。$$ □

引理 5.3.60. 定义关系 $R \subseteq \mathbb{N}^3$ 为

$$\left\{(\phi,x,\tau) \in \mathbb{N}^3 \,\middle|\, \begin{array}{l} \phi \text{ 是 \#公式 } \wedge\ x \text{ 是 \#变元} \wedge \\ \tau \text{ 是 \#项 } \wedge\ \tau \text{ 相对于 } x \text{ 在 } \phi \text{ 中是 \#自由的} \end{array}\right\}。$$

则 R 是原始递归的。

证明： 类似地，只给出 "τ 相对于 x 在 ϕ 中是 \#自由的" 的原始递归定义。

- τ 相对于 x 在 ϕ 中是 \#自由的，如果 ϕ 是 \#原子公式；

- τ 相对于 x 在 ϕ 中是 #自由的, 如果 τ 相对于 x 在 ψ 中是 #自由的, 其中 $\phi = \langle\#\neg\rangle^\wedge\langle\psi\rangle$ 且 ψ 是 #公式;

- τ 相对于 x 在 ϕ 中是 #自由的, 如果 τ 相对于 x 在 ψ 中是 #自由的 $\wedge \tau$ 相对于 x 在 θ 中是 #自由的, 其中 $\phi = \langle\# \to \rangle^\wedge\langle\psi\rangle^\wedge\langle\theta\rangle$ 且 ψ, θ 是 #公式;

- τ 相对于 x 在 ϕ 中是 #自由的, 如果 x 不是 ϕ 的一个 #自由变元 $\vee$ (y 不是 τ 的 #自由变元 $\wedge \tau$ 相对于 x 在 ψ 中是 #自由的), 其中 $\phi = \langle\#y\rangle^\wedge\langle\#\forall\rangle^\wedge\langle\psi\rangle$ 且 y 是 #变元 且 ψ 是 #公式。 □

引理 5.3.61. 定义关系 $R \subseteq \mathbb{N}^2$ 为

$$\{(\phi, \psi) \in \mathbb{N}^2 \mid \phi \text{ 是 } \psi \text{ 的 #全称概括 且 } \phi, \psi \text{ 是 #公式}\}。$$

则 R 是原始递归的。

证明: 不难看出,

$$(\phi, \psi) \in R \text{ 当且仅当 } \exists x_0 < \phi \cdots \exists x_{n-1} < \phi \left(\begin{matrix} \phi = \langle\#\forall, x_0, \cdots, \#\forall, x_n\rangle^\wedge\psi \wedge \\ x_0, \cdots, x_{n-1} \text{ 是 #变元 } \wedge \\ \psi \text{ 是 #公式} \end{matrix} \right)。 \quad □$$

公理概念的算术化

下述 10 个引理对应于一阶逻辑的 10 组公理, 可实现对公理概念的算术化。

引理 5.3.62. $\{\theta \in \mathbb{N} \mid \theta \text{ 是 #命题公理 1}\}$ 是原始递归的。 □

引理 5.3.63. $\{\theta \in \mathbb{N} \mid \theta \text{ 是 #命题公理 2}\}$ 是原始递归的。 □

引理 5.3.64. $\{\theta \in \mathbb{N} \mid \theta \text{ 是 #命题公理 3}\}$ 是原始递归的。 □

引理 5.3.65. $\{\theta \in \mathbb{N} \mid \theta \text{ 是 #代入公理}\}$ 是原始递归的。 □

引理 5.3.66. $\{\theta \in \mathbb{N} \mid \theta \text{ 是 #分配公理}\}$ 是原始递归的。 □

引理 5.3.67. $\{\theta \in \mathbb{N} \mid \theta \text{ 是 #等词公理 1}\}$ 是原始递归的。 □

引理 5.3.68. $\{\theta \in \mathbb{N} \mid \theta \text{ 是 #等词公理 2}\}$ 是原始递归的。 □

引理 5.3.69. $\{\theta \in \mathbb{N} \mid \theta \text{ 是 #等词公理 3}\}$ 是原始递归的。 □

引理 5.3.70. $\{\theta \in \mathbb{N} \mid \theta \text{ 是 #概括公理 1}\}$ 是原始递归的。 □

引理 5.3.71. $\{\theta \in \mathbb{N} \mid \theta \text{ 是 #概括公理 2}\}$ 是原始递归的。

证明梗概: 需要引理 5.3.61。 □

作为引理 5.3.62–5.3.71 的总结，有如下引理。

引理 5.3.72. $\{\theta \in \mathbb{N} \mid \theta\ 是\ \#公理\}$ 是原始递归的。 $\square$

证明概念的算术化

定义 5.3.73. 设 Γ 是公式集，T 是理论。

(1) 称 Γ 是可计算的，如果 $\#\Gamma = \{\#\phi \mid \phi \in \Gamma\}$ 是可计算的；否则，称 Γ 不是可计算的。

(2) 称 Γ 是可计算枚举的，如果 $\#\Gamma = \{\#\phi \mid \phi \in \Gamma\}$ 是可计算枚举的；否则，称 Γ 不是可计算枚举的。

(3) 称 T 是可判定的，如果 T 是递归的；否则，称 T 是不可判定的。

(4) 称 T 是可计算公理化的，如果存在一个可计算的公式集 Σ 使得 T 由 Σ 公理化；此时也称 T 由 Σ 可计算公理化。 $\square$

引理 5.3.74. T 是可计算公理化的当且仅当 T 是可计算枚举的。 $\square$

证明： 根据推论 5.3.44、评注 5.3.18 (6) 和克瑞格定理[1]可得。 $\square$

引理 5.3.75（算术化的证明与可证性）. 设 T 是由 Σ 可计算公理化的理论。令
$$\mathrm{PF}_T \triangleq \{(p, \phi) \in \mathbb{N}^2 \mid p\ 是从\ T\ 到\ \phi\ 的一个\ \#证明\},$$
$$\mathrm{PB}_T \triangleq \{\phi \in \mathbb{N} \mid \phi\ 在\ T\ 中是\ \#可证的\}.$$
则二元关系 PF_T 是可计算的，一元关系 PB_T 是可计算枚举的。

证明： (1) 由于
$$\mathrm{PF}_T(p,\phi)\ 当且仅当\ \left(\begin{matrix} p \neq 1 \ \wedge \ (p)_{\mathrm{len}(p)-1} = \phi\ \wedge \\ \forall k < \mathrm{len}(p) \left(\begin{matrix} (p)_k \in \#\Sigma \ \vee\ (p)_k\ 是\ \#公理\ \vee \\ \exists i,j < k((p)_i = (p)_j \hat{}\ \langle \# \rightarrow \rangle \hat{}\ (p)_k) \end{matrix} \right) \end{matrix} \right),$$
因而 PF_T 是可计算的。

(2) 由于 $\phi \in \mathrm{PB}_T$ 当且仅当 $\exists p\, \mathrm{PF}_T(p,\phi)$，因而 PB_T 是可计算枚举的。 $\square$

5.3.4 不完全性

有了前三个子节的准备工作，现在证明一个非常有用的引理，借助它不仅可以得出哥德尔第一不完全性定理，还可以得出下一子节的很多重要推论。

---

[1] Craig, W. L.；详见 [35, 182]。

记号 5.3.76. 设 ϕ 是项或公式。用「ϕ」表示项 $\bar{S}^{\#\phi}\bar{0}$，即

$$\ulcorner\phi\urcorner \triangleq \overline{\#\phi} = \bar{S}^{\#\phi}\bar{0}。$$

引理 5.3.77（不动点）. 设 T 是包含 RA 的理论，ϕ 是只含有自由变元 x 的公式。则存在某个语句 ρ 使得 $T \vdash \rho \leftrightarrow \phi(\ulcorner\rho\urcorner)$。其中 ρ 被称为 $\phi(x)$ 的不动点。

证明： 假设 $x_0, x_1, y \neq x$。根据定理 5.3.40 和引理 5.3.57 可知，存在公式 $\psi(x_0, y, x_1)$ 使得其在 T 中表示 sub。因而任给 $\delta = \delta(x)$ 和 $n \in \mathbb{N}$ 都有

$$T \vdash \psi(\ulcorner\delta\urcorner, y, \bar{n}) \leftrightarrow y \simeq \ulcorner\delta(\bar{n})\urcorner。$$

令 $n = \#\delta$，因而

$$T \vdash \psi(\ulcorner\delta\urcorner, y, \ulcorner\delta\urcorner) \leftrightarrow y \simeq \ulcorner\delta(\ulcorner\delta\urcorner)\urcorner。 \tag{5.3.3}$$

进一步令 $\theta(x) \triangleq \forall y(\psi(x, y, x) \to \phi(x; y))$，现在只需证 $\rho = \theta(\ulcorner\theta\urcorner)$ 便是满足条件的语句：在 T 中有

$$
\begin{aligned}
\rho &= \theta(\ulcorner\theta\urcorner) & \\
&\leftrightarrow \forall y(\psi(\ulcorner\theta\urcorner, y, \ulcorner\theta\urcorner) \to \phi(x; y)) & \text{用「}\theta\text{」代入 } \theta(x) \text{ 中的 } x \\
&\leftrightarrow \forall y(y \simeq \ulcorner\theta(\ulcorner\theta\urcorner)\urcorner \to \phi(x; y)) & (5.3.3) \text{ 和 } \delta = \theta(x) \\
&= \forall y(y \simeq \ulcorner\rho\urcorner \to \phi(x; y)) & \rho = \theta(\ulcorner\theta\urcorner) \\
&\leftrightarrow \phi(\ulcorner\rho\urcorner)。 &
\end{aligned}
$$

习题 5.3.78. $\vdash \forall y(y \simeq \ulcorner\rho\urcorner \to \phi(x; y)) \leftrightarrow \phi(\ulcorner\rho\urcorner)$。备注：引理 5.3.77 中会用到该结果。

　　哥德尔所证哥德尔第一不完全性定理的原初版本还涉及 ω-一致性的概念。

定义 5.3.79. 设 T 是理论。称 T 是 ω-一致的，如果不存在公式 ϕ 使得

(1) 对某个 $\psi(x)$ 有 $\phi = \exists x\psi(x)$，

(2) $T \vdash \exists x\psi(x)$，

(3) 任给 $n \in \mathbb{N}$ 都有 $T \vdash \neg\psi(\bar{n})$；

否则，称 T 不是 ω-一致的。

评注 5.3.80. 设 T 是理论。

(1) ω-一致性概念不是纯语法的，因为它涉及自然数集 $\mathbb{N}$。

(2) 显然，如果 T 是 ω-一致的，那么 T 是一致的。

(3) 根据 ω-一致性定义可知，如果 T 不是 ω-一致的，那么 $\mathcal{N} \nvDash T$。因此，$\mathrm{Th}(\mathcal{N})$ 的子理论，如皮亚诺算术、罗宾逊算术等常见算术理论都是 ω-一致的。

(4) 将 c 作为新的常量符号加入算术语言中，并考虑由 $\mathsf{PA} \cup \{c \not\simeq \bar{n} \mid n \in \mathbb{N}\}$ 生成的理论 T。显然，T 是一致的。令 $\phi \triangleq c \simeq x$，易知 ϕ 为 T 不 ω-一致的例证。这表明存在一致的但不 ω-一致的理论。

(5) 推论 5.4.106 表明，$\mathsf{PA} + \neg\mathsf{Con}(\mathsf{PA})$ 也是一致的但不 ω-一致的理论。 □

现在证明哥德尔第一不完全性定理的原初版本。

定理 5.3.81（哥德尔第一不完全性）. 设 T 是包含 RA 的、可计算公理化的理论。如果 T 是 ω-一致的，那么存在一个 Π_1 的语句 ρ 使得 $T \nvdash \rho$ 且 $T \nvdash \neg\rho$。

证明： 根据定理 5.3.40 和引理 5.3.75 可以假设关系 PF_T 由 $\mathsf{pf}_T(x, y)$ 表示。令 $\mathsf{pb}_T(y) = \exists x \mathsf{pf}_T(x, y)$，易知 PB_T 由 $\mathsf{pb}_T(y)$ 表示。再令 ρ 是 $\neg\mathsf{pb}_T(y)$ 的不动点，则

$$T \vdash \rho \leftrightarrow \neg\mathsf{pb}_T(\ulcorner\rho\urcorner). \tag{5.3.4}$$

现在证明 ρ 独立于 T。

- $T \nvdash \rho$。假设 $T \vdash \rho$，则 $\mathrm{PB}_T(\#\rho)$，因而根据可表示性可知 $T \vdash \mathsf{pb}_T(\ulcorner\rho\urcorner)$。但是根据 (5.3.4) 可得 $T \vdash \neg\mathsf{pb}_T(\ulcorner\rho\urcorner)$，与 T 的一致性矛盾。

- $T \nvdash \neg\rho$。假设 $T \vdash \neg\rho$，则根据 (5.3.4) 可得 $T \vdash \mathsf{pb}_T(\ulcorner\rho\urcorner)$。又由于 $T \nvdash \rho$，因而任给 $n \in \mathbb{N}$ 都有 $\neg\mathrm{PF}_T(n, \#\rho)$。根据可表示性有，任给 $n \in \mathbb{N}$ 都有 $T \vdash \neg\mathsf{pf}_T(\bar{n}, \ulcorner\rho\urcorner)$。再根据 T 的 ω-一致性得 $T \nvdash \exists x \mathsf{pf}_T(x, \ulcorner\rho\urcorner)$，即 $T \nvdash \mathsf{pb}_T(\ulcorner\rho\urcorner)$，与 $T \vdash \mathsf{pb}_T(\ulcorner\rho\urcorner)$ 矛盾。

由于 PF_T 是可计算的，因而 $\mathsf{pf}_T(x, y)$ 是 Δ_1 的，从而 $\neg\mathsf{pb}_T(y)$ 是 Π_1 的。再检查不动点引理的证明过程可知 ρ 是 Π_1 的。 □

1936 年，罗瑟（Rosser, B.）证明[①]，哥德尔第一不完全性定理 5.3.81 中的条件 "T 是 ω-一致的" 可以削弱为 "T 是一致的"。

定理 5.3.82（哥德尔–罗瑟第一不完全性）. 设 T 是包含 RA 的、可计算公理化的理论。如果 T 是一致的，那么存在一个 Π_1 的语句 ρ 使得 $T \nvdash \rho$ 且 $T \nvdash \neg\rho$。

证明： 注意，T 是 Σ_1-完全的。令

$$\mathsf{rpb}_T(y) \triangleq \exists x[\mathsf{pf}_T(x, y) \wedge \forall z \lessdot x \neg\mathsf{pf}_T(z, \dotneg(y))],$$

其中 $\dotneg(y)$ 表示函数 $\#\delta \to \#(\neg\delta)$：$\dotneg(y) \simeq \ulcorner\neg\delta\urcorner$，如果 $y \simeq \ulcorner\delta\urcorner$。先证两个断言。

断言 5.3.83. 如果 $T \vdash \delta$，那么 $T \vdash \mathsf{rpb}_T(\ulcorner\delta\urcorner)$。

---

① 详见 [194]。

断言的证明： 假设 $T \vdash \delta$，则对某个 $m \in \mathbb{N}$ 有 $\mathcal{N} \vDash \mathsf{pf}_T(\overline{m}, \ulcorner\delta\urcorner)$。再由 $\mathsf{pf}_T(\overline{m}, \ulcorner\delta\urcorner) \in \Sigma_0$ 和 T 的 Σ_0-完全性可得 $T \vdash \mathsf{pf}_T(\overline{m}, \ulcorner\delta\urcorner)$。根据 T 的一致性可知 $T \nvdash \neg\delta$，因而任给 $k \in \mathbb{N}$ 都有 $\mathcal{N} \vDash \neg\mathsf{pf}_T(\overline{k}, \ulcorner\neg\delta\urcorner)$。再由 $\neg\mathsf{pf}_T(\overline{k}, \ulcorner\delta\urcorner) \in \Sigma_0$ 和 T 的 Σ_1-完全性可知，任给 $k \in \mathbb{N}$ 都有 $T \vdash \neg\mathsf{pf}_T(\overline{k}, \ulcorner\neg\delta\urcorner)$，因而根据引理 5.3.7 (6) 有 $T \vdash \forall z < \overline{m}(\neg\mathsf{pf}_T(z, \ulcorner\neg\delta\urcorner))$。因此 $T \vdash \mathsf{rpb}_T(\ulcorner\delta\urcorner)$。 □

断言 5.3.84. 如果 $T \vdash \neg\delta$，那么 $T \vdash \neg\mathsf{rpb}_T(\ulcorner\delta\urcorner)$。

断言的证明： 假设 $T \vdash \neg\delta$，则对某个 $m \in \mathbb{N}$ 有 $\mathcal{N} \vDash \mathsf{pf}_T(\overline{m}, \ulcorner\neg\delta\urcorner)$。再由 $\mathsf{pf}_T(\overline{m}, \ulcorner\neg\delta\urcorner) \in \Sigma_0$ 和 T 的 Σ_0-完全性可知 $T \vdash \mathsf{pf}_T(\overline{m}, \ulcorner\neg\delta\urcorner)$。现在只需证

$$T \vdash \forall x[\neg\mathsf{pf}_T(x, \ulcorner\delta\urcorner) \vee \exists z < x\,\mathsf{pf}_T(z, \ulcorner\neg\delta\urcorner)] \tag{5.3.5}$$

固定 x。

- $T \vdash x \preceq \overline{m} \to \neg\mathsf{pf}_T(x, \ulcorner\delta\urcorner)$。由于 $T \vdash \neg\delta$，因而根据 T 的一致性可知 $T \nvdash \delta$。因而任给 $k \in \mathbb{N}$ 都有 $\mathcal{N} \vDash \neg\mathsf{pf}_T(\overline{k}, \ulcorner\delta\urcorner)$。再由 $\neg\mathsf{pf}_T(\overline{k}, \ulcorner\delta\urcorner) \in \Sigma_0$ 和 T 的 Σ_0-完全性可知，任给 $k \in \mathbb{N}$ 都有 $T \vdash \neg\mathsf{pf}_T(\overline{k}, \ulcorner\delta\urcorner)$。如果 $x \preceq \overline{m}$，那么根据引理 5.3.7 (6)可知，对某个 $l \le m$ 有 $x \simeq \overline{l}$。因此 $T \vdash \neg\mathsf{pf}_T(x, \ulcorner\delta\urcorner)$。

- $T \vdash \overline{m} < x \to \exists z < x\,\mathsf{pf}_T(z, \ulcorner\neg\delta\urcorner)$。由 $T \vdash \mathsf{pf}_T(\overline{m}, \ulcorner\neg\delta\urcorner)$ 和 $\overline{m} < x$ 得 $T \vdash \exists z < x\,\mathsf{pf}_T(z, \ulcorner\neg\delta\urcorner)$。

因为由引理 5.3.7 (7) 知 $T \vdash x \preceq \overline{m} \vee \overline{m} < x$，所以 $T \vdash \neg\mathsf{pf}_T(x, \ulcorner\delta\urcorner) \vee \exists z < x\,\mathsf{pf}_T(z, \ulcorner\neg\delta\urcorner)$，因此 $T \vdash \forall x[\neg\mathsf{pf}_T(x, \ulcorner\delta\urcorner) \vee \exists z < x\,\mathsf{pf}_T(z, \ulcorner\neg\delta\urcorner)]$，即 $T \vdash \neg\mathsf{rpb}_T(\ulcorner\delta\urcorner)$。 □

回到定理证明。令 ρ 是 $\neg\mathsf{rpb}_T(y)$ 的不动点，则

$$T \vdash \rho \leftrightarrow \neg\mathsf{rpb}_T(\ulcorner\rho\urcorner). \tag{5.3.6}$$

根据不动点引理证明过程可知，ρ 是 Π_1 的。现在只需证 ρ 独立于 T：如果 $T \vdash \rho$，那么根据断言 5.3.83 有 $T \vdash \mathsf{rpb}_T(\ulcorner\rho\urcorner)$，但是根据 (5.3.6) 有 $T \vdash \neg\mathsf{rpb}_T(\ulcorner\rho\urcorner)$，矛盾，因而 $T \nvdash \rho$；如果 $T \vdash \neg\rho$，那么根据断言 5.3.84 有 $T \vdash \neg\mathsf{rpb}_T(\ulcorner\rho\urcorner)$，但是根据 (5.3.6) 有 $T \vdash \mathsf{rpb}_T(\ulcorner\rho\urcorner)$，矛盾，因而 $T \nvdash \neg\rho$。 □

评注 5.3.85. (1) 一般称哥德尔第一不完全性定理 5.3.81 中的 ρ 为哥德尔语句，称哥德尔–罗瑟第一不完全性定理 5.3.82 中的 ρ 为哥德尔–罗瑟语句。

(2) 根据断言 5.3.84 可知 $T \vdash \neg\mathsf{rpb}_T(\ulcorner\bot\urcorner)$，下一章将把"$T$ 的一致性"形式化为 $\mathsf{Con}(T) \triangleq \neg\mathsf{pb}_T(\ulcorner\bot\urcorner)$，而根据哥德尔第二不完全性定理 5.4.93 可知 $T \nvdash \neg\mathsf{pb}_T(\ulcorner\bot\urcorner)$。这表明 $\mathsf{rpb}_T(y)$ 与 $\mathsf{pb}_T(y)$ 有本质区别。

(3) 从另一个角度看，$\mathsf{rpb}_T(y)$ 与 $\mathsf{pb}_T(y)$ 也是不同的。它们虽然在 $\mathcal{N}$ 中无法区别，但却

能从 T 的角度进行区分，即从非标准模型进行区分。$T \vdash \neg\mathsf{rpb}_T(\ulcorner\bot\urcorner)$ 当且仅当 $T \vdash \forall x(\neg\mathsf{pf}_T(x,\ulcorner\bot\urcorner) \vee \exists z \prec x\,\mathsf{pf}_T(z,\ulcorner\top\urcorner))$，而 $T \vdash \neg\mathsf{pb}_T(\ulcorner\bot\urcorner)$ 当且仅当 $T \vdash \forall x\neg\mathsf{pf}_T(x,\ulcorner\bot\urcorner)$。当 x 可能为非标准元素时，二者的区别便显而易见，因此 $\neg\mathsf{rpb}_T(\ulcorner\bot\urcorner)$ 比 $\neg\mathsf{pb}_T(\ulcorner\bot\urcorner)$ 要弱很多。

(4) 把独立语句逐个加入 T 中所得到的理论是不是完全的？答案是否定的，因为根据哥德尔第一不完全性定理，只要 T 是（包含 RA 的、一致的）可计算公理化的，它就是不完全的。

(5) 定理 5.3.81 和定理 5.3.82 中的 ρ 在 $\mathcal{N}$ 中都是真语句：由于 $\rho \in \Pi_1$，因而 $\neg\rho \in \Sigma_1$，再根据 T 的 Σ_1-完全性和 $T \nvdash \neg\rho$ 可知 $\mathcal{N} \nvDash \neg\rho$，因此 $\mathcal{N} \vDash \rho$。 $\qquad\square$

5.3.5 相关推论

本子节给出不动点引理的一些其他推论。

不可表示性

引理 5.3.86（不可表示性）. 设 T 是包含 RA 的、可计算公理化的理论。如果 T 是一致的，那么 $\#T$ 作为一元关系在 T 中不是可表示的。

证明： 反证法。假设 $\#T$ 由 $\phi(x)$ 表示，则任给公式 θ 都有

$$T \vdash \theta \Rightarrow T \vdash \phi(\ulcorner\theta\urcorner) \text{ 和 } T \nvdash \theta \Rightarrow T \vdash \neg\phi(\ulcorner\theta\urcorner).$$

再根据 T 的一致性可得

$$T \nvdash \theta \Leftrightarrow T \vdash \neg\phi(\ulcorner\theta\urcorner). \tag{5.3.7}$$

令 ρ 为 $\neg\phi(x)$ 的不动点，则

$$T \vdash \rho \leftrightarrow \neg\phi(\ulcorner\rho\urcorner). \tag{5.3.8}$$

但是根据 (5.3.7) 和 (5.3.8) 可得 $T \vdash \rho$ 当且仅当 $T \nvdash \rho$，矛盾！ $\qquad\square$

不可定义性

定理 5.3.87（塔斯基不可定义性）. $\#\mathrm{Th}(\mathcal{N}) = \{\#\theta \mid \mathcal{N} \vDash \theta\}$ 在标准算术模型 $\mathcal{N}$ 中是不可定义的。

证明： 反证法。假设 $\phi(x)$ 在 $\mathcal{N}$ 中定义 $\#\mathrm{Th}(\mathcal{N})$，则任给 θ 都有

$$\mathcal{N} \vDash \theta \leftrightarrow \phi(\ulcorner\theta\urcorner). \tag{5.3.9}$$

令 ρ 是 $\neg\phi(x)$ 的不动点，则 $\mathrm{RA} \vdash \rho \leftrightarrow \neg\phi(\ulcorner\rho\urcorner)$。因而由 $\mathcal{N} \vDash \mathrm{RA}$ 和可靠性定理可得

$$\mathcal{N} \vDash \rho \leftrightarrow \neg\phi(\ulcorner\rho\urcorner)。 \tag{5.3.10}$$

在 (5.3.9) 中取 θ 为 ρ，则

$$\mathcal{N} \vDash \rho \leftrightarrow \phi(\ulcorner\rho\urcorner)。 \tag{5.3.11}$$

综合 (5.3.10) 和 (5.3.11) 可得 $\mathcal{N} \vDash \phi(\ulcorner\rho\urcorner) \leftrightarrow \neg\phi(\ulcorner\rho\urcorner)$，矛盾！ □

不可判定性

推论 5.3.88. $\mathrm{Th}(\mathcal{N})$ 是不可判定的，即 $\#\mathrm{Th}(\mathcal{N})$ 不是可计算的。

证明： 反证法。假设 $\mathrm{Th}(\mathcal{N})$ 是可判定的，则关系 $n \in \#\mathrm{Th}(\mathcal{N})$ 是可计算的，从而根据可表示性定理可假设其由 $\phi(x)$ 表示。因而任给 $n \in \mathbb{N}$ 都有

$$n \in \#\mathrm{Th}(\mathcal{N}) \Rightarrow \mathrm{RA} \vdash \phi(\bar{n}) \text{ 和 } n \notin \#\mathrm{Th}(\mathcal{N}) \Rightarrow \mathrm{RA} \vdash \neg\phi(\bar{n}),$$

即

$$n \notin \#\mathrm{Th}(\mathcal{N}) \Leftrightarrow \mathrm{RA} \vdash \neg\phi(\bar{n})。 \tag{5.3.12}$$

又由于 $\mathcal{N} \vDash \mathrm{RA}$，因而根据 (5.3.12) 和完全性可知 $n \notin \#\mathrm{Th}(\mathcal{N}) \Leftrightarrow \mathcal{N} \vDash \neg\phi(\bar{n})$，即

$$n \in \#\mathrm{Th}(\mathcal{N}) \Leftrightarrow \mathcal{N} \vDash \phi(\bar{n})。$$

但是这意味着 $\#\mathrm{Th}(\mathcal{N})$ 在 $\mathcal{N}$ 中由 $\phi(x)$ 定义，与定理 5.3.87 矛盾！ □

丘奇于 1935 年、图灵于 1936 年分别独立地证明了一阶逻辑的不可判定性[①]，所以如下推论也称丘奇–图灵不可判定性定理。1931 年，哥德尔没有证明[②]丘奇–图灵不可判定性定理，原因应该是如本书第 256 页所说，当时关于算法的概念还不是十分清楚。但是后来人们发现该定理可以作为哥德尔所证明的不动点引理 5.3.77 的推论。为方便起见，先证明 RA 的强不可判定性定理。

定理 5.3.89（RA 的强不可判定性）. 如果 $T \cup \mathrm{RA}$ 是一致的，那么 T 是不可判定的。

证明： 反证法。令 $H = T \cup \mathrm{RA}$。假设 T 是可判定的，则 H 是可判定的：任给公式 δ，$\delta \in H$ 当且仅当 $\mathrm{A}_1 \wedge \cdots \wedge \mathrm{A}_7 \to \delta \in T$。因而 $\#H$ 是可计算的。再令 $R(n) \triangleq n \in \#H$，并且假设 $\phi(x)$ 表示 $R(n)$。则任给 θ 都有

$$\theta \in H \Rightarrow R(\#\theta) \Rightarrow \mathrm{RA} \vdash \phi(\ulcorner\theta\urcorner) \text{ 和 } \theta \notin H \Rightarrow \neg R(\#\theta) \Rightarrow \mathrm{RA} \vdash \phi(\ulcorner\theta\urcorner)。 \tag{5.3.13}$$

[①] 关于前者详见 [28–30]，关于后者详见 [230]。

[②] 详见 [80]。

令 ρ 是 $\neg\phi(x)$ 的不动点，则

$$\mathsf{RA} \vdash \rho \leftrightarrow \neg\phi(\ulcorner\rho\urcorner). \tag{5.3.14}$$

如果 $\rho \notin H$，那么根据 (5.3.13) 有 $\mathsf{RA} \vdash \neg\phi(\ulcorner\rho\urcorner)$，再根据 (5.3.14) 可知 $\mathsf{RA} \vdash \rho$，从而 $\rho \in H$，矛盾；类似地，如果 $\rho \in H$，那么 $\rho \notin H$，也矛盾！因此原结论得证。 $\qquad\square$

推论 5.3.90（丘奇–图灵不可判定性定理）. 设一阶语言为算术语言。则全部有效式的集合，即 $\{\theta \in \mathscr{L}_1 \mid \vDash \theta\}$，是不可判定的。

证明： 根据完全性定理可知 $\{\theta \in \mathscr{L}_1 \mid \vDash \theta\} = \{\theta \in \mathscr{L}_1 \mid \vdash \theta\}$。又由于

$$\{\theta \in \mathscr{L}_1 \mid \vdash \theta\} \cup \mathsf{RA} = \mathsf{RA},$$

因而根据定理 5.3.89 可知，$\{\theta \in \mathscr{L}_1 \mid \vdash \theta\}$，即 $\{\theta \in \mathscr{L}_1 \mid \vDash \theta\}$，是不可判定的。 $\qquad\square$

希尔伯特第 10 问题

作为不动点引理的推论，最后给出希尔伯特第 10 问题的否定答案。

希尔伯特第 10 问题 是否存在一个算法，使得任给整数系数多项式 $p(\vec{x})$，该算法都能判定方程 $p(\vec{x}) = 0$ 在 $\mathbb{Z}$ 中是否有解？ $\qquad\square$

答案是否定的，为证明这一点，先做一些准备工作。回顾评注 5.3.10 (5) 所述，称算术语言的原子公式为丢番图方程。

定义 5.3.91. 设 $\phi(\vec{x})$ 是丢番图方程，$\mathcal{M}$ 是算术结构。称 ϕ 在 $\mathcal{M}$ 中有解，如果 $\mathcal{M} \vDash \exists\vec{x}\,\phi(\vec{x})$。 $\qquad\square$

现在只需证不存在算法可以判定 $\mathcal{N} = (\mathbb{N}, \bar{0}, \bar{S}, \bar{+}, \bar{\times}) \vDash \exists\vec{x}\,\phi(\vec{x}, \vec{n})$，其中 $\phi(\vec{x}, \vec{n})$ 取遍所有的丢番图方程。

定义 5.3.92. 设 R 是 $\mathbb{N}$ 上的 k 元关系。称 R 是丢番图的，如果，对某个丢番图方程 $\phi(\vec{x}, \vec{y})$，R 在 $\mathcal{N} = (\mathbb{N}, 0, S, +, \times)$ 由 $\exists\vec{x}\,\phi(\vec{x}, \vec{y})$ 定义。 $\qquad\square$

定理 5.3.93（[10, Theorem 16.1]）. 设 R 是 $\mathbb{N}$ 上的 k 元关系。则 R 是丢番图的当且仅当 R 是可计算枚举的。 $\qquad\square$

推论 5.3.94. 希尔伯特第 10 问题的答案是否定的。

证明： 反证法。不妨假设存在需要的算法。根据引理 5.3.75 可知，$\mathrm{PB}_{\mathsf{RA}}$ 是可计算枚举的，再根据定理 5.3.93 可知，$\mathrm{PB}_{\mathsf{RA}}$ 在 $\mathcal{N} = (\mathbb{N}, 0, S, +, \times)$ 中由 $\exists\vec{x}\,\phi(\vec{x}, y)$ 定义，其中 $\phi(\vec{x}, y)$ 是某个丢番图方程，因而任给 $n \in \mathbb{N}$ 都有

$$n \in \mathrm{PB}_{\mathsf{RA}} \Leftrightarrow \mathcal{N} \vDash \exists\vec{x}\,\phi(\vec{x}, \bar{n}). \tag{5.3.15}$$

由于存在需要的算法，因而"$\{\phi(\vec{x},\bar{n}) \mid n \in \mathbb{N}\}$ 中的丢番图方程对于 $\mathcal{N} \vDash \exists \vec{x}\phi(\vec{x},\bar{n})$ 是否成立"是可判定的，因而 (5.3.15) 右侧是可计算的，从而 $\mathrm{PB_{RA}}$ 也是可计算的。但是由于 $\delta \in \mathrm{RA} \Leftrightarrow \#\delta \in \mathrm{PB_{RA}}$，那么 RA 便是可判定的，与定理 5.3.89 矛盾！　　　□

5.4　第二不完全性

1930 年 9 月初，冯·诺伊曼在俄罗斯柯尼斯堡的一个学术会议上听取了哥德尔关于哥德尔第一不完全性定理的报告。11 月 20 日，冯·诺伊曼去信向哥德尔说明，用相同的思路可以证明哥德尔第二不完全性定理[1]。哥德尔回信谈到，自己在先前投出且即将发表的文章中已经指出这一点[2]。文章还指出很快会将哥德尔第二不完全性定理的证明发表，但是后来哥德尔本人并未将其发表，主要是因为该定理迅速被广泛接受了。

1935 年 9 月，哥德尔、伯内斯和泡利[3]同乘一条船前往美国，在旅途中和抵达普林斯顿高等研究院的几周里，哥德尔向伯内斯讲解了哥德尔第二不完全性定理的证明细节[4]。后来，伯内斯从哥德尔的证明中提取出可证性条件[5]，然后推出了哥德尔第二不完全性定理，并在 1939 年出版的著作[6]中给出了详细证明，目前所见证明的主要思路也都源于此。该著作主要由伯内斯执笔完成，出版时虽然署名有希尔伯特，但希尔伯特此时已经年逾 70，能给伯内斯的帮助可能比较有限，后来费弗曼[7]的说法也印证了这一点[8]。

本节主要任务是对哥德尔第二不完全性定理及相关推论进行详细梳理[9]。哥德尔第二不完全性定理的一个通俗版本可以表述如下：

设 T 是足够强的可计算公理化的理论。如果 T，比如皮亚诺算术，是一致的，那么它不能证明自身一致性。

---

[1] 详见 [57，第 327 页]。

[2] 详见 [80，Theorem XI]。

[3] Pauli, W. E.，1900—1958，美籍奥地利裔科学家、物理学家。

[4] 详见 [41，第 109 页]。

[5] 详见本书定义 5.4.13 和评注 5.4.14。

[6] 详见 [107]。

[7] Feferman, S.，1928—2016，美国哲学家、数学家。

[8] 详见 [55，第 1 节第 3 段结尾]。

[9] 在进行梳理时，主要参考了 [18, 190, 209, 210, 255]。关于哥德尔第二不完全性定理的证明，以上参考书多是陈述一下证明思路而不做详细梳理，原因可能有二：一是哥德尔第二不完全性定理的证明思路总体上与哥德尔第一不完全性定理一致，二是第二不完全性定理的证明比第一不完全性定理的证明要复杂得多。其中 [255] 可谓比较详细，但是可能出于作者自身需要的考虑还是有一定的省略。本书在补全这些省略的基础上补充了部分材料，应该是目前关于哥德尔第二不完全性定理的材料中最翔实的。

有两点需要说明："自身一致性"应该是一个算术语句，诚如下文看到的，将会被形式化为 $\mathsf{Con}(T)$；"证明"虽然都是元数学层面的术语，但是在一阶算术中应有严格定义。换言之，"它不能证明自身一致性"意指"没有一个从 T 到 $\bot$ 的证明"。

基于上述分析，现在大致猜测一下冯·诺伊曼是如何意识到用与哥德尔第一不完全性定理相同的证明思路可以证明哥德尔第二不完全性定理的：

> 回想，在哥德尔第一不完全性定理 5.3.81 的证明中，ρ 是 $\neg\mathsf{pb}_T(y)$ 的不动点且 $T \vdash \rho \leftrightarrow \neg\mathsf{pb}_T(\ulcorner\rho\urcorner)$。在证明的某个环节中，我们从"$T$ 是一致的"推出了 $T \nvdash \rho$。因此，如果 T 是足够强的，那么就可以将这个推理过程形式化为 T 中的算术语句：$\mathsf{Con}(T) \to \neg\mathsf{pb}_T(\ulcorner\rho\urcorner)$，即 $T \vdash \mathsf{Con}(T) \to \rho$。又由于 $T \nvdash \rho$，因此 $T \nvdash \mathsf{Con}(T)$。

实际上，先证明哥德尔第二不完全性定理，再将哥德尔第一不完全性定理作为其推论也是可行的（详见推论 5.4.100）。不过将两个定理分开处理，不仅有助于将证明中的难点化整为零，而且有助于加深对两个定理的理解。

下文所证明的哥德尔第二不完全性定理实际上要比上述通俗版本更强，它断言的是："从'T 是一致的'推出 $T \nvdash \mathsf{Con}(T)$"可以被形式化为 T 中的算术语句，即

$$T \vdash \mathsf{Con}(T) \to \neg\mathsf{pb}_T(\ulcorner\mathsf{Con}(T)\urcorner),$$

而通俗版本则可以看作它的简单推论。

本节哥德尔第二不完全性定理的证明思路是：先给出三个可证性条件，然后结合定理的前提证明 T 满足三个可证性条件，最后从三个可证性条件推出定理的结论。

5.4.1 皮亚诺算术

由于本书所证哥德尔第二不完全性定理的最小典型实例是皮亚诺算术[①]，所以需要先对皮亚诺算术及其性质进行简单介绍。

定义 5.4.1. 皮亚诺算术，记为 PA，是由 $\mathbf{P} = \{A_1, A_2, A_4, A_5, A_6, A_7\} \cup I$ 生成的理论，其

[①] 就本书来看，使得哥德尔第二不完全性定理成立的最小理论是 $\mathsf{RA} \cup I\Sigma_1$（更准确说，在证明形式化的算术定理时所用的归纳法），但是这里选择 PA 而非 $\mathsf{RA} \cup I\Sigma_1$，是因为前者比后者更典型；实际上，比兹波娃（Bezboruah, A.）和谢佛德森在 [15] 中证明哥德尔第二不完全性定理对 RA 也成立，用的是非标准模型的方法，但是无法借助这里的可证性条件进行证明。

中

$$A_1 : \forall x \bar{S} x \not\simeq \bar{0},$$

$$A_2 : \forall x \forall y (\bar{S} x \simeq \bar{S} y \to x \simeq y),$$

$$A_4 : \forall x (x \mp \bar{0} \simeq x),$$

$$A_5 : \forall x \forall y (x \mp \bar{S} y \simeq \bar{S}(x \mp y)),$$

$$A_6 : \forall x (x \times \bar{0} \simeq x),$$

$$A_7 : \forall x \forall y (x \times \bar{S} y \simeq x \times y \mp x);$$

I 是所有 i_ϕ 组成的集合，而 i_ϕ 是如下形式公式的全称闭包

$$[\phi(\bar{0}, \vec{z}) \wedge \forall y (\phi(y, \vec{z}) \to \phi(\bar{S} y, \vec{z}))] \to \forall x \phi(x, \vec{z}),$$

$\phi(x, \vec{z})$ 是任意只含有自由变元 $x, \vec{z}$ 的公式；通常称 I 为归纳法。

任给公式集 Σ，令 $I\Sigma \triangleq \{i_\phi \in I \mid \phi \in \Sigma\}$。　□

引理 5.4.2. $PA = Th(RA \cup I)$。

证明： 只需证 $A_1 \cup P \vdash A_3$，其中 $A_3 : \forall x (x \not\simeq \bar{0} \to \exists y (x \simeq \bar{S} y))$。对此，考虑归纳公理：$[\phi(\bar{0}) \wedge \forall y (\phi(y) \to \phi(\bar{S} y))] \to \forall x \phi(x)$，其中 $\phi(x) = x \not\simeq \bar{0} \to \exists y (x \simeq \bar{S} y)$。　□

引理 5.3.7 中的定理也都是 PA 的定理。类似于 RA，PA 也有可靠性和 Σ_1-完全性。

引理 5.4.3（PA 的可靠性）. 任给语句 ϕ，如果 $PA \vdash \phi$，那么 $\mathcal{N} \vDash \phi$。　□

定理 5.4.4（PA 的 Σ_1-完全性）. 任给 Σ_1-语句 ϕ，如果 $\mathcal{N} \vDash \phi$，那么 $PA \vdash \phi$。　□

推论 5.4.5. 任给 Σ_1-语句 ϕ，都有 $\mathcal{N} \vDash \phi$ 当且仅当 $PA \vdash \phi$。　□

习题 5.4.6. 证明：如果哥德巴克①猜想是独立于 PA 的，那么哥德巴克猜想便是正确的，即在标准算术模型 $\mathcal{N}$ 中成立。

哥德巴克猜想 任何一个比 2 大的偶数都可以写成两个素数之和。　□

PA 的一些其他基本定理如下：

引理 5.4.7. (1) $PA \vdash \forall x (x \simeq \bar{0} \vee \exists y (x \simeq \bar{S} y))$；

(2) $PA \vdash \forall x \forall y (x \mp y \simeq y \mp x)$；

(3) $PA \vdash \forall x \forall y \forall z (x \mp (y \mp z) \simeq (x \mp y) \mp z)$；

(4) $PA \vdash \forall x \forall y \forall z [x \times (y \mp z) \simeq (x \times y) \mp (x \times z)]$；

---

① Goldbach, C., 1690—1764, 俄国德裔数学家。关于 Goldbach 的译法，我们之所以采用"哥德巴克"而非目前流行的"哥德巴赫"，主要原因有三：一是因为 Goldbach 的父母是德国人，他自己也生于德国；二是因为 Goldbach 的发音是 /ˈɡɒltbɑːk/，尤其值得注意的是，ch 在德文中的发音为/k/而非/h/；三是目前已经有人采用"哥德巴克"的译法。

(5) $PA \vdash \forall x \forall y \forall z(x \,\overline{\times}\, (y \,\overline{\times}\, z) \simeq (x \,\overline{\times}\, y) \,\overline{\times}\, z)$；

(6) $PA \vdash \forall x \forall y(x \,\overline{\times}\, y \simeq y \,\overline{\times}\, x)$；

(7) $PA \vdash \overline{m} \,\overline{+}\, \overline{n} \simeq \overline{k}$ 当且仅当 $m + n = k$；

(8) $PA \vdash \overline{m} \,\overline{\times}\, \overline{n} \simeq \overline{k}$ 当且仅当 $m \times n = k$。 □

引理 5.4.8. (1) $PA \vdash \forall x \neg(x \,\overline{<}\, \overline{0})$；

(2) $PA \vdash \forall x(x \,\overline{<}\, \overline{S}y \to x \,\overline{<}\, y \lor x \simeq y)$；

(3) $PA \vdash \forall x \neg(x \,\overline{<}\, x)$；

(4) $PA \vdash \forall x \forall y \forall z(x \,\overline{<}\, y \land y \,\overline{<}\, z \to x \,\overline{<}\, z)$；

(5) $PA \vdash \forall x \forall y \forall z(x \,\overline{\leq}\, y \land y \,\overline{\leq}\, z \to x \,\overline{\leq}\, z)$；

(6) $PA \vdash \forall x \forall y(x \,\overline{<}\, y \lor x \simeq y \lor y \,\overline{<}\, x)$；

(7) $PA \vdash \forall x \forall y \forall z(x \,\overline{<}\, y \to x \,\overline{+}\, z \,\overline{<}\, y \,\overline{+}\, z)$；

(8) $PA \vdash \forall x \forall y \forall z(x \,\overline{\leq}\, y \to x \,\overline{+}\, z \,\overline{\leq}\, y \,\overline{+}\, z)$；

(9) $PA \vdash \forall x \forall y \forall z(x \,\overline{<}\, y \land \overline{0} \,\overline{<}\, z \to x \,\overline{\times}\, z \,\overline{<}\, y \,\overline{\times}\, z)$；

(10) $PA \vdash \forall x \forall y \forall z(x \,\overline{\leq}\, y \land \overline{0} \,\overline{<}\, z \to x \,\overline{\times}\, z \,\overline{\leq}\, y \,\overline{\times}\, z)$。 □

最后以 PA 的两个常用原理结束本子节的内容。

引理 5.4.9（强归纳法）. $PA \vdash \forall z[(\forall y \,\overline{<}\, z\,\phi(y)) \to \phi(z)] \to \forall x \phi(x)$，其中 $\phi(x)$ 是不以 y, z 为自由变元的公式。 □

引理 5.4.10（最小数原理）. $PA \vdash \exists x \phi(x) \to \exists x[\phi(x) \land \forall y \,\overline{<}\, x \neg \phi(x)]$，其中 $\phi(x)$ 是不以 y 为自由变元的公式。 □

5.4.2 可证性条件

本子节默认 T 是包含 PA 的、可计算公理化的、一致的理论，也可将 T 想象为 PA。

为便于表述，引入新符号 $\square_T \phi$。

定义 5.4.11（可证性关系）. 设 ϕ 是公式。令

$$\square_T(y) \triangleq \mathsf{pb}_T(y) = \exists x \mathsf{pf}_T(x, y),$$

$$\square_T \phi \triangleq \square_T(y; \ulcorner \phi \urcorner) = \square_T(\ulcorner \phi \urcorner)。$$ □

评注 5.4.12. 注意，$\square_T(y)$ 是一个只含自由变元 y 的公式，而 $\square_T \phi$ 则是一个没有任何自由变元的语句，不论 ϕ 是否有自由变元。 □

定义 5.4.13（可证性条件）. 设 ϕ, ψ 是公式. 三个可证性条件为：

$$\mathbf{D}_1 : 如果 \vdash_T \phi, 那么 \vdash_T \Box_T\phi;$$

$$\mathbf{D}_2 : \vdash_T \Box_T(\phi \to \psi) \to \Box_T\phi \to \Box_T\psi;$$

$$\mathbf{D}_3 : \vdash_T \Box_T\phi \to \Box_T\Box_T\phi. \qquad \Box$$

评注 5.4.14. 可证性条件最早是由伯内斯于 1939 年从哥德尔的证明中提取出的[①]，由于著作也署名希尔伯特，所以也称希尔伯特–伯内斯可证性条件。不过希尔伯特和伯内斯给出的形式太过复杂，1955 年，勒波（Löb, G. H.）做出了优雅的简化[②]，也就是这里所列的、现在通用的形式。 $\qquad \Box$

引理 5.4.15. 如果 T 满足 $\mathbf{D}_1$ 和 $\mathbf{D}_2$，那么 T 也满足

$$\mathbf{D}_0 : 如果 \phi \vdash_T \psi, 那么 \Box_T\phi \vdash_T \Box_T\psi.$$

证明： 假设 $\phi \vdash_T \psi$. 根据演绎定理有 $\vdash_T \phi \to \psi$，而由 $\mathbf{D}_1$ 可得 $\vdash_T \Box_T(\phi \to \psi)$，又由 $\mathbf{D}_2$ 可得 $\vdash_T \Box_T\phi \to \Box_T\psi$，最后再由演绎定理可得 $\Box_T\phi \vdash_T \Box_T\psi$. $\qquad \Box$

推论 5.4.16. 如果 $\vdash_T \phi \leftrightarrow \psi$，那么 $\vdash_T \Box_T\phi \leftrightarrow \Box_T\psi$.

定义 5.4.17. 令 $\mathrm{Con}(T) \triangleq \neg\Box_T\bot = \neg\Box_T(\ulcorner\bot\urcorner) = \neg\mathsf{pb}_T(\ulcorner\bot\urcorner)$. $\qquad \Box$

评注 5.4.18. 推论 5.4.16 表明，在定义 5.4.17 中，$\bot$ 可以被任何一个矛盾式取代。 $\qquad \Box$

5.4.3　T 满足 $\mathbf{D}_1$

本子节关注可证性条件 $\mathbf{D}_1$，并且证明满足一定条件的理论 T 满足 $\mathbf{D}_1$。

引理 5.4.19. 设 T 是包含 PA 的、可计算公理化的理论. 如果 T 是一致的，那么 T 满足 $\mathbf{D}_1$，即如果 $\vdash_T \phi$，那么 $\vdash_T \Box_T\phi$.

证明： 假设 $\vdash_T \phi$，并令 n 为 ϕ 的哥德尔编码. 则 $\mathcal{N} \vDash \mathsf{pf}(\bar{n}, \ulcorner\phi\urcorner)$. 又由于 T 是 Σ_1-完全的，因而 $\vdash_T \mathsf{pf}_T(\bar{n}, \ulcorner\phi\urcorner)$，所以 $\vdash_T \exists x \mathsf{pf}_T(x, \ulcorner\phi\urcorner)$，即 $\vdash_T \Box_T\phi$. $\qquad \Box$

评注 5.4.20. (1) 仔细检查引理 5.4.19 的证明，不难发现理论 T 可以最小取至 RA。

(2) 一般地，认为 $\vdash_T \Box_T\phi$ 是 $\vdash_T \phi$ 的形式化，那么 $\vdash_T \phi$ 和 $\vdash_T \Box_T\phi$ 有何区别？

- $\mathbf{D}_1$ 意指，如果 ϕ 是 T 的定理，那么 $\Box_T\phi$ 也是 T 的定理。

[①] 详见 [107]。

[②] 详见 [141]。

- 反之，则是错误的（当 T 是 ω-一致时，反之，则是正确的，详见习题 5.4.21）。考虑理论 $\mathrm{PA}^\circ = \mathrm{PA} \cup \{\neg\mathrm{Con}(\mathrm{PA})\}$ 和语句 $\phi = \bot$。根据推论 5.4.106 可知 PA° 是一致的但不是 ω-一致的。由于 $\neg\mathrm{Con}(\mathrm{PA}) \in \mathrm{PA}^\circ$，因而 $\mathrm{PA}^\circ \vdash \Box_{\mathrm{PA}^\circ}(\ulcorner\bot\urcorner)$（详见推论 5.4.106），但是根据 PA° 的一致性可知 $\mathrm{PA}^\circ \nvdash \bot$。

(3) 虽然 $\mathbf{D}_1$ 是正确的，但是其形式化却是错误的，即 $\nvdash_T \phi \to \Box_T\phi$。考虑理论 RA 和语句 $\phi = \forall x(\bar{S}x \neq x)$。则 $\nvdash_T \phi \to \Box_T\phi$，这是因为 $\mathrm{Th}(\mathcal{N}) \nvdash \phi \to \Box_T\phi$：由引理 5.3.4 (1) 知，$\vdash \neg\mathrm{pb}_T(\ulcorner\phi\urcorner)$，因而 $\mathrm{Th}(\mathcal{N}) \vdash \neg\mathrm{pb}(\ulcorner\phi\urcorner)$，即 $\mathrm{Th}(\mathcal{N}) \vdash \neg\Box_T\phi$，从而 $\mathrm{Th}(\mathcal{N}) \vDash \neg\Box_T\phi$；又由于 $\mathcal{N} \vDash \phi$，因而 $\mathrm{Th}(\mathcal{N}) \nvDash \phi \to \Box_T\phi$，因此 $\mathrm{Th}(\mathcal{N}) \nvdash \phi \to \Box_T\phi$。 $\qquad\square$

习题 5.4.21. 设 T 是包含 RA 的、可计算公理化的理论。令 $\mathbf{D}_1{}^c$ 为 $\mathbf{D}_1$ 的逆命题：

$$\mathbf{D}_1{}^c: \text{如果 } \vdash_T \Box_T\phi, \text{那么} \vdash_T \phi.$$

如果 T 是 ω-一致的，那么 T 不满足 $\mathbf{D}_1{}^c$。 $\qquad\square$

5.4.4 T 满足 $\mathbf{D}_2$

本子节关注 $\mathbf{D}_2 : \vdash_T \Box_T(\phi \to \psi) \to \Box_T\phi \to \Box_T\psi$。显然，$\mathbf{D}_2$ 是"如果 $T \vdash \phi \to \psi$ 且 $T \vdash \phi$ 那么 $T \vdash \psi$"的形式化。形式化前的命题比较容易证明：如果 u 和 v 分别是从 T 到 $\phi \to \psi$ 和从 T 到 ϕ 的证明，那么将两个证明和 ψ 串接到一起就可以得到从 T 到 ψ 的证明 $u^\frown v^\frown\langle\psi\rangle$。$\mathbf{D}_2$ 的证明思路与此类似。简单说来，如果 u 和 v 分别是 $\Box_T(\phi \to \psi)$ 和 $\Box_T\phi$ 的"形式化的证明"，那么将两个证明和 ψ "形式化地串接"到一起就可以得到 $\Box_T\psi$ 的"形式化的证明" $u^\frown v^\frown\langle\psi\rangle$。

为此，本子节首先需要做的是将"串接运算"进行形式化[①]，然后证明它们在 T 内和在 T 外拥有类似的基本性质。尽管这些工作比较枯燥，但是并不难，只有"有穷序列"的形式化需要一定的技巧。另外，从现在到本子节结束，只考虑在 PA（如前所述，$\mathrm{RA}\cup\mathrm{I}\Sigma_1$ 也足够）中的形式化，从而确保形式化后的概念具有期望的性质。

本子节的写作思路是：首先引入可证计算的概念以形式化部分函数和关系，然后形式化部分算术定理，继而形式化有穷序列的概念和有穷序列的串接运算，从而形式化原始递归和语法概念，最后利用形式化的有穷序列概念、串接运算、证明概念证明 T 满足 $\mathbf{D}_2$。前面的每一步都是后一步的必需基础。

[①] 算术化与形式化是不同的：前者将相关概念转换为自然数或自然数的集合或自然数有穷序对的集合，后者将相关概念用算术项或算术公式表达。比如证明概念算术化后是 $\mathbb{N}^2$ 的子集，形式化后却是算术公式 $\mathrm{pf}(y, x)$。二者的联系是，算术化后的概念由形式化的公式在 T 中表示。

可证计算

如前所述，算术语言 $\mathscr{L}_1$ 的非逻辑符号只有 $\bar{0}, \bar{S}, \bar{+}, \bar{\times}$，这对于理论 T "谈论" 更多的算术事实非常不方便，因此需要像第 5.3.1 子节引入 $\bar{\leqslant}, \bar{<}, \bar{n}$ 那样再引入一些新的非逻辑符号。准确说来，它们是通过可证计算的方式引入的，因而也是通过 T-定义（详见定义 4.7.5）的方式引入的（详见引理 5.4.24）。

定义 5.4.22. 设 T 是理论，$f: \mathbb{N}^k \to \mathbb{N}$ 是函数，$R \subseteq \mathbb{N}^k$ 是关系。

(1) 称 f 在 T 中是可证计算的（provably computable）或 Σ_1-可定义的（Σ_1-definable），如果存在某个 Σ_1 的公式 $\theta_f(\vec{x}, y)$ 使得任给来自 $\mathbb{N}$ 的 $\vec{n}$ 都有

$$T \vdash \forall y(\theta_f(\vec{n}, y) \leftrightarrow y \simeq \overline{f(\vec{n})}) \text{ 且 } T \vdash \forall \vec{x} \exists! y \theta_f(\vec{x}, y)。$$

(2) 称 R 在 T 中是可证计算的或 Δ_1-可定义的，如果存在 Σ_1 的公式 $\theta_R(\vec{x}, y)$ 和 Π_1 的公式 $\theta_R{}'(\vec{x}, y)$ 使得任给来自 $\mathbb{N}$ 的 $\vec{n}$ 都有

$$R(\vec{n}) \Leftrightarrow T \vdash \theta_R(\vec{n}) \Leftrightarrow T \vdash \theta_R{}'(\vec{n})。 \qquad \square$$

评注 5.4.23. 对于可证计算函数的定义而言，本来也需要类似于可证计算关系的定义一样要求存在一个 Π_1 的公式满足类似的条件。但是由于 $T \vdash \forall \vec{x} \exists! y \theta_f(\vec{x}, y)$ 保证了 $T \vdash \theta_f(\vec{x}, y) \leftrightarrow \theta_f'(\vec{x}, y)$，其中 θ_f' 是 Π_1 的公式 $\forall z(\theta_f(\vec{x}, z) \to z \simeq y)$。因此，就不再要求存在一个 Π_1 的公式满足类似的条件。 $\qquad \square$

引理 5.4.24. 设 T 是包含 RA 的、一致的 $\mathscr{L}_1$-理论，$f: \mathbb{N}^k \to \mathbb{N}$ 是函数，$R \subseteq \mathbb{N}^k$ 是关系。

(1) 如果 f 和 R 是可证计算的，那么它们也是可表示的，因而也是递归的；

(2) 如果 f 和 R 是可证计算的，那么 $\theta_f(\vec{x}, y)$ 和 $\theta_R(\vec{x})$ 分别是其 T-定义中的相关公式。

证明： 借助 T 的 Σ_1-完全性。 $\qquad \square$

评注 5.4.25. 在 $\mathscr{L}_1$ 中，通过可证计算的方式引入的新的非逻辑符号可以得到新的算术语言 $\mathscr{L}_1{}^+$；而引理 5.4.24 (2) 说明，$\mathscr{L}_1{}^+$ 下的 PA$^+$ 虽然比 $\mathscr{L}_1$ 下的 PA "变大" 了，但是并未 "变强"，即前后是 $\mathscr{L}_1{}^+$-等价的。 $\qquad \square$

如下结果虽然简单，但是在下文的使用却十分频繁。

引理 5.4.26. (1) 零值函数、后继函数和投影函数在 PA 中都是可证计算的；

(2) 如果函数 $f(y_0, \cdots, y_{n-1})$ 和 $g_0(\vec{x}), \cdots, g_{n-1}(\vec{x})$ 在 PA 中是可证计算的，那么复合函数 $h(\vec{x}) = f(g_0(\vec{x}), \cdots, g_{n-1}(\vec{x}))$ 在 PA 中也是可证计算的；

(3) 如果关系 $R(y_0, \cdots, y_{n-1})$ 和 $g_0(\vec{x}), \cdots, g_{n-1}(\vec{x})$ 在 PA 中是可证计算的，那么关系 $S(\vec{x}) = R(g_0(\vec{x}), \cdots, g_{n-1}(\vec{x}))$ 在 PA 中也是可证计算的。 $\qquad \square$

算术定理的形式化

为便于形式化"有穷序列"，需要先形式化一些算术定理，比如欧几里德引理 5.3.32、中国剩余定理 5.3.33、哥德尔 β 函数引理 5.3.37。当然，这期间也会形式化一些基本的算术概念。为增强可读性，从现在起"脱掉" $\bar{S}, \bar{+}, \bar{\times}, \bar{\le}, \bar{<}, \bar{n}$ 等非逻辑符号"头上"的 $^-$，当然必要的时候还会再将其"戴上"。

根据定义，所有可证计算的函数和关系都有相关公式见证。出现在这些公式中的相关字母都用无衬线字体（sans font）表示，而那些出现在递归函数和可计算关系中的相关字母，都用常规体（normal font）表示。如素数关系被写作 prime(p)，而见证其可证计算的公式被写作 prime(p)。

同样，为增强可读性，当算术定理被形式化时，会经常使用汉语的词句来替代形式化定理中的部分符号，比如，将

$$\text{PA} \vdash 1 < x \to \exists p(\text{prime}(p) \wedge p \mid x)$$

写作

$$\text{PA} \vdash \text{"如果 } 1 < x\text{，那么存在某个素数 } p \text{ 使得 } p \mid x\text{"}。$$

当然，只在汉语的词句能够被形式化为相应的符号串时才会这么处理。

现在着手形式化欧几里德引理 5.3.32，当然一定的准备工作是必需的。

引理 5.4.27. 如下函数和关系在 PA 中是可证计算的。

(1) 整除关系 $d \mid x$；

(2) 求余函数 $\text{rem}(x, d) = r$；

(3) 素数关系 prime(p)；

(4) 极大值函数 $\max(m, n)$；

(5) 互素关系 coprime(m, n)。

证明： 将在标准自然数模型中对这些函数和关系的定义直接翻译成算术公式，就能得到见证它们可证计算性的公式。显然，它们都是 Δ_0 的。

(1) $\exists q < x(qd \simeq x)$（此时假定 $0 \mid n$ 当且仅当 $n = 0$）；

(2) $[r < d \wedge \exists q < x(x \simeq qd + r)] \vee (d \simeq 0 \wedge r \simeq 0)$；

(3) $p \not\simeq 1 \wedge \forall d < p(d \mid p \to (d \simeq 1 \vee d \simeq p))$；

(4) $(m \le n \wedge z \simeq m) \vee (n < m \wedge z \simeq n)$；

(5) $\forall d < \max(m, n)(d \mid m \wedge d \mid n \to d \simeq 1)$。 $\square$

评注 5.4.28. 引理 5.4.27 虽然简单，却透露出一些有助于理解形式化涵义的事实。

(1) 如上所见，可证计算的函数被形式化为项函数。比如极大值函数 $\max(m,n)$ 被形式化为 $\max(m,n)$，换言之，任给 m,n 函数 $\max(m,n)$ 都给定一个算术项 $\overline{\max(m,n)}$。注意，见证其可证计算的公式本该为

$$(\bar{m} \lesssim \bar{n} \wedge z \simeq \bar{m}) \vee (\bar{n} \lessdot \bar{m} \wedge z \simeq \bar{n}),$$

但是为增强可读性，相关符号"头上"的 ‾ 已经被"脱掉"：

$$(m \leq n \wedge z \simeq m) \vee (n < m \wedge z \simeq n)。$$

(2) 而可证计算的关系都被形式化为公式函数。比如素数关系 $\mathrm{prime}(p)$ 被形式化为 $\mathrm{prime}(p)$，换言之，任给 p 都有一个公式 $\mathrm{prime}(p)$ 与之对应。

(3) 形式化的函数在公式中被使用时，在写法上稍微有些不一致。比如在公式

$$\forall d < \max(m,n)(d \simeq 9 \vee d \simeq 10)$$

中，$\max(m,n)$ 是一个意指某自然数的项，而 9 和 10 就是自然数。既然自然数"头上"的 ‾ 已被"脱掉"，那么 $\max(m,n)$ 所表示项"头上"的 ‾ 也该被"脱掉"，即 $\max(m,n)$ 该被写作 $\max(m,n)$。但是为清晰表明 $\max(m,n)$ 已被形式化，在写法上仍使用 $\max(m,n)$ 而非 $\max(m,n)$。

(4) 形式化的关系在公式中被使用时，在写法上没有上述类似的不一致。

(5) 引理 5.4.27 中形式化的函数和关系在 PA 中与形式化前的函数和关系在标准算术模型 $\mathcal{N}$ 中拥有相似的性质；关于具体验证，留作习题 5.4.29。　□

习题 5.4.29. 引理 5.4.27 中形式化的函数和关系在 PA 中与形式化前的函数和关系在标准算术模型 $\mathcal{N}$ 中拥有相似的性质。　□

引理 5.4.30. (1) $\mathrm{PA} \vdash$ "2 是最小的素数"；

(2) $\mathrm{PA} \vdash$ "如果 $1 < x$，那么存在某个素数 p 使得 $p \mid x$"。　□

引理 5.4.31. $\mathrm{PA} \vdash \mathrm{coprime}(m,n) \leftrightarrow$ "不存在素数既能整除 m 又能整除 n"。　□

引理 5.4.32. 函数 $m - n$ 在 PA 中是可证计算的。

证明： 见证其可证计算的公式为：$m \simeq n \mathbin{\overline{\mp}} k \vee (m < n \wedge k \simeq 0)$。　□

引理 5.4.33（形式化的欧几里德）. $\mathrm{PA} \vdash [0 < m, n \wedge \mathrm{coprime}(m,n)] \rightarrow \exists x \exists y(xm+1 \simeq yn)$。

证明： 与欧几里德引理 5.3.32 的证明类似，只不过要在 PA 中施归纳于 $q = m + n$。　□

现在着手形式化中国剩余定理 5.3.33，即"设 $d_0, \cdots, d_n$ 是……，$a_0, \cdots, a_n$ 是……，则存在自然数 c 使得……"。而其中的"$d_0, \cdots, d_n$"和"$a_0, \cdots, a_n$"指的正是有穷序列，

如果形式化的中国剩余定理沿袭这种表述，就无法避免本质上使用形式化的有穷序列概念，但是现在还尚未将"有穷序列"的概念形式化。为摆脱这种困境，借由可证计算的函数 $g(x)$ 和 $h(x)$ 给出这两个有穷序列。另外，为方便下文使用形式化的中国剩余定理，还需要给 c 一个"可证计算"的上界[①]。

引理 5.4.34. $\mathsf{PA} \vdash (p \mid mn) \to (p \mid m \vee p \mid n)$。

引理 5.4.35. 任给可证计算的函数 $m(i)$，都有 $\mathsf{PA} \vdash \forall k$ "如果任给 $i < k$ 都有 $0 < m(i)$，那么存在唯一的最小自然数 l 使得任给 $i < k$ 都有 $m(i) \mid l$"。

证明： 在 PA 中，l 的存在性可以通过施归纳于 k 证明（归纳步骤会用到引理 5.4.34），而最小的 l 可以通过最小数原理 5.4.10 给出。 □

引理 5.4.36. 如果函数 $g(i)$ 在 PA 中是可证计算的，那么最小公倍数函数 $\mathsf{lcm}\{g(i) \mid i < k\}$ 在 PA 中也是可证计算的。

证明： 借助引理 5.4.35 考虑如下公式

$$(\exists i < k(g(i) \simeq 0 \wedge l \simeq 0)) \vee \begin{pmatrix} 0 < l \wedge \forall i < k(0 < g(i)) \wedge \\ \forall i < k(g(i) \mid l) \wedge \\ \forall q < l \neg(0 < q \wedge \forall i < k(g(i) \mid q)) \end{pmatrix}. \qquad \square$$

形式化的函数 $\mathsf{lcm}\{g(i) \mid i < k\} = \overline{\mathsf{lcm}\{g(i) \mid i < k\}}$ 在 PA 中的确拥有标准算术模型中最小公倍数函数的性质。

引理 5.4.37. (1) $\mathsf{PA} \vdash j < k \to g(j) \mid \mathsf{lcm}\{g(i) \mid i < k\}$；
(2) $\mathsf{PA} \vdash$ "$\mathsf{lcm}\{g(i) \mid i < k\}$ 整除 $g(i)$ $(i < k)$ 的任何公倍数"；
(3) $\mathsf{PA} \vdash \mathsf{prime}(p) \wedge p \mid \mathsf{lcm}\{g(i) \mid i < k\} \to \exists i < k(p \mid g(i))$。 □

引理 5.4.38. 如果 $g(x)$ 在 PA 中是可证计算的，那么一般极大值函数 $\max\{g(i) \mid i < k\}$ 在 PA 中也是可证计算的。

证明： 易知见证其可证计算的 Σ_1 公式为：

$$\exists i < k(g(i) \simeq l) \wedge \forall i < k(g(i) \leq l). \qquad \square$$

定理 5.4.39（形式化的中国剩余）. 如果函数 $g(i)$ 和 $h(i)$ 在 PA 中是可证计算的，那么

$$\mathsf{PA} \vdash \begin{pmatrix} [\forall i < n(1 < g(i) \wedge h(i) < g(i)) \wedge \forall i, j < n\, \mathsf{coprime}(g(i), g(j))] \\ \to \exists c \leq \mathsf{lcm}\{g(i) \mid i < n\} \forall i < n\, \mathsf{rem}(c, g(i)) \simeq h(i) \end{pmatrix}.$$

[①] 上文并未就此给出严格定义，不过读者可以这样粗略理解：如果它是一个给定的值，那么将该值看成一个常值函数，这个常值函数自然是可证计算的；如果它由一个函数给出，那么就要求这个函数是可证计算的。

证明：　假设 → 前的前提成立。施归纳于 n。

- $n = 0$。令 $c = 0$。

- $n = k + 1$。假设结论在 $n = k$ 时成立，只需证结论在 $n = k + 1$ 时也成立。由归纳假设可知存在 c 使得任给 $i < k$ 都有 $\mathrm{rem}(c, g(i)) = h(i)$ 成立。

  ◦ 令 $l = \mathrm{lcm}\{g(i) \mid i < k\}$ 且 $g = g(k)$，易知 l 和 m 互素。不妨假设 $l < m$。

  ◦ 先找到 $r, s \in \mathbb{N}$ 使得 $(r + h(k))l + c = sg + h(k)$。根据形式化的欧几里德引理 5.4.33 可知，存在 $x, y \in \mathbb{N}$ 使得 $xl + 1 = yg$。两边同乘以 $h(k)(l - 1) + c$ 可得：

  $$(h(k)(l - 1) + c)xl + (h(k)(l - 1) + c) = (h(k)(l - 1) + c)yg,$$

  再令 $r = (h(k)(l - 1) + c)x$ 且 $s = (h(k)(l - 1) + c)y$，可得 $rl + (h(k)(l - 1) + c) = sg$。最后移项即可得 $(r + h(k))l + c = sg + h(k)$。

  ◦ 现在令 $c^* = (r + h(k))l + c = sg + h(k)$。显然，如果 $i < k$，那么 $c^* = (r + h(k))l + c \equiv_{g(i)} c \equiv_{g(i)} h(i)$；如果 $i = k$，那么 $z = sg + h(k) \equiv_{g(k)} h(k)$。令 $l' = \mathrm{lcm}\{g(i) \mid i < k + 1\}$。
    ○ 如果 $c^* \le l'$，则结论在 $n = k + 1$ 时成立；
    ○ 如果 $c^* > l'$，则令 $d = \max\{q \le c^* \mid l' \text{ 整除 } q\}$ 且 $C = c^* - d$。可验证任给 $i < k + 1$ 都有 $C \equiv_{g(i)} h(i)$。　$\square$

评注 5.4.40. (1) 形式化的中国剩余定理和中国剩余定理的证明本质上是一样的，具体证明中也都用到了减法。对于前者这无妨，一是因为减法在算术语言中是可定义的（$x - y \simeq z$ 当且仅当 $x \simeq y \mp z$），二是因为它没有使用负整数的性质；对于后者，这更没问题，因为它的证明是在 PA 外进行的。

(2) 二者也有差别，撇除在定理表述上前者使用算术语言后者使用汉语的差异，在前提表述上前者借由可证计算的函数取代了后者的有穷序列；同时，在所得结论上前者利用最小公倍数函数 lcm 给了 c 一个可证计算的上界。　$\square$

现在着手形式化哥德尔 β 函数引理 5.3.37。

引理 5.4.41. (1) 令 $g(i) \triangleq 1 + (i + 1)d$，则 $h(i)$ 在 PA 中是可证计算的；

(2) 令 $\alpha(c, d, i) \triangleq \mathrm{rem}(c, 1 + (i + 1)d)$，则 $\alpha(c, d, i)$ 在 PA 中是可证计算的；

(3) 在引理 5.3.36 中定义的二元编码函数 $\pi(x, y)$ 和一元解码函数 $\pi_1(z), \pi_2(z)$ 在 PA 中都是可证计算的。　$\square$

引理 5.4.42（形式化的哥德尔 β 函数）. 令函数

$$\beta(s, i) \triangleq \alpha(\pi_1(s), \pi_2(s), i),$$

则 $\beta(s, i)$ 在 PA 中是可证计算的。并且，如果 $h(i)$ 在 PA 中是可证计算的，那么 PA ⊢ "任

给 k 都存在 t 使得对于所有 $i < k$ 都有 $\beta(t, i) = h(i)$，且 t 有一个可证计算的上界"。

证明： (1) β 的可证计算性易证。

(2) 任给 k，令 $s = \max(k, \max\{h(i) \mid i < k\}) + 1$，$d = \text{lcm}\{i + 1 \mid i < s\}$，$g(i) = 1 + (i + 1)d$。显然 $k \le s$ 且任给 $i < k$ 都有 $h(i) \le s$，因而任给 $i < s$ 都有 $h(i) \le s \le d < 1 + (i + 1)d = g(i)$。为使用形式化的中国剩余定理，还需要证明

断言 5.4.43. 任给 $i < j < k$ 都有 $g(i), g(j)$ 互素。

断言的证明： 反证法。给定 i, j，假设存在某个素数 p 使得 $p \mid 1 + (i + 1)d$ 且 $p \mid 1 + (j + 1)d$，因而 $p \mid (j - 1)d$。根据引理 5.4.34 可知，$p \mid j - 1$ 或 $p \mid d$。又由于 $1 \le j - i < k < s$，因而 $j - i \mid d$，所以不论 $p \mid j - 1$ 还是 $p \mid d$ 都有 $p \mid d$，从而 $p \mid (i + 1)d$，进而 $p \mid 1$，矛盾！ $\quad\square$

因此，根据形式化的中国剩余定理存在 $c \le \text{lcm}\{g(i) \mid i < k\}$ 使得 $\text{rem}(c, g(i)) = h(i)$。令 $t = \pi(c, d)$，只需验证 t 符合条件：

- 任给 $i < k$ 都有 $\beta(t, i) = \alpha(\pi_1(t), \pi_2(t), i) = \alpha(c, d, i) = \text{rem}(c, 1 + (i + 1)d) = \text{rem}(c, g(i)) = h(i)$。

- t 有一个可证计算的上界。由于 $g(i)$ 是可证计算的且 $c \le \text{lcm}\{g(i) \mid i < k\}$，因而 c 有一个可证计算的上界；由于 $h(i)$ 是可证计算的，因而 s 也是可证计算的，再由于 $d = \text{lcm}\{i + 1 \mid i < s\}$，所以 d 有一个可证计算的上界；因此 $t = \pi(c, d)$ 也有一个可证计算的上界。 $\quad\square$

评注 5.4.44. (1) 一个有穷序列最关键的是它的信息，即每个位置的值 $h(i)$。不难看出，rem 函数的作用是借助 $g(i)$ 将具体信息编码成一个数 c；α 函数的作用是将 $g(i)$ 压缩成一个数 d；π 函数的作用是将 c 和 d 进一步压缩成一个数 t；而 β 函数则是 rem 函数通过 α 和 π 优化的结果。

(2) 形式化的哥德尔 β 函数引理的证明与哥德尔 β 函数引理相比，最大的差别在于前者在寻找 d 时使用了最小公倍数函数 lcm，没有使用阶乘函数 $s!$，而形式化阶乘函数则需要借助形式化的有穷序列。另外前者额外给了 t 一个可证计算的上界。

(3) 在形式化的哥德尔 β 函数引理中，寻找 c 的可证计算上界时和寻找生成 $g(i)$ 的 d 时都用到了最小公倍数函数 lcm。 $\quad\square$

有穷序列的形式化

经过诸多准备工作，现在可以着手形式化"有穷序列"的概念了。

引理 5.4.45. 如下关系和函数在 PA 中是可证计算的。

(1) 有穷序列关系 fseq(s)；

(2) 有穷序列长度函数 len(s) $\triangleq \pi_2(s)$；

(3) 有穷序列第 i 项值 $(s)_i \triangleq \beta(\pi_1(s), i)$。

证明： (2) 和 (3) 易证，只证 (1)。见证 fseq(s) 可证计算的为如下 Δ_1 的公式：

$$\mathsf{fseq}(s) \triangleq \exists t, k < s[s \simeq \pi(t, k) \land \forall t' < t \exists i < k(\beta(t', i) \not\simeq \beta(t, i))].\qquad\square$$

评注 5.4.46. (1) 在 PA 中，任给 k-元的有穷序列 $\langle a_0, \cdots, a_{k-1}\rangle$ 可能有多个 t 使得任给 $i < k$ 都有 $\beta(t, i) = a_i$，但是 $\forall t' < t \exists i < k(\beta(t', i) \not\simeq \beta(t, i))$ 保证了 t 取最小的那个。

(2) 一个有穷序列主要有两个部分：一是信息，即每个位置的值；二是长度。信息全部压缩在 t 中，通过 β 进行"解码"即可获得每个位置的值 $\beta(t, i)$。长度就是 k。而 π 则把两个部分进一步编码成一个数 s。如此，在 PA 中把这个唯一的 s 视为编码前的有穷序列。

(3) 形式化有穷序列后，继续在 PA 中用 $\langle a_0, \cdots, a_{k-1}\rangle$ 表示有穷序列 $\langle a_0, \cdots, a_{k-1}\rangle$ 的编码。注意，该编码不是指哥德尔编码，而是指经 π 最终编码后的值。

(4) 分别用 len(s) 和 $(s)_i$ 表示形式化后的 len(s) 和 $(s)_i$。用 $(s)_i$ 表示形式化的 $(s)_i$，虽然重复，但是一来记法简洁，二来可读性强。$\qquad\square$

引理 5.4.47. (1) PA $\vdash [\mathsf{fseq}(u) \land \mathsf{fseq}(v) \land \mathsf{len}(u) \simeq \mathsf{len}(v) \land \forall i < \mathsf{len}(u)\ (u)_i \simeq (v)_i] \to u \simeq v$；

(2) PA $\vdash \exists! s[\mathsf{fseq}(s) \land \mathsf{len}(s) \simeq 0]$。$\qquad\square$

引理 5.4.47 例证，形式化的有穷序列的确具备有穷序列的基本性质，并且在 PA 中存在唯一的空序列。

定义 5.4.48. 令形式化的空序列 $\langle\ \rangle \triangleq \overline{\pi(0, 0)}$。$\qquad\square$

评注 5.4.49. 解释下为什么规定 $\overline{\pi(0, 0)}$ 表示形式化的空序列。在形式化有穷序列的过程中，所有符号的 ‾ 都被"脱掉"了，所以现在应该分析为什么规定 $\pi(0, 0)$ 表示形式化的空序列。令 $\langle\ \rangle = \pi(t, k)$。因为空序列的长度是 0，所以 k 只能等于 0。如此看来，t 取任意数好像都是可以的，但是不要忘了在 fseq 的定义中规定 t 要取最小的满足条件的数，所以 t 也只能等于 0。$\qquad\square$

引理 5.4.50. 有穷序列的串接运算 $u\frown v$ 在 PA 中是可证计算的。

证明： 考虑如下 Σ_1 的公式

$$\phi(u,v,s) \triangleq \left(\begin{array}{l} \mathsf{fseq}(s) \wedge \mathsf{len}(s) \simeq \mathsf{len}(u) + \mathsf{len}(v) \wedge \\ [\forall i < \mathsf{len}(u)\ (s)_i \simeq (u)_i] \wedge \\ [\forall i < \mathsf{len}(v)\ (s)_{\mathsf{len}(u)+i} \simeq (v)_i] \end{array}\right).$$

易证，$\mathsf{PA} \vdash \forall u \forall v \exists! s\, \phi(u,v,s)$。 □

形式化的串接运算具有串接运算的基本性质。

引理 5.4.51. (1) $\mathsf{PA} \vdash \mathsf{fseq}(s) \to \langle\ \rangle \hat{\ } s \simeq s \simeq s\hat{\ }\langle\ \rangle$;

(2) $\mathsf{PA} \vdash \mathsf{fseq}(u) \wedge \mathsf{fseq}(v) \wedge \mathsf{fseq}(s) \to (u\hat{\ }v)\hat{\ }s \simeq u\hat{\ }(v\hat{\ }s)$。 □

原始递归的形式化

借助形式化的有穷序列概念可以证明形式化的原始递归引理。

引理 5.4.52（形式化的原始递归）. 如果全函数 $g(\vec{x})$ 和 $h(\vec{x},y,z)$ 在 PA 中是可证计算的，那么由 g 和 h 通过原始递归定义得到的 $f(\vec{x},y)$ 在 PA 中也是可证计算的。

证明： 借助形式化的有穷序列概念进行证明。见证其可证计算的 Σ_1 公式为：

$$\exists s[\mathsf{fseq}(s) \wedge (s)_0 = g(\vec{x}) \wedge (s)_{\mathsf{len}(s)-1} = z \wedge \forall i < \mathsf{len}(s)((s)_{i+1} = h(\vec{x},y,(s)_i))]。 \quad \square$$

评注 5.4.53. 不难发现，引理 5.3.39 的证明方法并不适用于引理 5.4.52。 □

推论 5.4.54. 所有的原始递归函数都是可证计算的。

证明： 综合引理 5.4.26 和 5.4.52 可得。 □

习题 5.4.55. 如下定义阿克曼函数 $f_{\mathrm{Ack}}(x,y)$：

$$f_{\mathrm{Ack}}(i,0) = 2;$$
$$f_{\mathrm{Ack}}(0,j+1) = f_{\mathrm{Ack}}(0,j) + 2;$$
$$f_{\mathrm{Ack}}(i+1,j+1) = f_{\mathrm{Ack}}(i,f_{\mathrm{Ack}}(i+1,j))。$$

证明 f_{Ack} 在 PA 中是可证计算的。提示：使用形式化的有穷序列概念而非形式化的原始递归定理。 □

即便如非原始递归但递归的阿克曼函数 f_{Ack} 是可证计算的，却并非所有的递归函数都是可证计算的，具体例子详见 [120，第 52 页 Exercise 4.8]。再根据引理 5.4.24 (1) 可知，可证计算函数是递归函数的真类。但可证计算关系类与可计算关系类却是相等的：

定理 5.4.56. 可计算关系都是可证计算的，因而可证计算关系类就是可计算关系类。

证明： 前一个结论容易验证，再综合引理 5.4.24 (1) 可得后一个结论。 □

语法概念的形式化

现在着手形式化一阶算术语言的语法概念。本子节从现在开始，将"脱掉"的﹉重新"戴上"。首先将初始符号形式化为项 $\bar{n}$。

定义 5.4.57（初始符号的形式化）. 将算术语言 $\mathscr{L}_1$ 的初始符号赋值成数项。

符号 ζ	$\forall$	$\bar{0}$	$\bar{S}$	$\bar{+}$	$\bar{\times}$	$($	$)$	$\neg$	$\to$	$\simeq$	x_0	x_1	x_2	$\cdots$
形式化 $\ulcorner\zeta\urcorner$	$\bar{1}$	$\bar{3}$	$\bar{5}$	$\bar{7}$	$\bar{9}$	$\overline{11}$	$\overline{13}$	$\overline{15}$	$\overline{17}$	$\overline{19}$	$\overline{21}$	$\overline{23}$	$\overline{25}$	$\cdots$

如果符号串 $\xi = \zeta_0 \cdots \zeta_n$，那么 ξ 的形式化（或 ξ 在 PA 中的编码）为：

$$\ulcorner\xi\urcorner = \langle\ulcorner\zeta_0\urcorner, \cdots, \ulcorner\zeta_n\urcorner\rangle。 \qquad \square$$

评注 5.4.58. (1) 与定义 5.3.45 中把算术语言中的初始符号指定为一个自然数不同，这里把算术语言的初始符号指定为前面自然数所对应的数项。前者用自然数在标准算术模型中谈论初始符号，后者用数项在 PA 中谈论初始符号。

(2) 初始符号形式化的结果就是，将初始符号引进算术语言作为新的常量符号使用，就像定义 4.7.5 中那样。

(3) 初始符号形式化后，任给 $n \in \mathbb{N}$，在任何一个算术模型 $\mathcal{M}$ 中解释 $\bar{n}$ 时（假定 $\mathcal{N} \subseteq \mathcal{M}$），它既可能是某个自然数，也可能是某个初始符号。这不会引起歧义，具体是哪种情况，可根据具体语境判断。 $\qquad \square$

算术语言的变元、项、公式等其他概念都能作为关系在 PA 中是可证计算的。在证明其可证计算性时，由于已证形式化的原始递归引理 5.4.52，也可以像第 5.3.3 子节那样给其一个原始递归的定义。但是接下来并不打算采用这种方式，而是利用形式化的有穷序列概念直接给出见证其可证计算的公式。

引理 5.4.59. 关系 $\mathrm{var}(x)$ 在 PA 中是可证计算的。

证明： 考虑公式 $\mathrm{var}(x) \triangleq \exists y < x(x \simeq \bar{2} \times y \bar{+} \overline{21})$。 $\qquad \square$

引理 5.4.60. 关系 $\mathrm{term}(x)$ 在 PA 中是可证计算的。

证明： 考虑公式：

$$\text{term}(x) \triangleq \exists s \left(\begin{array}{l} \text{fseq}(s) \land \bar{0} < \text{len}(s) \land (s)_{\text{len}(s)-1} \simeq x \land \\ \forall i < \text{len}(s) \left(\begin{array}{l} (s)_i \simeq \langle \ulcorner \bar{0} \urcorner \rangle \lor \\ \exists v < (s)_i (\text{var}(v) \land (s)_i \simeq \langle v \rangle) \lor \\ \exists m, n < i \left(\begin{array}{l} (s)_i \simeq \langle \ulcorner \bar{S} \urcorner \rangle \widehat{\ } (s)_m \lor \\ (s)_i \simeq (s)_m \widehat{\ } \langle \ulcorner \bar{+} \urcorner \rangle \widehat{\ } (s)_n \lor \\ (s)_i \simeq (s)_m \widehat{\ } \langle \ulcorner \bar{\times} \urcorner \rangle \widehat{\ } (s)_n \end{array} \right) \end{array} \right) \end{array} \right) \circ$$

显然最外层括号内的公式是 Δ_1 的。另外，任给项 x，$\text{len}(s) = \pi_1(x) \le x$。又因为 s 的每一个位置的值都 $\le x$，因而 $s \le \underbrace{\langle x, \cdots, x \rangle}_{x+1 \text{ 个}}$，再根据哥德尔 β 函数引理可知，s 有一个可证计算的上界。因此 $\text{term}(x)$ 是 Δ_1 的。 $\qquad \square$

引理 5.4.61. 原子公式关系 $\text{aform}(x)$ 在 PA 中是可证计算的。

证明： 考虑公式 $\text{aform}(x) \triangleq \exists y, z < x (\text{term}(y) \land \text{term}(z) \land x \simeq y \widehat{\ } \langle \ulcorner \simeq \urcorner \rangle \widehat{\ } z)$。 $\qquad \square$

引理 5.4.62. 公式关系 $\text{form}(x)$ 在 PA 中是可证计算的。 $\qquad \square$

证明： 考虑公式：

$$\text{form}(x) \triangleq \exists s \left(\begin{array}{l} \text{fseq}(s) \land \bar{0} < \text{len}(s) \land (s)_{\text{len}(s)-1} \simeq x \land \\ \forall i < \text{len}(s) \left(\begin{array}{l} \text{aform}((s)_i) \lor \\ \exists m, n < i \, (s)_i \simeq (s)_m \widehat{\ } \langle \ulcorner \rightarrow \urcorner \rangle \widehat{\ } (s)_n \lor \\ \exists m < i \exists v < x (\text{var}(v) \land (s)_i \simeq \langle \ulcorner \forall \urcorner, v \rangle \widehat{\ } (s)_m) \end{array} \right) \end{array} \right) \circ$$

类似于引理 5.4.60 可证 $\text{form}(x)$ 是 Δ_1 的。 $\qquad \square$

引理 5.4.63. 否定函数 $\neg(x)$ 在 PA 中是可证计算的。

证明： 考虑公式 $y \simeq \langle \ulcorner \neg \urcorner \rangle \widehat{\ } x$。用 $\dot{\neg}(x)$ 表示形式化的 $\neg(x)$。 $\qquad \square$

引理 5.4.64. 蕴涵函数 $x \rightarrow y$ 在 PA 中是可证计算的。

证明： 考虑公式 $z \simeq x \widehat{\ } \langle \ulcorner \rightarrow \urcorner \rangle \widehat{\ } y$。用 $x \dot{\rightarrow} y$ 表示形式化的 $x \rightarrow y$。 $\qquad \square$

评注 5.4.65. 类似地，函数 $x \land y$，$x \lor y$，$\bigwedge_{i<n} x_i$ 和 $\bigvee_{i<n} x_i$ 也是可证计算的，分别用 $x \dot{\land} y$，$x \dot{\lor} y$，$\dot{\bigwedge}_{i<n} x_i$ 和 $\dot{\bigvee}_{i<n} x_i$ 表示其形式化。 $\qquad \square$

引理 5.4.66. 分离规则关系 $\text{MP}(x, y, z)$ 在 PA 中是可证计算的。

证明： 考虑公式 $\text{MP}(x, y, z) \triangleq y \simeq x \dot{\rightarrow} z \land \text{form}(x) \land \text{form}(z)$。 $\qquad \square$

定义 5.4.67. 设 T 是理论。称 T 在 PA 中是可证计算的，如果存在公式集 Σ 使得 T 由 Σ 公理化且关系 $\text{axm}_T(x) = \{x \in \mathbb{N} \mid x \in \#\Sigma\}$ 在 PA 中是可证计算的。 $\qquad \square$

推论 5.4.68. 设 T 是包含 PA 的、一致的理论。则 T 是可计算公理化的当且仅当 T 是可证计算的。 □

证明: 从定理 5.4.56 易得。用 $\mathrm{axm}_T(x)$ 表示见证 $\mathrm{axm}_T(x)$ 可证计算的公式。 □

现在形式化证明与可证性概念。

引理 5.4.69(形式化的证明与可证性). 如果 T 是包含 PA 的、可计算公理化的、一致的理论,那么二元关系 $\mathrm{PF}_T(x,y)$ 在 PA 中是可证计算的,而一元关系 $\mathrm{PB}_T(y)$ 是 Σ_1 的。

证明: 考虑如下 Δ_1 的公式:

$$\mathrm{PF}_T(x,y) \triangleq \left(\begin{array}{l} \mathsf{fseq}(x) \wedge (x)_{\mathsf{len}(x)-1} \simeq y \wedge \\ \forall i < \mathsf{len}(x)[\mathsf{axm}_T((x)_i) \vee \exists m,n < i\, \mathsf{MP}((x)_m,(x)_n,(x)_i)] \end{array} \right)。$$

因而 $\mathrm{PB}_T(y)$ 由 Σ_1 的公式 $\mathrm{PB}_T(y) \triangleq \exists x \mathrm{PF}_T(x,y)$ 所定义。 □

评注 5.4.70. 根据算术化的证明与可证性引理 5.3.75 可知,$\mathrm{PF}_T(x,y)$ 是可计算的,因而根据可表示性定理 5.3.40 可知 $\mathrm{PF}_T(x,y)$ 由 $\mathsf{pf}_T(x,y)$ 表示。

(1) 那么 $\mathsf{pf}_T(x,y)$ 与 $\mathrm{PF}_T(x,y)$ 有何区别?前者是通过可表示性获得的,后者是通过可证计算获得的,二者的差别即可表示性与可证计算的差别。由于获得过程的差别,$\mathsf{pf}_T(x,y)$ 中的 T 最小取 RA,而 $\mathrm{PF}_T(x,y)$ 中的 T 最小取 PA。

(2) $\mathbf{D}_2$ 中的 $\square_T$ 是通过 $\mathsf{pf}_T(x,y)$ 定义的,而如下证明 T 满足 $\mathbf{D}_2$ 时用的是 $\mathrm{PF}_T(x,y)$。既然二者有差别,那么这种差别是否影响证明 T 满足 $\mathbf{D}_2$?答案是否定的,相反还有助于证明。因为任给 $m,n \in \mathbb{N}$ 都有 $T \vdash \mathsf{pf}_T(\bar{m},\bar{n}) \leftrightarrow \mathrm{PF}_T(\bar{m},\bar{n})$。

(3) 因此证明哥德尔第二不完全性定理时,不能用 $\mathsf{pf}_T(x,y)$ 替代 $\mathrm{PF}_T(x,y)$;但是证明哥德尔第一不完全性定理时,却可以用 $\mathrm{PF}_T(x,y)$ 替代 $\mathsf{pf}_T(x,y)$。 □

T 满足 $\mathbf{D}_2$

经过大量准备工作,现在证明本子节最后的结论:

引理 5.4.71. 设 T 是包含 PA 的、可计算公理化的理论。如果 T 是一致的,那么 T 满足 $\mathbf{D}_2$,即 $\vdash_T \square_T(\phi \rightarrow \psi) \rightarrow \square_T\phi \rightarrow \square_T\psi$。

证明: 假设 u 和 v 分别满足 $\mathrm{PF}_T(u, \ulcorner \phi \rightarrow \psi \urcorner)$ 和 $\mathrm{PF}_T(v, \ulcorner \phi \urcorner)$。令 $s = u \hat{\ } v \hat{\ } \langle \ulcorner \psi \urcorner \rangle$。不难验证如下断言:

(1) $\vdash_T \mathsf{fseq}(s)$;

(2) $\vdash_T (s)_{\mathsf{len}(s)-1} \simeq \ulcorner \psi \urcorner$;

(3) $\vdash_T \forall i < \mathsf{len}(s)[\mathsf{axm}_T((s)_i) \vee \exists m, n < i\, \mathsf{MP}((s)_m, (s)_n, (s)_i)]$。

因而有 $\mathsf{PF}_T(s, \ulcorner \psi \urcorner)$。所以，

$$\vdash_T \mathsf{PF}_T(u, \ulcorner \phi \to \psi \urcorner) \to \mathsf{PF}_T(v, \ulcorner \phi \urcorner) \to \mathsf{PF}_T(s, \ulcorner \psi \urcorner)。$$

因此结论得证。 $\qquad\square$

5.4.5 T 满足 $\mathbf{D}_3$

本子节默认 T 是包含 PA 的、可计算公理化的、一致的理论。

现在聚焦 $\mathbf{D}_3 : \vdash_T \Box_T \phi \to \Box_T \Box_T \phi$。显然，$\mathbf{D}_3$ 可以看作如下命题的形式化："如果 $T \vdash \phi$ 那么 $T \vdash \mathsf{pb}_T(\ulcorner \phi \urcorner)$。"但是这种理解对于证明 T 满足 $\mathbf{D}_3$ 无益，因而需要转换思路。由于 $\Box_T \phi$ 是 Σ_1 语句，所以只需证：任给 Σ_1 语句都有 $\vdash_T \phi \to \Box_T(\ulcorner \phi \urcorner)$。而这正是 Σ_1 完全性定理 5.3.16 的某种形式化；为证明该结论，需要对所有的 Σ_1 语句 $\phi(\vec{x})$ 的结构进行归纳，而这不得不处理带自由变元的 $\phi(\vec{x})$。然而不论 $\phi(\vec{x})$ 是否有自由变元，$\Box_T(\ulcorner \phi(\vec{x}) \urcorner)$ 总是没有自由变元的语句，更甚至存在使得 $\vdash_T \phi(\vec{x}) \to \Box_T(\ulcorner \phi(\vec{x}) \urcorner)$ 不成立的带有自由变元的 $\phi(\vec{x})$。所以需要引入新符号 $\Box_T \lfloor \phi(\vec{x}) \rfloor$ 从而将 $\Box_T(\ulcorner \phi(\vec{x}) \urcorner)$ 中的变元 $\vec{x}$ 重新释放成自由变元。

有别于 $\Box_T \phi(x)$ 的 $\Box_T \lfloor \phi(x) \rfloor$

引入新符号之前，需要做些准备工作。第一项准备工作是将数项的概念形式化。令 $\mathsf{nt} : n \mapsto \bar{n}$，其中 $\bar{n} \triangleq \bar{S}^n \bar{0}$。

引理 5.4.72. 数项函数 $\mathsf{nt}(x)$ 在 PA 中是可证计算的。

证明： 考虑公式：

$$\phi(x, y) \triangleq \exists s \left(\begin{array}{l} \mathsf{fseq}(s) \wedge \mathsf{len}(s) \simeq x \mathbin{\bar{+}} \bar{1} \wedge \\ (s)_0 \simeq \ulcorner \bar{0} \urcorner \wedge (s)_{x+1} \simeq y \wedge \forall i < x\, (s)_{i+1} \simeq \langle \ulcorner \bar{S} \urcorner \rangle^\frown (s)_i \end{array} \right)。$$

不难证明 $\mathsf{PA} \vdash \forall x \exists! y \phi(x, y)$，类似于引理 5.4.60 可证 ϕ 是 Δ_1 的。 $\qquad\square$

不妨记 $\mathsf{nt}(x)$ 的形式化为 $\mathsf{nt}(x)$，即 $\mathsf{nt}(x) = \overline{\mathsf{nt}(x)}$。注意，任给 n，$\mathsf{nt}(\bar{n})$ 都是项，即 $\mathsf{nt}(\bar{n}) = \overline{\mathsf{nt}(\bar{n})} = \bar{n}$。

第二项准备工作是形式化变元函数 $\mathsf{fv}(x) = 2x + 21$，其中 $\mathsf{fv}(n)$ 是第 n 个变元 x_n 的哥德尔编码。

引理 5.4.73. 变元函数 $\mathrm{fv}(x)$ 在 PA 中是可证计算的。

证明： 考虑公式 $y \simeq \bar{2} \,\bar{\times}\, x \,\bar{\mp}\, \overline{21}$。　　　　　　　　　　　　　　$\square$

不妨记 $\mathrm{fv}(x)$ 的形式化为 $\mathsf{fv}(x)$。

第三项准备工作是形式化数项代入函数 $\mathrm{nts}(\ulcorner\phi\urcorner, \ulcorner x \urcorner, \bar{n}) = \ulcorner\phi(x; \bar{n})\urcorner$。

引理 5.4.74. 数项代入函数 nts 在 PA 中是可证计算的。

证明： 借助形式化的有穷序列概念可证。当然，根据形式化的原始递归引理 5.4.52 也可以像引理 5.3.57 的证明那样给出一个 nts 的原始递归定义。　　　　　　$\square$

不妨记 nts 的形式化为 nts。

记号 5.4.75. 令 $\tilde{\mathsf{nts}}(z, y, x) \triangleq \mathsf{nts}(z, \mathsf{fv}(y), \mathsf{nt}(x)) = \overline{\mathsf{nts}(z, \overline{\mathsf{fv}(y)}, \overline{\mathsf{nt}(x)})}$。　　$\square$

评注 5.4.76. (1) 任给 x, y, z，形式化函数 $\mathsf{nts}(z, \mathsf{fv}(y), \mathsf{nt}(x))$ 的值都是项。

(2) 现在举例示范下函数 $\mathsf{nts}(z, \mathsf{fv}(y), \mathsf{nt}(x))$ 是如何计算的：不妨取 $x = 3, y = 4, z = \ulcorner x_4 \simeq x_6 \urcorner$；先将 z 解码为公式 $x_4 \simeq x_1$；在公式中找到所有自由的下标为 4 的变元，即所有自由的变元 x_4；用 x_3 替换所有自由的变元 x_4；得到公式 $x_3 \simeq x_6$；最后令

$$\mathsf{nts}(\ulcorner x_4 \simeq x_6 \urcorner, \mathsf{fv}(4), \mathsf{nt}(3)) = \ulcorner \bar{3} \simeq x_6 \urcorner。$$

(3) 试比较 $\mathsf{nts}(\ulcorner x_4 \simeq x_6 \urcorner, \mathsf{fv}(4), \mathsf{nt}(x_4))$ 中的两个 x_4。不难计算

$$\mathsf{nts}(\ulcorner x_4 \simeq x_6 \urcorner, \mathsf{fv}(4), \mathsf{nt}(x_4)) = \ulcorner \mathsf{nt}(x_4) \simeq x_6 \urcorner。$$

显然 $\ulcorner x_4 \simeq x_6 \urcorner$ 中的 x_4 总是"沉寂"的，而 $\ulcorner \mathsf{nt}(x_4) \simeq x_6 \urcorner$ 中的 x_4 却是"活跃"的，亦即自由的，因为将 x_4 赋值为不同的 a（可能是非标准元素），都会相应地得到不同的 $\ulcorner \mathsf{nt}(a) \simeq x_6 \urcorner$。　　　　　　　　　　　　　　　　　　$\square$

现在引入新符号 $\square_T \lfloor \phi(\vec{x}) \rfloor$。

定义 5.4.77. 设 ϕ 是算术公式且其自由变元为 $x_{k_0}, \cdots, x_{k_{n-1}}$，同时不妨假设 $k_0 < \cdots < k_{n-1}$。令

$$\square_T \lfloor \phi(\vec{x}) \rfloor \triangleq \square_T(\tilde{\mathsf{nts}}(\cdots \tilde{\mathsf{nts}}(\tilde{\mathsf{nts}}(\ulcorner\phi\urcorner, k_0, x_{k_0}), k_1, x_{k_1}), \cdots, k_{n-1}, x_{k_{n-1}}))。$$　$\square$

评注 5.4.78. (1) $\square_T \lfloor \phi(\vec{x}) \rfloor$ 的定义比较一般，为便于理解，不妨假设 $\phi \triangleq x_8 \simeq \bar{0}$。类似于评注 5.4.76 (3)，可知

$$\square_T \lfloor \phi(x_8) \rfloor = \square_T \lfloor x_8 \simeq \bar{0} \rfloor$$
$$= \square_T(\tilde{\mathsf{nts}}(\ulcorner x_8 \simeq \bar{0} \urcorner, 8, x_8))$$

$$= \Box_T(\mathsf{nts}(\ulcorner x_8 \simeq \bar{0} \urcorner, \mathsf{fv}(8), \mathsf{nt}(x_8)))$$

$$= \Box_T(\ulcorner \mathsf{nt}(x_8) \simeq \bar{0} \urcorner)$$

$$= \Box_T \mathsf{nt}(x_8) \simeq \bar{0}$$

$$= \Box_T x_8 \simeq \bar{0}(x_8; \mathsf{nt}(x_8))$$

$$= \Box_T \phi(x_8; \mathsf{nt}(x_8))$$

$$= \Box_T \phi(\mathsf{nt}(x_8))。$$

这个计算过程带来两点启示：

- $\Box_T \lfloor \phi(x_8) \rfloor$ 的涵义很简单，就是把 $\Box_T \phi(x_8)$ 中的 x_8 替换为 $\mathsf{nt}(x_8)$。
- $\Box_T \lfloor \phi(x_8) \rfloor$ 中的 x_8 "处于开放的 $\lfloor \ \rfloor$ 中"，从而是自由的，好比 $\Box_T(\phi(x_8))$ 中的 x_8 "从 ( ) 中逃出来获得自由"。

(2) $\Box_T \lfloor \phi(\vec{x}) \rfloor$ 和 $\phi(\vec{x})$ 拥有相同的自由变元，而 $\Box_T \phi(\vec{x})$ 没有自由变元。

(3) 显然，当 ϕ 没有自由变元时，$\Box_T \lfloor \phi \rfloor = \Box_T \phi$，因而 $\Box_T \lfloor \Box_T \phi \rfloor = \Box_T \Box_T \phi$。

(4) 上述分析已经表明，对于含有自由变元的 $\phi(x)$ 而言，$\vdash_T \Box_T \lfloor \phi(x) \rfloor$ 和 $\vdash_T \Box_T \phi(x)$ 是有区别的。不妨从标准算术模型 $\mathcal{N}$ 的角度理解这种区别。

- 根据概括定理 3.4.28，前者等价于 $\vdash_T \forall x \Box_T \lfloor \phi(x) \rfloor$，即 $\mathcal{N} \vDash \forall x \Box_T \phi(\mathsf{nt}(x))$。而 $\mathcal{N} \vDash \forall x \Box_T \phi(\mathsf{nt}(x))$ 的涵义是：任给 $n \in \mathbb{N}$，在 $\mathcal{N}$ 中都有 $\phi(\mathsf{nt}(\bar{n}))$——$\phi(\bar{n})$——的证明。撇除 $\bar{n}$ 的差异，这些证明的最后一行是一样的，但是证明的长度，乃至其他行都可能是不一样的。

- 而 $\mathcal{N} \vDash \Box_T \phi(x)$ 的涵义是：在 $\mathcal{N}$ 中有一个 $\phi(x)$ 的统一证明，亦即，任给 $n \in \mathbb{N}$，在 $\mathcal{N}$ 中都有一个 $\phi(\bar{n})$ 的统一的证明。撇除 $\bar{n}$ 的差异，这些证明的每一行和证明长度都是一样的。 □

因而，任给公式 $\phi(\vec{x})$，$\Box_T \lfloor \phi(\vec{x}) \rfloor$ 的定义无非是：先把 $\phi(\vec{x})$ 中的自由变元 x 分别统一地替换为 $\mathsf{nt}(x)$，再前缀以 $\Box_T$。因此 $\Box_T \lfloor \phi(\vec{x}) \rfloor$ 的定义可简化为：

记号 5.4.79. 设 $\phi(\vec{x})$ 是含有自由变元 $x_0, \cdots, x_{k-1}$ 的算术公式。令

$$\Box_T \lfloor \phi(\vec{x}) \rfloor \triangleq \Box_T(\cdots(\phi(x_0; \mathsf{nt}(x_0)))\cdots(x_{k-1}; \mathsf{nt}(x_{k-1})))$$

$$= \Box_T \phi(\mathsf{nt}(x_0), \cdots, \mathsf{nt}(x_{k-1}))$$

$$= \Box_T \phi(\overrightarrow{\mathsf{nt}(x)})。$$ □

评注 5.4.80. 给定公式 $\phi(x, y, z)$，$\Box_T \lfloor \phi(x, y, z) \rfloor = \Box_T \phi(\mathsf{nt}(x), \mathsf{nt}(y), \mathsf{nt}(z))$。 □

引理 5.4.81. 设 T 是包含 PA 的、可计算公理化的、一致的理论，ϕ, ψ 是公式。则

(1) $\vdash_T \lfloor \neg \phi \rfloor \leftrightarrow \neg \lfloor \phi \rfloor$；

(2) $\vdash_T \lfloor \phi \to \psi \rfloor \leftrightarrow (\lfloor \phi \rfloor \to \lfloor \psi \rfloor)$；

(3) $\vdash_T \lfloor \phi \wedge \psi \rfloor \leftrightarrow (\lfloor \phi \rfloor \wedge \lfloor \psi \rfloor)$；

(4) $\vdash_T \lfloor \phi \vee \psi \rfloor \leftrightarrow (\lfloor \phi \rfloor \vee \lfloor \psi \rfloor)$。　　　　　　　　　　　　　□

$\mathbf{D}_1$ 和 $\mathbf{D}_2$ 的推广

在证明形式化的 Σ_1 完全性时，需要借助推广的 $\mathbf{D}_1$ 和 $\mathbf{D}_2$，即把 $\square_T \phi$ 中 ϕ 的所有自由变元都激活的版本。

引理 5.4.82（推广的 $\mathbf{D}_2$）. 设 T 是包含 PA 的、可计算公理化的理论。如果 T 是一致的，那么 T 满足推广的 $\mathbf{D}_2$，即 $\vdash_T \square_T \lfloor \phi \to \psi \rfloor \to \square_T \lfloor \phi \rfloor \to \square_T \lfloor \psi \rfloor$。

证明：　证明类似于引理 5.4.71。可以不失一般性地假设 ϕ 是只含有自由变元 x, y 的公式，ψ 是只含有自由变元 x, z 的公式。假设 u 和 v 分别满足

$$\mathsf{PF}_T(u, \ulcorner(\phi \to \psi)(\mathsf{nt}(x), \mathsf{nt}(y), \mathsf{nt}(z))\urcorner) \text{ 和 } \mathsf{PF}_T(v, \ulcorner\phi(\mathsf{nt}(x), \mathsf{nt}(y))\urcorner).$$

注意：

$$\vdash_T \ulcorner(\phi \to \psi)(\mathsf{nt}(x), \mathsf{nt}(y), \mathsf{nt}(z))\urcorner \simeq \langle\ulcorner\phi(\mathsf{nt}(x), \mathsf{nt}(y))\urcorner, \ulcorner\to\urcorner, \ulcorner\psi(\mathsf{nt}(x), \mathsf{nt}(z))\urcorner\rangle.$$

令 $s = u\hat{\ }v\hat{\ }\langle\ulcorner\psi(\mathsf{nt}(x), \mathsf{nt}(z))\urcorner\rangle$。不难验证如下断言：

(1) $\vdash_T \mathsf{fseq}(s)$；

(2) $\vdash_T (s)_{\mathsf{len}(s)-1} \simeq \ulcorner\psi(\mathsf{nt}(x), \mathsf{nt}(z))\urcorner$；

(3) $\vdash_T \forall i < \mathsf{len}(s)[\mathsf{axm}_T((s)_i) \vee \exists m, n < i\, \mathsf{MP}((s)_m, (s)_n, (s)_i)]$。

因而有 $\mathsf{PF}_T(s, \ulcorner\psi\urcorner)$。所以，

$$\vdash_T \begin{pmatrix} \mathsf{PF}_T(u, \ulcorner(\phi \to \psi)(\mathsf{nt}(x), \mathsf{nt}(y), \mathsf{nt}(z))\urcorner) \to \\ \mathsf{PF}_T(v, \ulcorner\phi(\mathsf{nt}(x), \mathsf{nt}(y))\urcorner) \to \mathsf{PF}_T(s, \ulcorner\psi(\mathsf{nt}(x), \mathsf{nt}(z))\urcorner) \end{pmatrix}.$$

因此结论得证。　　　　　　　　　　　　　　　　　　　　　　　　　　　　　□

引理 5.4.83（推广的 $\mathbf{D}_1$）. 设 T 是包含 PA 的、可计算公理化的理论。如果 T 是一致的，那么 T 满足推广的 $\mathbf{D}_1$，即如果 $\vdash_T \phi$ 那么 $\vdash_T \square_T \lfloor \phi \rfloor$。

证明：　仍然不失一般性地假设 ϕ 是只含有自由变元 x, y 的公式，并且假设 $\vdash_T \phi$。

(1) 令 $\psi \triangleq \forall x \forall y \phi$，则根据 $\vdash_T \phi$ 和概括定理可得 $\vdash_T \psi$，再根据 $\mathbf{D}_1$ 可得 $\vdash_T \square_T \psi$。

(2) 根据 $\vdash \psi \to \phi$ 和代入公理 S 可得 $\vdash_T \psi \to \phi(\mathsf{nt}(x), \mathsf{nt}(y))$，即 $\vdash_T \psi \to \lfloor \phi \rfloor$，因而 $\vdash_T \lfloor \psi \to \phi \rfloor$，再根据 $\mathbf{D}_1$ 可得 $\vdash_T \square_T \lfloor \psi \to \phi \rfloor$。

最后由推广的 $\mathbf{D}_2$ 和 (1)、(2) 可得 $\vdash_T \Box_T\lfloor\phi\rfloor$。 □

评注 5.4.84. 显然，$\mathbf{D}_1$ 和 $\mathbf{D}_2$ 可以分别作为推广的 $\mathbf{D}_1$ 和推广的 $\mathbf{D}_2$ 的推论。 □

Σ_1-完全性的形式化

证明形式化的 Σ_1-完全性之前，还需要一个简单的技术性引理。

引理 5.4.85. 设 T 是包含 PA 的、可计算公理化的、一致的理论，$\phi(x_0)$ 是只含有自由变元 x_0 的公式且 $\phi(x_0; x_k)$ 是自由代入。则

(1) $\vdash_T \Box_T\lfloor\phi(x_0; \bar{0})\rfloor \leftrightarrow (\Box_T\lfloor\phi\rfloor)(x_0; \bar{0})$；

(2) $\vdash_T \Box_T\lfloor\phi(x_0; x_k)\rfloor \leftrightarrow (\Box_T\lfloor\phi\rfloor)(x_0; x_k)$；

(3) $\vdash_T \Box_T\lfloor\phi(x_0; \bar{S}x_k)\rfloor \leftrightarrow (\Box_T\lfloor\phi\rfloor)(x_0; \bar{S}x_k)$。

证明： (1) 易知

$$
\begin{aligned}
(\Box_T\lfloor\phi\rfloor)(x_0; \bar{0}) &= (\Box_T\phi(\mathsf{nt}(x_0)))(x_0; \bar{0}) \\
&= \Box_T\phi(\mathsf{nt}(\bar{0})) \\
&= \Box_T\lfloor\phi(\bar{0})\rfloor \\
&= \Box_T\lfloor\phi(x_0; \bar{0})\rfloor。
\end{aligned}
$$

(2) 易知

$$
\begin{aligned}
(\Box_T\lfloor\phi\rfloor)(x_0; x_k) &= (\Box_T\phi(\mathsf{nt}(x_0)))(x_0; x_k) \\
&= \Box_T\phi(\mathsf{nt}(x_k)) \\
&= \Box_T\lfloor\phi(x_k)\rfloor \\
&= \Box_T\lfloor\phi(x_0; x_k)\rfloor。
\end{aligned}
$$

(3) 易知

$$
\begin{aligned}
(\Box_T\lfloor\phi\rfloor)(x_0; \bar{S}x_k) &= (\Box_T\phi(\mathsf{nt}(x_0)))(x_0; \bar{S}x_k) \\
&= \Box_T\phi(\mathsf{nt}(\bar{S}x_k)) \\
&= \Box_T\lfloor\phi(\bar{S}x_k)\rfloor \\
&= \Box_T\lfloor\phi(x_0; \bar{S}x_k)\rfloor。
\end{aligned}
$$
□

定理 5.4.86（形式化的 Σ_1-完全性）. 设 T 是包含 PA 的、可计算公理化的理论。如果 T 是一致的，那么任给 Σ_1 公式 ϕ 都有 $\vdash_T \phi \to \Box_T\lfloor\phi\rfloor$。

证明： 定义严格的 Σ_1 公式类为包含所有的原子公式并对 $\vee, \wedge, \exists$ 和有界的 $\forall$（如 $\forall x < y$）封闭的最小公式类。

断言 5.4.87. 只需证明定理对严格的 Σ_1 公式成立。

断言的证明： 分两步证明：

任给 Σ_1 的公式 ϕ 都有一个严格的 Σ_1 公式与之等价。只需考虑 ϕ 为否定公式的情形。当 ϕ 为否定公式时，$\neg$ 都可移到原子公式的正前方，如 $\neg(x \simeq y)$。又根据引理 5.4.8 (6) 可知 PA $\vdash \forall x \forall y(x \overset{\sim}{<} y \vee x \simeq y \vee y \overset{\sim}{<} x)$，所以 $\neg(x \simeq y)$ 可用 $x \overset{\sim}{<} y \vee y \overset{\sim}{<} x$ 替换，而 $x \overset{\sim}{<} y$ 可用 $\exists z(\bar{S}z \overline{\mp} x \simeq y)$ 替换。

如果 $\vdash_T \phi \leftrightarrow \psi$，那么 $\vdash_T \phi \to \Box_T \lfloor \phi \rfloor$ 当且仅当 $\vdash_T \psi \to \Box_T \lfloor \psi \rfloor$，而这由推广的 $\mathbf{D}_1$ 和推广的 $\mathbf{D}_2$ 易得。 $\qquad\square$

回到定理证明，施归纳于严格的 Σ_1 公式。对于原子公式，可以不失一般性地假设它们为如下几种形式：$x \simeq 0, x \simeq y, \bar{S}x \simeq y, x \overline{\mp} y \simeq z$ 和 $x \overline{\times} y \simeq z$。这是因为任给原子公式都可以归约到如上形式的原子公式与 $\wedge, \vee$ 的复合，比如 $\tau_1 \overline{\mp} \tau_2 \simeq \tau_3$ 可以写作 $\exists x \exists y \exists z(x \simeq \tau_1 \wedge y \simeq \tau_2 \wedge z \simeq \tau_3 \wedge x \overline{\mp} y \simeq z)$。因此只需施归纳于如下 9 种情形的公式：

(1) $\vdash_T x \simeq \bar{0} \to \Box_T \lfloor x \simeq \bar{0} \rfloor$。施归纳于 x。

- $x \simeq \bar{0}$。只需证 $\vdash_T \bar{0} \simeq \bar{0} \to \Box_T \lfloor \bar{0} \simeq \bar{0} \rfloor$，即 $\vdash_T \Box_T \lfloor \bar{0} \simeq \bar{0} \rfloor$。假设 $\vdash_T \bar{0} \simeq \bar{0}$，则根据推广的 $\mathbf{D}_1$ 可得 $\Box_T \lfloor \bar{0} \simeq \bar{0} \rfloor$。

- $x \simeq \bar{S}y$。由于 $\bar{S}y \not\simeq \bar{0}$，结论平凡成立。

(2) $\vdash_T x \simeq y \to \Box_T \lfloor x \simeq y \rfloor$。施归纳于 y。

- $y \simeq \bar{0}$。由 (1) 可得结论。

- $y \simeq \bar{S}u$。归纳假设为 $\vdash_T \forall x(x \simeq u \to \Box_T \lfloor x \simeq u \rfloor)$，只需证 $\vdash_T \forall x(x \simeq \bar{S}u \to \Box_T \lfloor x \simeq \bar{S}u \rfloor)$。施归纳于 x。

  - $x \simeq \bar{0}$。由于 $0 \simeq \bar{S}u$，所以结论平凡成立。

  - $x \simeq \bar{S}v$。只需证 $\vdash_T \bar{S}v \simeq \bar{S}u \to \Box_T \lfloor \bar{S}v \simeq \bar{S}u \rfloor$。不妨假设 $\vdash_T \bar{S}v \simeq \bar{S}u$。则 $\vdash_T v \simeq u$，因而根据归纳假设 $\vdash_T \forall x(x \simeq u \to \Box_T \lfloor x \simeq u \rfloor)$ 和代入公理 S 可得 $\vdash_T (\Box_T \lfloor x \simeq u \rfloor)(x; v)$，根据引理 5.4.85 即 $\vdash_T \Box_T \lfloor v \simeq u \rfloor$。又由于 $\vdash_T v \simeq u \to \bar{S}v \simeq \bar{S}u$，因而根据推广的 $\mathbf{D}_1$ 可得 $\vdash_T \Box_T \lfloor v \simeq u \to \bar{S}v \simeq \bar{S}u \rfloor$，继而根据引理 5.4.81 可得 $\vdash_T \Box_T \lfloor v \simeq u \rfloor \to \Box_T \lfloor \bar{S}v \simeq \bar{S}u \rfloor$。因此 $\vdash_T \Box_T \lfloor \bar{S}v \simeq \bar{S}u \rfloor$。

(3) $\vdash_T \bar{S}x \simeq y \to \Box_T \lfloor \bar{S}x \simeq y \rfloor$。根据 (2) 和代入公理 S 得。

(4) $\vdash_T x \overline{\mp} y \simeq z \to \Box_T \lfloor x \overline{\mp} y \simeq z \rfloor$。根据 (2) 和代入公理 S 得。

(5) $\vdash_T x \overline{\times} y \simeq z \to \Box_T \lfloor x \overline{\times} y \simeq z \rfloor$。根据 (2) 和代入公理 S 得。

(6) $\vdash_T \phi \wedge \psi \to \Box_T \lfloor \phi \wedge \psi \rfloor$。根据归纳假设有 $\vdash_T \phi \to \Box_T \lfloor \phi \rfloor$ 和 $\vdash_T \psi \to \Box_T \lfloor \psi \rfloor$，因而 $\vdash_T \phi \wedge \psi \to (\Box_T \lfloor \phi \rfloor \wedge \Box_T \lfloor \psi \rfloor)$。又由于 $\vdash \phi \to \psi \to (\phi \wedge \psi)$，因而根据推广的 $\mathbf{D_1}$ 和推广的 $\mathbf{D_2}$ 可得 $\vdash \Box_T \lfloor \phi \rfloor \to \Box_T \lfloor \psi \rfloor \to \Box_T \lfloor \phi \wedge \psi \rfloor$。因此 $\vdash_T \phi \wedge \psi \to \Box_T \lfloor \phi \wedge \psi \rfloor$。

(7) $\vdash_T \phi \vee \psi \to \Box_T \lfloor \phi \vee \psi \rfloor$。根据归纳假设有 $\vdash_T \phi \to \Box_T \lfloor \phi \rfloor$ 和 $\vdash_T \psi \to \Box_T \lfloor \psi \rfloor$，因而 $\vdash_T \phi \vee \psi \to (\Box_T \lfloor \phi \rfloor \vee \Box_T \lfloor \psi \rfloor)$。又由于 $\vdash_T \Box_T \lfloor \phi \rfloor \to \Box_T \lfloor \phi \vee \psi \rfloor$ 和 $\vdash_T \Box_T \lfloor \psi \rfloor \to \Box_T \lfloor \phi \vee \psi \rfloor$，因此 $\vdash_T \phi \vee \psi \to \Box_T \lfloor \phi \vee \psi \rfloor$。

(8) $\vdash_T \phi \to \Box_T \lfloor \phi \rfloor$，其中 $\phi = \exists x \psi$。由于 $\vdash_T \psi \to \phi$，所以根据推广的 $\mathbf{D_1}$ 和引理 5.4.85 可得 $\vdash_T \Box_T \lfloor \psi \rfloor \to \Box_T \lfloor \phi \rfloor$，再根据归纳假设 $\vdash_T \psi \to \Box_T \lfloor \psi \rfloor$ 可得 $\vdash_T \psi \to \Box_T \lfloor \phi \rfloor$，即 $\vdash_T \forall x(\psi \to \Box_T \lfloor \phi \rfloor)$。又由于 x 在 $\Box_T \lfloor \phi \rfloor$ 中不是自由的，所以 $\vdash_T \exists x \psi \to \Box_T \lfloor \phi \rfloor$，即 $\vdash_T \phi \to \Box_T \lfloor \phi \rfloor$。注意：如果 x 在 ϕ 中不是自由的，那么 $\vdash \forall x(\psi \to \phi) \leftrightarrow (\exists x \psi \to \phi)$。

(9) $\vdash_T \phi \to \Box_T \lfloor \phi \rfloor$，其中 $\phi = \forall x \lessdot y \psi(x)$。归纳假设为 $\vdash_T \psi(x) \to \Box_T \lfloor \psi(x) \rfloor$。施归纳于 y。

- $y \simeq \bar{0}$。需证 $\vdash_T \forall x \lessdot \bar{0}\, \psi(x) \to \Box_T \lfloor \forall x \lessdot \bar{0}\, \psi(x) \rfloor$，又由于 $\vdash \forall x \lessdot \bar{0}\, \psi(x)$，所以只需证 $\vdash_T \Box_T \lfloor \forall x \lessdot \bar{0}\, \psi(x) \rfloor$。而这由 $\vdash \forall x \lessdot \bar{0}\, \psi(x)$ 和推广的 $\mathbf{D_1}$ 可得。
- $y \simeq \bar{S}u$。归纳假设为 $\vdash_T \forall x \lessdot u\, \psi(x) \to \Box_T \lfloor \forall x \lessdot u\, \psi(x) \rfloor$，只需证 $\vdash_T \forall x \lessdot \bar{S}u\, \psi(x) \to \Box_T \lfloor \forall x \lessdot \bar{S}u\, \psi(x) \rfloor$。不妨假设 $\vdash_T \forall x \lessdot \bar{S}u\, \psi(x)$。则 $\vdash_T \forall x \lessdot u\, \psi(x)$ 且 $\vdash_T \psi(u)$，再根据两个归纳假设有 $\Box_T \lfloor \forall x \lessdot u\, \psi(x) \rfloor$ 和 $\Box_T \lfloor \psi(u) \rfloor$。又由于 $\vdash \forall x \lessdot u\, \psi(x) \to \psi(u) \to \forall x \lessdot \bar{S}u\, \psi(x)$，因而根据推广的 $\mathbf{D_1}$ 和推广的 $\mathbf{D_2}$ 有 $\vdash \Box_T \lfloor \forall x \lessdot u\, \psi(x) \rfloor \to \Box_T \lfloor \psi(u) \rfloor \to \Box_T \lfloor \forall x \lessdot \bar{S}u\, \psi(x) \rfloor$。因此 $\vdash_T \Box_T \lfloor \forall x \lessdot \bar{S}u\, \psi(x) \rfloor$。 $\qquad\Box$

评注 5.4.88. 在 (9) 的证明中，如果 $\phi = \forall x \psi(x)$，那么既无法像 (8) 那样证明结论，也无法用归纳法证明结论。这就解释了为什么定理 5.4.86 只对 Σ_1 的公式成立。 $\qquad\Box$

习题 5.4.89. 设 T 是包含 PA 的、可计算公理化的理论。如果 T 是一致的，那么任给 ϕ, ψ 都有 $\vdash_T \Box_T \lfloor \phi \rfloor \to \Box_T \lfloor \phi \vee \psi \rfloor$。备注：定理 5.4.86 中 (7) 的证明会用到该结果。 $\qquad\Box$

T 满足 $\mathbf{D_3}$

引理 5.4.90. 如果 T 是包含 PA 的、可计算公理化的、一致的理论，那么 T 满足 $\mathbf{D_3}$，即 $\vdash_T \Box_T \phi \to \Box_T \Box_T \phi$。

证明： 由于 $\Box_T \phi$ 是语句，所以 $\Box_T \lfloor \Box_T \phi \rfloor = \Box_T \Box_T \phi$。又由于 $\Box_T \phi$ 是 Σ_1 的，因此根据形式化的 Σ_1-完全性定理 5.4.86 可得结论。 $\qquad\Box$

5.4.6 不完全性

定理 5.4.91（形式化的哥德尔第二不完全性）. 设 T 是包含 PA 的、可计算公理化的理论. 如果 T 是一致的, 那么 $\vdash_T \text{Con}(T) \to \neg\Box_T\text{Con}(T)$.

证明: 　根据引理 5.4.15、5.4.19、5.4.71 和 5.4.90 可知, T 满足如下可证性条件:

$$\mathbf{D}_0: \text{如果 } \phi \vdash_T \psi, \text{ 那么 } \Box_T\phi \vdash_T \Box_T\psi;$$
$$\mathbf{D}_1: \text{如果 } \vdash_T \phi, \text{ 那么 } \vdash_T \Box_T\phi;$$
$$\mathbf{D}_2: \vdash_T \Box_T(\phi \to \psi) \to \Box_T\phi \to \Box_T\psi;$$
$$\mathbf{D}_3: \vdash_T \Box_T\phi \to \Box_T\Box_T\phi.$$

根据不动点引理 5.3.77 可知, 存在 $\neg\Box_T(y)$ 的不动点 ρ 使得:

$$\vdash_T \rho \leftrightarrow \neg\Box_T\rho. \tag{5.4.1}$$

先证如下断言:

断言 5.4.92. $\vdash_T \rho \leftrightarrow \text{Con}(T)$, 即 $\text{Con}(T)$（在 T 中是等价的意义上）是 $\neg\Box_T(y)$ 唯一的不动点.

断言的证明: 　先证 $\vdash_T \Box_T\bot \leftrightarrow \Box_T\rho$:

- ($\to$) 显然, $\vdash \rho \leftrightarrow \Box_T\rho \to \bot$, 根据 (5.4.1) 和演绎定理可得 $\rho \vdash_T \Box_T\rho \to \bot$. 再根据 $\mathbf{D}_0$ 和 $\mathbf{D}_2$ 可得 $\Box_T\rho \vdash_T \Box_T\Box_T\rho \to \Box_T\bot$. 最后根据 $\mathbf{D}_3$, 即 $\Box_T\rho \vdash_T \Box_T\Box_T\rho$, 可得 $\Box_T\rho \vdash_T \Box_T\bot$.

- ($\leftarrow$) 显然, $\bot \vdash_T \rho$, 然后再根据 $\mathbf{D}_0$ 可得 $\Box_T\bot \vdash_T \Box_T\rho$.

因此根据 (5.4.1) 可得 $\vdash_T \rho \leftrightarrow \neg\Box_T\bot$, 即 $\vdash_T \rho \leftrightarrow \text{Con}(T)$. $\qquad\square$

　　回到定理证明. 由断言 5.4.92 和 $\mathbf{D}_0$ 可得

$$\vdash_T \Box_T\rho \leftrightarrow \Box_T\text{Con}(T) \tag{5.4.2}$$

再根据 (5.4.1)、断言 5.4.92 和 (5.4.2) 可得

$$\vdash_T \text{Con}(T) \leftrightarrow \neg\Box_T\text{Con}(T). \tag{5.4.3}$$

这就完成了证明. $\qquad\square$

推论 5.4.93（哥德尔第二不完全性定理）. 设 T 是包含 PA 的、可计算公理化的理论. 如果 T 是一致的, 那么 $\nvdash_T\text{Con}(T)$.

证明: 　反证法. 假如 $\vdash_T \text{Con}(T)$. 则根据 $\mathbf{D}_1$ 可得 $\vdash_T \Box_T\text{Con}(T)$, 再根据 (5.4.3) 可得 $\vdash_T \neg\text{Con}(T)$, 与 T 的一致性矛盾! $\qquad\square$

推论 5.4.94. 设 T 是包含 PA 的、可计算公理化的、一致的理论。证明：

(1) $T \nvdash \neg\Box_T\mathrm{Con}(T)$；（这表明，尽管"$T$ 不能证明自身一致性"，但是它不能形式化在 T 中。）

(2) 任给公式 ϕ 都有 $T \vdash \neg\mathrm{Con}(T) \to \Box_T\phi$。（可将其认为"如果 T 不是一致的那么 T 可证明任意公式 ϕ"的形式化。）

证明： (1) 根据 (5.4.3) 可得。

(2) 任给 ϕ，显然都有 $\bot \vdash_T \phi$，再根据 $\mathbf{D_0}$ 可得 $\Box_T\bot \vdash_T \Box_T\phi$。又因为 $\mathrm{Con}(T) \triangleq \neg\Box_T\bot$，因而 $\neg\mathrm{Con}(T) \vdash_T \Box_T\phi$，从而可得结论。 $\qquad\square$

评注 5.4.95. 迄今为止，对一个理论 T 而言，涉及三种"完全性"：

语义完全性	称 T 是语义完全的（semantically complete），如果，任给公式 ϕ 如果 $T \vDash \phi$ 那么 $T \vdash \phi$；
语法完全性	称 T 是语法完全的（syntactically complete），如果任给公式 ϕ 都有或 $T \vdash \phi$ 或 $T \vdash \neg\phi$；
相对于 $\mathcal{N}$ 的语义完全性	称 T 对于 $\mathcal{N}$ 是语义完全的，如果，任给公式 ϕ 如果 $\mathcal{N} \vDash \phi$ 那么 $T \vdash \phi$。

显然，哥德尔完全性定理表明，所有（一阶）理论都有语义完全性；而哥德尔不完全性定理表明，所有足够强的、可计算公理化的、一致的（一阶）理论都不具有语法完全性和相对于 $\mathcal{N}$ 的语义完全性。 $\qquad\square$

在哥德尔不完全性定理中，所有见证 PA 不完全的命题都是通过自指方式构造的而非自然的，因而也许可以认为所有使得 PA 不完全的命题都不是自然的。倘若如此，哥德尔不完全性定理的价值便会大打折扣，因为可能存在一种足够好的算术理论能证明所有自然的命题。因此是否存在 PA 无法证明的自然命题便尤为重要了，而柯尔比（Kirby, L.）和帕瑞斯（Paris, J.）在 1982 年给出的一个经典例子打消了这种疑虑[1]。

为方便起见，先说明纯 n 进制表示的概念。任给自然数 $m \geq 1$ 和 $n \geq 2$，都可以定义 m 的 n 进制表示和纯 n 进制表示。为避免篇幅过长，不妨借助具体例子说明。给定 $m = 13$ 和 $n = 2$。13 的 2 进制表示就是：$13 = 2^3 + 2^2 + 1$，简言之，等号右边的代数式除了最后一项小于 2 之外，每项都以 2 为基底，指数从左至右由大到小排列。而

---

① 详见 [123]。

将该代数式除去最后一项的每项的指数写成 2 进制表示，就得到了 13 的纯 2 进制表示：$13 = 2^{2+1} + 2^2 + 1$。

定义 5.4.96. 设 $m \in \mathbb{N}$。如下递归地定义从 m 开始的古德斯坦[1]序列 $\langle g_n^m \mid n \in \mathbb{N} \rangle$：

(1) $g_0^m = m$；

(2) 如果 g_n^m 已定义，那么按如下方式定义 g_{n+1}^m：先写出 g_n^m 的纯 $n+2$-进制表示，再将基底 $n+2$ 换成 $n+3$，然后减去 1。　　　　□

评注 5.4.97. 从 $m = 13$ 开始的古德斯坦序列 $\langle g_n^{13} \mid n \in \mathbb{N} \rangle$ 如下：

$$
\begin{array}{llll}
g_0^{13} = 13 & = 2^{2+1} + 2^2 + 1 & 2 \longmapsto 3 \quad 3^{3+1} + 3^3 + 1 & = 109 \\
g_1^{13} = 108 & = 3^{3+1} + 3^3 & 3 \longmapsto 4 \quad 4^{4+1} + 4^4 & = 1280 \\
g_2^{13} = 1279 & = 4^{4+1} + 3 \cdot 4^3 + 3 \cdot 4^2 + 3 \cdot 4 + 3 \quad & 4 \longmapsto 5 \quad 5^{5+1} + 3 \cdot 5^3 + 3 \cdot 5^2 + 3 \cdot 5 + 3 & = 16093 \\
g_3^{13} = 16092 & = 5^{5+1} + 3 \cdot 5^3 + 3 \cdot 5^2 + 3 \cdot 5 + 2 \quad & 5 \longmapsto 6 \quad 6^{6+1} + 3 \cdot 6^3 + 3 \cdot 6^2 + 3 \cdot 6 + 2 & = 280712 \\
g_4^{13} = 280711 & = 6^{6+1} + 3 \cdot 6^3 + 3 \cdot 6^2 + 3 \cdot 6 + 1 \quad & 6 \longmapsto 7 \quad 7^{7+1} + 3 \cdot 7^3 + 3 \cdot 7^2 + 3 \cdot 7 + 1 & = 5765999 \\
g_5^{13} = 5765998 & = 7^{7+1} + 3 \cdot 7^3 + 3 \cdot 7^2 + 3 \cdot 7 & 7 \longmapsto 8 \quad 8^{8+1} + 3 \cdot 8^3 + 3 \cdot 8^2 + 3 \cdot 8 & = 134219480 \\
\vdots & \vdots & \vdots &
\end{array}
$$

从左侧第 2 列所显示的数值来看，g_n^{13} 随着 n 的增大越来越大，但是下面的定理却出乎意料地表明 g_n^{13} 必将从某个 n 开始归零。　　　　□

定理 5.4.98（古德斯坦，1944）. 任给 $m \in \mathbb{N}$，每个从 m 开始的古德斯坦序列 $\langle g_n^m \mid n \in \mathbb{N} \rangle$ 最终都会归零。

证明梗概： 将 g_n^m 的纯 $n+2$ 进制表示中的所有基底都换成 ω 可得到递减的序数序列 $\langle \alpha_n^m \mid n \in \mathbb{N} \rangle$。如果 $\langle \alpha_n^m \mid n \in \mathbb{N} \rangle$ 不归零，则与良基公理矛盾。因此 $\langle \alpha_n^m \mid n \in \mathbb{N} \rangle$ 必将归零，而 $\langle g_n^m \mid n \in \mathbb{N} \rangle$ 也必将归零。如下例子可将此直观化：

$$
\begin{array}{llll}
g_0^{13} = 13 & = 2^{2+1} + 2^2 + 1 & 2 \longmapsto \omega \quad \omega^{\omega+1} + \omega^\omega + 1 & = \alpha_0^{13} \\
g_1^{13} = 108 & = 3^{3+1} + 3^3 & 3 \longmapsto \omega \quad \omega^{\omega+1} + \omega^\omega & = \alpha_1^{13} \\
g_2^{13} = 1279 & = 4^{4+1} + 3 \cdot 4^3 + 3 \cdot 4^2 + 3 \cdot 4 + 3 \quad & 4 \longmapsto \omega \quad \omega^{\omega+1} + 3 \cdot \omega^3 + 3 \cdot \omega^2 + 3 \cdot \omega + 3 & = \alpha_2^{13} \\
g_3^{13} = 16092 & = 5^{5+1} + 3 \cdot 5^3 + 3 \cdot 5^2 + 3 \cdot 5 + 2 \quad & 5 \longmapsto \omega \quad \omega^{\omega+1} + 3 \cdot \omega^3 + 3 \cdot \omega^2 + 3 \cdot \omega + 2 & = \alpha_3^{13} \\
g_4^{13} = 280711 & = 6^{6+1} + 3 \cdot 6^3 + 3 \cdot 6^2 + 3 \cdot 6 + 1 \quad & 6 \longmapsto \omega \quad \omega^{\omega+1} + 3 \cdot \omega^3 + 3 \cdot \omega^2 + 3 \cdot \omega + 1 & = \alpha_4^{13} \\
g_5^{13} = 5765998 & = 7^{7+1} + 3 \cdot 7^3 + 3 \cdot 7^2 + 3 \cdot 7 & 7 \longmapsto \omega \quad \omega^{\omega+1} + 3 \cdot \omega^3 + 3 \cdot \omega^2 + 3 \cdot \omega & = \alpha_5^{13} \\
\vdots & \vdots & \vdots &
\end{array}
$$

注意，这里利用了序数的相关性质[2]。　　　　□

定理 5.4.99（柯尔比–帕瑞斯，1982）. 古德斯坦定理 5.4.98 在 PA 中是不可证的。　　□

柯尔比–帕瑞斯定理的证明，从技术上讲是非常困难和复杂的，涉及 PA 的可数非标

---

[1] Goodstein, R. L.，1912—1985，英国数学家。

[2] 更多集合论的知识，详见 [112, 116]。

准模型，所以这里不进行详细论述①。

5.4.7 相关推论

本子节证明与哥德尔第二不完全性定理相关的一些重要推论。

哥德尔第一不完全性

哥德尔第一不完全性定理可被视为哥德尔第二不完全性定理的直接推论。

推论 5.4.100（哥德尔第一不完全性定理）. 设 T 是包含 PA 的、可计算公理化的理论。如果 T 是 ω-一致的，那么存在一个 Π_1 的语句 ρ 使得 $T \nvdash \rho$ 且 $T \nvdash \neg\rho$。

证明： 根据哥德尔第二不完全性定理可知，$\mathrm{Con}(T)$ 即符合条件的 ρ。 □

可证公式的不动点

诚如断言 5.4.92 所证，$\mathrm{Con}(T)$（在 T 中是等价的意义上）是不可证公式 $\neg\Box_T(y)$ 唯一的不动点。一个自然而然的问题便是：可证公式 $\Box_T(y)$ 的不动点是什么？任何一个这样的不动点都断言自身可证性，即 $T \vdash \rho \leftrightarrow \Box_T\rho$。亨金最早提出这个问题，后来勒波通过证明勒波定理回答了这个问题②。

定理 5.4.101（勒波，1955）. 设 T 是包含 PA 的、可计算公理化的、一致的理论。则

(1) $\vdash_T \Box_T(\Box_T\phi \to \phi) \to \Box_T\phi$；

(2) 如果 $\vdash_T \Box_T\phi \to \phi$，那么 $\vdash_T \phi$。

证明： (1) 令 ρ 为 $\Box_T(y) \to \phi$ 的不动点，那么

$$\vdash_T \rho \leftrightarrow (\Box_T\rho \to \phi). \tag{5.4.4}$$

先证断言：

断言 5.4.102. $\vdash_T \Box_T\rho \leftrightarrow \Box_T\phi$。

断言的证明： ($\to$) 显然，由 (5.4.4) 可知 $\rho \vdash_T \Box_T\rho \to \phi$，再由 $\mathbf{D_0}$ 和 $\mathbf{D_2}$ 可知 $\Box_T\rho \vdash_T \Box_T\Box_T\rho \to \Box_T\phi$，最后由 $\mathbf{D_3}$ 可得 $\Box_T\rho \vdash_T \Box_T\phi$。

---

①感兴趣的读者可见 [123, Theorem 1]。

②详见 [141]。

($\leftarrow$) 由命题公理 P_3 可知 $\vdash_T \phi \to (\Box_T\rho \to \phi)$，再由 (5.4.4) 可知 $\vdash_T \phi \to \rho$，最后由 $\mathbf{D}_0$ 可得 $\Box_T\phi \vdash_T \Box_T\rho$。 $\qquad\square$

由断言 5.4.102 和 (5.4.4) 可得 $\vdash_T \rho \leftrightarrow (\Box_T\phi \to \phi)$。又由 $\mathbf{D}_1$ 和 $\mathbf{D}_2$ 可得 $\vdash_T \Box_T\rho \leftrightarrow \Box_T(\Box_T\phi \to \phi)$。再由断言 5.4.102 可得 $\vdash_T \Box_T\phi \leftrightarrow \Box_T(\Box_T\phi \to \phi)$。

(2) 假设 $\vdash_T \Box_T\phi \to \phi$，则根据 $\mathbf{D}_1$ 可得 $\vdash_T \Box_T(\Box_T\phi \to \phi)$，继而由 (1) 可得 $\vdash_T \Box_T\phi$。又由于有假设 $\vdash_T \Box_T\phi \to \phi$，因此 $\vdash_T \phi$。 $\qquad\square$

评注 5.4.103. (1) 将 $\vdash_T \Box_T(\Box_T\phi \to \phi) \to \Box_T\phi$ 记为 $\mathbf{D}_{\mathrm{L}}$，称为勒波公理（Löb axiom），它也可以被视为一个可证性条件。

(2) 不难看出，在定理 5.4.101 中 $\mathbf{D}_{\mathrm{L}}$ 是 (2) 的形式化，因此将"如果 $\vdash \Box_T\phi \to \phi$ 那么 $\vdash_T \phi$"记为 $\mathbf{D}_{\mathrm{L}}^{\circ}$。

(3) 由 $\vdash_T \mathrm{Con}(T)$ 即 $\vdash_T \Box_T\bot \to \bot$ 和 $\mathbf{D}_{\mathrm{L}}^{\circ}$ 可得 $\vdash_T \bot$。所以 $\mathbf{D}_{\mathrm{L}} \Rightarrow \mathbf{D}_{\mathrm{L}}^{\circ} \Rightarrow$ 哥德尔第二不完全性定理 5.4.93。

(4) 令 $\mathbf{D}_{\mathrm{L}}$ 中的 ϕ 取 $\bot$，再假言易位即可得定理 5.4.91 的结论。所以 $\mathbf{D}_{\mathrm{L}} \Rightarrow$ 定理 5.4.91 $\Rightarrow$ 哥德尔第二不完全性定理 5.4.93。

(5) 因此，勒波定理比哥德尔第二不完全性定理要强，尽管乍看并非如此。 $\qquad\square$

推论 5.4.104. 设 T 是包含 PA 的、可计算公理化的、一致的理论。则 $\vdash_T \top \leftrightarrow \Box_T\top$，即 $\top$（在 T 中是等价的意义上）是 $\Box_T(y)$ 唯一的不动点。

证明： (1) 存在性。由于 $\vdash_T \top$，因而由 $\mathbf{D}_1$ 可得而 $\vdash_T \Box_T\top$，因此 $\vdash_T \top \leftrightarrow \Box_T\top$。这表明 $\top$ 是 $\Box_T(y)$ 的不动点。

(2) 唯一性。假设 ρ 是 $\Box_T(y)$ 的不动点，则 $\vdash_T \rho \leftrightarrow \Box_T\rho$，因而 $\vdash_T \Box_T\rho \to \rho$。又由 $\mathbf{D}_{\mathrm{L}}^{\circ}$ 得 $\vdash_T \rho$，因此 $\vdash_T \top \leftrightarrow \rho$。 $\qquad\square$

典型理论 $T \cup \{\neg\mathrm{Con}(T)\}$

借助哥德尔第二不完全性定理可以产生一些比较有趣的理论。为便于论证，先证明形式化的演绎定理。

定理 5.4.105（形式化的演绎）. 设 T 是包含 PA 的、可计算公理化的、一致的理论，ϕ, ρ 是公式。则 $T \cup \{\rho\}$ 也满足 $\mathbf{D}_1, \mathbf{D}_2, \mathbf{D}_3$，并且 $\vdash_T \Box_{T\cup\{\rho\}}\phi \leftrightarrow \Box_T(\rho \to \phi)$。

证明： (1) 如果 $T \cup \{\rho\}$ 不是一致的，那么 $T \cup \{\rho\}$ 当然满足三个可证性条件；如果 $T \cup \{\rho\}$ 是一致的，那么 $T \cup \{\rho\}$ 也是包含 PA 的、可计算公理化的、一致的理论，$T \cup \{\rho\}$ 也会满足三个可证性条件。

(2) 只需要写出 $\Box_{T\cup\{\rho\}}\phi$ 和 $\Box_T(\rho\to\phi)$ 的原始公式，就可发现二者等价。 □

推论 5.4.106. 设 T 是包含 PA 的、可计算公理化的、一致的理论，且 $T^\diamond = T\cup\{\neg\mathrm{Con}(T)\}$。则 $T^\diamond$ 是一致的，$T^\diamond\vdash\neg\mathrm{Con}(T^\diamond)$，并且 $T^\diamond$ 不是 ω-一致的。

证明： (1) $T^\diamond$s 是一致的。根据哥德尔第二不完全性定理可知 $T\nvdash\mathrm{Con}(T)$，因而 $T\cup\{\neg\mathrm{Con}(T)\} = T^\diamond$ 是一致的（$\Sigma\nvdash\phi$ 当且仅当 $\Sigma\cup\{\neg\phi\}$ 是一致的）。

(2) $T^\diamond\vdash\neg\mathrm{Con}(T^\diamond)$。根据形式化的演绎定理可得 $T\vdash\Box_{T\cup\{\rho\}}\bot\leftrightarrow\Box_T(\rho\to\bot)$，即 $T\vdash\Box_{T\cup\{\rho\}}\bot\leftrightarrow\Box_T(\neg\rho)$。取 $\rho = \neg\mathrm{Con}(T)$，则 $T\vdash\Box_{T^\diamond}\bot\leftrightarrow\Box_T\mathrm{Con}(T)$。再根据 $\neg\mathrm{Con}(T^\diamond)$ 的定义和 (5.4.3) 可得 $T\vdash\neg\mathrm{Con}(T^\diamond)\leftrightarrow\neg\mathrm{Con}(T)$。最后根据 $T^\diamond\vdash\neg\mathrm{Con}(T)$ 可得 $T^\diamond\vdash\neg\mathrm{Con}(T^\diamond)$。

(3) $T^\diamond$ 不是 ω-一致的。由 $T^\diamond\vdash\neg\mathrm{Con}(T^\diamond)$ 可得 $T^\diamond\vdash\Box_{T^\diamond}\bot$，即 $T^\diamond\vdash\exists x\mathrm{pf}_{T^\diamond}(x,\ulcorner\bot\urcorner)$。又因为 $T^\diamond$ 是一致的，因而任给 $n\in\mathbb{N}$ 都有 $\mathcal{N}\vDash\neg\mathrm{pf}_{T^\diamond}(\bar{n},\ulcorner\bot\urcorner)$，继而根据 Σ_1 完全性有 $T^\diamond\vdash\neg\mathrm{pf}_{T^\diamond}(\bar{n},\ulcorner\bot\urcorner)$。因此，$\mathrm{pf}_{T^\diamond}(x,\ulcorner\bot\urcorner)$ 是 T 不 ω-一致的证据。 □

习题 5.4.107. 思考为什么 $T^\diamond\vdash\exists x\mathrm{pf}_{T^\diamond}(x,\ulcorner\bot\urcorner)$ 不能推出 $T^\diamond$ 不是一致的，而 $T^\diamond\vdash\mathrm{pf}_{T^\diamond}(\bar{n},\ulcorner\bot\urcorner)$ 可以推出 $T^\diamond$ 不是一致的？ □

评注 5.4.108. 关于 PA$^\diamond$，有一些非常有趣的事实：

(1) 尽管 PA$^\diamond$ 是一致的，但是 PA$^\diamond$ 却能证明自己不一致。

(2) 尽管 PA$^\diamond$ 可以证明自己不一致，但是不能证明自己一致。

(3) 尽管 PA$^\diamond$ 是一致的，但是 PA$^\diamond\cup\{\mathrm{Con}(\mathrm{PA}^\diamond)\}$ 不是一致的，因为 PA$^\diamond\vdash\neg\mathrm{Con}(\mathrm{PA}^\diamond)$。

(4) PA$^\diamond$ 是典型的不 ω-一致的理论。 □

因此，存在不一致的理论，它能证明自己一致，也能证明自己不一致（如全体公式集）；存在一致的理论，它不能证明自己一致，也不能证明自己不一致（如 PA，详见推论 5.4.100）；存在一致的理论，它不能证明自己一致，但是能证明自己不一致（如 PA$^\diamond$）；也存在一致的理论，它能证明自己一致，但是不能证明自己不一致[1]。

习题 5.4.109. 设 T 是包含 PA 的、可计算公理化的、一致的理论。如果 T 不是 ω-一致的，那么 $T\vdash\neg\mathrm{Con}(T)$？ □

形式化的元理论性质

借助可证性关系 $\Box_T(y)$ 和公式模式，可以形式化许多元理论性质，而如下形式化的元

---

[1] 详见 [26, 117, 119, 278]。

理论性质非常有助于理解 $\neg\mathsf{Con}(T)$。

$$\neg\mathsf{Con}(T) \triangleq \Box_T \bot \qquad\qquad\qquad 不一致性，$$
$$\mathsf{secomp}(T) \triangleq \phi \to \Box_T \phi \qquad\qquad 语义完全性，$$
$$\mathsf{sycomp}(T) \triangleq \Box_T \phi \vee \Box_T \neg \phi \qquad\quad 语法完全性，$$
$$\omega\text{-}\mathsf{comp}(T) \triangleq \forall x \Box_T \lfloor \phi(x) \rfloor \to \Box_T \forall x \phi(x) \;\; \omega\text{-}完全性。$$

定理 5.4.110. 设 T 是包含 PA 的、可计算公理化的理论。则如下命题等价：

(1) $\vdash_T \neg\mathsf{Con}(T)$；

(2) 任给 ϕ 都有 $\vdash_T \phi \to \Box_T \phi$；

(3) 任给 ϕ 都有 $\vdash_T \Box_T \phi \vee \Box_T \neg \phi$；

(4) 任给 ϕ 都有 $\vdash_T \forall x \Box_T \lfloor \phi(x) \rfloor \to \Box_T \forall x \phi(x)$。

证明： 先证一个必要的断言。

断言 5.4.111. 任给 ψ 都有 $\neg\mathsf{Con}(T) \vdash \Box_T \psi$。

断言的证明： 任给 ψ 都有 $\bot \vdash_T \psi$。由 $\mathbf{D}_0$ 得 $\Box_T \bot \vdash_T \Box_T \psi$，即 $\neg\mathsf{Con}(T) \vdash \Box_T \psi$。　□

根据断言 5.4.111 容易证明 $(1) \Rightarrow (2), (3), (4)$，所以只需证三个反方向。

$(2) \Rightarrow (1)$ 取 $\phi = \mathsf{Con}(T)$。根据定理 5.4.91 可得 $\mathsf{Con}(T) \vdash_T \neg\Box_T \phi$，继而由 (2) 可得 $\mathsf{Con}(T) \vdash_T \Box_T \phi$。因此 $\vdash_T \neg\mathsf{Con}(T)$。

$(3) \Rightarrow (1)$ 先不加证明地给出一个断言。

断言 5.4.112. 哥德尔–罗瑟第一不完全性定理 5.3.82 可被形式化在 T 中，即对某个 ρ 有 $\mathsf{Con}(T) \vdash_T \neg\Box_T \rho \wedge \neg\Box_T \neg\rho$。　□

根据断言 5.4.112 可得 $\Box_T \rho \vee \Box_T \neg\rho \vdash_T \neg\mathsf{Con}(T)$。再根据 (3) 可得 $\vdash_T \Box_T \rho \vee \Box_T \neg\rho$，因此 $\vdash_T \neg\mathsf{Con}(T)$。

$(4) \Rightarrow (1)$ 由于 $\neg\mathsf{pf}_T(x, \ulcorner \bot \urcorner)$ 是 Δ_1 的，因而根据形式化的 Σ_1-完全性可得

$$\neg\mathsf{pf}_T(x, \ulcorner \bot \urcorner) \vdash_T \Box_T \lfloor \neg\mathsf{pf}_T(x, \ulcorner \bot \urcorner) \rfloor,$$

继而根据概括定理 3.4.28 可得 $\forall x \neg\mathsf{pf}_T(x, \ulcorner \bot \urcorner) \vdash_T \forall x \Box_T \lfloor \neg\mathsf{pf}_T(x, \ulcorner \bot \urcorner) \rfloor$，即

$$\mathsf{Con}(T) \vdash_T \forall x \Box_T \lfloor \neg\mathsf{pf}_T(x, \ulcorner \bot \urcorner) \rfloor。$$

再根据 (4) 可得 $\mathsf{Con}(T) \vdash_T \Box_T \forall x \neg\mathsf{pf}_T(x, \ulcorner \bot \urcorner)$，即

$$\mathsf{Con}(T) \vdash_T \Box_T \mathsf{Con}(T)。$$

同时根据定理 5.4.91 可得 $\mathsf{Con}(T) \vdash_T \neg\Box_T \mathsf{Con}(T)$。因此 $\vdash_T \neg\mathsf{Con}(T)$。　□

评注 5.4.113. 根据推论 5.4.106 可知, 定理 5.4.110 中的命题对 T° 都成立。 □

5.5 希尔伯特纲领所受影响

本节先分析哥德尔不完全性定理对希尔伯特纲领的冲击, 再介绍哥德尔之后的希尔伯特纲领的发展, 从而说明哥德尔两个不完全性定理产生的主要数学哲学影响。

5.5.1 哥德尔不完全性定理的冲击

现在结合哥德尔的两个不完全性定理, 详细分析下这种冲击的具体涵义。为便于分析, 先对哥德尔第一不完全性定理 5.3.81 和哥德尔第二不完全性定理 5.4.93 进行重述:

哥德尔第一不完全性定理 设 T 是包含 RA 的、可计算公理化的理论。如果 T 是 ω-一致的, 那么存在一个 Π_1 的语句 ρ 使得 $T \nvdash \rho$ 且 $T \nvdash \neg\rho$。 □

哥德尔第二不完全性定理 设 T 是包含 PA 的、可计算公理化的理论。如果 T 是一致的, 那么 $T \nvdash \mathrm{Con}(T)$。 □

首先, 哥德尔第一不完全性定理直接否定了希尔伯特纲领的主张 $\mathbf{C}_1$。可以验证 PA 满足如下三个条件:

(1) PA 是可计算公理化的。类似于引理 5.3.72 可证 $\{\delta \mid \delta$ 是 #(PA 的公理)$\}$ 是可计算集, 从而 PA 是可计算公理化的。

(2) PA 包含 RA。根据引理 5.4.2 可知。

(3) PA 是 ω-一致的。假如 PA 不是 ω-一致的, 那么存在一个公式 $\phi(x)$ 使得 $\mathrm{PA} \vdash \exists x \phi(x)$ 且任给 $n \in \mathbb{N}$ 都有 $\mathrm{PA} \vdash \neg\phi(\bar{n})$。由于 $\mathcal{N} \vDash \mathrm{PA}$, 这显然矛盾!

所以, 根据哥德尔第一不完全性定理可知存在一个 Π_1 语句 ρ 使得 $\mathrm{PA} \nvdash \rho$ 且 $\mathrm{PA} \nvdash \neg\rho$。又根据评注 5.3.85 (5) 可知 $\mathcal{N} \vDash \rho$, 即 ρ 是真语句。因此, PA 是不完全的。如上所述, 希尔伯特希望把数学的一致性最终还原到 (皮亚诺) 算术, 如今算术却是不完全的, 这表明希尔伯特纲领的主张 $\mathbf{C}_1$ 无法实现。

其次, 哥德尔第二不完全性定理在一定程度上否定了[①]希尔伯特纲领的主张 $\mathbf{C}_2$。如

[①] 在哥德尔本人看来, 哥德尔不完全性定理并没有直接宣告希尔伯特纲领的失败, 原因是他认为也许可以通过加强有穷方法, 即不仅仅使用归纳法, 从而给出 PA 的一致性证明。但是从希尔伯特纲领起初的观点看, 并没有允许归纳法之外的方法, 所以希尔伯特纲领原初意义下的主张 $\mathbf{C}_2$ 在一定程度上被否定了, 即便后来如下文所说希尔伯特等人对希尔伯特纲领进行调整, 开始使用超穷归纳法。

上所述，PA 满足哥德尔第二不完全性定理的三个条件，从而根据哥德尔第二不完全性定理可知 PA 不能证明自身一致性。这意味着不存在一个希尔伯特纲领原初意义下的、有穷的 PA 的一致性证明，因此希尔伯特纲领原初的主张 C_2 也就无法实现。另外，即便比 T 强的理论，只要满足上述三个条件[①]，就不能证明自身一致性。

最后，哥德尔第一不完全性定理在一定程度上间接否定了希尔伯特纲领的主张 D。根据 RA 的强不可判定性定理 5.3.89 可知 PA 是不可判定的，因而希尔伯特纲领的主张 D 也无法实现。哥德尔于 1931 年发表的文章[②]没有证明 "PA 是不可判定的" 这一点，原因应该是如本书第 256 页所说，当时关于算法的概念还不是十分清楚。但是由于 RA 的强不可判定性定理是哥德尔在证明第一不完全性定理时所证不动点引理 5.3.77 的推论，所以哥德尔第一不完全性定理在一定程度上间接否定了希尔伯特纲领的主张 D。

5.5.2 哥德尔之后的希尔伯特纲领

希尔伯特纲领虽然遭受了冲击，但还是对数学产生了积极的影响。数理逻辑中有相当一部分工作，比如证明论和反推数学等，可以被看作希尔伯特纲领的产物。而其形式化（或形式系统）的思想，不仅在数理逻辑中应用广泛，还被推广到其他自然科学乃至社会科学中，为这些学科的研究提供了重要方法和工具。

在希尔伯特纲领遭受冲击之后，希尔伯特纲领并没有戛然而止，而是经过调整继续前行。希尔伯特纲领的部分主张也部分地实现了：

关于希尔伯特纲领的主张 F，虽然目前还不确定是否所有的数学都能被形式化到同一个形式系统，但目前已被广泛接受的是，大多数的数学都能被形式化到一阶公理系统 ZFC 中，即公理集合论 ZFC 中。

关于希尔伯特纲领的主张 C_1，虽然没有一个形式系统可以证明所有真的数学命题，但是类似上述，目前已被广泛接受的是，一阶公理系统 ZFC 可以证明现行绝大多数数学分支的绝大多数真的数学命题。

关于希尔伯特纲领的主张 D，虽然 PA——乃至与 RA 一致的任意算术理论——都是不可判定的，但还是发现了一些非平凡的、可判定的其他理论：1930 年，塔斯基证明初

[①] 这三个条件对希尔伯特来说都是必不可少的：包含 RA——实际上包含 PA——是其把数学的一致性最终还原到（皮亚诺）算术的观点使然，归根结底是因为在其看来（皮亚诺）算术的一切都是清晰的从而是十分可靠的；可计算公理化也是必需的，这是其有穷观点的体现；一致性是对令人信任理论的基本要求。

[②] 详见 [80]。

等代数和初等几何是可判定的[①]；1949 年，塔斯基证明一阶代数闭域理论和一阶实闭域理论是可判定的[②]；1949 年，塔斯基证明一阶布尔代数理论是可判定的[③]；1949 年，塔斯基证明欧几里德几何是可判定的[④]；1955 年，斯密鲁[⑤]证明一阶阿贝尔[⑥]群理论是可判定的[⑦]；等等。

关于希尔伯特纲领的主张 C_2，上文提到，关于有穷方法，希尔伯特等形式主义者只言及算术中的归纳法是有穷方法而并未把有穷方法的内涵界定得十分确切，因此关于什么样的方法是有穷方法是存有争议的。哥德尔在有穷方法的理解上更为开放，认为也许可以使用那些不能在 PA 中形式化的方法以给出有穷的一致性证明[⑧]。此后，采取比算术归纳法更强的方法证明 PA 的一致性就成了证明论的短期任务。1936 年，借助比算术归纳法强的一种长度为 ϵ_0 的超穷归纳法，根岑给出了 PA 的一致性证明[⑨]。如果能接受这种长度为 ϵ_0 的超穷归纳法为有穷的方法，那么它便是一种有穷的一致性证明。

哥德尔并没有仅仅局限于拓展希尔伯特的有穷方法概念，1938 年，他在支尔塞尔[⑩]家的演讲中又阐释了另外两种拓展希尔伯特有穷证明概念的方法[⑪]：

那么我们该如何拓展？（拓展是必要的）现在已知的办法有三种：

(1) 函数（关于数的函数的函数，等等）的更高级型；
(2) 模态逻辑的路线（通过被应用于全称语句和一个"蕴涵"概念的谬误进行引入）；
(3) 超穷归纳法，即被拓展到关于第二数类中具体定义的序数的归纳法。

---

① 详见 [226]。
② [220] 和 [155，第 93–114 页]。
③ 详见 [221]。
④ 详见 [227]。
⑤ Szmielew, W.，1918—1976，波兰数理逻辑学家，是塔斯基的学生。
⑥ Abel, N.，1802—1829，挪威数学家。
⑦ 详见 [216] 或 [110, Theorem A.2.8]。
⑧ 详见 [80，第 195 页]："I wish to note expressly that Theorem XI [the second incompleteness theorem] (and the corresponding results for M and A) do not contradict Hilbert's formalistic viewpoint. For this viewpoint presupposes only the existence of a consistency proof in which nothing but finitary means of proof is used, and it is conceivable that there exist finitary proofs that cannot be expressed in the formalism of P [Peano arithmetic PA] (or of M or A)." [] 中的内容是本书作者为方便读者理解额外所加。
⑨ 详见 [75]。
⑩ Zilsel, E.，1891—1944，美籍奥地利裔历史学家、科学哲学家。
⑪ 关于希尔伯特的有穷证明概念，详见本书第 220 页；关于引文，详见 [83，第 95 页]。

第 (1) 点应该是受希尔伯特的影响[1]，它拓展的是上文有穷运算的概念；第 (2) 点是把一阶逻辑拓展成模态逻辑，从而增强形式系统；第 (3) 点显然是受根岑的影响。

在给出 PA 的一致性证明之后，根岑便着手解决如何给出分析的一致性证明了，而这也成了后来证明论的主要问题之一。

---

[1] 早在 1925 年，希尔伯特已经在 [98] 中开始考虑关于自然数的函数——包括有穷类型和超穷类型——的层谱。

克里普克（Kripke, S.），1940 年生，美国逻辑学家和哲学家，模态逻辑语义学的创始人之一，因果–历史指称论的首倡者之一。

第 6 章
模态逻辑

6.1 现代模态逻辑产生的背景

在第 2 章，我们曾遇到这样的困惑，分析如"北京是中华人民共和国的首都并且地球是行星""李白是浪漫主义诗人或者 π 是无理数"这类语句的真值时，我们仅考虑"并且"与"或者"这两个联词所联结的语句的真值而不考虑所联结语句之间的内容是否有关联。按照这种思路分析由"如果……那么……"联结而得到的条件句时，例如分析"如果哺乳动物是卵生的，那么太阳是恒星"的真值，我们的困惑更大，这就是所谓的实质蕴涵怪论。

现代模态逻辑创始人刘易斯指出[①]，"或者"一词在日常生活中还有一种意义没有被经典逻辑——如罗素、怀特海所建立的逻辑系统——的"或者"联词所涵盖。他通过下面两个句子分析"或者"的这两种用法意义上的差别：

(1) 或者恺撒[②]死了，或者月亮是由新鲜乳酪所构成的。
(2) 或者玛蒂尔达（Matilda）不爱我，或者有人爱我。

(1) 与 (2) 中的"或者"之间的区别是显然的。刘易斯称 (2) 中的"或者"为内涵的（intentional）。(2) 的真独立于"或者"所联结的两个句子的某个真或都真。而 (1) 中的"或者"不具有此特性。(2) 的真是必然的——否定它会导致逻辑矛盾，其为假是不可能的，亦即，由一者为假推断另一为真，这一点是必然的。由此，内涵的析取转化为实质蕴涵的必然性。细说就是，(1) 的形式是 $p \vee q$，即 $\neg p \rightarrow q$；(2) 的是 $p \veebar q$。(1) 仅仅是 $\neg p \rightarrow q$ 为真，但不必然，而 (2) 的内涵性在于 $p \veebar q$ 为真是必然的，也即 $\neg p \rightarrow q$ 为真是必然的。(2) 的这种蕴涵有别于 (1)，被称为严格蕴涵。1932 年，刘易斯与朗福德（Langford, C. H.）合著《符号逻辑》[③]。他们提出了一种不同于怀特海和罗素所著《数

[①] 详见 [137]。
[②] Caesar, G. J.，公元前 100—前 44，史称恺撒大帝，罗马共和国末期杰出的军事统帅、政治家，罗马帝国的奠基者。
[③] 详见 [139]。

学原理》①中的逻辑系统，发展了严格蕴涵逻辑系统系列 S，期待克服实质蕴涵的"不符合日常蕴涵的意义"这个缺点，避免实质蕴涵② 怪论。

根据上面刘易斯的分析，p 严格蕴涵 q 相当于 p 实质蕴涵 q 是必然的。关于实质蕴涵，我们已经有了相对较清晰的认识和较为系统的理论。于是，把握刘易斯的严格蕴涵，关键在于把握"必然"这个语词的逻辑特性。这类语词在语言学上属于情态词。逻辑学称之为模态词，称含有模态词的命题为模态命题。模态命题表达了说话者的断定语气的强弱。"必然"表达的语气显然强于"可能"所表达的。我们把不含模态词的语句的情态称为实然，其强弱程度居于"必然"与"可能"表达的情态之间。模态逻辑就是研究模态命题逻辑特性的逻辑理论 ③。

以上分析只是粗略地区别了模态与非模态以及两类模态词之间的强弱。然而，我们如果把模态词看成类似"并且""或者"这样的能够联结任意语句获得新语句的联词，就需要精确地界定一个模态命题的真值条件；否则，我们很难说清楚含有多个模态词叠置或嵌套而得到的模态命题的涵义。例如，一个模态命题本是必然的还是可能的？再次叠置，其复杂程度依靠直觉几乎无法把握。同样，我们也无法准确说出模态词与其他命题联词或量词组合的涵义。1950 年代前后，由卡尔纳普、欣提卡、克里普克等人开创的可能世界语义学解决了此问题，极大地推动了模态逻辑的发展。到今天，模态逻辑已经发展成一个系统众多、理论丰富的逻辑分支。以下我们简介可能世界语义学以及常见的几个模态逻辑系统。

6.2 模态命题逻辑简介

6.2.1 语　法

定义 6.2.1. 模态命题逻辑的语言 $\mathscr{L}_M$ 的初始符号由命题联词、模态词及辅助符号左右括号组成。

(1) 一组（可能可数无穷多个）命题变元：$p_0, p_1, p_2, \cdots$；

(2) 命题联词：$\neg, \rightarrow$；

(3) 模态词符号：$\square$；

---

①详见 [238, 239]。

②详见 [264，第 369 页]。

③关于"必然"与"可能"这类语词的讨论，在亚里士多德的《工具论》中就已经有了，形成了他的模态三段论。而且他讨论模态的篇幅甚至超过了讨论三段论的篇幅。不过，亚里士多德的模态理论十分不清晰。对此可参见 [158]。

(4) 语法括号：(,　)。　　　　　　　　　　　　　　　　　　　□

定义 6.2.2. 给定模态命题逻辑语言 $\mathscr{L}_{\mathrm{M}}$ 的初始符号，$\mathscr{L}_{\mathrm{M}}$ 的公式是也仅是通过有限次使用以下规则得到的：

(1) 命题变元是公式；

(2) 如果 ϕ 是公式，那么 $(\neg\phi)$ 也是公式；　　　　　　　　　　□

(3) 如果 ϕ, ψ 是公式，那么 $(\phi \to \psi)$ 也是公式；

(4) 如果 ϕ, ψ 是公式，那么 $(\Box\phi)$ 也是公式。

我们分别称这四种类型的公式为原子公式、否定式、蕴涵式与必然式。其他常见的真值联词合取、析取等等的定义如常。而在模态词中，除 $\Box$ 外，还有一个常见的模态词 $\Diamond$，其定义为：

$$(\Diamond\phi) \triangleq (\neg(\Box\neg\phi))。$$

评注 6.2.3. 在我们的语境下，$\mathscr{L}_{\mathrm{M}}$ 是由初始符号中的命题变元部分决定的。括号省略规则同以前。　　　　　　　　　　　　　　　　　　　　　　　□

6.2.2 语　义

定义 6.2.4. 一个框架 $\mathfrak{F}$ 是一个二元组 $\langle W, R \rangle$，其中，W 是一非空集，R 是 W 上的一个二元关系。设 $\mathfrak{F} = \langle W, R \rangle$ 是一个框架，$\mathfrak{F}$ 上的一个模型 $\mathcal{M}$ 是一个三元组 $\langle W, R, V \rangle$，其中 V 是从原子公式集到 $\wp(W)$ 中的一个映射。　　　　　　　　　　　　　□

评注 6.2.5. 上述定义中的 W 通常被称为可能世界集，其中的元素通常被称为可能世界。依据语境，它有不同的称谓。例如，在时态逻辑中它被叫作时刻，在认知逻辑中被称为（信念）状态，等等。V 确定每个命题变元在每个可能世界中的真值，其直观涵义是确定每个可能世界里的基本事实。进而，以下是符合直观的：一旦每个世界中的基本事实确定了，那么，（在命题逻辑层次上）每个世界的全部情况就已经确定了。对于仅由真值联词连接而得的复合情况，其真值是实然的，可使用第 2 章中所讲的真值表进行确定。确定过程仅需要参考当下评估的世界中的基本事实，而不必考虑其他世界的情况。而当复合情况是一种模态时，评估其真值需要考虑当前世界所能通达的那些世界的情况。于是，在一个世界中，某复合情况的值与由模态修饰它而得到的命题的值未必等同。严格定义如下。　　　　　　　　　　　　　　　　　　　　　　　　　□

定义 6.2.6. 设 ϕ 是一公式，$\mathcal{M} = \langle W, R, V \rangle$ 是一模型，$w \in W$。定义 ϕ 在 w 中为真（记为：$\mathcal{M}, w \vDash \phi$）如下：

(1) 当 ϕ 是原子公式时，$\mathcal{M}, w \vDash \phi$ 当且仅当 $w \in V(\phi)$；

(2) 当 ϕ 是否定式 $\neg\psi$ 时，$\mathcal{M}, w \vDash \phi$ 当且仅当 并非 $\mathcal{M}, w \vDash \psi$（即 ψ 在 w 中为假，记为 $\mathcal{M}, w \nvDash \psi$；

(3) 当 ϕ 是必然式 $\square\psi$ 时，$\mathcal{M}, w \vDash \phi$ 当且仅当 对任意 $w' \in W$，如果 wRw'，则 $\mathcal{M}, w \vDash \psi$。 □

定义 6.2.7. (1) 给定一公式 ϕ 和一框架 $\mathfrak{F} = \langle W, R \rangle$ 以及 W 中的一点 w。如果对 $\mathfrak{F}$ 上任意模型 $\mathcal{M}$ 都有 $\mathcal{M}, w \vDash \phi$，就称 ϕ 在 w 上是有效的。如果 ϕ 在 W 中的任意一点 w 上都是有效的，就称 ϕ 在框架 $\mathfrak{F}$ 上是有效的。

(2) 给定一框架类 $\mathbb{F}$，如果对任意 $\mathfrak{F} \in \mathbb{F}$，$\phi$ 在 $\mathfrak{F}$ 上是有效的，我们就称 ϕ 在框架类 $\mathbb{F}$ 上是有效的。

(3) 公式 ϕ 在一个模型上有效是指，ϕ 在模型中的每个世界中都为真。 □

评注 6.2.8. 从逻辑刻画普遍有效性的角度看，框架有效比模型有效更适合刻画必然，因为它不依赖赋值。而且，框架类有效比某一特定框架有效更恰当地刻画了必然的逻辑特性。 □

示例 6.2.9. 令语言 $\mathscr{L}_{\mathrm{M}} = \{p_1, p_2, p_3\}$。设框架 $\mathfrak{F} = \langle W, R \rangle$，其中 $W = \{w_1, w_2, w_3, w_4\}$，$R = \{\langle w_1, w_2 \rangle, \langle w_1, w_3 \rangle, \langle w_2, w_2 \rangle, \langle w_3, w_4 \rangle\}$；并设 $\mathcal{M} = \langle \mathfrak{F}, V \rangle$ 是框架 $\mathfrak{F}$ 上的一个模型，其中 $V(p_1) = \{w_1, w_2\}$，$V(p_2) = \{w_2, w_3, w_4\}$，$V(p_3) = \{w_2, w_4\}$。

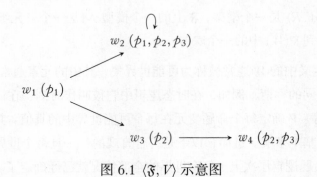

图 6.1 $\langle \mathfrak{F}, V \rangle$ 示意图

分析以下公式在上述模型中的四个可能世界中的真值。

(1) $p_1 \rightarrow \square p_1$；

(2) $\square p_1 \rightarrow \square p_2$；

(3) $p_1 \rightarrow \square\square p_1$。

解： 我们仅分析它们在 w_1 中的真值，其他的留作习题。

(1) 由 V 定义，$w_1 \in V(p_1)$，所以 $\mathcal{M}, w_1 \vDash p_1$，而 $w_3 \notin V(p_1)$，所以 $\mathcal{M}, w_3 \nvDash p_1$ 而 $w_1 R w_3$，所以，$\mathcal{M}, w_1 \nvDash \Box p_1$。因此，$\mathcal{M}, w_1 \nvDash p_1 \to \Box p_1$。因此，此公式在 w_1 中为假。

(2) 据以上分析知，$\mathcal{M}, w_1 \nvDash \Box p_1$，所以，$\mathcal{M}, w_1 \vDash \Box p_1 \to \Box p_2$。即此公式在 w_1 中为真。

(3) 据以上分析知，$\mathcal{M}, w_1 \vDash p_1$。为评估 $\Box\Box p_1$ 在 w_1 中的取值，需要分析 $\Box p_1$ 在 w_1 所能通达的世界中，即在 w_2, w_3 中的真值。而为了评估 $\Box p_1$ 在 w_3 中的取值，需要分析 p_1 在 w_3 所能通达的世界中，即在 w_4 中的真值。根据 V 知，$\mathcal{M}, w_4 \nvDash p_1$，所以，$\mathcal{M}, w_3 \nvDash \Box p_1$，因此，$\mathcal{M}, w_1 \nvDash \Box\Box p_1$。因而，$\mathcal{M}, w_1 \nvDash p_1 \to \Box\Box p_1$，即此公式在 w_1 中为假。 □

6.2.3 常见的模态命题逻辑及其公理化

前面指出，框架有效最好地刻画了逻辑的普遍性。我们熟悉的许多语法推导规则，如重要的分离规则、代入规则等都是保持框架类有效的。在模态逻辑中还有一条必然概括规则，也是保持框架类有效的。

必然概括规则 如果有 ϕ，那么有 $\Box\phi$。 □

定理 6.2.10. 分离规则、代入规则和必然概括规则都是保持框架有效的。

证明： 留作习题。 □

由于如上指出的框架有效的诸多特点，人们通常都是使用框架有效定义逻辑的。不过，因为框架有不同的种类，因而根据框架有效定义出不同的有效性，得到各种不同的模态逻辑。

人们通常借助框架上的二元关系来界定框架类。常见的框架类包括自返框架类（由所有自返的框架组成）、对称框架类、传递框架类等等。以上这些框架类交叉组合又可以得到新的框架类，如自返且传递的框架类等等。由全体框架构成了最大的框架类。

定义 6.2.11. 我们称在所有框架上都是有效的为 K-有效的，称在自返框架类上是有效的为 T-有效的，称在自返且传递框架类上是有效的为 S4-有效的，称在自返且对称框架类上是有效的为 B-有效的，称在自返且对称且传递框架类上是有效的为 S5-有效的。全体 K-有效的（T-有效的、S4-有效的、B-有效的、S5-有效的）公式构成了 K-逻辑（T-逻辑、S4-逻辑、B-逻辑、S5-逻辑）。 □

以上通过语义方式定义了五种逻辑。这五种逻辑也可以通过语法方式得到。我们下面讨论它们的公理化。我们先分析一些特殊公式的框架有效性。

$$K \triangleq \Box(p_1 \rightarrow p_2) \rightarrow (\Box p_1 \rightarrow \Box p_2);$$

$$T \triangleq \Box p_1 \rightarrow p_1;$$

$$4 \triangleq \Box p_1 \rightarrow \Box\Box p_1;$$

$$B \triangleq p_1 \rightarrow \Box\Diamond p_1;$$

$$E \triangleq \Diamond p_1 \rightarrow \Box\Diamond p_1 \text{。}$$

定理 6.2.12. 公式 K 是 K-有效的。公式 T 在自返框架类上是有效的。公式 4 在传递框架类上是有效的。公式 B 在对称框架类上是有效的。公式 E 在欧性框架类上是有效的[①]。

证明: 仅分析前两个断言，其他的留作习题。

假设 K 不是 K-有效的，则存在一个框架 $\mathfrak{F} = \langle W, R \rangle$，其中有一 $w \in W$ 使得 $\mathcal{M}, w \nvDash K$。于是就有 $\mathcal{M}, w \vDash \Box(p_1 \rightarrow p_2)$ 且 $\mathcal{M}, w \nvDash \Box p_1 \rightarrow \Box p_2$。由后者得到 $\mathcal{M}, w \vDash \Box p_1$ 且 $\mathcal{M}, v \nvDash \Box p_2$。而由最后一项得到存在 $v \in W$ 使得 wRv 且 $\mathcal{M}, v \nvDash p_2$。由 wRv 和 $\mathcal{M}, w \vDash \Box(p_1 \rightarrow p_2)$ 以及 $\mathcal{M}, w \vDash \Box p_1$ 得到 $\mathcal{M}, v \vDash p_1 \rightarrow p_2$ 和 $\mathcal{M}, v \vDash p_1$。从最后这两个式子得到 $\mathcal{M}, v \vDash p_2$。这与前面所得的 $\mathcal{M}, v \nvDash p_2$ 矛盾，所以假设不成立。因此，K 是 K-有效的。

再证明公式 T 在自返框架类上是有效的。

任取一个自返框架 $\mathfrak{F} = \langle W, R \rangle$，任取其中 $w \in W$。假设 $\mathfrak{F}$ 上有一模型 $\mathcal{M}$ 使得 $\mathcal{M}, w \vDash \Box p_1$，我们需要证明 $\mathcal{M}, w \vDash p$。由于 $\mathfrak{F}$ 是自返的，于是 wRw，再根据 $\mathcal{M}, w \vDash \Box p_1$ 就可得 $\mathcal{M}, w \vDash p_1$。 □

K-逻辑的一种公理化是以全体重言式和 K-公式为公理，以分离规则、代入规则和必然概括规则作为推理规则所得的演绎系统，我们称其为 K-系统。K-证明及 K-定理等概念的定义如常。由以上定理 6.2.10 和定理 6.2.12 易知，K-定理都是 K-有效的。通常称此结论为 K-系统的可靠性。事实上，它也是完全的，即 K-有效的都是 K-定理。

T-逻辑的一种公理化是在 K-系统的公理部分添加公式 T 作为公理而得到的演绎系统，T-系统相对于 T-有效的既是可靠的也是完全的；S4-逻辑的一种公理化是在 T-系统的公理部分添加公式 4 作为公理而得到的演绎系统，S4-系统相对于 S4-有效的既是可靠的也是完全的；B-逻辑的一种公理化是在 T-系统的公理部分添加公式 B 作为公理而得到的演绎系统，B-系统相对于 B-有效的既是可靠的也是完全的；S5-逻辑的一种公理化是在 T-系统的公理部分添加公式 E 作为公理而得到的演绎系统，S5-系统相对于 S5-有效

[①] 一个框架是欧性的是指该框架中的二元关系 R 具有如下性质：$\forall w \forall u \forall v((wRu \wedge wRv) \rightarrow uRv)$。

的既是可靠的也是完全的。

6.2.4 模态逻辑的量化及其哲学困惑

在上述模态命题逻辑语言的基础上增加量词、谓词符号（或还增加等词符号、函数符号及常项）及个体变元，就得到模态谓词逻辑的语言。相应地，在项的构成规则以及公式的构成规则中增加量化公式（或还有等式），也可以在谓词逻辑的语言上增加模态词而得到模态谓词逻辑的语言。

为得到上述语言的语义解释，我们需要在框架的组成上增加个体域，即一个非空集 D。如果允许 W 中的各个世界中的个体组成可以不同于 D，则还要增加一个指派个体域的函数，它为每个世界指派 D 的某个非空子集作为其体域。或者，简单起见，直接说相应于 W 中的每个世界 w_i 都有一个个体域 D_i。而在以上框架的基础上增加一个个体变元赋值，为个体变元指派 D 中的一个个体。

在定义真的部分，与经典逻辑比较，量词与谓词的解释都是增加相对化——相对于当前评估世界，个体取值范围都在当前世界的个体域中。而对于开公式的解释可能会出现争议。因为由 V 为个体变元指派的值未必在当前评估世界的个体域中。想象一下，我们被要求评估"孙悟空不只有 72 变"这句话在现实世界中的真假。这类似于空名的问题。通常有两种观点，一种观点认为没有真假，而另一种观点则将给这类语句赋值为假。

量化模态逻辑在哲学上有许多困扰，主要包括可能世界的本体论地位、跨世界的同一性、对本质主义的承诺、有效性多元（逻辑多元）等等。我们无法在此对这些具体问题全部都展开详细讨论。我们介绍模态逻辑的主要目的在于，一方面，展示经典逻辑技术上的延伸与运用。模态逻辑，主要是模态命题逻辑，在今天发展得非常成熟，是当代逻辑理论研究最活跃、成果最丰富的领域。另一方面，在熟悉了模态逻辑最基本的一些概念的基础上，在分析逻辑与哲学之间关系的过程中，我们就能以模态逻辑作为经典逻辑的一个参照对象，以便更好地理解逻辑与哲学的内在联系。

下一节介绍在哲学分析中逻辑所起的作用。对于模态逻辑，我们仅选取了对本质主义的承诺这一主题。关于其他主题，有兴趣的读者可以阅读文献 [9, 131, 140, 154, 168, 169, 184, 185, 259]。

习题 6.2.13. 完成示例 6.2.9 的分析。　　　　　　　　　　　　　　　　　　□

习题 6.2.14. 完成定理 6.2.10 的证明。　　　　　　　　　　　　　　　　　　□

习题 6.2.15. 完成定理 6.2.12 的证明。　　　　　　　　　　　　　　　　　　□

习题 6.2.16. 证明以下公式是 K-有效的，并给出它的一个 K-证明。

(1) $\square(p_1 \wedge p_2) \leftrightarrow (\square p_1 \wedge \square p_2)$；

(2) $\diamondsuit(p_1 \rightarrow p_2) \leftrightarrow (\square p_1 \rightarrow \diamondsuit p_2)$；

(3) $(\square p_1 \vee \square p_2) \rightarrow \square(p_1 \vee p_2)$；

(4) $\square(p_1 \vee p_2) \rightarrow (\square p_1 \vee \diamondsuit p_2)$。 □

习题 6.2.17. 证明以下公式是 T-有效的但不是 K-有效的，并给出它的一个 T-证明。

(1) $\square p_1 \rightarrow \diamondsuit p_1$；

(2) $\diamondsuit(p_1 \rightarrow p_1)$。 □

习题 6.2.18. 证明以下公式是 S4-有效的但不是 T-有效的，并给出它的一个 S4-证明。

(1) $\diamondsuit\square\diamondsuit p_1 \rightarrow \diamondsuit p_1$；

(2) $\square\diamondsuit p_1 \rightarrow \square\diamondsuit\square\diamondsuit p_1$；

(3) $\diamondsuit\square(p_1 \rightarrow \square\diamondsuit p_1)$；

(4) $\diamondsuit(\square p_1 \rightarrow \diamondsuit p_2) \rightarrow \diamondsuit(p_1 \rightarrow p_2)$。 □

习题 6.2.19. 证明用公式 $\square p_1 \rightarrow \diamondsuit p_1$ 替代 S5-系统中的公理 T 所得的系统与 S5-系统是等价的。 □

习题 6.2.20. 证明在 S4-系统的基础上添加 B-公式作为公理所得的系统与 S5-系统是等价的。 □

6.3 从逻辑到哲学

在学习了逻辑技术之后，我们可以从创立技术的初衷和技术发展所获得的成果来分析与逻辑相关的一些哲学问题。我们选取三个例子来展示这种有技术背景支撑的分析。

6.3.1 弗雷格的名称理论

名称的涵义理论主要有两个流派，以弗雷格、罗素为代表的摹状词理论与以穆勒、克里普克为代表的直接指称理论。他们的主要观点现已成为语言哲学中的常识。这两个理论最主要的差别之一是：前者认为表达式通常有涵义也有指称，专名、通名以及句子都是如此；后者认为专名没有涵义（至少没有那种决定其指称的涵义），只是作为指示词，像标签，而且（表示自然种类的）通名也是如此。哲学家们就名称，尤其是专名的涵义，长期争论不休，始终没有定论。哲学家们也纷纷提出各种修补理论。代表性人物有斯特劳森[1]、格赖斯[2]、埃文斯（Evans, L. C.）等等。相关文献之多可谓汗牛充栋、浩如烟海。

我们在此选取弗雷格的名称理论，考察他对涵义的处理并将之与罗素的处理做比较，分析逻辑观对于哲学的作用。弗雷格与罗素通常被视为摹状词理论（亦称描述理论）的代表人物。但是，事实上他们的名称理论有很大的不同，而这种不同与他们二人的逻辑理论形成发展的路线差异很大有关。他们的逻辑观又进一步影响了他们的语言哲学。

弗雷格的整个理论最终为了一个目的，即论证他的数学哲学观：逻辑主义，即从逻辑导出算术。在论证过程中，他发现亚里士多德的逻辑表达力非常有限，尤其是表达大量涉及量词的数学命题及相关推理时，亚里士多德的逻辑无能为力。这促使他思考表达思想的语言，进而创建了概念文字。他将语言所表达的与推理无关的东西都摒弃了，只保留了与推理相关的东西，他称之为概念内容。"由于只有这种概念内容对于概念文字有意义，因此概念文字不必区别具有相同概念内容的句子"[3]。在分析"内容同一"这种关系时，他认为，"内容同一与条件（如果……那么……）和否定的区别在于，它与名字有关，而不是与内容有关"[4]。表达否定、条件的符号所连接的符号表示（符号所指的）对象，而同一关系的符号让它所连接的符号自身突显出来，表示符号自身，同一式表达两个符号所指的对象是同一个对象。弗雷格后来在《论涵义与意谓》中是这样解释他为何在《概念文字》中持此观点的：如果"a""b"不是表示符号自身而是表示对象，那么，当 $a=b$ 为真时，$a=a$ 与 $a=b$ 都是陈述"a"（也是"b"）所指对象与其自身同一。这是一条对任何对象都适用的自明之理。但是 $a=b$ 显然具有与 $a=a$ 不一样的认知价值。$a=b$ 扩展了我们的知识，而 $a=a$ 却没有。所以，不能认为 $a=b$ 表达了对象与自身同一这一关系，而是表达了对象的名称之间的一种关系，它们指向同一对象[5]。通过将"$=$"视为表达了名称之间的一种关系，似乎解释了上述二式之间的认知差异。

然而，我们可以非常合理地猜测，弗雷格后来也逐渐认识到，按照他对其概念内容的说法，"我把仅在我看来唯一重要的东西称作概念内容"[6]，概念内容是其概念文字的唯一对象，他的理论仍会有不和谐。当 $a=b$ 为真时，按弗雷格的理论，a 与 b 就有相同的概念内容，这样据莱布尼茨的同一不可分辨原理，$a=b$ 与 $a=a$ 也能互相推理，这

[1] Strawson, P. F., 1919—2006, 英国哲学家，语言哲学牛津学派代表人物。

[2] Grice, H. P., 1913—1988, 美国语言哲学家。

[3] 详见 [251, 第 8 页]。

[4] 详见 [251, 第 20 页]。

[5] 详见 [251, 第 95 页]。

[6] 详见 [251, 第 20 页]。

两个等式具有相同的概念内容。这仍然会与上面提到的人们认为它们在认知价值方面存在明显的差异相悖。这就是所谓的弗雷格谜题。怎么说明当 $a=b$ 真时，$a=a$ 与 $a=b$ 具有不同的认知价值？弗雷格后来采取的策略是将早先他提出的概念内容细分成两部分：涵义与所指。$a=b$ 为真时，"a" 与 "b" 所指是相同的，但涵义可能不同。这导致了 $a=a$ 与 $a=b$ 二者虽然所指相同（均为真），但涵义不同，因而具有不同的认知价值。熟悉弗雷格理论的都知道，弗雷格认为，就获得知识而言，涵义与所指同等重要。然而，对于今天被人们热烈讨论的语言哲学问题，如：涵义——尤其专名的涵义——是什么，在不同主体对同一个表达式的涵义可能有不同的理解的情况下如何保证涵义的客观唯一性，如何由涵义获得所指，等等，弗雷格并没有给出令后人满意的答案。弗雷格之所以如此，除了这些问题本身的确困难这个原因外，还有一个不能忽视的重要原因，就是他的逻辑观。

在做出涵义与所指的区别时，弗雷格就看到不同的人对同一个表达式的涵义会有不同理解。他在一个注脚中承认这种分歧所带来的困难与争议。

> 关于专名"亚里士多德"，有人将其涵义理解为柏拉图的学生和亚历山大大帝的老师，也有人认为是那位生于斯塔吉拉的、亚历山大大帝的老师。上述关于专名的涵义理解有差异导致对"亚里士多德生于斯塔吉拉"这个句子的涵义（思想）的理解也有差异，但是，只要所指（意谓）相同，这些分歧可以忍受。①

弗雷格认为可以忍受涵义有分歧，是与他一贯坚持的所指是逻辑学关注的重点这一观念密切相关的。对于他追求的求真之工具逻辑来说，所指才是重点。

除上述脚注外，还有多处文献可以佐证弗雷格将所指看作逻辑学关注的重点。首先，在《对涵义和意谓的解释》②中，对于逻辑学家所区分的概念的内涵与外延，他赞同外延更重要。

弗雷格认为，外延逻辑学家"偏爱概念外延而反对内涵，因而有理由承认他们不把词的涵义，而把词的意谓看作对于逻辑至关重要的东西"，对"外延逻辑学家做出重大让步"，"大概我们就能断言，'两个概念词所意谓的是相同的，当且仅当其从属的概念外延重合'"。同时批评内涵逻辑学家"过于喜欢涵义"，"因为他们称为内涵的东西，即使根本不是表象，也是涵义。他们没有想到，在逻辑中重要的不是在不考虑真值的情况下如何从思想得出思想，他们没有想到，必须从思想进到真值，更普遍地，必须从涵义进到

---

① 详见 [251，第 97 页]。

② 详见 [250]。

意谓；逻辑规律首先是意谓范围的规律，他们间接地才与涵义相联系"①。

另一篇表明所指位于弗雷格理论核心的文章是《思想》②。文章开篇就指出："正像'美'这个词为美学、'善'这个词为伦理学指引方向一样，'真'这个词为逻辑指引方向。"弗雷格规定"逻辑的任务是发现是真的规律，而不是把某物看作真的规律或思维规律"。弗雷格把思想看作"能借以考虑真的东西"③，只是由于与真具有密切联系，弗雷格才详细地讨论了思想，特别是讨论涵义确定或给出所指这个原则运用于句子时的情形。在《逻辑导论》④讨论假言句子联结时弗雷格更加清楚地指出，"人们也许发觉思想之间缺少一种内在联系；人们不太明白，对于思想只应该考虑它是真的还是假的，而实际上根本不应该考虑思想内容本身。这与我关于涵义和意谓所断定的东西有关。现在毕竟有人试图给出一种解释，说思想本身更起作用，而且这大概将表明，要么还需要由思想补充的东西归根结底是完全多余的，由此只是把问题复杂化，不会有任何收益，要么句子（条件句和结果句）是准句子，它们均不表达思想，因此实际上并不是像人们希望的那样使思想联系起来，而是使概念或关系联系起来"⑤。

我们可能对弗雷格反复强调所指的首要地位不太理解，因为今天人们在实践上已经将所指（或者说是已经对外延逻辑做出重大让步之后的外延）看作逻辑研究的首要目标了。在弗雷格的时代，逻辑学家偏爱内涵。尤其是在处理假言命题时，人们对他提出的实质蕴涵"毫无所知"，以至他发出"多么迟钝啊"的感叹。

不联系逻辑学家背后的逻辑旨趣，就不容易对他们的哲学主张做深入分析，难以完整全面地完全把握其哲学。

在将弗雷格的名称理论与罗素的名称理论做比较时也能反映这一点。人们通常将弗雷格与罗素作为摹状词理论的代表，但这显然简单化了，因为他们没有注意到罗素后期在《论指称》⑥中提出的摹状词理论与他之前所赞同的弗雷格的名称理论有重大差异。事实上，罗素在文中清楚地表明他不赞同弗雷格的名称理论："可我不想再重复支持这一理论的依据，因为我已经在其他地方（如前引文）强调了它的主张，而现在我关心的是对这些主张提出质疑。"⑦不仅如此，他的观点与弗雷格的观点差别巨大，"这就是我想

---

①详见 [251，第 125–126 页]。

②详见 [251，第 138–139 页]。

③详见 [251，第 132 页]。

④详见 [252]。

⑤详见 [251，第 235 页]。

⑥详见 [263，第 47–68 页]。

⑦详见 [263，第 55 页]。

提倡的指称理论原则：指称词组本身决不具有任何意义，但在语词表达式中出现指称词组的每个命题都有意义"[①]。

罗素不赞同弗雷格的名称理论很可能是出于一种误解。例如，罗素认为，根据弗雷格的理论，"'在二十世纪开始时太阳系的质量中心'这个词组在意义上是非常复杂的，但其所指却是简单的某一个点。太阳系、二十世纪等等是意义的成分；而所指根本没有成分"[②]。这与弗雷格在《论涵义与意谓》中的说法有出入："当一个词本身是一个句子的部分时，我就称这个词的意谓为这个句子的意谓的部分。"[③]

再如，

> 弗雷格采取了（就我们目前的几种选择的方式而言）同一方向的另一种方式，他通过定义替一些情况提出某种纯粹约定的所指，否则这些情况会不存在所指。这样，"法国国王"就应指空类；"某某先生（他有一个美满的十口人之家）的唯一的儿子"就应指称他的所有的儿子所构成的类，等等。[④]

罗素认为，"这种处理问题的方式虽然不导致实际的逻辑错误，却显然是人为的，它并没有对问题做出精确的分析"[⑤]。

上述引文所指弗雷格采取的方式应该是弗雷格在《算术基本规律》的第 11 节中所提出的。罗素没有意识到，弗雷格在此不是分析自然语言中的摹状词，而是定义一种完善的形式语言，定义一个替代定冠词的函数 ξ。这与罗素在该文中对自然语言中摹状词的处理不是一回事。

在弗雷格看来[⑥]，存在唯一对象满足摹状词所描述的，这个条件通常属于预设。摹状词如果没有满足预设，也同样没有所指，就像专名所指可能不存在的情形，因而包含此摹状词的句子也没有指称。罗素消解摹状词的做法，是将一个包含如此这般的摹状词的句子，可一般地（在他所说的摹状词的主要出现的情况下）理解为断言了存在唯一一个如此这般的对象（如何如何），是将语句的预设直接写进语句里。这与弗雷格的主张不同。罗素的摹状词理论的复杂与弗雷格处理摹状词的简洁形成了鲜明的对比。弗雷格将摹状词与通常的专名做统一处理，这正是由于他看重所指的结果，正是基于"真为逻辑

---

① 详见 [263，第 51 页]。

② 详见 [263，第 55 页]。

③ 详见 [251，第 105 页]。

④ 详见 [263，第 57 页]。

⑤ 详见 [263，第 55 页]。

⑥ 详见 [251，第 108—110 页]。

指引方向"这一理念才达到了理论的清晰、简洁。

再进一步深究，二位逻辑学家对摹状词采取不同的分析，原因在于他们的逻辑旨趣不一样。罗素将知识分为亲知的与描述的。摹状词是一种典型地表达描述的知识的方式。罗素将语言看作人们获取知识的方式，立足点是知识的学习者、接受者，是向群体累积的经验学习的个体。个体学习新知时，对句子有非真即假的二分要求。而弗雷格作为现代逻辑的创立者，其旨趣在于使用语言探索发现新知，使用语言描述所得到的关于世界的知识。因而在关注真假之前存在一个本体论问题，即我们使用语言讨论什么对象。这就能解释弗雷格为什么要求在引入专名或是使用摹状词时必须满足其有所指这个先决条件。其视角更倾向是人类知识的开拓者。自然语言的不足促使他发明了一种形式语言，建立了现代逻辑。他们所说的逻辑是一样的，但是，一个是逻辑的创建者，另一个是在此基础上的继承与发展。虽然两位所说的逻辑是同一个，但他们进入的路径不一样，旨趣不同，由此造成围绕逻辑的分析与讨论差别巨大。

6.3.2　克里普克的模态逻辑及其名称理论

根据模态逻辑可能世界语义学，一事物在不同世界中虽然某些属性不同，但还是同一事物。也就是，一个事物的某些性质变化不会影响其所是。这就需要一个符号去指称该对象，当性质改变后，即处在另一个世界中，依然是该对象。克里普克将这类在所有可能世界指称相同对象的符号定义为严格指示词，将指称发生变化的符号定义为非严格指示词。克里普克还论证，自然语言中的专名通常是严格指示词。专名没有涵义仅有指称。自然种名，如"黄金""猫""牛"等，更接近于专名，并且因其没有表达性质，故也更接近于严格指示词。

克里普克的意图在于，倘若专名有涵义，则其难以充当严格指示词。因为在克里普克看来，如果按摹状词理论所说，涵义确定或给出指称，而语言的涵义又相应于语言所指事物的属性，那么，在某些情形下，事物某些偶有属性消失了，导致表达了相应于这些属性的涵义的专名不再指称该事物。我们通常以专名指称某个对象，以种名指称某类事物，即使是在反事实条件句中。如果反事实条件句中涉及与专名或种名的涵义相应的性质，就可能出现困境。例如，"如果亚里士多德不曾做过亚历山大大帝的老师，那么他就不是亚历山大大帝的老师"。

克里普克的名称理论突出了亚里士多德的实体理论中实体的地位。它与亚里士多德的理论在专名与第一实体上是一致的，但在种名与第二实体上有区别。亚里士多德虽然认为牛、猫为第二实体，但是，它们可以谓述他物。弗雷格继承了这一点。尽管在弗雷格那儿没有突出它们的实体性。而克里普克认为种名没有涵义，也就无法在通常的意义上谓述他物。可以说，他的严格指示词相当于亚里士多德的最严格意义上的实体之名。然而，少有人注意到，克里普克为模态逻辑而提出的名称理论有与模态逻辑形式语义学相冲突的危险。

模态逻辑的形式语义解释是在一阶逻辑语义基础上的某种膨胀。对于常项，其语义解释依然是域中的个体，只是要求在所有世界所指均相同。但是当解释谓词符号时，人们就会遇到困境。因为种名是谓词的一个类别，克里普克的逻辑并没有特别地提出一种解释，而是依然像对待一般谓词那样（至少在其《命名与必然性》发表时），使用个体构成的类解释种名，作为种名的所指。

一般地，根据克里普克的理论，任何种名，其所指在所有可能界中相同，按克里普克可能世界语义学，这个种下的全部个体必须是"同生共死"。这样的结果显然与人们对种名，如"人""牛"等的理解很不一样。某个人的消亡，甚至某些人的消亡，不会对除其之外的所有人都造成严重到消亡的影响，当然，也不会改变我们对"人"这个种的理解。一般地，个别个体乃至相当数量的个体的存亡并不改变个体所属的种。在这个意义上，人们对种——至少是生物种——的理解方式是内涵的。克里普克的名称理论更符合这种内涵式的理解方式。种名所指在各个可能世界中相同，种不依赖其下的某些个体的变化而变化，具有相当大的稳定这一特点。

冲突的根源不在于其所主张的种名没有涵义，而是在于其名称理论不够明晰，没有阐明种是什么，它与构成种的个体有什么关系等这些重要问题。从技术上看，它没有提供与这种名称理论相匹配的形式语义学。克里普克一方面要求种名所指跨世界同一，另一方面所指又依赖于个体完全一致。于是，按此名称理论所得的形式语义学，除非语言没有种名这类符号，否则，所有可能世界的个体域都将相同。如此解释所得的有效概念，就是一阶逻辑中的有效概念。个体之本质，要么是种属，要么是平凡的同一律。但要描述一个对象，不使用种属这些概念是相当罕见的。

除了上述冲突之外，克里普克的理论还面临弗雷格当初面对的解释那两个等式之间的认知价值差异以及专名与其所指如何关联的问题。认为专名有涵义的理论可以借助专名的涵义确定或给出其所指。而克里普克认为专名没有涵义，于是克里普克需要回答专名是怎么指向所指的。克里普克是通过区分形而上学与认识论两个不同的范畴来解释认知价值差异的。他认为模态逻辑所考虑的必然真属于形而上学范畴，在此范畴下那两个等式没有差异。当 $a=b$ 成立时，其必然为真。人们认为二者有差异是在认识论意义上的先天与后天的差异。同时，他进一步提出历史的因果命名理论来关联专名与所指，尽管他提出的因果历史链条与弗雷格的具有认知价值意义的涵义这一概念非常神似[1]。

不过，弗雷格之谜只是连锁反应之一，克里普克也意识到他还要解决所谓的信念之谜[2]。当皮埃尔（Pierre）同时相信两个句子"Londres est jolie"和"London is not pretty"所表达的内容之时，看起来他持有一对矛盾的信念。弗雷格的名称理论对此的解释是，皮埃尔拥有的两个信念，其中之一并非另一个信念的否定，因为两个专名的涵义是不一样的，在此语境（即间接语境）下的所指（即涵义）是不一样的，二者并不构成矛盾关系。克里普克认为专名仅有所指，不能采用弗雷格的解释，他将矛头指向翻译原则与去引号原则[3]。

他认为，在皮埃尔的例子中，人们使用这两个原则得到一对矛盾，问题不是出在他的专名理论上，而是出在通常被人们接受的那两个原则上。稍加分析不难发现，他陈述的那两个原则过于简单，深究起来，会涉及主体：谁翻译？谁去引号？在翻译与去引号的主体看来，皮埃尔持有矛盾的信念，尽管皮埃尔自己并没有意识到这点。弗雷格当年在《思想》中就分析过类似的例子。克里普克不过是以另一种形式重述这种例子，而又含糊其辞地将责难推给他自己没有精确表述的两个原则。

哲学主张发生变化而逻辑技术没有做出相应的改变，通常较难得到与哲学相契合的技术结果。逻辑技术与技术背后的哲学理念的吻合程度对于逻辑技术的运用性有很大的影响。亚里士多德的三段论不包含单称词项，不处理单称命题，是一个完美的演绎理论体系，与其实体理论是协调的。弗雷格坚持贯彻所指是逻辑的重点、真为逻辑指引方向之宗旨。他坚持概念与对象的区分，这与亚里士多德的《工具论》中的实体理论是一脉相承的。他引进量词与等词，其符号体系可以包含单称词项，可以处理单称命题，但减弱了第二实体的实体性，相应地在技术上将第二实体与其他类型的谓词同等看待。他的哲学理念与其逻辑处理也是契合的。但是，克里普克的名称理论突显了亚里士多德的第二实体的实体地位，把它提升到了与第一实体并列的位置。然而，在技术上他并未给出相应的调整说明。他的名称理论与通常的外延语义学有冲突。正是逻辑技术与哲学基础的不相匹配造成了如下状况：尽管当前逻辑技术较丰富，但对于澄清哲学领域重要概念——如本质、实体等——并没有带来多大帮助。这种状况进一步造成了对使用可及性去界定模态合理性的怀疑。

---

① 详见 [275]。

② 详见 [132，第 125–161 页]。

③ 这两个原则的原文表述分别为：If a sentence of one language expresses a truth in that language, then any translation of it into any other language also expresses a truth (in that other language). If a normal English speaker, on reflection, sincerely assents to '*p*', then he believes that *p*. 详见 [132，第 137、139 页]。

6.3.3 模态逻辑与本质主义

模态逻辑史上本质主义之争

本质主义可追溯到亚里士多德。亚里士多德将事物的性质分成四种：特性、定义、属和偶性[①]。由这种区分我们说，亚里士多德认为性质有本质与非本质之分，因而他是本质主义者。其他持本质主义立场的哲学家，尽管表述不尽相同，然而在最基本的方面是一致的[②]。以下为蒯因对亚里士多德的本质主义的诠释：一事物的属性可以区分为两种，一种是对其为本质的，另一种是偶性的，如，一个人，有理性是其本质属性，有两条腿则是偶性的[③]。使用今天流行的记法可表示为：

$$\exists x(\Box F(x) \wedge G(x) \wedge \neg\Box G(x))。$$

针对本质主义，蒯因提出如下所谓的骑车人悖论。既是数学家又是骑车人，其本质是什么？作为数学家，有理性是必然的，有两条腿不是必然的；而作为骑车人，恰恰相反。于是，当一个人既是数学家又是骑车人时，有理性是其必然属性还是偶然属性？对有两条腿这一属性，类似地也可以提出这个问题[④]。

蒯因提出上述观点后，马库斯（Marcus, R. B.）及帕森（Parson, T.）等人相继发表论文予以回应。

根据马库斯的观点[⑤]，数学家骑车人难题其实源于语言表达的模糊性。骑车人必然有两条腿，可以有两种解读：

(1) $\Box\forall x(C(x) \to T(x))$ 与 $C(a)$ 推出：

(3) $T(a)$；

(2) $\forall x(C(x) \to \Box T(x))$ 与 $C(a)$ 推出：

(4) $\Box T(a)$。

马库斯认为，基于 (1) 与 (3)，可以断定 (4) 无效。基于 (2) 与 (3) 断定 (4) 有效，但前提 (2) 是可疑的。如果模态谓词逻辑无条件地肯定这类奇怪的本质主义，本质主义假设才会导致困难，对模态谓词逻辑才会构成威胁。

进而，基于 S5 的量化，马库斯严格地界定了强弱两种形式的本质主义：

---

①详见 [269，边码 101b24]。

②详见 [277，第 94–108 页]。

③详见 [185，第 173–174 页]。

④详见 [185，第 199 页]。

⑤详见 [154]。

(5) $\exists x \exists y(\Box F(x) \land \neg\Box F(y))$;

(6) $\exists x \exists y(\Box F(x) \land F(y) \land \neg\Box F(y))$。

　　现在假定有两个不同个体 a、b，且对于某种性质 F，前者具有而后者不具有。那么，复合而成的性质 $F(x) \lor \neg F(b)$ 符合 (6) 的要求。这是一种强意义上的本质。

　　马库斯认为，上述复合构成的性质借助了个体，这类本质属性可以"平凡化"。据帕森的转述①，"平凡化"是指这些体现本质主义的语句都可以转化为不含本质属性的语句，特别是，这种语句不是蒯因所举的那些带来麻烦的例子。帕森将蒯因对量化模态逻辑的指责解析如下。量化模态逻辑允许约束开语句，因而，承诺了亚里士多德的本质主义。但本质主义这种学说要讲得通，存在着难以逾越的困难。因此，量化模态逻辑存在着难以逾越的困难。帕森认为，在蒯因的指责中，量化模态逻辑承诺的本质主义与存在着难以逾越的困难的本质主义其实是两种不同形式的本质主义。他分析出了四种形式的本质主义：

第一种：　$\exists x \Box F(x)$;

第二种：　上面的 (4)（弱的）和 (6)（强的）；

第三种：　分别将 (4) 与 (6) 中的个体常项消除，以不依赖于个体；

第四种：　在第三种的基础上进一步要求 F 是原子的，而非复合构成。

　　据帕森的分析，蒯因认为量化模态逻辑所要求的是第一种形式的本质主义，但是，却举了第四种形式的本质主义的例子来说明本质主义这种学说有难以逾越的困难。因此，其论证不成立。

　　1969 年，帕森继续在两个方面深化其论证②。论文限定讨论类的本质而非个体本质。一方面，继续精练本质主义的形式表述，以排除 $\Box x = x$ 这种平凡的情形；另一方面，分析一个量化模态逻辑系统在什么意义上被称为承诺了本质主义。有三种意义：(1) 有某个表述本质主义的语句是系统的定理；(2) 系统没有如此语句作为定理，但与一些无争论的非模态事实一起，推论出这样的语句；(3) 系统允许某种本质语句的表述，预设如此语句是有意义的。帕森的结论是，量化模态逻辑只是在第三种意义上承诺了本质主义。

　　我们认为，蒯因的表述及马库斯、帕森等人的回应都有值得商榷之处。

　　首先，他们的讨论都存在一个问题，即将必然性默认等同于本质属性。但显然这二者之间不能画等号。前者的外延要大于后者的外延。一个性质是某物的必然属性，未必就是其本质。如，与自身相加、相减都等于自身，这是 0 的必然属性，但若说这是 0 的

①详见 [168]。

②详见 [169]。

本质，则很可疑。三角形的三个内角之和是 180 度，这是三角形的必然属性，但我们通常不会把此看成是三角形的本质，而只是把它看作亚里士多德所说的特性。因此，如果区别本质与必然，即使论证模态逻辑量化承诺事物有必然属性，未必就能导出也承诺了本质主义。

退一步说，即便在必然性与本质之间画等号，我们认为蒯因的表述恰当，但他的作为数学家的骑车人的例子显然不恰当。受此例子迷惑，马库斯及帕森给出的表述都与本质有差距。蒯因的表述 $\exists x(\Box F(x) \land G(x) \land \neg \Box G(x))$ 的确是将事物的属性分成必然/本质与非必然/非本质的忠实表述。但是，马库斯的 (4) 与 (6) 值得商榷。本质界定了一类或某个特定的事物。如果把 (4) 中的 F 理解为某个体的本质，则 (4) 弱了。在 S5 的量化基础上，等同与不等同都将必然。所以，(4) 应为 $\exists x \exists y(\Box F(x) \land \Box \neg F(y))$，即，另一事物必然不具有 F。因而 (6) 就是假的，直观上也容易理解。如果 F 是作为个体 x 的本质，试问：y 是否等同于 x？显然无论如何回答都会得到矛盾。如果 F 是类的本质，对于 y 是否属于 F 所界定的类这个问题也会令 (6) 陷入矛盾。

然而，如何解释马库斯举的 $F(x) \lor \neg F(b)$ 这个例子？其对于 b 是必然性质，对于 a 则是偶然性质。b 具有的必然性是指，"b 有性质 F" 这个命题与其否定必有一真。这是就命题与其否定真之关联的性质。因此，必然性在此是就命题而言的。涉及对象 b 在于：b，也只有 b，才能与 F 共同构成 "b 不具有性质 F" 的否定命题，从而形成必然性所指的命题。因而，$F(x) \lor \neg F(b)$ 虽然对于 b 为真，但此真之必然性并非出于 b 之本质，而是出于结构，出于命题层次的排中律这一普遍规律，与本质主义无关。我们将 $F(x) \lor \neg F(b)$ 与 $x = b$ 做比较。后者对于 b 为真，此真之必然性同样出于结构，不过是谓词层次的结构，出于任意事物与其自身同一这一普遍规律。它不涉及命题间的结构，仅与对象本身关联，因此更接近于本质主义。当借助命题联词构造复合性质，其对于某对象为真即使是必然的，也不能简单地说是其本质，因为有可能命题联词的特性参与其中。

我们认为，马库斯及帕森的错误表述源于蒯因的例子。他的例子让人误以为本质有相对性，特别是在默认了必然与本质画等号的情况下。但是，蒯因在骑车人的例子中所说的必然，实际是描述同阶性质之间的"谓述"关系，是就两个概念之间的关系而言的，与骑车人个体之本质无关。蒯因接下来针对数学家骑车人所问的，本身就不恰当。

一种强的本质主义承诺

我们认为量化模态逻辑承诺了本质主义，但原因并不是人们通常所认为的与某类公式相关联。为使得公式有意义，需要对形式语言给出解释，而在这种解释下，事物模态

（de re modality）类型的公式的确很自然地给人以本质主义的感觉，尤其是当人们在潜意识中将必然等同于本质时。但是，这并不等于系统就承诺了本质主义。例如，按可能世界语义学，$\exists x \Box F(x)$ 的意思是，在当前讨论的世界中有某个对象，在所有可以想象的情形下都有性质 F。但这并没有承诺 x 就有本质，至多是说 x 有必然属性。必然属性未必就是本质。即使将必然属性看作本质，诚如帕森指出的，量化模态逻辑并没有在系统有如此形式的定理这种意义上承诺本质主义，也至多只是模态语言中有一个公式。由此说量化模态逻辑承诺本质主义，只不过是将必然算子 $\Box$ 解释为本质而已。这也只是一种直观理解，实际上不会对量化模态逻辑的严格语义解释造成任何负面影响，即使本质主义很可疑。所以，相比较于马库斯及帕森在《模态逻辑中的本质主义》①中的观点，我们认为帕森在《本质主义与量化模态逻辑》②中所说的第三种意义更接近真相。但是，这并不是全部真相。

我们认为，量化模态逻辑承诺了个体具有本质这样一种本质主义。首先，这是由量化模态逻辑讨论事物的方式所决定的，与某类公式并没有直接的关系。当模态逻辑进入量化层次，就要讨论个体可能不同于现实的种种情形。针对某个个体 a，我们讨论发生于 a 的各种可能性。a 可能拥有不同于现实情况的各种性质。但是，这里有个边界：我们讨论的始终是 a！如果不再是 a，我们讨论的对象就变了。谈论确定对象的种种可能性，这件事情得以有意义地进行，前提就是确保对象的不变，有某种性质界定这个特定对象。这与前面讨论名称问题相关联。既然需要个体具有这样一种特性：只要本质不改变，它依然是它这样的特性，那么，在讨论发生于它的各种可能情形时，就需要有一类符号去指称这个本质身份不随某些本质以外的性质变化而发生改变的它，这类符号就是专名。

其次，从逻辑的角度看问题，总是舍弃内容而关注形式，以获得最广大的普适性。但必然的本性根源于事物内部的特性，这造成了研究对象与研究方式之间的矛盾。莱布尼茨将必然真定义为在所有想象的世界中为真，这只是一种形象说明而非对必然的本义诠释。的确，在命题逻辑层次，无法深入事物内部的特性及事物之间的关系，只能从外部入手，借助无法想象反面来描述必然。但正如前面指出的，这种解释至多只是形象的说明，无法触及必然之实质。与其他联词相比，"必然"的独特性在于反映事物内在的规律性。模态逻辑学家的初衷是研究必然在推理方面的机制，其实是想探究规律在推理方面的机制，探究规律的逻辑特征。规律性的特征通过与可能世界间的通达关系相关联，得到了一种解释。尽管这种解释不是没有问题的，但模态逻辑在逻辑王国中的身份由此得以确立。从语言角度看，必然与涵义（内涵）相关。在这一点上，必然又与弗雷格开创

---

① 详见 [154]。

② 详见 [169]。

的走外延路线的现代逻辑有着无法调和的矛盾。这与反对模态逻辑的指责几乎都涉及谓词与量化相印证。如果我们认为对事物内在规律的把握在于概念间的联系，那么对模态逻辑进行量化其实是正确的研究方向。量化模态所出现的事物模态其实恰恰触及了必然的本质。但是，按现在的语义学，将事物的必然模态解释为个体跨世界保持性质，将必然仍归于世界结构之间的某种关系，如个体域包含等。这种解释忽略了外延逻辑将谓词解释为个体构成的类，而个体跨世界要保持同一，其本身又依赖于其本质之不变，特别地，其种之归属不能改变。这种解释既与人们的直观不吻合，又有循环定义的嫌疑。对于谓词"红"的解释，一阶逻辑把它解释为红色个体的类。但对于何为红，无论是科学还是日常生活，都不是这样定义或描述的。特别是在模态语义中，"红"的解释会随着个体的可能性质变化而变化。这非常不合直观与科学。

单纯从形式语义学角度看，可能世界语义学当然严格、精确。但是，如果语义学与它本欲刻画的对象在关键的地方不同，那么它即使是严格的，恐怕也是不合格的。我们认为，量化后，完全可以且有必要借助个体的本质来界定事物的必然模态。必要性根源于区分两类模态。蒯因所指责的"必然地 $x > 7$"，这种必然性根源于 x 的本质。在"$x = \sqrt{x} + \sqrt{x} + \sqrt{x}$"、"恰有 x 个行星"与"$x > 7$"之间具有的必然联系是一种概念间的联系。从科学发展来看，这种概念间的必然联系通常是由各门科学分门别类地研究各种事物，最终体现在这些具体科学反映了普遍联系的定理之中。逻辑学不研究具体的概念，因而也就无法涉及具体概念间的具体的必然联系。模态逻辑是将概念间的必然联系转移到事物所处的外部世界的关系结构上。然而，对于性质谓述个体的必然性而言，所有的科学解析都不会有尽头，无论是广度——再多的必然属性都不能等同于完全解析了此个体，还是深度——必然性之于此个体为何必然。借助单元类这样的特殊类，可以人为地造一个仅适用于某特定个体之类。但这只是在形式语言中实现，自然语言中不可能有对应的语词。即使是将专名形容词化，也难以说它表达了该个体的本质，至多说它表达了某个方面的特性。这是对于个体我们无法给出科学定义的原因。虽然无法给出科学定义，但不排除逻辑研究可以利用它来界定必然。

蒯因对量化模态逻辑的批评很大部分上基于反对本质主义的立场，为了摆脱蒯因的批评，支持量化模态逻辑的学者不自觉地得到这样的暗示，以为只要能说明量化模态不承诺本质主义，蒯因的批评就不成立。于是，支持量化模态的逻辑学家都不自觉地对本质主义持一种对立的态度。然而，必然属性虽然不等同于本质，但根源于事物本性，即本质。不借助本质去解释必然，在关于本质上保持中立，结果就是看不清必然。不引进内涵或属性，单纯从外延与结构关系上考虑必然，得到的只是结构的特性，与表达式的内涵无关，与事物的内在特性无关。如果说模态逻辑成果丰富，那么，这种丰富要么是如前面所说的在命题逻辑层面得到的关于结构的性质，要么只是在结构上增加个体是丰富还是贫乏这类的幻想，而从未触及哲学家所期待的是其所是。我们认为，接受本质主义，借助本质来解释必然，更接近必然所指的事物内在规律性的本义，就有可能获得必然在是其所是意义上的结果；但是，不接受本质主义，我们认为就几乎没有这种可能性。在此需要再次强调，必须区别承认对象有本质属性与人们实际是否能指出这种本质属性。我们也不认为，承认个体有本质是出于跨可能世界识别对象的需要。并非先有可能世界，然后在这个世界中确定对象的身份，而是先有个体，再考虑发生在该个体上的种种可能的情形。克里普克在《命名与必然性》中有类似的表达[①]。

由上分析可见，模态逻辑的一阶量化对于类的本质的承诺程度要小于对个体的本质的承诺。我们认为对一阶逻辑量化只需要探讨少数几种特殊的类，如种、属等。但可能世界语义学并没有给予种名特别的地位，无论是在语法层面还是在语义层面，都是以域的子集解释它们。然而，在日常生活以及在自然科学的理论体系中，种名与普通的普遍名词所发挥的作用并不是等量齐观的。亚里士多德把种与属看成第二实体，也可见种属在其理论当中的特殊地位[②]。而克里普克也正确地指出种名在指称方面与专名相近的特征。这些都提示我们，一个满意的量化模态逻辑语义学要特别关注种名。

当前模态逻辑的必然研究过度依赖外延的关系语义学，没有坦然接受本质主义，没有借助内涵的手段，语义上对种名与其他谓词不做区分等，我们认为这些是造成当前量化模态逻辑的研究不够让人满意的重要原因。审视这些原因，在研究视角与方法上有所突破，模态逻辑的发展将因而获得强而持久的内在源动力。

习题 6.3.1. 概念在弗雷格的理论中占据非常重要的地位，比如他特别强调区别概念与对象的重要性。这是否说明他重视内涵或涵义？　　　　　　　　　　　　　　　□

习题 6.3.2. 弗雷格在《论概念文字的科学根据》中指出[③]，算术的形式语言缺少对逻辑联词的表达，由莱布尼茨[④]、布尔、格拉斯曼[⑤]等人更新的关于逻辑关系的表达方式虽有逻辑形式却没有内容，而他的概念文字克服了以上两类表达方式的缺陷。这是否说明弗雷格重视内涵或涵义？　　　　　　　　　　　　　　　　　　　　　　　□

---

① 详见 [131，第 52–53 页]。

② 详见 [272，第 7–8 页]。

③ 详见 [251，第 44–53 页]。

④ Leibniz, G. W.，1646—1716，德国哲学家、数学家。

⑤ Grassmann, H. G，1809—1877，德国数学家、语言学家、社会活动家。

参考文献

[1] Ackermann, W. Begründung des "tertium non datur" mittels der Hilbertschen Theorie der Widerspruchsfreiheit [J]. *Mathematische Annalen*, 1925, 93(1): 1–36. In German.

[2] Aharoni, R., Milner, E. C. and Prikry, K. Unfriendly Partitions of a Graph [J]. *Journal of Combinatorial Theory, Series B*, 1990, 50(1): 1–10.

[3] Al-Khuwarizmi, M. Algoritmi de numero Indorum [G]. In: Boncompagni, B., ed. *Trattati d'Aritmetica Volume I*. Tip. delle Scienze Fisiche, 1857: 1–23. In Latin. See [37] for an English translation.

[4] Anderson, A. R., Belnap, N. D. and Dunn, J. M. *Entailment, Vol. I: The Logic of Relevance and Necessity* [M]. Princeton University Press, 1975.

[5] Anderson, A. R., Belnap, N. D. and Dunn, J. M. *Entailment, Vol. II: The Logic of Relevance and Necessity* [M]. Princeton University Press, 1992. Reprinted in 2017.

[6] Appel, K. and Haken, W. The Solution of the Four-Color-Map Problem [J]. *Scientific American*, 1977, 237(4): 108–121.

[7] Aristotle. Categories [G]. Trans. by Barnes, J. In: Barnes, J., ed. *The Complete Works of Aristotle, the Revised Oxford Translation*. One volume digital edition. Princeton University Press, 2014: 3–24.

[8] Aristotle. Metaphysics [G]. Trans. by Barnes, J. In: Barnes, J., ed. *The Complete Works of Aristotle, the Revised Oxford Translation*. One volume digital edition. Princeton University Press, 2014: 1552–1728.

[9] Beall, J. C. and Restall, G. Logical Pluralism [J]. *Australasian Journal of Philosophy*, 2000, 78(4): 475–493.

[10] Bell, J. L. and Machover, M. *A Course in Mathematical Logic* [M]. Elsevier, 1977.

[11] Benacerraf, P. and Putnam, H. *Philosophy of Mathematics: Selected Readings* [G]. Cambridge University Press, 1983.

[12]   Bernays, P. *Beiträge zur Axiomatischen Behandlung des Aussagen-Kalküls* [M]. Habilitation Thesis, University of Göttingen, 1918. In German. Reprinted in [103, pp. 231–268].

[13]   Bernays, P. A System of Axiomatic Set Theory, Part I [J]. *The Journal of Symbolic Logic*, 1937, 2(1): 65–77.

[14]   Beth, E. W. A Topological Proof of the Theorem of Löwenheim-Skolem-Gödel [J]. *Itdagariones Mathenzaticae*, 1951, 13: 436–444.

[15]   Bezboruah, A. and Shepherdson, J. C. Gödel's Second Incompleteness Theorem for Q [J]. *The Journal of Symbolic Logic*, 1976, 41(2): 503–512.

[16]   Boole, G. *The Mathematical Analysis of Logic* [M]. Philosophical Library, 1847. Reprinted in [51, pp. 451–509].

[17]   Boole, G. *An Investigation of the Laws of Thought on Which Are Founded the Mathematical Theories of Logic and Probabilities* [M]. Dover Publications, 1854.

[18]   Boolos, G. *The Logic of Provability* [M]. Cambridge University Press, 2003.

[19]   Borodin, O. V. and Kostochka, A.V. On an Upper Bound of a Graph's Chromatic Number, Depending on the Graph's Degree and Density [J]. *Journal of Combinatorial Theory, Series B*, 1977, 23(2–3): 247–250.

[20]   Burali-Forti, C. Una Questione sui Numeri Transfiniti [J]. *Rendiconti del Circolo Matematico di Palermo (1884–1940)*, 1897, 11(1): 154–164. In Italiac.

[21]   Cantor, G. Ueber eine Eigenschaft des Inbegriffs aller Reellen Algebraischen Zahlen. [J]. *Journal für die reine und angewandte Mathematik*, 1874, 77: 258–262. In German. See [22] for an English translation.

[22]   Cantor, G. On a Property of the Set of All Real Algebraic Numbers [G]. In: Ewald, W., ed. *From Kant to Hilbert: A Source Book in the Foundations of Mathematics, Volume II*. Clarendon Press, Oxford, 1996: 516–519.

[23]   Carnap, R. Die Logizistische Grundlegung der Mathematik [J]. *Erkenntnis*, 1931, 2: 91–105. In German. See [11, pp. 41–51] for an English translation.

[24]   Carroll, L. *Symbolic Logic and the Game of Logic* [M]. Dover Publications, INC., 2013.

[25] Chang, C. C.(张晨钟) and Keisler, H. J. *Model Theory* [M]. 3rd ed. Dover Publications, 2012.

[26] Chao, C.(赵晓玉) and Seraji, P. Gödel's Second Incompleteness Theorem for Σ_n-Definable Theories [J]. *Logic Journal of the IGPL*, 2018, 26(2): 255–257.

[27] Chao, C.(赵晓玉) and Shi, X.(施翔晖). *Notes on Model Theory* [Z]. 2013. Preprint.

[28] Church, A. An Unsolvable Problem of Elementary Number Theory, Preliminary Report (Abstract) [J]. *Bulletin of the American Mathematical Society*, 1935, 41: 332–333.

[29] Church, A. A Note on the Entscheidungs Problem [J]. *The Journal of Symbolic Logic*, 1936, 1(1): 40–41.

[30] Church, A. An Unsolvable Problem of Elementary Number Theory [J]. *American Journal of Mathematics*, 1936, 58(2): 345–363.

[31] Church, A. *The Calculi of Lambda-Conversion* [M]. Princeton University Press, 1941.

[32] Church, A. *Introduction to Mathematical Logic* [M]. Princeton University Press, 1996.

[33] Copi, I. M., Cohen, C. and Rodych, V. *Introduction to Logic* [M]. 15th ed. Routledge, 2016.

[34] Costa, N. C. A. da. On the Theory of Inconsistent Formal Systems [J]. *Notre Dame Journal of Formal Logic*, 1974, 15(4): 497–510.

[35] Craig, W. L. On Axiomatizability within a System [J]. *The Journal of Symbolic Logic*, 1953, 18(3): 30–32.

[36] Craig, W. L. The Existence of God and the Beginning of the Universe [J]. *Truth*, 1991, 3: 85–96.

[37] Crossley, J. N. and Henry, A. S. Thus Spake al-Khwarizmi: A Translation of the Text of Cambridge University Library Ms. Ii.vi.5 [J]. *Historia Mathematica*, 1990, 17(2): 103–131.

[38] Cutland, N. J. *Computability: An Introduction to Recursive Function Theory* [M]. Cambridge University Press, 1980.

[39] Davis, M. *Computability & Unsolvability* [M]. McGraw-Hill Book Company, 1958.

[40] Davis, M., Sigal, R. and Weyuker, E. J. *Computability, Complexity, and Languages: Fundamentals of Theoretical Computer Science* [M]. 2nd ed. Morgan Kaufmann, 1994.

[41] Dawson, J. W. *Logical Dilemmas: The Life and Work of Kurt Gödel* [M]. AK Peters, Wellesley, Massachusetts, 1997.

[42] De Morgan, A. On the Syllogism, No. IV. and on the Logic of Relations [J]. *Transactions of the Cambridge Philosophical Society,* 1864, 10: 173–230. Read on 8 Feberary, 1858.

[43] Dedekind, R. The Nature and Meaning of Numbers [G]. Trans. by Beman, W. W. In: *Essays on the Theory of Numbers.* Dover Publications, INC., 1901: 31–115.

[44] Dedekind, R. Was Sind und was Sollen die Zahlen? [G]. In: *Was sind und was sollen die Zahlen? Stetigkeit und Irrationale Zahlen.* Springer, 1965: 1–47. In German. See [43] for an English translation.

[45] Diestel, R. *Graph Theory* [M]. 5th ed. Springer, 2017.

[46] Dipert, R. Peirce's Deductive Logic: Its Development, Influence, and Philosophical Significance [G]. In: Misak, C., ed. *The Cambridge Companion to Peirce.* The Clarendon Press, Oxford, 2004: 287–324.

[47] Dreben, B. and Van Heijenoort, J. Introductory Note to *1929, 1930* and *1930a* [G]. In: Feferman, S., Dawson, J. W., Kleene, S. C., Moore, G. H., Solovay, R. M. and Van Heijenoort, J., eds. *Kurt Gödel: Collected Works, Volume I: Publications 1929–1936.* Oxford University Press, 1986: 44–59.

[48] Ebbinghaus, H.-D., Flum, J. and Thomas, W. *Mathematical Logic* [M]. Springer, 1994.

[49] Enderton, H. B. *A Mathematical Introduction to Logic* [M]. Access Online via Elsevier, 2001.

[50] Erdös, P., Máté, A., Hajnal, A. and Rado, P. *Combinatorial Set Theory: Partition Relations for Cardinals* [M]. Elsevier, 2011.

[51] Ewald, W., ed. *From Kant to Hilbert: A Source Book in the Foundations of Mathematics, Volume 1* [G]. Clarendon Press, Oxford, 1996.

[52] Ewald, W., ed. *From Kant to Hilbert: A Source Book in the Foundations of Mathematics, Volume 2* [G]. Clarendon Press, Oxford, 1996.

[53] Ewald, W. The Emergence of First-Order Logic [G]. In: Zalta, E. N., ed. *The Stanford Encyclopedia of Philosophy*. Spring 2019. Metaphysics Research Lab, Stanford University, 2019.

[54] Feferman, S. Gödel's Life and Work [G]. In: Feferman, S., Dawson, J. W., Kleene, S. C., Moore, G. H., Solovay, R. M. and Van Heijenoort, J., eds. *Kurt Gödel: Collected Works, Volume I: Publications 1929–1936*. Oxford University Press, 1986: 1–36.

[55] Feferman, S. Lieber Herr Bernays! Lieber Herr Gödel! Gödel on Finitism, Constructivity and Hilbert's Program [J]. *Dialectica*, 2008, 62(2): 179–203.

[56] Feferman, S., Dawson, J. W., Goldfarb, W., Parsons, C. and Sieg, W., eds. *Kurt Gödel: Collected Works, Volume IV: Correspondence A–G* [G]. Clarendon Press, Oxford, 2014.

[57] Feferman, S., Dawson, J. W., Goldfarb, W., Parsons, C. and Sieg, W., eds. *Kurt Gödel: Collected Works, Volume V: Correspondence H–Z* [G]. Clarendon Press, Oxford, 2014.

[58] Feferman, S., Dawson, J. W., Goldfarb, W., Parsons, C. and Solovay, R. M., eds. *Kurt Gödel: Collected Works, Volume III: Unpublished Essays and Lectures* [G]. Oxford University Press, 1995.

[59] Feferman, S., Dawson, J. W., Kleene, S. C., Moore, G. H., Solovay, R. M. and Van Heijenoort, J., eds. *Kurt Gödel: Collected Works, Volumn I: Publications 1929–1936* [G]. Oxford University Press, 1986.

[60] Feferman, S., Dawson, J. W., Kleene, S. C., Moore, G. H., Solovay, R. M. and Van Heijenoort, J., eds. *Kurt Gödel: Collected Works, Volume II: Publications 1938–1974* [G]. Oxford University Press, 1990.

[61] Ferreirós, J. The Road to Modern Logic: An Interpretation [J]. *The Bulletin of Symbolic Logic*, 2001, 7(4): 441–484.

[62] Ferreirós, J. The Crisis in the Foundations of Mathematics [J]. *The Princeton Companion to Mathematics*, 2008: 142–156.

[63] Fitch, F. B. *Symbolic Logic: An Introduction* [M]. Ronald, 1952.

[64] Frayne, T., Morel, A. C. and Scott, D. S. Reduced Direct Products [J]. *Fundamenta Mathematicae*, 1962, 51: 195–228.

[65] Frege, G. Begriffsschrift [G]. In: Van Heijenoort, J., ed. *From Frege to Gödel: A Source Book in Mathematical Logic, 1879–1931*. Harvard University Press, 1879: 1–82.

[66] Frege, G. *Begriffsschrift, eine der Arithmetischen Nachgebildete Formelsprache des Reinen Denkens* [M]. Verlag von Louis Nebert, Halle a. S., 1879. In German. See [233, pp. 5–82] for an English translation and [251, pp. 1–36] for a Chinese translation.

[67] Frege, G. *Die Grundlagen der Arithmetik, eine Logisch-Mathematische Untersuchung über den Begriff der Zahl* [M]. Koebner, Breslau, 1884. In German. See [70] for an English translation and [249] for a Chinese translation.

[68] Frege, G. *Grundgesetze der Arithmetik, Band I* [M]. Jena: Verlag Hermann Pohle, 1893. In German. See [73, pp. 5–69] for an English translation.

[69] Frege, G. *Grundgesetze der Arithmetik, Band II* [M]. Jena: Verlag Hermann Pohle, 1903. In German. See [73, pp. 70–238] for an English translation.

[70] Frege, G. *The Foundations of Arithmetic: A Logic-Mathematical Enquiry Into the Concept of Number* [M]. Trans. by Austin, J. L. Basil Blackwell, Oxford, 1950.

[71] Frege, G. *The Basic Laws of Arithmetic: Exposition of the System* [M]. Trans. by Furth, M. University of California Press, 1967.

[72] Frege, G. *Philosophical and Mathematical Correspondence* [M]. Ed. by Gabriel, G., Hermes, H., Kambartel, F., Thiel, C. and Veraart, A.; trans. by Kaai, H. University of Chicago Press, 1980. Abridged for the English version by B. McGuinness.

[73] Frege, G. *Basic Laws of Arithmetic* [G]. Ed. by Ebert, P. A. and Rossberg, M.; trans. by Ebert, P. A. and Rossberg, M. University of California Press, 2016.

[74] Gentzen, G. Untersuchungen über das Logische Schließen. I [J]. *Mathematische Zeitschrift*, 1935, 39(1): 176–210. In German.

[75] Gentzen, G. Die Widerspruchsfreiheit der Reinen Zahlentheorie [J]. *Mathematische Annalen*, 1936, 112(1): 493–565. In German. See [77] for an English translation.

[76] Gentzen, G. *The Collected Papers of Gerhard Gentzen* [G]. Ed. by Szabo, M. E. North-Holland Publication Company, 1969.

[77]   Gentzen, G. The Consistency of Elementary Number Theory [G]. In: Szabo, M. E., ed. *Collected Papers of Gerhard Gentzen*. Amsterdam: North-Holland, 1969: 132–213.

[78]   Gödel, K. *Über die Vollständigkeit des Logikkalkuls* [D]. University of Vienna, 1929. In German. See [59, pp. 61–101] for an English translation.

[79]   Gödel, K. Die Vollständigkeit der Axiome des Logischen Funktionenkalküls [J]. *Monatshefte für Mathematik und Physik*, 1930, 37: 349–360. In German. See [82, pp. 102–123] for an English translation.

[80]   Gödel, K. Über Formal Unentscheidbare Sätze der *Principia Mathematica* und Verwandter Systeme I [J]. *Monatshefte für Mathematik und Physik*, 1931, 38(1): 173–198. In German. See [59] for an English translation.

[81]   Gödel, K. *The Consistency of the Axiom of Choice and of the Generalized Continuum Hypothesis with the Axioms of Set Theory* [M]. Princeton University Press, 1940.

[82]   Gödel, K. On Formally Undecidable Propositions of *Principia Mathematica* and Related Systems I [G]. Trans. by Van Heijenoort, J. In: Feferman, S., Dawson, J. W., Kleene, S. C., Moore, G. H., Solovay, R. M. and Van Heijenoort, J., eds. *Kurt Gödel: Collected Works, Volume I: Publications 1929–1936*. Oxford University Press, 1986: 144–195.

[83]   Gödel, K. Lecture at Zilsel's [G]. In: Feferman, S., Dawson, J. W., Goldfarb, W., Parsons, C. and Solovay, R. M., eds. *Gödel Collected Works, Volume III: Unpublished Essays and Lectures*. Oxford University Press, 1995: 86–113.

[84]   Graham, R. L., Rothschild, B. L. and Spencer, J. H. *Ramsey Theory* [M]. 2nd ed. John Wiley & Sons, 1990.

[85]   Groszek, M. J. *Ramsey's Theorem and Compactness* [Z/OL]. 2013. `https://math.dartmouth.edu/archive/m69w13/public_html/m69examplepaper3ramseyWEB.pdf`, accessed on 2019-04-27.

[86]   Halbeisen, L. J. *Combinatorial Set Theory: With a Gentle Introduction to Forcing* [M]. 2nd ed. Springer, 2017.

[87]   Hamkins, J. D. *A Reply to the Problem "Is the Statement That Every Field Has an Algebraic Closure Known to Be Equivalent to the Ultrafilter Lemma?"* [Z/OL]. `https://mathoverflow.net/questions/46566/is-the-statement-that-every-field-has-an-algebraic-closure-known-to-be-equivalent`, accessed on 2019-02-20.

[88]   Hammer, E. M. Semantics for Existential Graphs [J]. *Journal of Philosophical Logic*, 1998, 27(5): 489–503.

[89]   Hedman, S. *A First Course in Logic: An Introduction to Model Theory, Proof Theory, Computability, and Complexity* [M]. Oxford University Press, 2004.

[90]   Henkin, L. *The Completeness of Formal Systems* [D]. Princeton University, 1947.

[91]   Heyting, A. Die Intuitionistische Grundlegung der Mathematik [J]. *Erkenntnis*, 1931, 2: 106–115. In German. See [11, pp. 52–60] for an English translation.

[92]   Hilbert, D. Grundlagen der Geometrie [G]. In: Hilbert, D. and Wiechert, E., eds. *Festschrift zur Feier der Enthüllung des Gauss-Weber-Denkmals in Göttingen*. B. G. Teubner, Leipzig, 1899: 1–92. In German. See [99] for an English translation.

[93]   Hilbert, D. Mathematische Probleme [J]. *Mathematik-Physik Klasse*, 1900: 253–297. Vortrag, Gehalten auf dem Internationalem Mathematiker Kongress zu Paris. In German. See [52, pp. 1096–1104] for an English translation.

[94]   Hilbert, D. Über den Zahlbegriff [J]. *Jahresbericht der Deutschen Mathematiker-Vereinigung*, 1900, 8: 180–184. In German. See [52, pp. 1089–1095] for an English translation.

[95]   Hilbert, D. Über die Grundlagen der Logik und der Arithmetik [C]. In: Krazer, A., ed. *Verhandlungen des Dritten Internationalen Mathematiker Kongresses in Heidelberg vom 8. bis 13. August 1904*. B. G. Teubner, Leipzig, 1905. In German. See [233, pp. 129–138] for an English translation.

[96]   Hilbert, D. Axiomatisches Denken [J]. *Mathematische Annalen*, 1917, 78(1): 405–415. In German. See [52, pp. 1105–1115] for an English translation.

[97]   Hilbert, D. Die Logischen Grundlagen der Mathematik [J]. *Mathematische Annalen*, 1923, 88: 151–165. In German. A lecture given in the meeting of Deutsche Naturforscher-Gesellschaft at Leipzig, September 1922. See [52, pp. 1134–1147] for an English translation.

[98]   Hilbert, D. Über das Unendliche [J]. *Mathematische Annalen*, 1926, 95(1): 161–190. In German. A lecture given at Münster, 4 June 1925. See [233, pp. 367–392] or [100] for an English translation.

[99]   Hilbert, D. *The Foundations of Geometry* [M]. Trans. by Townsend, E. J. The Open Court Publishing Company, 1950.

[100]   Hilbert, D. On the Infinite (1925) [G]. In: Van Heijenoort, J., ed. *From Frege to Gödel: A Source Book in Mathematical Logic, 1879–1931*. Harvard University Press, 1967: 367–392.

[101]   Hilbert, D. *From* Mathematical Problem [G]. In: Ewald, W., ed. *From Kant to Hilbert: A Source Book in the Foundations of Mathematics, Volume II*. Clarendon Press, Oxford, 1996: 1096–1104.

[102]   Hilbert, D. The Logic Foundations of Mathematics [G]. In: Ewald, W., ed. *From Kant to Hilbert: A Source Book in the Foundations of Mathematics, Volume II*. Clarendon Press, Oxford, 1996: 1134–1147.

[103]   Hilbert, D. *David Hilbert's Lectures on the Foundations of Arithmetic and Logic 1917–1933* [G]. Ed. by Ewald, W. and Sieg, W. Springer, 2013.

[104]   Hilbert, D. *Prinzipien der Mathematik* [G]. Ed. by Bernays, P. Unpublished lectures held in Göttingen, Winter Semester, 1917/18. In German. Printed in [103, pp. 31–221].

[105]   Hilbert, D. and Ackermann, W. *Grundzügen der Theoretischen Logik* [M]. Springer-Verlag, 1928. In German. See [106] for an English translation.

[106]   Hilbert, D. and Ackermann, W. *Principles of Mathematical Logic* [M]. Trans. by Hammond, L. M., Leckie, G. G. and Steinhardt, F. Chelsea Publishing Company, 1950.

[107]   Hilbert, D. and Bernays, P. *Grundlagen der Mathematik* [M]. 2nd ed. Berlin: Springer, 1939. In German.

[108]   Hinman, P. G. *Fundamentals of Mathematical Logic* [M]. AK Peters, Wellesley, Massachusetts, 2005.

[109]   Hintikka, J. Knowledge and Belief: An Introduction to the Logic of the Two Notions [J]. *Studia Logica*, 1962, 16: 119–122.

[110] Hodges, W. *Model Theory* [M]. Cambridge University Press, 1993.

[111] Howard, P. and Rubin, J. E. *Consequences of the Axiom of Choice* [M]. American Mathematical Society, 1998.

[112] Hrbacek, K. and Jech, T. *Introduction to Set Theory, Revised and Expanded* [M]. CRC Press, 1999.

[113] Huntington, E. V. A Complete Set of Postulates for the Theory of Absolute Continuous Magnitude [J]. *Transactions of the American Mathematical Society*, 1902, 3(2): 264–279.

[114] Huntington, E. V. A Set of Postulates for Ordinary Complex Algebra [J]. *Transactions of the American mathematical Society*, 1905, 6(2): 209–229.

[115] Jech, T. *The Axiom of Choice* [M]. North-Holland Publishing Company, 1973.

[116] Jech, T. *Set Theory* [M]. The Third Millennium Edition. Springer-Verlag, 2003.

[117] Jeroslow, R. G. Experimental Logics and Δ_2^0-Theories [J]. *Journal of Philosophical Logic*, 1975, 4(3): 253–267.

[118] Jevons, W. S. *Studies in Deductive Logic: A Manual for Students* [M]. Macmillan and CO., 1884.

[119] Kaså, M. Experimental Logics, Mechanism and Knowable Consistency [J]. *Theoria*, 2012, 78(3): 213–224.

[120] Kaye, R. *Models of Peano Arithmetic* [M]. Oxford Science Publications, 1991.

[121] Keisler, H. J. *Model Theory for Infinitary Logic: Logic with Countable Conjunctions and Finite Quantifiers* [M]. North-Holland Publishing Company, 1971.

[122] Khinchin, A. Y. *Three Pearls of Number Theory* [M]. Graylock Press, 1962.

[123] Kirby, L. and Paris, J. Accessible Independence Results for Peano Arithmetic [J]. *Bulletin of the London Mathematical Society*, 1982, 14(4): 285–293.

[124] Kleene, S. C. General Recursive Functions of Natural Numbers [J]. *Mathematische Annalen*, 1936, 112(1): 727–742.

[125] Kleene, S. C. *Introduction to Metamathematics* [M]. North-Holland Publishing Company, 1971.

[126] Klement, K. C. Propositional Logic [G/OL]. In: Beziau, J.-Y., ed. *The Internet Encyclopedia of Philosophy.* https://www.iep.utm.edu/prop-log/, accessed on 2019-06-30.

[127] Kloesel, C. J. W., ed. *Writings of Charles S. Peirce: A Chronological Edition, Volume 4: 1879–1884* [G]. Indiana University Press, 1989.

[128] Kloesel, C. J. W., ed. *Writings of Charles S. Peirce: A Chronological Edition, Volume 5: 1884–1886* [G]. Indiana University Press, 1993.

[129] Kochen, S. Ultraproducts in the Theory of Models [J]. *Annals of Mathematics,* 1961: 221–261.

[130] Kreisel, G. and Krivine, J. L. *Elements of Mathematical Logic* [M]. North-Holland Publishing Company, 1969.

[131] Kripke, S. A. *Naming and Necessity* [M]. 1st ed. Basil Blackwell, 1991.

[132] Kripke, S. A. *Philosophical Troubles: Collected Papers, Volume 1* [G]. Oxford University Press, 2011.

[133] Kunen, K. *Set Theory: An Introduction to Independence Proofs* [M]. Elsevier, 1980.

[134] Kunen, K. *The Foundations of Mathematics* [M]. College Publications, 2009.

[135] Kunen, K. *Set Theory* [M]. College Publications, 2011.

[136] Leivant, D. Higher Order Logic. [G]. In: Gabbay, D., Hogger, C. J. and Robinson, J. A., eds. *Handbook of Logic in Artificial Intelligence and Logic Programming.* Oxford Science Publications, 1993.

[137] Lewis, C. I. Implication and the Algebra of Logic [J]. *Mind,* 1912, 21(84): 522–531.

[138] Lewis, C. I. The Calculus of Strict Implication Mind [J]. *Mind,* 1914, 23(1): 240–247.

[139] Lewis, C. I. and Langford, C. H. *Symbolic Logic* [M]. 2nd ed. Dover Publications, INC, 1959.

[140] Lewis, D. K. Counterpart Theory and Quantified Modal Logic [J]. *The Journal of Philosophy,* 1968: 113–126.

[141] Löb, M. H. Solution of a Problem of Leon Henkin [J]. *The Journal of Symbolic Logic,* 1955, 20(2): 115–118.

[142] Lorenzen, P. Konstruktive Begründung der Mathematik [J]. *Mathematische Zeitschrift*, 1950, 53(2): 162–202. In German.

[143] Lorenzen, P. Algebraische und Logistische Untersuchungen über Freie Verbände [J]. *The Journal of Symbolic Logic*, 1951, 16(2): 81–106. In German.

[144] Łos, J. and Marczewski, E. Extensions of Measure [J]. *Fundamenta Mathematicae*, 1949, 36(267–276).

[145] Löwenheim, L. Über Möglichkeiten im Relativkalkül [J]. *Mathematische Annalen*, 1915, 76(4): 447–470. In German. See [233, pp. 228–251] for an English translation.

[146] Łukasiewicz, J. O Logice Trójwartosciowej [J]. 1920, 5: 170–171. In Polish. See [147] for an English translation.

[147] Łukasiewicz, J. *Jan Łukasiewicz Selected Works* [G]. Ed. by Borkowski, L. North-Holland, 1970.

[148] Mal'cev, A. Untersuchungen aus dem Gebiete der Mathematischen Logik [J]. *Matematicheskii Sbornik N. S.* 1936, 1: 323–336. In German.

[149] Mal'cev, A. On the Faithful Representation of Infinite Groups by Matrices [J]. *Matematicheskii Sbornik N. S.* 1941, 8(50): 405–422. In Russian. See [150] for an English translation.

[150] Mal'cev, A. On the Faithful Representation of Infinite Groups by Matrices [J]. *American Mathematical Society Translations*, 1965, 2(45): 1–18.

[151] Mally, E. *Grundgesetze des Sollens: Elemente der Logik des Willens* [M]. Graz: Leuschner und Lubensky, 1926. In German. Reprinted in [243, pp. 227–324].

[152] Mancosu, P. Hilbert and Bernays on Metamathematics [G]. In: Mancosu, P., ed. *From Brouwer to Hilbert: The Debate on the Foundations of Mathematics in the 1920s*. Oxford University Press, 1998: 149–188.

[153] Mancosu, P. *The Adventure of Reason: Interplay between Philosophy of Mathematics and Mathematical Logic, 1900–1940* [M]. Oxford University Press, 2010.

[154] Marcus, R. B. Essentialism in Modal Logic [J]. *Noûs*, 1967: 91–96.

[155] Marker, D. *Model Theory: An Introduction* [M]. Springer, 2002.

[156] Markov, A. A. The Theory of Algorithms [J]. *Trudy Matematicheskogo Instituta imeni V. A. Steklova*, 1954, 42: 3–375. See [157] for an English translation.

[157] Markov, A. A. and Nagorny, N. M. *The Theory of Algorithms* [M]. Trans. by Greendlinger, M. Springer-Science+Business Media, B. V., 1988.

[158] McCall, S. *Aristotle's Modal Syllogisms* [M]. North-Holland Publishing Company, 1963.

[159] Mendelson, E. *Introduction to Mathematical Logic* [M]. 6th ed. CRC Press, 2015.

[160] Minsky, M. L. *Computation: Finite and Infinite Machines* [M]. Prentice-Hall, Englewood Cliffs, N. J., 1967.

[161] Moore, E. C., ed. *Writings of Charles S. Peirce: A Chronological Edition, Volume 2: 1867–1871* [G]. Indiana University Press, 1984.

[162] Moore, G. H. The Emergence of First-Order Logic [J]. *History and Philosophy of Modern Mathematics*, 1988, 11: 95–135.

[163] Morley, M. Categoricity in Power [J]. *Transactions of the American Mathematical Society*, 1965, 114(2): 514–538.

[164] Munkres, J. R. *Topology* [M]. Prentice Hall Upper Saddle River, 2000.

[165] Murawski, R. On the Proofs of the Consistency of Arithmetic [J]. *Studies in Logic, Grammar and Rhetoric*, 2002, 5(18): 41–50.

[166] Nicod, J. A Reduction in the Number of Primitive Propositions of Logic [C]. In: *Proceedings of the Cambridge Philosophical Society*. 1917: 32–41.

[167] O'Connor, J. J. and Robertson, E. F. A History of Set Theory [J/OL]. 1996. `http://www-groups.dcs.st-and.ac.uk/history/HistTopics/Beginnings_of_set_theory.html`, accessed on 2018-06-08.

[168] Parsons, T. Grades of Essentialism in Quantified Modal Logic [J]. *Noûs*, 1967: 181–191.

[169] Parsons, T. Essentialism and Quantified Modal Logic [J]. *The Philosophical Review*, 1969, 78(1): 35–52.

[170] Peano, G. *Arithmetices Principia: Nova Methodo Exposita* [M]. Bocca Frères, Ch. Clausen, Turin, 1889. In Italic.

[171] Peano, G. *Formulaire de Mathématiques, Volume II* [M]. Bocca Frères, Ch. Clausen, Turin, 1897. In Italic.

[172] Peano, G. The Principles of Arithmetic, Presented by a New Method [G]. In: Van Heijenoort, J., ed. *From Frege to Gödel: A Source Book in Mathematical Logic, 1879–1931*. Harvard University Press, 1967: 83–97. An English translation of "Arithmetices principia, nova methodo exposita".

[173] Peirce, C. S. *Five Papers on Logic Presented to the American Academy of Arts and Sciences* [G]. 1867. Reprinted in [161, pp. 12–86].

[174] Peirce, C. S. Description of a Notation for the Logic of Relatives, Resulting from an Amplification of the Conceptions of Boole's Calculus of Logic [J]. *Memoirs of the American Academy of Arts and Sciences*, 1870, 9(2): 311–378. Communicated 26 January 1870, published 1873. Represented in [161, pp. 359–429].

[175] Peirce, C. S. Note B: The Logic of Relatives [J]. *Studies in Logic by Members of the Johns Hopkins University*, 1883: 187–203. Represented in [127, pp. 453–466].

[176] Peirce, C. S. On the Algebra of Logic: A Contribution to the Philosophy of Notation [J]. *American Journal of Mathematics*, 1885, 7(2): 180–202. Represented in [128, pp. 162–190].

[177] Pierce, D. *The Compactness Theorem: A Course of Three Lectures* [Z/OL]. 2015. `http://mat.msgsu.edu.tr/~dpierce/Talks/2015-Uni-Log/compactness-talk-2015.pdf`. Lectures at 5th World Congress and School on Universal Logic on June 20–21, 2015.

[178] Pohlers, W. *Proof Theory: The First Step into Impredicativity* [M]. Springer, 2008.

[179] Post, E. Formal Reductions of the General Combinatorial Decision Problem [J]. *American Journal of Mathematics*, 1943, 65(2): 197–215.

[180] Post, E. L. Introduction to a General Theory of Elementary Propositions [J]. *American Journal of Mathematics*, 1921, 43(3): 163–185.

[181] Priest, G. Paraconsistent Logic [G]. In: Gabbay, D. M. and Guenthner, F., eds. *Handbook of Philosophical Logic, Volume 6*. Springer, 2002: 287–393.

[182] Putnam, H. Craig's Theorem [J]. *The Journal of Philosophy*, 1965, 62(10): 251–260.

[183] Quine, W. V. Set-Theoretic Foundations for Logic [J]. *The Journal of Symbolic Logic*, 1936, 1(2): 45–57.

[184] Quine, W. V. The Problem of Interpreting Modal Logic [J]. *The Journal of Symbolic Logic*, 1947, 12(2): 43–48.

[185] Quine, W. V. *Three Grades of Modal Involvement, in the Ways of Paradox and Other Essays* [Z]. Random House, 1966.

[186] Quine, W. V. *Philosophy of Logic* [M]. 2nd ed. Harvard University Press, 1986.

[187] Ramsey, F. P. On a Problem of Formal Logic [J]. *Fundamenta Mathematicae*, 1928, 30: 264–286.

[188] Rang, B. and Thomas, W. Zermelo's Discovery of the "Russell Paradox" [J]. *Historia Mathematica*, 1981, 8(1): 15–22.

[189] Rasiowa, H. A Proof of the Compactness Theorem for Arithmetical Classes [J]. *Fundamenta Mathernaticae*, 1952, 39: 8–14.

[190] Rautenberg, W. *A Concise Introduction to Mathematical Logic* [M]. 3rd ed. Springer, 2006.

[191] Robinson, A. *Introduction to Model Theory and the Meta-Mathematics of Algebra* [M]. North-Holland Publishing Company, 1963.

[192] Robinson, A. *Non-standard Analysis* [M]. Princeton University Press, 1966.

[193] Rogers, H. *Theory of Recursive Functions and Effective Computability* [M]. McGraw-Hill Book Company, 1967.

[194] Rosser, B. Extensions of Some Theorems of Gödel and Church [J]. *The Journal of Symbolic Logic*, 1936, 1(3): 87–91.

[195] Russell, B. *Principles of Mathematics* [M]. Cambridge University Press, 1903.

[196] Russell, B. Mathematical Logic as Based on the Theory of Types [J]. *American Journal of Mathematics*, 1908, 30(3): 222–262.

[197] Russell, B. *The Autobiography of Bertrand Russell 1944–1969* [M]. George Allen and Unwin, 1969.

[198] Schröder, E. *Der Operationskreis des Logikkalkuls* [M]. B. G. Teubner, Leipzig, 1877. In German.

[199] Schröder, E. *Vorlesungen über die Algebra der Logik: Exakte Logik, Volume 1* [M]. B. G. Teubner, Leipzig, 1890. In German.

[200] Schröder, E. *Vorlesungen über die Algebra der Logik: Exakte Logik, Volume 2* [M]. B. G. Teubner, Leipzig, 1891. In German.

[201] Schröder, E. *Algebra und Logik der Relative, der Vorlesungen über die Algebra der Logik, Volume 3* [M]. B. G. Teubner, Leipzig, 1895. In German.

[202] Schröder, E. *Abriß der Algebra der Logik* [M]. B. G. Teubner, Leipzig, 1909.

[203] Sheffer, H. M. A Set of Five Independent Postulates for Boolean Algebras, with Application to Logical Constants [J]. *Transactions of the American Mathematical Society*, 1913, 14(4): 481–488.

[204] Shepherdson, J. C. and Sturgis, H. E. Computability of Recursive Functions [J]. *Journal of the ACM*, 1963, 10(2): 217–255.

[205] Sieg, W. *Hilbert's Programs and Beyond* [M]. Oxford University Press, 2013.

[206] Skolem, T. A. Logisch-Kombinatorische Untersuchungen über die Erfüllbarkeit oder Beweisbarkeit Mathematischer Sätze, nebst einem Theoreme über dichte Mengen [J]. *Skrifter Vitenskapsakademiet i, Kristiania*, 1920, I(4): 1–36. In German. See [233, pp. 252–263] for an English translation for §1.

[207] Skolem, T. A. Einige Bemerkungen zur Axiomatischen Begründung der Mengenlehre [C]. In: *Matematikerkongressen I Helsingfors den 4–7 Juli 1922, Den femte Skandinaviska Matematikerkongressen, Redogörelse*. Akademiska Bokhandeln, Helsinki, 1923: 217–232. In German. See [233, pp. 302–333] for an English translation.

[208] Slaman, T. A. and Woodin, W. H. *Mathematical Logic, the Berkeley Undergraduate Course* [Z]. 2009. Preprint.

[209] Smith, P. *An Introduction to Gödel's Theorems* [M]. Cambridge University Press, 2013.

[210] Smorynski, C. The Incompleteness Theorems [G]. In: *Studies in Logic and the Foundations of Mathematics*. Elsevier, 1977: 821–865.

[211] Smullyan, R. M. *Gödel's Incompleteness Theorems* [M]. Oxford University Press on Demand, 1992.

[212] Snapper, E. The Three Crises in Mathematics: Logicism, Intuitionism and Formalism [J]. *Mathematics Magazine*, 1979, 52(4): 207–216.

[213] Soare, R. I. *Recursively Enumerable Sets and Degrees: A Study of Computable Functions and Computably Generated Sets* [M]. Springer-Verlag, 1987.

[214] Soare, R. I. Computability and Recursion [J]. *Bulletin of Symbolic Logic*, 1996, 2(3): 284–321.

[215] Soare, R. I. *Turing Computability: Theory and Applications* [M]. Springer, 2016.

[216] Szmielew, W. Elementary Properties of Abelian Groups [J]. 1955, 41: 203–271.

[217] Takeuti, G. *Proof Theory* [M]. 2nd ed. Dover Publications, 2013.

[218] Tarski, A. Pojecie Prawdy w Jezykach nauk Dedukcyjnych [J]. *Prace Towarzystwa Naukowego Warszawskiego, Wydzial III Nauk Matematyczno Fizycznych*, 1933, 34(198): 13–172. In Polish. See [224, pp. 152–278] for an expanded English translation.

[219] Tarski, A. Der Wahrheitsbegriff in den Formalisierten Sprachen [J]. *Studia Philosophica*, 1935, 1: 261–405. In German. See [224, pp. 152–278] for an expanded English translation.

[220] Tarski, A. Arithmetical Classes and Types of Algebraically Closed and Real-Closed Fields, Preliminary Report [C]. In: *Bulletin of the American Mathematical Society*. American Mathematical Society, 1949: 64.

[221] Tarski, A. Arithmetical Classes and Types of Boolean Algebras. [J]. *Bulletin of the American Mathematical Society*, 1949, 55: 63.

[222] Tarski, A. Some Notions and Methods on the Borderline of Algebra and Metamathematics. [C]. In: *Proceedings of the International Congress of Mathematicians*. 1950: 705–720.

[223] Tarski, A. *Logic, Semantics, Metamathematics* [M]. Oxford University Press, 1956. Reprinted as [225] in 1983.

[224] Tarski, A. The Concept of Truth in Formalized Language [G]. Trans. by Woodger, J. H. In: Woodger, J. H., ed. *Logic, Semantics, Metamathematics, Papers from 1923 to 1938*. Clarendon Press, Oxford, 1956: 152–278.

[225] Tarski, A. *Logic, Semantics, Metamathematics: Papers from 1923 to 1938* [G]. Trans. by Woodger, J. H. Hackett Publishing, 1983.

[226]   Tarski, A. A Decision Method for Elementary Algebra and Geometry [G]. In: *Quantifier Elimination and Cylindrical Algebraic Decomposition*. Springer, 1998: 24–84.

[227]   Tarski, A. and Givant, S. Tarski's System of Geometry [J]. *Bulletin of Symbolic Logic*, 1999, 5(2): 175–214.

[228]   Tarski, A., Mostowski, A. and Robinson, R. M. *Undecidable Theories* [J]. Elsevier, 1953.

[229]   Tserunyan, A. *Topics in Logic and Applications* [Z/OL]. 2016. `https://www3.nd.edu/~cmnd/programs/cmnd2016/undergrad/notre_dame_course_tserunyan.pdf`.

[230]   Turing, A. M. On Computable Numbers, with an Application to the Entscheidungs Problem [J]. *Proceedings of the London Mathematical Society*, 1936, 2(1): 230–265.

[231]   Turing, A. M. Computability and λ-Definability [J]. *The Journal of Symbolic Logic*, 1937, 2(4): 153–163.

[232]   Van der Waerden, B. L. Beweis einer Baudetschen Vermutung [J]. *Nieuw Archief voor Wiskunde*, 1927, 15: 212–216. In German.

[233]   Van Heijenoort, J., ed. *From Frege to Gödel: A Source Book in Mathematical Logic, 1879–1931* [G]. Harvard University Press, 1967.

[234]   Van Heijenoort, J. Historical Development of Modern Logic [J]. *Logica Universalis*, 2012, 6(4): 327–337.

[235]   Veblen, O. A System of Axioms for Geometry [J]. *Transactions of the American Mathematical Society*, 1904, 5(3): 343–384.

[236]   Venn, J. *Symbolic Logic* [M]. Macmillan and CO., 1881.

[237]   Von Neumann, J. Die Formalistische Grundlegung der Mathematik [J]. *Erkenntnis*, 1931, 2: 116–121. In German. See [11, pp. 61–65] for an English translation.

[238]   Whitehead, A. N. and Russell, B. *Principia Mathematica, Volume I* [M]. Cambridge University Press, 1910.

[239]   Whitehead, A. N. and Russell, B. *Principia Mathematica, Volume II* [M]. Cambridge University Press, 1912.

[240] Whitehead, A. N. and Russell, B. *Principia Mathematica, Volume III* [M]. Cambridge University Press, 1913.

[241] Wikipedia. *Hilbert's Program* [OL]. `https://en.wikipedia.org/wiki/Hilbert%27s_program`, accessed on 2018-06-09.

[242] Wittgenstein, L. *Tractatus Logico-Philosophicus* [M]. Routledge and Kegan Paul, 1920. Reprinted by Routledge in 2013.

[243] Wolf, K. and Weingartner, P., eds. *Logische Schriften* [G]. Springer, 1971.

[244] Zach, R. Hilbert's Program, Edition of Spring 2016 [G/OL]. In: Zalta, E. N., ed. *The Stanford Encyclopedia of Philosophy*. Metaphysics Research Lab, Stanford University, 2016. `https://plato.stanford.edu/archives/spr2016/entries/hilbert-program/`, accessed on 2018-06-09.

[245] Zach, R., Arana, A., Avigad, J., Dean, W., Rusell, G., Wyatt, N. and Yap, A. *The Open Logic Text* [OL/M]. Independent, 2019.

[246] 巴门尼德. 巴门尼德著作残篇 [G]. 出自: 北京大学哲学系外国哲学史教研室 编. 西方哲学原著选读. 上卷. 北京: 商务印书馆, 1981: 30–37.

[247] 陈慕泽, 余俊伟. 数理逻辑基础: 一阶逻辑与一阶理论 [M]. 北京: 中国人民大学出版社, 2003.

[248] 程贞一, 闻人军 译注. 周髀算经译注 [M]. 上海: 上海古籍出版社, 2012.

[249] 弗雷格. 算术基础 [M]. 王路 译. 北京: 商务印书馆, 1998. 译自 [67].

[250] 弗雷格. 对涵义和意谓的解释 [G]. 出自: 王路 译. 弗雷格哲学论著选辑. 北京: 商务印书馆, 2006: 120–128.

[251] 弗雷格. 弗雷格哲学论著选辑 [G]. 王路 译. 北京: 商务印书馆, 2006.

[252] 弗雷格. 逻辑导论 [G]. 出自: 王路 译. 弗雷格哲学论著选辑. 北京: 商务印书馆, 2006: 233–248.

[253] 格奥尔格·康托. 超穷数理论基础 [M]. 陈杰, 刘晓力 译. 第 2 版. 北京: 商务印书馆, 2016.

[254] 郭世铭. 递归论导论 [M]. 北京: 中国社会科学出版社, 1998.

[255] 郝兆宽, 杨睿之, 杨跃. 数理逻辑: 证明及其限度 [M]. 上海: 复旦大学出版社, 2014.

[256] 郝兆宽, 杨睿之, 杨跃. 递归论: 算法与随机性基础 [M]. 上海: 复旦大学出版社, 2018.

[257] 郝兆宽, 杨跃. 集合论: 对无穷概念的探索 [M]. 上海: 复旦大学出版社, 2014.

[258] 康德. 纯粹理性批判 [M]. 李秋零 译. 第 2 版. 北京: 中国人民大学出版社, 2004.

[259] 蒯因. 指称和模态 [G]. 出自: 陈启伟, 江天冀, 张家龙, 宋文淦 译. 从逻辑的观点看. 北京: 中国人民大学出版社, 2007: 149–172.

[260] 刘壮虎. 逻辑演算 [M]. 北京: 中国社会科学出版社, 1993.

[261] 刘壮虎. 邻域语义学 [Z]. 2018. 预印本.

[262] 卢卡西维茨. 亚里士多德的三段论 [M]. 李真, 李先焜 译. 北京: 商务印书馆, 2011.

[263] 罗素. 逻辑与知识 [M]. 苑莉均 译. 北京: 商务印书馆, 1996.

[264] 彭漪涟, 马钦荣 编. 逻辑学大辞典 [M]. 修订本. 上海: 上海辞书出版社, 2010.

[265] 王路. 一 "是" 到底论 [M]. 北京: 清华大学出版社, 2017.

[266] 威廉·涅尔, 玛莎·涅尔. 逻辑学的发展 [M]. 张家龙, 洪汉鼎 译. 北京: 商务印书馆, 1985.

[267] 邢滔滔. 数理逻辑 [M]. 北京: 北京大学出版社, 2008.

[268] 徐明 编. 符号逻辑讲义 [M]. 武汉: 武汉大学出版社, 2008.

[269] 亚里士多德. 论题篇 [G]. 徐开来 译. 出自: 苗力田 编. 亚里士多德全集第一卷. 北京: 中国人民大学出版社, 1990: 351–547.

[270] 亚里士多德. 前分析篇 [G]. 余纪元 译. 出自: 苗力田 编. 亚里士多德全集第一卷. 北京: 中国人民大学出版社, 1990: 81–242.

[271] 亚里士多德. 亚里士多德全集第一卷 [G]. 苗力田 编. 北京: 中国人民大学出版社, 1990.

[272] 亚里士多德. 范畴篇解释篇 [G]. 聂敏里 译. 北京: 商务印书馆, 2017.

[273] 杨东屏, 李昂生. 可计算性理论 [M]. 北京: 科学出版社, 1999.

[274] 叶峰 编著. 一阶逻辑与一阶理论 [M]. 北京: 中国社会科学出版社, 1994.

[275] 余俊伟. 理解弗雷格的专名涵义 [J]. 逻辑学研究, 2014(4): 69–86.

[276] 张苍, 耿寿昌 等 辑撰. 九章算术 [M]. 邹涌 译解. 重庆: 重庆出版集团, 2016.

[277] 张家龙. 模态逻辑与哲学 [M]. 北京: 中国社会出版社, 2003.

[278] 赵晓玉. 哥德尔不完全性定理的推广形式及其哲学影响 [J]. 逻辑学研究, 2020, 13(1): 87–110.

[279] 周北海. 模态逻辑导论 [M]. 北京: 北京大学出版社, 1997.

符号索引

说明：关于符号排序，(1) 首先将符号转换成汉语读法的拼音，其中的英语字母不做转换、希腊字母转换为其对应英文单词，如将 $a \in A$ 转换为 a shu yu A，将 $\phi \vee \psi$ 转换为 phi he qu psi，将 $\bigcup$ 转换为 da bing；(2) 然后根据转换后的拼音按左字典序排列。

名称索引

说明：名称主要包括本书涉及的国际国内的人物、地点、学派、学校、研究院等各类专名。

术语索引

图书在版编目（CIP）数据

数理逻辑 / 余俊伟等著. — 北京: 中国人民大学出版社, 2020. 8
新编 21 世纪哲学系列教材
ISBN 978-7-300-28439-2

I. ①数… II. ①余… III. ①数理逻辑–高等学校–教材 IV. ①O141

中国版本图书馆 CIP 数据核字（2020）第 139790 号

中国人民大学"十三五"规划教材–特色教材
新编 21 世纪哲学系列教材
数理逻辑
SHULI LUOJI
余俊伟　赵晓玉　裘江杰　张立英　著

出版发行	中国人民大学出版社			
社　　址	北京中关村大街 31 号		**邮政编码**	100080
电　　话	010-62511242（总编室）		010-62511770（出版部）	
	010-82501766（邮购部）		010-62514148（门市部）	
	010-62515195（发行公司）		010-62515275（盗版举报）	
网　　址	http://www.crup.com.cn			
经　　销	新华书店			
印　　刷	北京玺诚印务有限公司			
规　　格	185mm×260mm 16 开本		**版　　次**	2020 年 8 月第 1 版
印　　张	24		**印　　次**	2020 年 8 月第 1 次印刷
字　　数	516 000		**定　　价**	58.00 元